元素の略号と原子量

JN174945

原子番号	名　前	略　号	原子量	原子番号	名　前	略　号	原子量
1	水　素	H	1.007 94	60	ネオジウム	Nd	144.24
2	ヘリウム	He	4.002 60	61	プロメチウム	Pm	(145)
3	リチウム	Li	6.941	62	サマリウム	Sm	150.36
4	ベリリウム	Be	9.012 18	63	ユウロピウム	Eu	151.965
5	ホウ素	B	10.81	64	ガドリニウム	Gd	157.25
6	炭　素	C	12.011	65	テルビウム	Tb	158.9254
7	窒　素	N	14.0067	66	ジスプロシウム	Dy	162.50
8	酸　素	O	15.9994	67	ホルミウム	Ho	164.9304
9	フッ素	F	18.9984	68	エルビウム	Er	167.26
10	ネオン	Ne	20.1797	69	ツリウム	Tm	168.9342
11	ナトリウム	Na	22.9899 77	70	イッテルビウム	Yb	173.04
12	マグネシウム	Mg	24.305	71	ルテチウム	Lu	174.967
13	アルミニウム	Al	26.981 54	72	ハフニウム	Hf	178.49
14	ケイ素	Si	28.0855	73	タンタル	Ta	180.9479
15	リ　ン	P	30.9738	74	タングステン	W	183.85
16	硫　酸	S	32.066	75	レニウム	Re	186.207
17	塩　素	Cl	35.4527	76	オスミウム	Os	190.2
18	アルゴン	Ar	39.948	77	イリジウム	Ir	192.22
19	カリウム	K	39.0983	78	白　金	Pt	195.08
20	カルシウム	Ca	40.078	79	金	Au	196.9665
21	スカンジウム	Sc	44.9559	80	水　銀	Hg	200.59
22	チタン	Ti	47.88	81	タリウム	Tl	204.383
23	バナジウム	V	50.9415	82	鉛	Pb	207.2
24	クロム	Cr	51.996	83	ビスマス	Bi	208.9804
25	マンガン	Mn	54.9380	84	ポロニウム	Po	(209)
26	鉄	Fe	55.847	85	アスタチン	At	(210)
27	コバルト	Co	58.9332	86	ラドン	Rn	(222)
28	ニッケル	Ni	58.69	87	フランシウム	Fr	(223)
29	銅	Cu	63.546	88	ラジウム	Ra	226.0254
30	亜　鉛	Zn	65.39	89	アクチニウム	Ac	227.0278
31	ガリウム	Ga	69.72	90	トリウム	Th	232.0381
32	ゲルマニウム	Ge	72.61	91	プロトアクチニウム	Pa	231.0399
33	ヒ　素	As	74.9216	92	ウラン	U	238.0289
34	セレン	Se	78.96	93	ネプツニウム	Np	237.048
35	臭　素	Br	79.904	94	プルトニウム	Pu	(244)
36	クリプトン	Kr	83.80	95	アメリシウム	Am	(243)
37	ルビジウム	Rb	85.4678	96	キュリウム	Cm	(247)
38	ストロンチウム	Sr	87.62	97	バークリウム	Bk	(247)
39	イットリウム	Y	88.9059	98	カリホルニウム	Cf	(251)
40	ジルコニウム	Zr	91.224	99	アインスタイニウム	Es	(252)
41	ニオブ	Nb	92.9064	100	フェルミウム	Fm	(257)
42	モリブデン	Mo	95.94	101	メンデレビウム	Md	(258)
43	テクネチウム	Tc	(98)	102	ノーベリウム	No	(259)
44	ルテニウム	Ru	101.07	103	ローレンシウム	Lr	(262)
45	ロジウム	Rh	102.9055	104	ラザホージウム	Rf	(261)
46	パラジウム	Pd	106.42	105	ドブニウム	Db	(262)
47	銀	Ag	107.8682	106	シーボーギウム	Sg	(266)
48	カドミウム	Cd	112.41	107	ボーリウム	Bh	(264)
49	インジウム	In	114.82	108	ハッシウム	Hs	(269)
50	ス　ズ	Sn	118.710	109	マイトネリウム	Mt	(268)
51	アンチモン	Sb	121.757	110	ダームスタチウム	Ds	(271)
52	テルル	Te	127.60	111	レントゲニウム	Rg	(272)
53	ヨウ素	I	126.9045	112	コペルニシウム	Cn	(285)
54	キセノン	Xe	131.29	113	ニホニウム	Nh	(284)
55	セシウム	Cs	132.9054	114	フレロビウム	Fl	(289)
56	バリウム	Ba	137.33	115	モスコビウム	Mc	(288)
57	ランタン	La	138.9055	116	リバモリウム	Lv	(292)
58	セリウム	Ce	140.12	117	テネシン	Ts	(293)
59	プラセオジム	Pr	140.9077	118	オガネソン	Og	(294)

有機化学 編

原書8版

マクマリー 生物有機化学

Fundamentals of General, Organic, and Biological Chemistry (8th Edition)

John McMurry

David S. Ballantine

Carl A. Hoeger

Virginia E. Peterson

監訳

菅原二三男

倉持　幸司

訳

倉持　幸司

浪越　通夫

宮下　和之

矢島　　新

丸善出版

Printed in Japan

原書まえがき

　本書は，化学と生化学の知識が必要な生命科学分野の学生を対象にしている．しかし，多くの化学的概念に基づいた一般的な内容を含んでいるので，ほかの分野の学生にとっても，日常生活における化学の重要性を，より正しく認識できるようになるだろう．

　"原子とは"からはじまり"私たちはどのようにしてグルコースからエネルギーを得ているのか"まで，化学のすべてを教えることは挑戦である．本書の『基礎化学編』と『有機化学編』では，生物や日常生活の化学の基本概念に焦点を当てた．『生化学編』では，生物系に化学の概念を適用する内容を提供するよう工夫した．本書の目標は，学生が完全に理解するための十分な内容を提供することだが，一方では学生が勉学意欲をなくすほどの過度に詳細な内容は避けるようにした．実践的かつ適切な例題や概念図を数多く用意し，学習効果が増すように努力した．

　取り上げた内容は，2〜3学期分の基礎化学，有機化学，生化学の入門書として十分な内容である．『基礎化学編』と『有機化学編』のはじめの章は生体物質を理解するための基本的な概念を含む内容とし，その後の章は学生と授業のニーズに合わせて調整できるように各論とした．

　文章は明快かつ簡潔なものとし，学生個人の経験を考慮した現実的で親しみやすい実例を挿入した．真の知識とは，その知識を適切に応用する能力によって試されるので，本書は一貫した問題解決法を取り入れた膨大な例題を用意した．

　仕事の選択に関係なく，私たちは増加し続ける技術社会の一員である．仕事ばかりではなく，日常生活においても化学の原理に気づくことがある．そのようなとき，原理原則を確実に理解していれば，科学的な問題に対して情報に基づいた決定をすることができる．

構 成 と 概 要

　基礎化学編：化学の概念について内容の充実を図り，個々の概念を結びつけることによって，特異的な概念に集中できる．

　元素，原子，周期表，化学の定量性（1，2章），ついでイオン化合物および分子化合物の章を設けた（3，4章）．そのつぎの3章では，化学反応と化学量論，エネルギー，速度，平衡について述べた（5〜7章）．生活関連の化学をその後の章にあげた：気体，液体，固体（8章），溶液（9章），酸と塩基（10章）．核化学を最後に配した（11章）．

　有機化学編：有機化学と生化学は互いに密接に結びついているので，『有機化学編』を通して生物学的に重要な分子を紹介している．読者がより明確に有機分子を理解するため基本的な反応を強調し，生化学編で再度学ぶことになる反応は"Mastering Reactions"などの囲み記事で取り上げ，とくに注意を払った．この"囲み記事"の特徴は，有機反応の背後にある"どのように"を掘り下げて議論することである．Mastering Reactions を授業に組み入れてもよいし，あるいは有期反応機構の議論は不要と判断した場合は，とくに触れなくてもよい．生体分子の議論ではきわめて重要となる線構造式は，旧版に比べてより強調した．立体化学と不斉（キラル）に関しては3章の最後により詳細に記述し，学生がこの概念を十分に理解する時間が持てるよう配慮した．ただし，教員が不要と判断した場合は省略してもよい．全章にわたって応用的な特徴を更新あるいは新しいものにし（Chemistry in Action 含む），種々の有機分子の臨床上の特性を強調し，その話題にかかわる現在の知見と研究を反映させた．さらに，補足的な内容は各章に例題として付け加え，生化学編の学習に備えるよう配慮した．

　学生が生化学を理解するために，必ず知っておかなければならない事柄に焦点を当て，簡潔なものにした．基礎的な命名法を炭化水素のところで紹介し最低限必要な内容に留めた（1，2章）．酸素，硫黄，ハロゲンの単結合の官能基（3章），ついで化学にとって重要な役割を担う炭素と酸素の二重結合をもつアルデヒドとケトンを説明した後（4章），生物と薬の化学にとって非常に重要なアミンの短い章をおいた（5章）．最後に，カルボン酸とその誘導体（エステル，アミド）の化学を取り上げ，同属化合物の類似性に焦点を当てた（6章）．有機反応機構の解説には，旧版同様に日常的な語句を用いた．

　生化学編：生物化学あるいは生化学と表現されるこの分野は，生物の化学，とくに細胞レベル —— 細胞の内と外 —— の特別な化学である．生物化学の基礎は，『基礎化学編』と『有機化学編』に記載した．生物化学は，生物分子の学習においては無機化学と有機化学の融合であり，生物分子の多くは細胞内で特別な役割を担った巨大有機分子である．生化学編でみる生物分子の反応は『有機化学編』で学んだ反応と同じ反応であり，無機化学の基礎も細胞では重要である．

　複雑な構造をもつタンパク質，炭水化物，脂質，核酸については，まず体内における役割について説明することにし，構造と機能についてまとめて解説し（1章），その後，酵素と補酵素の章を設けた（2章）．つぎに一般的な炭水化物の構造と機能を取り上げた（3章）．酵素と炭水化物の解説をしたところで，生化学エネルギー生産の主経路と主題の説明が可能になる（4章）．もし生化学に割く学習時間が限られている場合は4章で止めても代謝の基本について十分な基礎学力を身につけることができる．ここから先の章は，炭水化物の化学（5章），脂質の化学（6，7章），さらにタンパク質とアミノ酸の代謝（8章）について解説した．ついで核酸とタンパク質の合成（9章），ゲノム科学（10章）について議論を重ね，最後にホルモンと神経伝達物質の機能と薬の作用（11章），体液の化学（12章）を取り上げた．

David S. Ballantine

まえがき：訳者を代表して

　本書は，米国で高い評価を受けている "Fundamentals of general, Organic and Biological Chemistry" を翻訳した教科書です．今回の改訂版（原書8版）では，生物における化学反応の過程を理解するには，無機化学と有機化学の知識が必須になることを明確にしています．とくに，有機反応をより深く理解することで生化学反応の理解をより深めるため，有機反応機構の解説をこれまでよりも多く加えました．さらに，医療現場で幅広く活用されている知識と技術の多くが，化学反応を基盤にして開発されたことを囲み記事にして紹介しています．

　前版までの目標――"物理法則によって成り立つ化学と，化学反応によって成り立つ生命活動や現象を関連づけながら，合理的かつ科学的に理解する"――からさらに一歩進んで，日常生活，とりわけ医療に使われる革新的な科学技術に結びつけて理解できるよう配慮がされています．医療系の学生ばかりではなく，理学系，工学系，農学系や食品系など，多くの分野の学生の学習の助けになるよう最大限の努力と細心の注意が払われており，一般化学・有機化学・生化学として十分な内容となっています．

　"自然界における現象を化学的に理解する" その例をあげて説明しましょう．
　「あなたのスマホはウイルスに感染しています！」という表示がいきなり出たら，ビックリです．スマホだけではなく，PCもウイルスに感染する危険性が常にあります．世界中で発生したランサムウェアによるサイバー攻撃も，身代金要求型といわれるウイルスによるものです．生物学でお目にかかるウイルスは，生物でもなく無生物でもない，ほかの生物の細胞を利用して自己複製する微小構造体で，タンパク質の外殻（カプシド）と内部の核酸（RNA型とDNA型がある）で構成される粒子です．みなさんにも，夏場の屋外プールなどで広く感染するプール熱（咽頭結膜熱）や冬場のインフルエンザをはじめ，ウイルスによる病気の経験があるはずです．ヒト以外でも高病原性鳥インフルエンザや牛口蹄疫，ブタインフルエンザなどによる被害は，頻繁にニュースに出てきます．また自らは動かない植物にもウイルスが存在し，昆虫などの媒介生物を通して感染し，大きな被害をもたらします．
　魚類の養殖場では，あるとき一斉に魚が死んでしまう現象がおこることがあります．その原因はウイルスによる病気と考えられています．たとえば，コイヘルペスウイルスが原因となるコイの病気は，治療法もワクチンも開発されていないので，致死率は100％といわれています．ニジマスも例外ではなく，しばしば *Novirhabdovirus* 属のウイルスによる病気が蔓延し，ほぼ全滅してしまいます．しかし，少ないながらも生き残る個体をみつけることができます．この個体（学名 *Oncorhynchus mykiss*）の消化管には *Pseudomonas* 属の細菌がおり，その細菌が抗ウイルス薬を生産して対抗し，生き延びていることが想定されました．そこで細菌の培養液から抗ウイルス活性を探索した結果，C末端側に環状エステルを形成する8個のアミノ酸，直鎖を構成する6個のアミノ酸，N末端側の(*R*)-3-ヒドロキシデカン酸により構成されるMA026(1)を発見しました（筆者ら，特許公表番号 2002-542258）．この物質は，ヒトC型肝炎ウイルス（HCV）に対しても，抗ウイルス活性を示しました．詳細な構造は，アミノ酸分解とキラルHPLC，LC-MS/MS，NMRなどによって決定することができました．細菌由来のアミノ酸は，ヒト由来のアミノ酸と異なりD型の場合も多く，実際このペプチドの分析によれば，14個のアミノ酸のうち9個のアミノ酸がD型，残りがL型でした．最終的には多段階の合成反応を経て全合成を達成し，その構造を図のように確認しました（筆者ら，*J. Am. Chem. Soc.*, **135**, 18949（2013））．

MA026（1）の構造▶

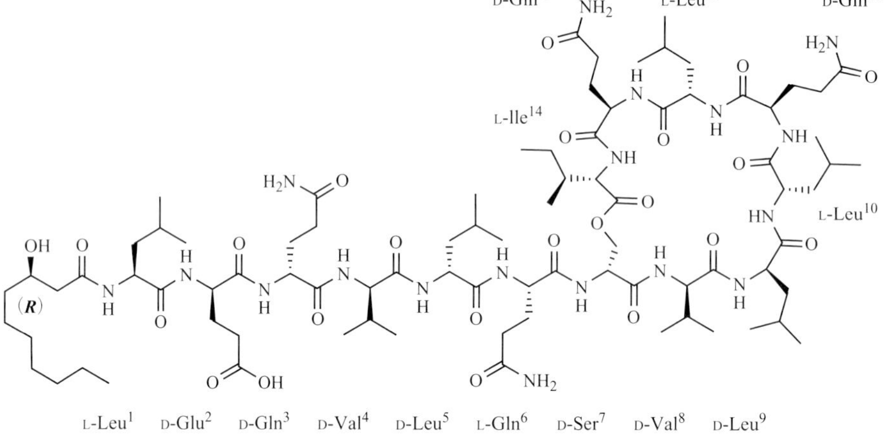

D-Gln¹³　L-Leu¹²　D-Gln¹¹　L-Ile¹⁴　L-Leu¹⁰

L-Leu¹　D-Glu²　D-Gln³　D-Val⁴　D-Leu⁵　L-Gln⁶　D-Ser⁷　D-Val⁸　D-Leu⁹

　全合成を達成したので，HCV 複製を阻害する機構の解明に挑みました．まず，ランダムな配列の DNA を T7 ファージ（ウイルスの一種）の特定の遺伝子に挿入し，ランダムなアミノ酸配列のペプチドをつくらせ，ファージ表面に提示させました．この中から MA026 と結合するペプチドを選抜し，その配列を回収した DNA から解析しました（ポリメラーゼ連鎖反応（PCR）を使うことによって，アミノ酸配列の解析よりも，DNA 配列の解析のほうが容易となります）．バイオインフォマティクスサーバーで，結合アミノ酸配列と *HCV* 遺伝子の相同性を検索した結果，結合候補タンパク質としてクローディン-1（CLDN 1）が得られました．実際に結合することを組換えタンパク質を作成して確認し，MA026 が CLDN 1 と相互作用することによって HCV の感染を抑制する可能性を証明しました．

　この例のように，現代の科学では学際領域の垣根を越えて，特定の化合物の機能を化学かつ生物学双方の視点から解析することが可能になっています．大村　智　北里大学特別栄誉教授のノーベル生理学・医学賞の受賞は，微生物の生産する有用な天然有機化合物の探索研究から，感染症の予防・創薬，生命現象の解明に至る幅広い功績によるものです．医療における成果と貢献は，とくに高い評価を受けています．本書を学んだあとに，みなさんのものの見方が，より科学的な考察に富んだものになることを，訳者を代表して心より願うものです．

　最後に，本書の出版にあたり多彩なご尽力をくださった丸善出版株式会社企画・編集部の長見裕子さんに，訳者を代表して心より感謝致します．

　　2017 年　晩　秋

東京理科大学名誉教授

菅　原　二三男

訳者一覧

監訳者

菅 原 二三男　　東京理科大学名誉教授

倉 持 幸 司　　東京理科大学理工学部

訳 者

倉 持 幸 司　　東京理科大学理工学部

浪 越 通 夫　　東北医科薬科大学名誉教授

宮 下 和 之　　大阪大谷大学薬学部

矢 島　　 新　　東京農業大学生命科学部

（五十音順，2017 年 10 月現在）

歴代訳者一覧

初版 ［2002（平成 14）年］, 2 版 ［2007（平成 19）年］, 3 版 ［2010（平成 22）年］

監訳者： 菅 原 二三男

訳 者： 今 西 　 武

　　　　菅 原 二三男

　　　　多 田 全 宏

　　　　浪 越 通 夫

4 版（原書 7 版）［2014（平成 26）年］

監訳者： 菅 原 二三男

訳 者： 菅 原 二三男

　　　　浪 越 通 夫

　　　　宮 下 和 之

　　　　矢 島 　 新

全 体 目 次

目　次

本書の使い方

医療やバイオとの関連性に焦点をあて，現代の教育や研究による最新の知見を話題に取り上げるとともに，インターネットの活用を通じて学生それぞれが関心をもって経験をつめるよう改訂した．その結果，医療系，理学系，工学系，農学系や食品系など，多くの分野の学生に最適な一般化学・有機化学・生化学の教科書となっている．

NEW! 各章の最初のページのイメージ写真とトピックスは，臨床的な視点を通して，医療に関連する話題をあげた．各節のはじまりには学習目標を，章末には学習ポイントの要約と補充問題を設け，学生が理解度を確認できるようにまとめた．

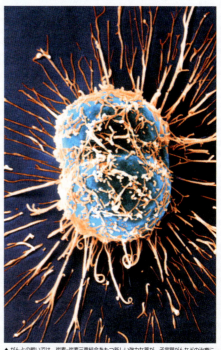

2

アルケン，アルキン，および芳香族化合物

目 次

◀◀ 復習事項

▲ がんとの戦いでは，炭素-炭素三重結合をもつ新しい強力な薬が，子宮頸がんなどの治療に希望をもたらしている．

官能基は，個々の有機分子に特徴的な物理的，化学的，生物学的な性質を与える．1章ではもっとも単純な炭化水素であるアルカンについて学習した．アルカンは，生命に関与する複雑な分子が構築される際の基礎となる．ではここで，炭素-炭素多重結合をもつ分子，すなわち不飽和炭化水素の化学について見てみよう．アルケンや芳香環をもつ化合物は自然界に存在する生体分子に数多く見られる．一方，アルキンはあまり多くはないが，生物系においては驚くべき生理活性を示す．化学者は疾病治療のための創薬研究で，出発材料として自然界から得られる生物活性分子を頻繁に利用している．この研究過程において，細菌の培養液など，たくさんの天然資源から複雑な構造をもつアルキンが発見された．これらのアルキンはその後，抗がん剤としての有効性が認められた．その結果，エンジイン (enediyne) 抗菌薬として知られるきわめて興味深い化合物群が発見された．これらの培養液抽出物は，それまでに知られている中でもっともよく効く抗がん剤と認めら

CHEMISTRY IN ACTION 新たな試みとして，多くの囲み記事を医療に焦点をあわせたものとし，化学的な考え方が発展できるような話題を取り上げた．章の最後の Chemistry in Action は章の最初のトピックスにつながっており，各章における内容の議論を深めるものになっている．

CHEMISTRY IN ACTION

エンジイン抗生物質：新進気鋭の抗がん剤

マチキリ゛゛゛゛は1キ（中点主導え返しく簡単にしか解説していないが，これはアルキンが有機化学においてあまり重要ではないという意味ではない．自然界では遊離アルキンはあまり見つからないが，動物や植物から単離されたアルキル化合物は有毒性などの思いもよらない運用形式を示す．たとえば，アザブ ラ流域で漁の際の危毒として使われたある種の植物から単離されたトリリン (tryne) 化合物の(-)-イクチオテレオール (ichthyothereol) は，ミトコンドリアでのエネルギー代謝を阻害する．この化合物はその後，中央メリカの植物から毒様される．イクチオテレオールは危急けなマウスやイヌにも毒性を示すが，ヒトには作用しない．この化合物が見つかると，アルキ

イクチオテレオール

ラサギリン

という官能基がほかの生物活性物質に導入されたらどうなるかという研究がはじまり，パーキンソン病 (Parkinson's disease) 治療薬のラサギリン (rasagiline) などの開発に成功した．ラサギリンは，ドーパミンの分解酵素であるモノアミン酸化酵素 B（MAO-B）を阻害して，脳内のドーパミン濃度を高め，パーキンソン病に特徴的な運動障害などを改善する．また，神経保護作用をもつので，アルツハイマー病（Alzheimer's disease）の薬物治療の新規アプローチとしても注目されている．ラサギリンは記憶と学習を増強するといわれている．さらに，気分やる気を高め，老化に伴う記憶減退を改善する．この深刻な病を治療する新しい薬の開発が進んでいるヒート化は進む．このラサギリンの成功により，化学者や生化学者は天然アルキン化合物の発見にさらに邁進することとなった．この広範な探査研究によって，本章のはじめに記載したエンジイン抗生物質が発見された．Micromonospora 属の細菌の培養液から見つかったエンジイン化合物は，抗生物質の全く新しい化学構造の分類群となったエンジイン類の化合物は，知られている中でもっとも強い抗がん活性を示す．これらの化合物の毒性は，標的である DNA 鎖を切断する能力に起因する．エンジイン抗生物質には，カリケアマイシン類 (calicheamicins)，ダイネミシン類 (dynemicins，右図)，およびこのグループでもっとも複雑なクロモプロテイン類 (chromoproteins, 色素タンパク質) の3種類に分類される．これらの化合物はすべて三つの特徴的な部分構造，(1) アントラキノン部分，(2) 九～十員環に二重結合

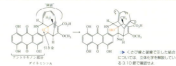

アントラキノン部分

ダイネミシン A

くさび線と破線で示した結合については，立体化学を解説している 3 10 頁で確認する

少介！でおけ゛ ている二つの二重結合よりなる化学的 "弾頭 (warhead)"，そして (3) "引き金 (trigger)" をも つ 図に示したダイネミシン A の引き金を示した三員環のエポキシ゛ン，アントラキノン部分が DNA の主溝に入り込み，キノン部が酵素によって還元され，引き金のエポキシドが開環すると末梢糖（酸素 炭素 硫黄などを含む化学構，図中の Nuc）が付加し，共役ジイン部分のひずみが増大する．その結果，（Bergman 反応と呼ばれる）芳香化反応がおこり，炭素ビラジカルが発生して活性中間体（右の図）となり，DNA 鎖を酸化的に切断する．

ほかの抗がん剤と同様に，すべてのエンジイン化合物は毒性をもつ．がんとの戦いにおいてもこれらの抗がん剤を有効に使用する手段の一つに，治療対象となる細胞に特有の抗体をつくり，その抗体に抗がん剤を結合させる方法がある．この方法は "イムノターゲ

CIA 問題 2.4 アルツハイマー病の治療に有効であると考えられるラサリジンの優れた性質とはなにか

ティング (immunotargeting)" として知られており，目標のがん細胞のみを攻撃してほかの細胞には全く影響を与えない "魔弾 (magic bullet)" の作成を可能にする．エンジイン抗生物質が非常に魅力的な理由の一つに，薬剤耐性の悪性腫瘍にも活性を示すことがあげられる．治療に用いる抗がん剤の多くが細胞毒性を選択的とは言えず，つまりがん細胞もがん細胞以外の正常な細胞も攻撃する大きな問題点となっている．ダイネミシン A をはじめエンジイン化合物の多くが，細胞の正常な分裂に影響を与えずに，がん細胞のみに大きな影響を与えるという新たな武器を提供するかもしれない．

CIA 問題 2.5 エンジインを微分子分子を抗体に結合させる方法は，がん細胞を攻撃するうえで魅力的であるのはなぜか

CIA 問題 2.6 がんの化学療法において，効果を低減させる主な要因はなにか

NEW! 囲み記事の最後に問題を追加し，とくに学習の到達度が確認できるように配慮した．

『基礎化学編』『有機化学編』『生化学編』を通して，医療やバイオの化学に関連する幅広い内容を，魅力的で応用的かつ正確な方法で，つねに明快に解説した．この新しい版では，学生が化学を習得できるような特徴を配し，より積極的に学習できるよう工夫した．

HANDS-ON CHEMISTRY 2.1

分子モデルは有機化学において構造を検討する際にとても貴重な道具である．この課題では，二重結合の形とそれが有機分子中にあるとどのようにして自由回転を妨げるのか，また，二重結合が分子の姿を大きく変化させる様子を見てみよう．そこで分子モデルを使用する．ただし，この課題のための分子模型キットは必要ではないが，持っていたら，その取扱い説明書に従って以下の"組立ブロック(building blocks)"をつくってみよう．もし分子模型キットがない場合は，つぎの説明に従って"ガムドロップ組立ブロック"をつくってみよう．これには爪楊枝と色とりどりのガムドロップ(ゼリー状のキャンディー)を使用する．ガムドロップがもっとも適しているが，グミ(gummy)や小さなマシュマロでも代用できる(大きさが一定してるものがよい)．要は，爪楊枝を刺して固定させることができればよい．この課題で重要なことは，炭素4価(結合手が4本)で水素と塩素が1価(結合手本)であることである．

異なる色にする(注意：以下の問題でつくる分子モデルは，後で比較検討ができるように，写真を撮っておくとよい．そうすれば，一つの問いが終わったら，つぎの問いで分子モデルをいったんばらして利用できる)．

a. 四つの正四面体炭素ユニットを結合させてブタンを組み立ててみよう(ユニットどうしを結合させるときには，適宜爪楊枝を抜く必要がある)．水素原子には，爪楊枝の先にガムドロップをつけてみよう．単結合を回転させ，可能なすべてのコンフォメーションを描いてみよう．1.5節を参照し，それぞれどの立体配座のエネルギーがより高いかを検討してみよう．

HANDS-ON CHEMISTRY 5.1

発酵の実験をしてみよう．料理本かWebで，基本的な発酵パンのつくり方を見てみよう．あるいは冷凍の焼いていないパンの塊を購入して，パンを焼いてみよう．パンがどのように膨れるかを観察しよう——なにがおこるだろうか？

酵母を水(冷水と温水)に溶かし，なにがおこるかを観察しよう．パンが膨れるとき，また焼くときに，どのような匂いがするか．長時間置いておくと，アル

コールの匂いがするかもしれない．なにがおこったのだろうか．

もしオーブンが使えないなら，パン屋に行ってできたてのパンを見てみよう．あるいは牛乳と少量の活性なヨーグルトから，ヨーグルトをつくってみよう．なお，この方法では非常に清潔にすることが必要であることを覚えておこう．この手順はWebで見つけることができる．

NEW! **HANDS-ON CHEMISTRY** 日常生活の身近なものを使う簡単な実験を通して，化学の理解を確実なものにする機会を用意した．自分で手を動かし五感を使って化学を体感しよう．

グループ問題

9.75 HIV/AIDSの新しい治療を調べている研究チームの一員であると想像してほしい．HIVの感染について議論をし，薬剤の設計やその治療で，問題になる段階を見極めよ．

9.76 どのようにして鳥インフルエンザがヒトへと感染するかを書け(Chemistry in Action "インフルエンザ：多様性の課題"参照)．

9.77 インフルエンザA型の10個の亜種をみつけて，分割する．それぞれの亜種について，もっとも感染しやすい動物種を決める．加えて，感染によって，ほかの動物種に移行する亜種をみつける．

9.78 インフルエンザウイルスH1N1は，ヒトとほかの動物の両方に感染する．インターネットを使って情報を集め，H1N1ウイルスと鳥インフルエンザウイルスとの間の似ている点と異なる点を書け(Chemistry in Action "インフルエンザ：多様性の課題"参照)．

NEW! グループ問題 各章末の補充問題の最後に出題した "グループ問題" には，じっくり考えてほしい高度な内容の問題を用意し，各章で学んだ事項との関連や，医療的な応用を学ぶことができる．

各章は，学習の目標からはじまって章末のまとめと問題でおわる構成になっている．

学習目標は，各節タイトルの下に箇条書で記載した．

1.2 タンパク質とその機能：概論

学習目標：
- タンパク質のさまざまな機能を理解し，おのおのの機能について説明できる．

　おなじみの**タンパク質**の語源は，ギリシャ語の"*proteios*；いちばん大切なもの"という意味で，タンパク質はすべての生物にとってもっとも基本でいちばん重要な物質だからである．体の乾燥重量の約50％がタンパク質からなる．

　体の中でタンパク質はどのような働きをしているのだろうか？ ハンバーガーが動物の筋タンパク質からつくられており，この筋タンパク質は，私たちが体を動かすときに必要なものであることは，みなさんご存知のとおりである．しかし，これらはタンパク質が果たす多くの非常に重要な役割のうちのほんの一部にすぎない．タンパク質は私たちの体全体の組織や器官に**構造**（ケラチン）や**支持**（アクチンフィラメント）を与えたり，**ホルモン**（hormone）や**酵素**（enzyme）として代謝のすべての段階をコントロールする．また体液中では可溶性タンパク質が**貯蔵**（storage；トランスフェリン，Fe^{3+}の貯蔵）や**輸送**（transport；カゼイン）のためにほかの分子を拾い上げる．さらに，免疫系のタ_____ion；イムノグロブ_____生物機能を発揮す

要　約　　章の学習目標の復習

- タンパク質のさまざまな機能のおのおのについて，例をあげて説明する

　タンパク質は，構造，輸送など，機能によって分類できる．表1.2（問題40，41）．

- 20種類の α-アミノ酸の構造と側鎖を説明する

　体液中のアミノ酸は，イオン化したカルボキシ基（$-COO^-$），イオン化したアミノ基（$-NH_3^+$），さらには中心の炭素原子（α 炭素）に結合した側鎖 R 基をもつ．タンパク質には20種類の異なるアミノ酸が含まれ（表1.3），これらが一つのアミノ酸のカルボキシ基とつぎのアミノ酸のアミノ基とのあいだでペプチド結合を形成して連結している（問題38，42〜45）．

- アミノ酸を側鎖の極性と電荷で分類し，親水性のもの，疎水性のものを予測する

　アミノ酸の側鎖に酸性あるいは塩基性の官能基をもつもの，極性または非極性の中性基をもつものがある．水と水素結合する側鎖は親水性であり，水素結合しない側鎖は疎水性である（問題50，51，110，111）．

- キラリティーについて説明し，キラルなア_____を指摘する

- アミノ酸配列をもとに，単純タンパク質の構造を描き，命名する

　ペプチドは，アミノ酸の名前を組み合わせて命名する．アミノ酸配列は，三文字表記あるいは一文字表記のアミノ酸を，左から右に順番に並べて表記する（問題36，60〜65）．

- 単純タンパク質（ペプチド）のアミノ末端とカルボキシ末端を指摘し，そのアミノ酸配列を説明する

　アミノ酸配列は，末端アミノ酸のアミノ基を左に，別の末端アミノ酸のカルボキシ基を右にして描く（問題36，60〜65）．

- タンパク質の一次構造を定義し，これがどのように表現されるか説明する

　一次構造とはアミノ酸がペプチド結合で直鎖状に結合する配列のことである．タンパク質の一次構造は，構造式やアミノ酸略号を用いてアミノ末端（$-NH_3^+$）を左に，カルボキシ末端（$-COO^-$）を右側にして描く（問題66〜69）

各章末の要約は学習目標の復習で，各項目に対して各目標に到達するために必要な基本情報をまとめている．

補　充　問　題

タンパク質とその機能：概論（1.2節）

1.40 人体におけるタンパク質の生化学的機能を四つ答えよ．また，各機能をもつタンパク質の例を示せ．

1.41 つぎに示す各タンパク質の生物学的機能はなにか．
   (a) ヒト成長ホルモン　　　(b) ミオシン
   (c) プロテアーゼ　　　　　(d) ミオグロビン

アミノ酸（1.3節）

1.42 つぎの略号はどのアミノ酸をあらわすか．各アミノ酸の構造式を描け．
   (a) Val　　(b) Ser　　(c) Glu

1.43 つぎの略号はどのアミノ酸をあらわすか．各アミノ酸の構造式を描け．
   (a) Ile　　(b) Thr　　(c) Gln

1.44 つぎに適合するアミノ酸の名称と構造式を描け．
   (a) チオール基をもつもの
   (b) フェノール基をもつもの

1.45 つぎに適合するアミノ酸の名称と構造式を描け．
   (a) イソプロピル基をもつもの
   (b) 第二級アルコール基をもつもの

章末の問題は，各章で解説した内容の習熟度を学生自身が確認することと，化学と自分をとりまく世界，とりわけ医療との関連に目を向けさせるために設けた．

1

アルカン：
有機化学の
はじめの一歩

目 次

◀◀◀ **復習事項**

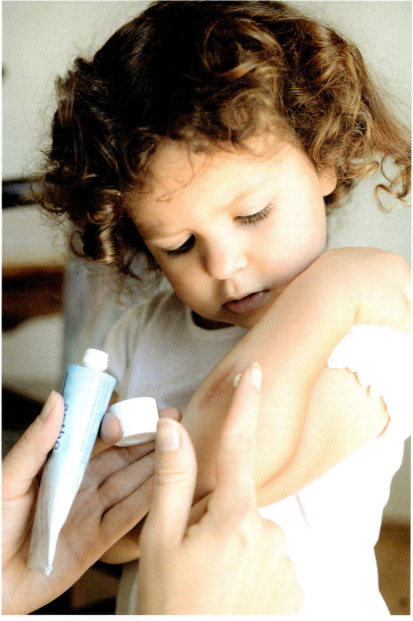

▲ 有機化学は，お母さんが娘の手当てに使う抗菌薬の軟膏として貢献している．

　初めて自転車に乗る練習をしたときのことを思い出してみよう．きっとあなたは自転車から転げ落ち，ひじや膝をすりむいたはずだ．お母さんやお父さんが助けにきて，あなたを立ち上がらせ，汚れを払い，傷口に抗菌薬の軟膏を塗り，包帯を巻いてくれただろう．あるいは，あなたがキャンプやビーチに行ったときを思い出してみよう．唇が荒れてしまい，偶然もってきたリップクリームに，命が救われた気持ちになったはずだ．これらの例はいずれも，生活における有機化学の例である．有機化学は毎日あなたの生活に影響を与え，生化学すなわち生命の化学を構築する基盤になる．本書『有機化学編』では有機化学について，『生化学編』では生化学について解説する．これから，有機分子がどのように形成され，どのように反応するか，さらにはおもしろい形，構造，化学的性質をもつ分子がどのようにヒトやほかの生物に影響を与えているのかを勉強する．

　有機化学（organic chemistry）という用語は生物由来の化合物の研究について表現するために導入された．一方，**無機化学**（inorganic chemistry）は鉱物由来の化合物につ

いて研究表現するために用いられた．

　科学者は有機化合物は生物から得られるだけだと長いあいだ信じてきた．生気論として知られるこの考えは，有機分子の研究を妨げた．なぜなら生気論者は，有機物質は無機化合物から合成されるはずがないと信じきっていた．1828年，Friedlich Wöhler が有機化合物である尿素を無機塩の塩化シアンから合成し，生気論の理論が誤っていることを示すとともに，有機化学分野を真に切り開いた．生体由来の化合物は炭素を主要構成成分として含むので，有機化学はいまや炭素系化合物の研究として定義されている．

　炭素は特別な原子である．ほかの炭素原子やほかの元素(主に水素，酸素，窒素，ハロゲン)との強い結合を容易に形成し，有機化合物の長い鎖や環を形成することができる．炭素だけがきわめて多様で膨大な種類の化合物をつくることができる．化学者はこれまで1800万以上の有機化合物(200万未満の無機化合物)を発見あるいは合成してきた．そして，そのもっとも単純な種類は，炭化水素または**アルカン**(alkane)と呼ばれ，炭素と水素のみから構成されており，それらが単結合で結合した化合物群である．

　ところで，有機分子は，冒頭のすりむいた膝や荒れた唇にどのように関係しているのだろうか．炭化水素自体は工業的およびエネルギー的観点から重要であるが(ろう，潤滑油，および燃料いわゆる石油化学製品の主要成分である)，それらの生物学的および医学的重要性は一見すると見逃されやすい．石油から得られる炭化水素の製品の一つは，**ペトロラタム**(petrolatum，ワセリン．一般に vaseline として知られている)である．この物質は，多くの医学的に有用な軟膏に含まれている．Neosporin[1]は抗生物質のクリームであり，ワセリンを主成分としたマトリックス[2]中に異なる3種類の抗菌薬の混合物で構成されている．リップバームの治療効果は，主としてワセリンの治療効果に基づいている．**疎水性**(hydrophobic)のため，湿気を閉じ込め，荒れた皮膚をすばやく治すことができる．そのため，添加物を一切使用していないワセリンでも，傷ついたり，乾燥した皮膚の治癒を促進する効果は，抗菌薬軟膏やリップバームとおなじくらい有効であると考えられている．石油化学製品とワセリンについては p.42 の"Chemistry in Action"でより多くのことを学ぶ．このように，炭化水素は私たちの日常生活において重要な役割を果たしているので，有機化学の勉強をアルカンからはじめよう．

*1(訳注)：米国で販売されている軟膏．

*2(訳注)：軟膏基材．

1.1　有機分子の性質

学習目標：

* 有機分子の一般的な構造的特徴を理解する．とくに炭素の4価の性質とその表記法の違いを見分けられるようになる．

　有機化学，つまり炭素化合物の化学を勉強するにあたり，『基礎化学編』で学習したことを復習しよう．とくに共有結合，分子，その概念がどのように一般に有機分子に適用されているか(本節を通じて，これら分子の三次元的構造に注目しよう)を復習する．

有機化学(organic chemistry)　炭素化合物の学問．

* 炭素は**4価**(tetravalent)，**つねに四つの結合をもつ**(基礎化学編 4.2節)．炭素がすでに四つの価電子をもつとき，オクテット(octet)を満たすために，ほかの原子からもう四つの価電子を手に入れる．たとえば，有機化合物であるメタンは，水素4原子と結合する．各水素は価電子を炭素に与え，その結果，炭素はオクテットを満たすことになる．炭素には四つの置換基が結合しているので，メタンは正四面体(基礎化学編 4.8節)で4価である．

◀◀◀ **復習事項**　二つの電子が原子間で共有されるときに結合することを思い出そう．

メタン，CH_4

- 主として非金属元素で構成される有機分子は共有結合（covalent bond）をもつ（基礎化学編 4.2 節）．たとえばエタンでは，二つの C 原子あるいは C と H 原子のあいだで 2 電子を共有して結合をつくる．

エタン, C_2H_6

- 炭素は隣りの原子と二つ以上の電子を共有して多重共有結合（multiple covalent bond）をつくる（基礎化学編 4.3 節）．たとえばエチレンでは，炭素 2 原子が一つの二重結合で 4 電子を，アセチレン（エチン）では炭素 2 原子が三重結合で 6 電子を共有する．ここで注意すべき点は，どの炭素もオクテットを満たしていることである．すなわち，エチレンでは，炭素 2 原子どうしで 4 電子を共有し，各炭素はそれぞれ水素 2 原子と 2 電子を共有する．アセチレンでは，炭素 2 原子どうしで 6 電子を共有し，各炭素はそれぞれ一つの水素原子と 2 電子を共有する．エチレンやアセチレンの炭素は正四面体ではないが，4 価である．

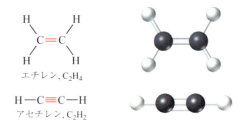

エチレン, C_2H_4

アセチレン, C_2H_2

一般につぎの三つのことが言える．

1. 四つの置換基と結合する炭素は正四面体である（例：メタンやエタン）．
2. 三つの置換基と結合する炭素は平面三角形である（例：エチレン）．
3. 二つの置換基と結合する炭素は直線状である（例：アセチレン）．

基とは，炭素に結合した原子の集合である．

- 炭素がより電気陰性な元素と結合する場合，極性共有結合（polar covalent bond）を生じる（基礎化学編 4.9 節）．C–H 結合は多くの C–C 結合と同様に無極性と考える．しかし，水素が酸素あるいはハロゲンに置き換わると極性共有結合となる．たとえば塩化メチルでは，電気陰性度の強い（electronegative）塩素原子が炭素よりも強く電子を引きつける．その結果，C–Cl の結合では電子の分極化（polarization）がおこり，炭素と水素は部分的な正の電荷（positive charge, $\delta+$）を，塩素は負の電荷（negative charge, $\delta-$）をもつようになる．のちに反応性を説明するのに役立つなど，極性の共有結合をこのような方法で考えることは有用であ

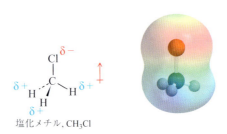

塩化メチル, CH_3Cl

る．静電ポテンシャルマップ（基礎化学編 4.9 節も参照）では塩素原子は
図の赤い部分に，炭素原子は青い部分にある．

- 有機分子は特別な三次元構造をもつ（基礎化学編 4.8 節）．たとえば，メ
  タン CH_4 のように炭素が 4 原子と結合するとき，炭素を正四面体（reg-
  ular tetrahedron）の中心におくと，結合は四つの頂点を向く．このような
  三次元的な空間配置は，一般的につぎのように描かれる．実線で紙面に
  対して平面の結合を，点線で後方を向く結合を，くさび形の太線で前面
  に飛び出る結合を示す．

- ほとんどの有機分子は炭素と水素に加えて窒素と酸素も含むことが多い
  （基礎化学編 4.7 節）．窒素は炭素と単結合，二重結合，三重結合をつく
  ることができ，酸素は単結合と二重結合をつくることができる．水素は
  原子価殻（valence shell）に 2 電子しかもつことができないため，水素は
  炭素とは単結合しかつくれない．

$$C—N \quad C—O \quad C—H$$
$$C=N \quad C=O$$
$$C≡N$$

　これまで強調してきたように，無機化合物と著しく異なり，共有結合するこ
とが有機化合物を特徴づけている．たとえば，$NaCl$（食塩）のような無機化合
物は高い融点（melting point, mp）と沸点（boiling point, bp）をもつ．その理由は，
反対の電荷を帯びた無数のイオン（Na^+ と Cl^-）が電気的に強く引き合って無機
物質が構成されることにある．反対に，有機化合物は共有結合で結びついた原
子で構成され，個別の分子を形成している．有機分子は互いに非イオン性の弱
い分子間力で引き合っているだけなので，有機化合物は一般的に無機塩などよ
りも低い融点と沸点をもつ．その結果，多くの単純な構造の有機化合物は常温
では液体か溶けやすい固体であり，一部は気体となる．

　有機化合物と無機化合物の重要な違いとして，溶解性（solubility）と電気伝導
率（electrical conductivity）がある．多くの無機化合物は，水に溶解するとイオン
の溶液となって電気を通すようになるが，ほとんどの有機化合物は水に溶解せ
ず，溶解する物質のほとんどが電気を通さない．グルコースやエタノールな
ど，極性をもつ小さな有機分子か，あるいはいくつかのタンパク質のような多
くの極性基をもつ大きい分子は，双極子–双極子相互作用や水素結合を通して
水分子と相互作用し，水に溶解する．有機化合物の水に対する難溶性は，油に
汚染された土壌の除去や環境に流出した油を浄化する困難さからドラッグデリ
バリー（薬剤を目的とする臓器や組織に伝達する技術）までさまざまな局面で重
大な現実的問題をもっている．

1.2　有機分子の族：官能基

学習目標：
- 官能基を定義づけられるようになる．
- 有機分子内の官能基を見分けられるようになる．

　これまでに 1800 万以上の有機化合物が，科学的な文献に記載されている．

◀◀◀ イオン性化合物のその他の特
徴的な性質については，基礎化学編
3.4 節参照．

◀◀◀ 双極子–双極子相互作用，ロン
ドン分散力，水素結合といったさま
ざまな分子間相互作用を思い出すこ
と．基礎化学編 8.2 節参照．

◀◀◀ アニオンとカオチンが，溶液
中でどのようにして電流を流してい
るかについては，基礎化学編 9.9
節参照．

◀◀◀ 化合物が溶解するためには，
溶媒–溶質間の分子間相互作用が，
溶媒分子どうし，および溶質分子ど
うしの分子間相互作用よりも強い必
要がある．基礎化学編 9.2 節参照．

▲ 油の流出が環境に深刻なダメージ
を与えるのは，油が水に溶けにくい
性質をもつため．

さらに先へ ▶ 生細胞の中は大部
分が水溶液であり，数百のさまざま
な化合物を含んでいる．水に不溶な
有機分子を水性の細胞内部に閉じ込
め，細胞の境界を横切る物質の移動
を制御するため，細胞がどのように
して膜を使っているかについては生
化学編で述べる．

これら化合物のそれぞれが，固有の化学的・物理的な性質をもち，そして多くの化合物が(望むと望まないとにかかわらず)固有の生物学的な特性をも，またもっている．いったいどうすればすべての有機化合物を理解することができるだろうか．

　化学者は，構造の特徴に従って有機化合物を分けることができることと，同族の化合物の化学的な挙動は原子の特徴に基づいて予測できることを経験を通して学んできた．その結果，数百万の化合物は，単純な化学的パターンにより，いくつかの有機化合物群として系統分類される．

　有機化合物を固有の化学的な族に分類することができるような構造的な特徴は，**官能基**と呼ばれる．官能基とは，特有の物理的・化学的挙動をもつある原子あるいは原子のグループをいう．おのおのの官能基はより大きな分子の一部であり，後述するように，分子にはたいてい一つ以上の官能基が存在する．官能基の重要な性質は，おなじ官能基を含むすべての化合物で**おなじ官能基はおなじ型式の反応をする**ことである．官能基が化学反応を受けると，分子全体の化学的性質が変化することがある．たとえば，炭素-炭素二重結合は一般的な官能基である．炭素-炭素二重結合をもつもっとも単純な化合物，エチレン(C_2H_4)は，やはり二重結合を含むもっと大きくて複雑な化合物，オレイン酸(動物脂や植物油に含まれる脂肪酸，$C_{18}H_{34}O_2$)と似た多くの化学反応をする．たとえば図 1.1 に示すように，両物質とも気体の水素とおなじように反応する．2 章では，炭素-炭素二重結合が水と酸と反応しアルコールを生成する反応を学ぶ．この反応では，水に不溶な分子(たとえば，エチレン)が，水への溶解性がかなり向上した分子(たとえば，エタノール)へと変換される．このような水素とのおなじ反応は典型的な例で，**有機分子の化学は含んでいる官能基によってほとんど決まり，分子の大きさや複雑さでは決まらない**．

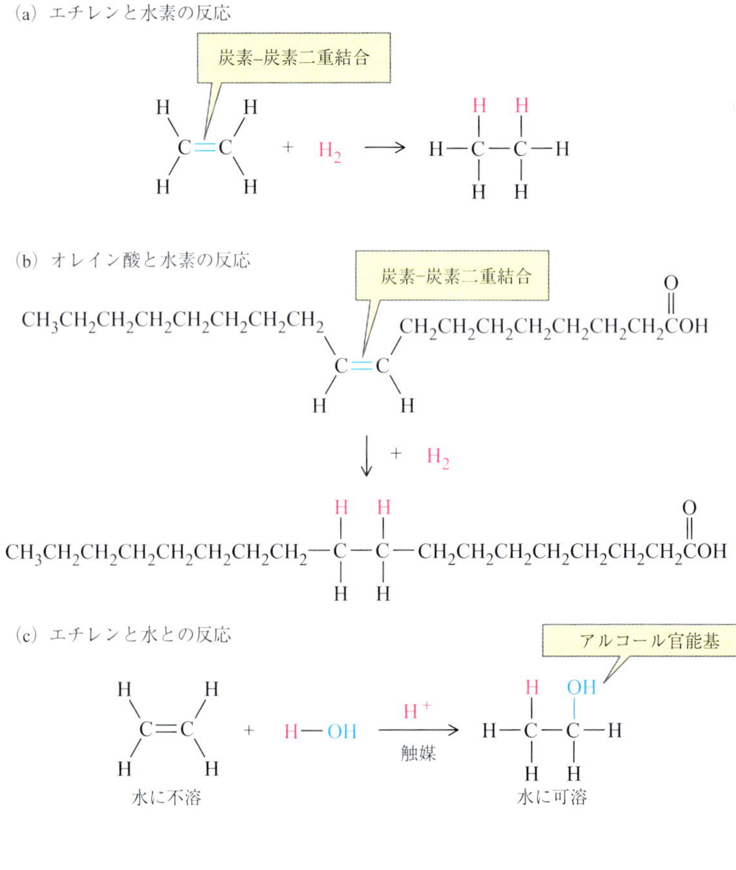

官能基(functional group)　分子の中にある 1 原子あるいは原子のグループのことで，特徴的な物理的・化学的挙動を引きおこす．

▶**図 1.1**
水素とエチレン(a)およびオレイン酸の反応(b)，ならびに酸存在でのエチレンと水との反応(c)
いずれも炭素-炭素二重結合に水素 2 原子が付加するが，分子のほかの部分がどれほど複雑でも無関係である．

(a) エチレンと水素の反応

炭素-炭素二重結合

(b) オレイン酸と水素の反応

炭素-炭素二重結合

(c) エチレンと水との反応

アルコール官能基

水に不溶　　　　　　　　　水に可溶

　有機分子のもっとも重要な族のいくつかと固有の官能基を表1.1に示す．た
とえば炭素–炭素二重結合を官能基として含む化合物は**アルケン**（alkene）族に，
4価の炭素に結合する –OH 基をもつ化合物は**アルコール**（alcohol）族などであ
る．有機化合物の官能基を識別する際の補助になるよう，表1.1と併せて使う
有機化合物官能基概念図を章末に載せた．本書の各章末には，その章で取り上
げた官能基の化学反応の概要が示されている．表1.1や図1.5，各章末の官能
基概念図は，本書を復習するときに役立つだろう．

　1～6章で説明する化学は，大部分が表1.1にあげた族の化学なので，名前を
学習し，ここで化学構造に慣れておくこと．これらの族はつぎの四つのグルー
プにまとめることができる．

表 1.1　有機分子の重要な族

族　名	官能基の構造*	簡単な例	線構造式	語　尾
アルカン （alkane；1章）	安定．C—H と C—C の単結合	$CH_3CH_2CH_3$ プロパン（propane）		−アン (-ane)
アルケン （alkene；2章）	C＝C	$H_2C＝CH_2$ エチレン（ethylene）		−エン (-ene)
アルキン （alkyne；2章）	—C≡C—	$H—C≡C—H$ アセチレン（acetylene）		−イン (-yne)
芳香族 （aromatic；2章）	ベンゼン環構造	ベンゼン （benzene）		なし
ハロゲン化アルキル （alkyl halide；1, 3章）	—C—X　（X = F, Cl, Br, I）	CH_3CH_2Cl 塩化エチル（ethyl chloride）		なし
アルコール （alcohol；3章）	—C—O—H	CH_3CH_2OH エチルアルコール（エタノール） （ethyl alcohol, ethanol）		−オール (-ol)
エーテル （ether；3章）	—C—O—C—	$CH_3CH_2—O—CH_2CH_3$ ジエチルエーテル（diethyl ether）		なし
アミン （amine；5章）	—C—N	$CH_3CH_2NH_2$ エチルアミン（ethylamine）		−アミン (-amine)
アルデヒド （aldehyde；4章）	—C—C—H（=O）	$CH_3—C—H$（=O） アセトアルデヒド（acetaldehyde）		−アール (-al)
ケトン （ketone；4章）	—C—C—C—（=O）	$CH_3—C—CH_3$（=O） アセトン（acetone）		−オン (-one)
カルボン酸 （carboxylic acid；6章）	—C—C—OH（=O）	$CH_3—C—OH$（=O） 酢酸（acetic acid）		−酸 (-ic acid)
無水物 （anhydride；6章）	—C—C—O—C—C—（=O, =O）	$CH_3—C—O—C—CH_3$（=O, =O） 無水酢酸（acetic anhydride）		なし

つづく

表 1.1　有機分子の重要な族(つづき)

族 名	官能基の構造*	簡単な例	線構造式	語 尾
エステル (ester：6 章)		$CH_3-\overset{O}{\underset{}{C}}-O-CH_3$ 酢酸メチル(methyl acetate)		なし
アミド (amide：6 章)		$CH_3-\overset{O}{\underset{}{C}}-NH_2$ アセトアミド(acetamide)		−アミド (-amide)
チオール (thiol：3 章)	$-\overset{|}{\underset{|}{C}}-SH$	CH_3CH_2SH チオエタノール(ethyl thiol)		なし
ジスルフィド (disulfide：3 章)	$C-S-S-C$	CH_3SSCH_3 ジメチルジスルフィド (dimethyl disulfide)		なし
スルフィド (sulfide：3 章)	$C-S-C$	$CH_3CH_2SCH_3$ エチルメチルスルフィド (ethyl methyl sulfide)		なし

赤色で示した結合は，とくに重要な官能基と原子を示す．
* 結合する原子が明記されていないところは，炭素か水素が結合していると考えること．

炭化水素(hydrocarbon)　炭素と水素だけからなる有機化合物．

- 表 1.1 の最初の 4 族は**炭化水素**で，炭素と水素だけを含む有機化合物である．**アルカン**(alkane)は単結合のみをもち，ほかの官能基を含まない．本章の後半に示すように，官能基のないアルカンは相対的に反応しにくい．**アルケン**は炭素−炭素の二重結合を，**アルキン**(alkyne)は炭素−炭素の三重結合を，**芳香族化合物**(aromatic compound)は炭素の六員環であるベンゼン環に一つおきに三つの二重結合をもつ．

- 表 1.1 のつぎの 4 族は単結合のみを含む官能基をもち，電気陰性な原子に結合した炭素原子をもつ．**ハロゲン化アルキル**(alkyl halide)は炭素−ハロゲンの結合を，**アルコール**は炭素−酸素の結合をもつ．**エーテル**(ether)はおなじ酸素に炭素 2 原子が結合し，**アミン**(amine)は炭素−窒素の結合をもつ．

- 表 1.1 のつぎの 6 族は，炭素−炭素の二重結合を含む官能基をもつ．**アルデヒド**(aldehyde)，**ケトン**(ketone)，**カルボン酸**(carboxylic acid)，**無水物**(anhydride)，**エステル**(ester)，**アミド**(amide)．

- 表 1.1 の残りの族は，硫黄を含む官能基をもつ**チオアルコール**(thioalcohol)あるいは**チオール**(thiol)，**スルフィド**(sulfide)と**ジスルフィド**(disulfide)．これら三つの族は，タンパク質の機能に重要な役割を果たしている(生化学編 1 章)．

- 本章以降(とくに，『生化学編』)で取り上げる有機分子の多くが，同一分子内に複数の官能基(たとえば，アミノ酸など)を有する．このような場合，化学的に多官能基族と分類する．このような分子は，生物学的，医学的見地から，生体関連機能によって分類されることが多い(たとえば，神経伝達物質や核酸など)．

例題 1.1　分子の構造：官能基を見つける

つぎの化合物はどの有機化合物の族に属すか．説明せよ．

(a) 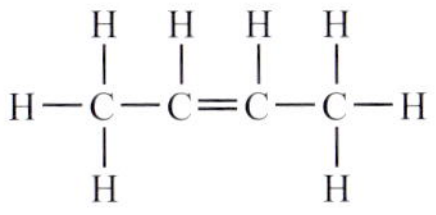 　(b)

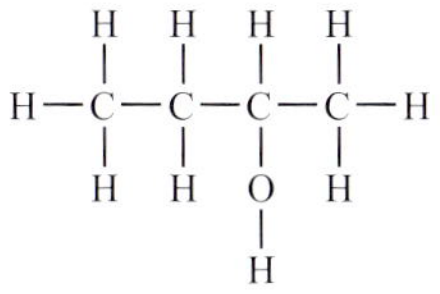

(c) 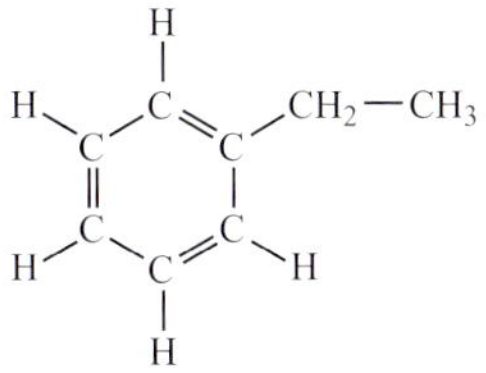 　(d)

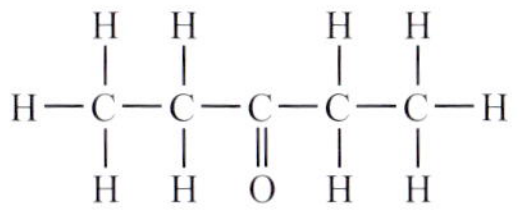

(e) 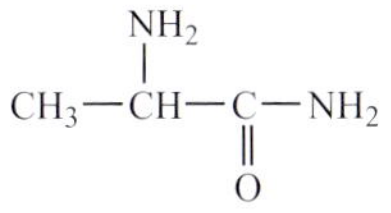 　(f)

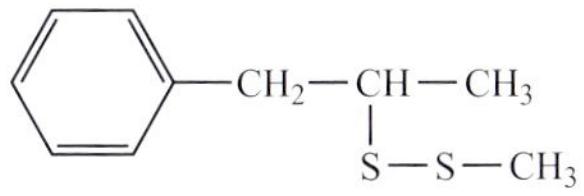

解　説　官能基概念図（図1.5）を使い，それぞれの化合物に当てはまる官能基を表1.1のリストから見つけ，その族名を化合物につける．はじめにどの元素が存在するかを決め，つぎに多重結合が存在するかどうかを決める．

解　答

(a) この化合物は，炭素と水素原子のみを含んでいるので，**炭化水素**である．二重結合が一つあるので，これは**アルケン**である．

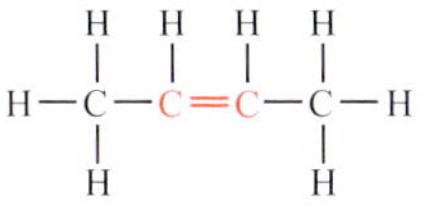

(b) この化合物は酸素1原子を含み単結合のみをもつ．4価の炭素に結合する−OH基があるので，この化合物は**アルコール**と判断できる．

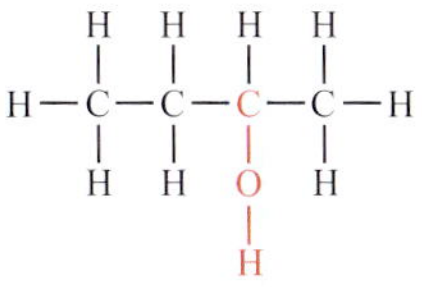

(c) これも炭素と水素原子のみを含む化合物であり，**炭化水素**である．一つの環に三つの二重結合をもち，二重結合と単結合が交互に並んだ炭素の六員環なので，**芳香族**炭化水素化合物である．

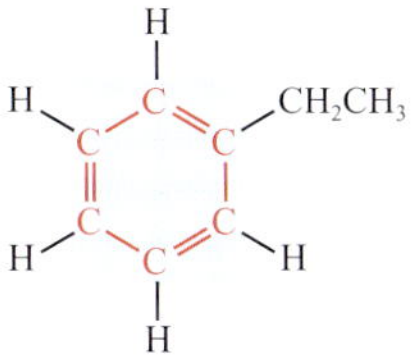

(d) この分子は炭素に二重結合する酸素1原子を含む(**カルボニル基**，これについては5章で解説する)．炭素に単結合する酸素あるいは窒素はない．炭素–酸素結合は二つのほかの炭素(水素ではない)に結合しているから，これは**ケトン**である．

$$
\begin{array}{ccccc}
& H & H & & H & H \\
& | & | & & | & | \\
H- & C- & C- & C- & C- & C-H \\
& | & | & \parallel & | & | \\
& H & H & O & H & H
\end{array}
$$

(e) 多官能基族に属する分子の例を見てみよう．この分子は，炭素と水素に加えて酸素と窒素を含むので，炭化水素ではない．カルボニル基が存在するので，この分子をさらに分類することになるが，ここで問題が生じる．一つの–NH_2はカルボニル基に結合し，もう一方の–NH_2はそうではない．ここで二つの官能基，**アミド**と**アミン**が存在すると結論できる．

アミン
$$
\begin{array}{ccc}
& NH_2 & \text{アミド} \\
& | & \\
CH_3- & CH- & C-NH_2 \\
& & \parallel \\
& & O
\end{array}
$$

(f) この分子も二つの官能基を含む．炭素–炭素単結合と二重結合を交互に含む一つの環とS–S基がある．官能基の概念図で二重結合をたどると**芳香族**炭化水素が示され，硫黄は**ジスルフィド**の存在を示す．

$$
\text{芳香族} \quad -CH_2-CH-CH_3 \\
\qquad\qquad\quad | \\
\qquad\qquad S-S-CH_3 \\
\qquad\qquad\quad \text{ジスルフィド}
$$

> ▶ アミンの–NH_2は塩基性分子を生成する．アミドの–NH_2は窒素原子を有するにもかかわらず塩基性ではないので，塩基性分子を生成しない(6章参照)．以上のことは5章で学ぶ．

例題 1.2　分子の構造：官能基を描く

化合物が属する有機化合物の族を参考に，つぎのような化学式をもつ化合物の構造を考えよ．
(a) C_2H_7N のアミン　　(b) C_3H_4 のアルキン
(c) $C_4H_{10}O$ のエーテル

解　説　それぞれの化合物に当てはまる官能基を表1.1のリストから見つける．その官能基の原子をいったん化学式から除くと，残りの構造が決まる(それぞれの炭素原子は四つ，窒素は三つ，酸素は二つ，水素は一つだけの共有結合を形成する)．

解　答
(a) アミンはC–NH_2基をもつ．これらの原子を分子式から除くと，炭素1原子と水素5原子が残る．炭素だけが一つ以上の結合をするので，炭素2原子は互いに結合していなければならない．そこで，それぞれの炭素原子が四つの結合をもつまで，水素原子を結合する．

$$
\begin{array}{ccc}
H & H & H \\
| & | & | \\
H-C- & C- & N \\
| & | & | \\
H & H & H
\end{array}
$$

(b) このアルキンは一つの C≡C 結合を含んでいる．これを除くと炭素1原子と水素4原子が残る．この炭素に三重結合の片方の炭素を結合させ，それから炭素が四つの結合をもつまで水素原子を結合する．

H–C–C≡C–H
  |
  H

(c) このエーテルは一つの C–O–C 結合をもつ．分子式からこれらを除くと，残り
は炭素 2 原子と水素 10 原子になる．炭素原子をエーテルのどちらか一方の端に
おき，それから炭素が四つの結合をもつまで水素原子を結合する．

H H   H H   H H H   H
| | | | | | | |
H–C–C–O–C–C–H   または   H–C–C–C–O–C–H
| | | | | | | |
H H   H H   H H H   H

問題 1.1

つぎの分子に存在する官能基の位置と名前を示せ．

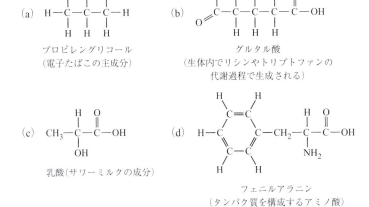

(a) プロピレングリコール
（電子たばこの主成分）

(b) グルタル酸
（生体内でリシンやトリプトファンの
代謝過程で生成される）

(c) 乳酸（サワーミルクの成分）

(d) フェニルアラニン
（タンパク質を構成するアミノ酸）

問題 1.2

つぎの記述に合う分子の構造式を描け．
  (a) 分子式 C_3H_6O をもつアルデヒド
  (b) 分子式 C_3H_6O のケトン
  (c) 分子式 $C_3H_6O_2$ をもつカルボン酸

HANDS-ON CHEMISTRY 1.1

有機化学がどれだけ日常生活に影響を与えているかを知るために，家庭にある一般的な製品を見て，それらを構成する有機化合物を調べてみよう．これをしっかりと行うためには，インターネットに接続する必要がある．

a. ほとんどすべての家庭にある単純な物質である酢を見てみよう．酢はたんに希釈した酢酸のことである．酢酸の構造を調べ，その構造式を描いてみよう．そして，官能基を丸で囲んでみよう．酢を含む食材にはどのようなものがあるか，パントリー（食料庫）や冷蔵庫の中をのぞいてみよう．

b. 家庭にあるほかの一般的な有機化合物は，クエン酸，葉酸，デキストロースおよびチアミンである．それぞれの構造を調べ，その構造式を描いてみよう．そして，できるだけ多くの官能基を丸で囲み，それらを見比べてみよう．この四つの化合物の中で私たちにとって馴染みのある名前はあるだろうか．もしあれば，何だろうか．これらを一つ以上含む食品を少なくとも一つ見つけてみよう．スープのような缶詰はこの作業に適している．これら化合物のいくつかは，その塩の形（たとえば，クエン酸塩，葉酸塩，チアミン一硝酸塩など）として缶に記載されているかもしれない．この作業を仕上げるためには，お店に足を運ぶ必要があるだろう．その食品中に存在する化合物の役割を示してみよう．

c. 本章の冒頭で軟膏 Neosporin について記載した．この軟膏に含まれる三つの抗生物質はなにか，これらの化合物の構造をそれぞれ調べて描きなさい．また，できるだけ多くの官能基を丸で囲み，それらを見比べてみよう．

1.3　有機分子の構造：アルカンと異性体

学習目標：

● 構造異性体と官能基異性体を認識できるようになる．

アルカン（alkane）　単結合だけを含む炭化水素．

単結合だけを含む炭化水素（hydrocarbon）を**アルカン**に分類する．アルカンはもっとも一般的に知られており，燃料として使用されている．バーベキューで見かけるガスタンクは，通常，炭化水素のプロパンである．炭素1原子と水素4原子の結合を考えると，CH_4 のメタンの構造式しか描けない．炭素2原子と水素6原子では CH_3CH_3 のエタンだけが描ける構造になる．おなじように，炭素3原子と水素8原子では $CH_3CH_2CH_3$ のプロパンだけが描ける．メタンを除く**すべての**炭化水素に通じる一般的なルールとして，おのおのの炭素は必ず一つ以上のほかの炭素と結合していなければならない．炭素原子の互いの結合は化合物の“骨格（backbone）”を形成し，水素原子は周囲を覆うことになる．アルカンの一般的な分子式は，化合物中の炭素数を n とすると C_nH_{2n+2} になる．

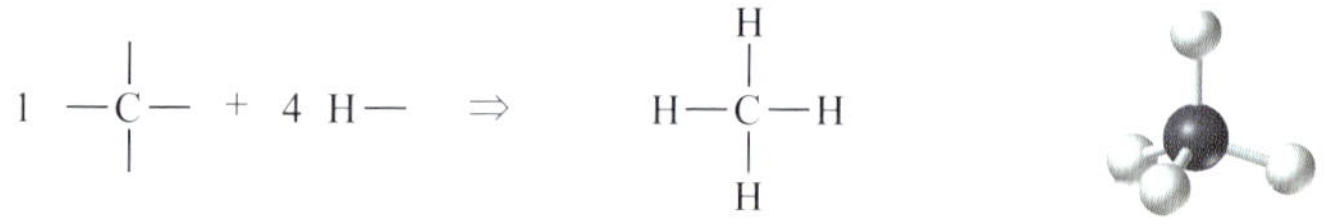

メタン

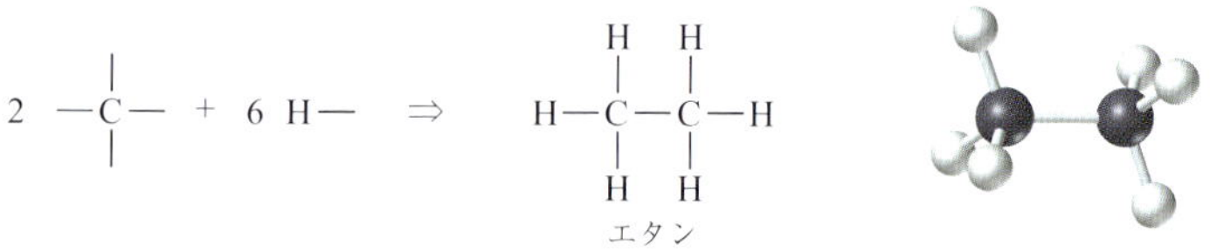

エタン

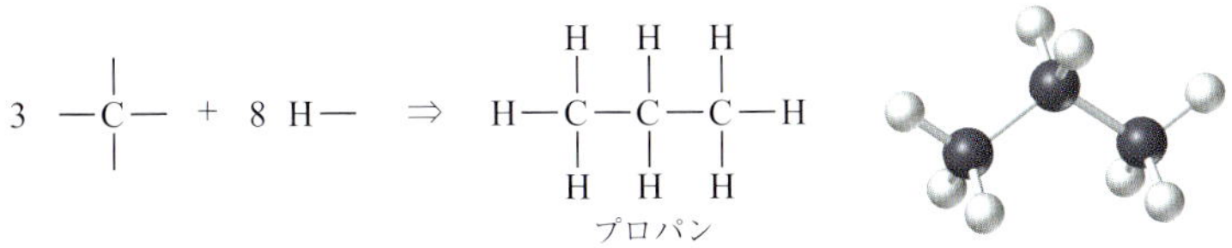

$$3 \ -\overset{|}{\underset{|}{C}}- \ + \ 8 \ H- \ \Rightarrow \ H-\overset{\overset{H}{|}}{\underset{\underset{H}{|}}{C}}-\overset{\overset{H}{|}}{\underset{\underset{H}{|}}{C}}-\overset{\overset{H}{|}}{\underset{\underset{H}{|}}{C}}-H$$

プロパン

アルカンでは炭素数が4以上になると，いろいろな構造式が描けるようになる．おなじ分子式をもちながら異なる構造の化合物を，互いに**異性体**という．分子式 C_4H_{10} の分子では，炭素4原子が1列に並ぶ構造か，途中で枝分かれする構造の二つができる．

異性体（isomer） おなじ分子式をもちながら，異なる構造の化合物．

$$4 \ -\overset{|}{\underset{|}{C}}- \ + \ 10 \ H- \ \Rightarrow$$

直鎖アルカン

分枝点

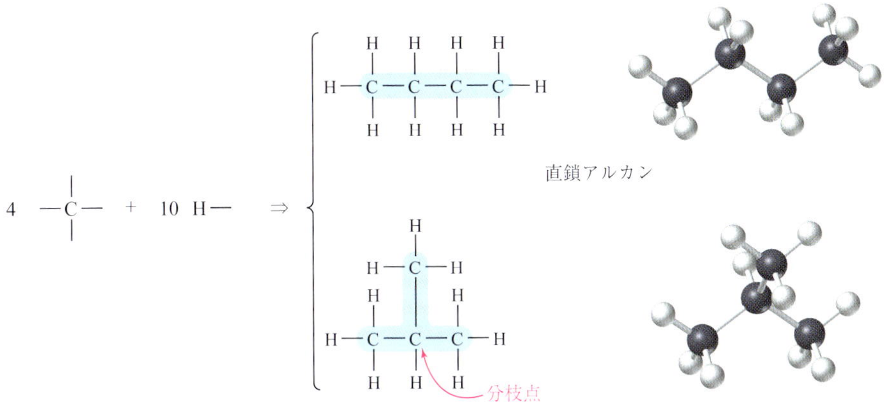

分枝アルカン

おなじように，分子式 C_5H_{12} の分子では三つの構造式が描ける．

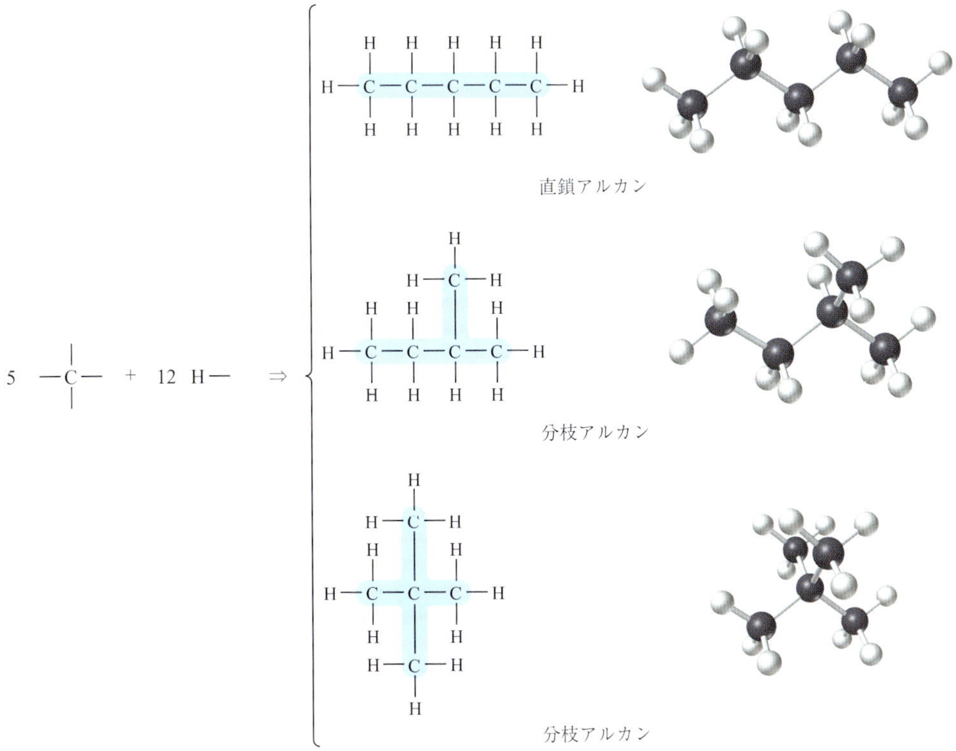

$$5 \ -\overset{|}{\underset{|}{C}}- \ + \ 12 \ H- \ \Rightarrow$$

直鎖アルカン

分枝アルカン

分枝アルカン

直鎖アルカン（straight-chain alkane）
すべての炭素が1列に結合するアルカン．

分枝アルカン（branched-chain alkane）　炭素の結合が分枝しているアルカン．

構造異性体（constitutional または structural isomer）　おなじ分子式をもちながら，原子の結合が異なる化合物．

官能基異性体（functional group isomer）　おなじ化学式をもつが，結合が異なるために異なる化学的な族に属する異性体．エタノールとジメチルエーテルは官能基異性体の一例．

炭素が1列に結合する化合物を**直鎖アルカン**，枝分かれして結合するものを**分枝アルカン**という．直鎖アルカンの炭素は平面的なので紙の上に横1列に描けるが，分枝アルカンの炭素は立体的なので紙の上に描くことはできないことに注意する．

C_4H_{10} の二つの異性体と C_5H_{12} の三つの異性体のように，分子式がおなじで原子の結合が異なる化合物を**構造異性体**という．アルカンの異性体の数は，炭素数が増加するにつれ急激に増える．

ある分子式の構造異性体は，化学的に互いに異なる．構造異性体は，異なる構造と異なる物理的性質（融点や沸点など）をもち，また生理作用なども異なる．炭素と水素以外の原子が分子式に含まれる場合，生じた構造異性体は分子の結合と族の分類のいずれも異なる異性体，**官能基異性体**にもなる．たとえばエタノールとジメチルエーテルはおなじ分子式 C_2H_6O だが，エタノールは沸点 78.5 ℃の液体で，ジメチルエーテルは沸点 −24.8 ℃なので常温では気体になる．エタノールは中枢神経系を抑制する一方，ジメチルエーテルは無毒な化合物で高濃度では麻酔作用を示す．このように，有機化学では分子式そのものはあまり意味をもたないので，化学構造の知識が必要になる．

エタノール
C_2H_6O

ジメチルエーテル
C_2H_6O

例題 1.3　分子の構造：異性体の描き方

分子式 C_6H_{14} をもつすべての異性体を描け．

解　説　すべての炭素は互いに結合して分子を形成することを知ったうえで，炭素6原子のすべての可能な配置を考える．はじめに6炭素すべてが直鎖になる異性体，つぎに5炭素が直鎖で1炭素が分枝する異性体，4炭素が直鎖で2炭素が分枝する異性体を描く．炭素骨格を描き終えたら，炭素のまわりに水素を配置して構造を完成させる（おのおのの炭素には全部で**四**つの結合が必要なことを忘れないこと）．

解　答
　直鎖の異性体では，分枝なしに全6炭素が結合して鎖をつくる．分枝の異性体では，5炭素のあるいは4炭素の鎖に対して，鎖の中ほどに枝分かれになるように残りの炭素を加える．最後に，炭素が四つの結合になるまで水素を加える．

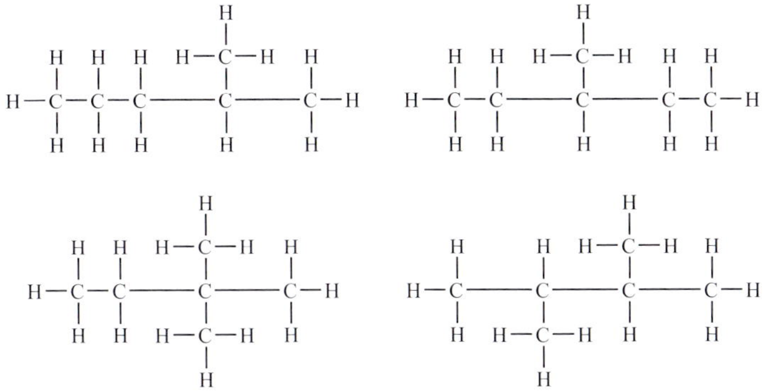

問題 1.3

(a) 分子式 C_7H_{16} の直鎖アルカンの異性体を描け.

(b) 分子式 C_9H_{20} の直鎖アルカンの異性体を描け.

問題 1.4

分子式 C_7H_{16} の分枝アルカンの異性体のうち，分子内のもっとも長い炭素鎖が6炭素である異性体は二つ存在する．それらの構造式を描きなさい.

1.4　有機構造式の描き方

学習目標：

- 単純な化合物の構造式，短縮構造式，線構造式を描けるようになる.
- 構造式，短縮構造式，線構造式をそれぞれ別の描き方に変換できるようになる.

小さい分子でさえ，分子内すべての原子とすべての結合を描くことは時間がかかるし簡単なことではない．もっと簡単にするには**短縮構造式**を使えばよい．短縮構造式は単純な描き方だが，どの官能基があり，どのように原子が結合しているかという基本的な情報を示すことができる．短縮構造式では，C−CとC−Hの単結合の線は"あるものと考えて"描く必要はない．炭素1原子と水素3原子の結合は CH_3（または必要に応じて H_3C）と書き，炭素1原子と水素2原子の結合は CH_2 などのように書く．たとえば，炭素の直鎖アルカン（ブタン）と異性体の分枝アルカン（2-メチルプロパン，分子式 C_4H_{10}）は，図のような描き方ができる.

短縮構造式（condensed structure）
C−C や C−H の結合（線）を省略して構造を描く簡便法.

◀◀ 短縮構造式については基礎化学編 4.7 節も参照.

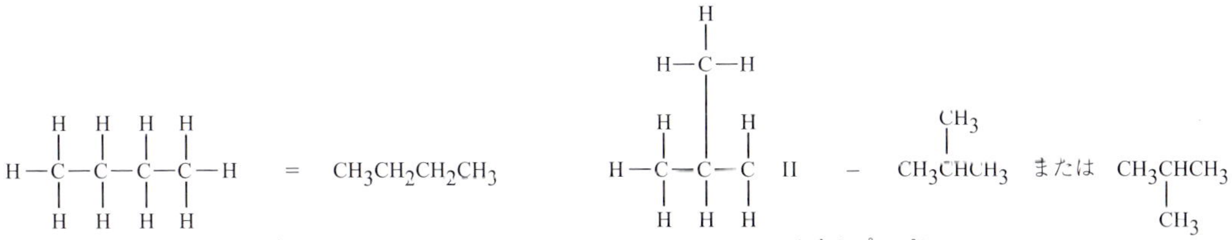

$$H-C-C-C-C-H \quad = \quad CH_3CH_2CH_2CH_3 \qquad H-C-C-C\ II\ - \quad CH_3CHCH_3 \quad または \quad CH_3CHCH_3$$

ブタン
　　　　構造式　　　　　　　　　短縮構造式

2-メチルプロパン
　　　　構造式　　　　　　　　　短縮構造式

このように，ブタンや 2-メチルプロパンの短縮構造式では炭素間の結合を示す線を省略して CH_3 と CH_2 が互いに隣り合うように並べて書き，2-メチルプロパン異性体が分枝する線は描いて区別することに注意する.

もっと簡単にするために，CH_2 基（**メチレン基**）を一つだけ書いてカッコでく

メチレン基（methylene）　CH_2 基の別名.

くり，CH_2 基の数をまとめてカッコに下付き文字で示すことがある．たとえば，炭素6原子の直鎖アルカン（ヘキサン）は以下のように書く．

$$CH_3CH_2CH_2CH_2CH_2CH_3 \quad または \quad CH_3(CH_2)_4CH_3$$

例題 1.4　分子の構造：短縮構造式の描き方

例題 1.3 の異性体を短縮構造式で描け．

解　説　水平の結合をすべて除き，化合物のそれぞれの炭素について簡略化した分子式の構成要素（CH_3, CH_2 など）に置き換える．分枝異性体の結合は，はっきりと描く．

解　答

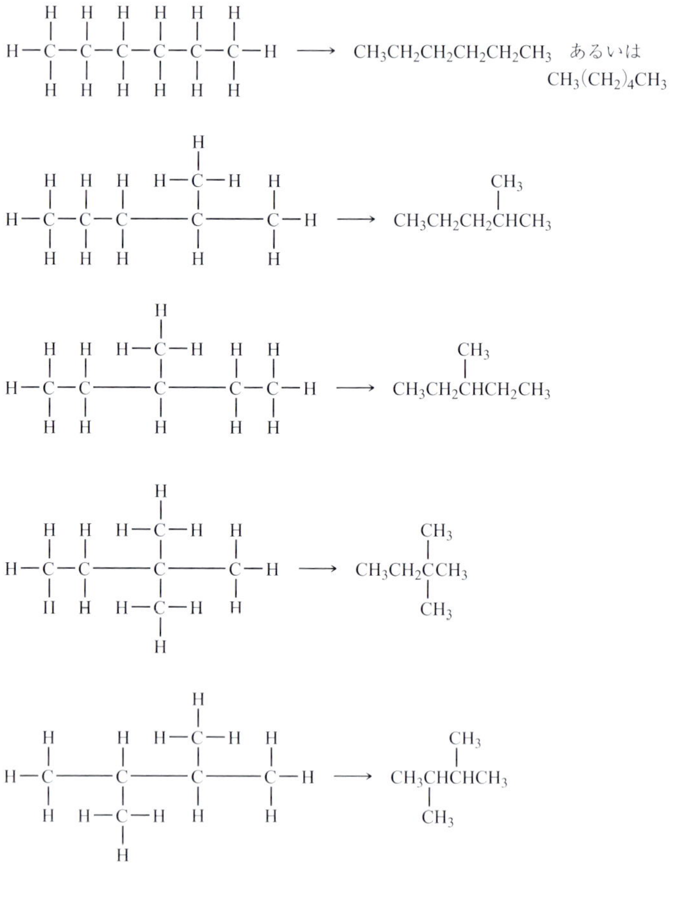

問題 1.5

つぎの C_5H_{12} の三つの異性体を短縮構造式で描け．

(a)　ペンタン

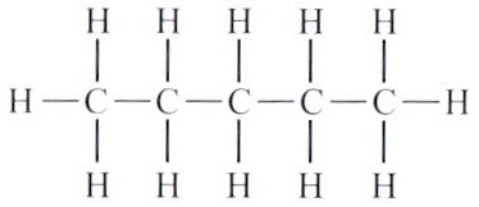

2-メチルブタン

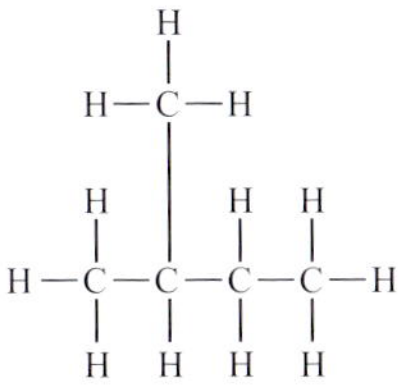

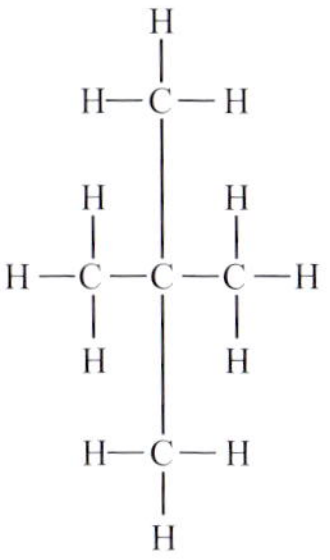

2,2-ジメチルプロパン

　有機分子を表記するもう一つの方法には，構造中にCやHを書かない**線構造式**（あるいは線-角構造式）がある．CやHを省略する代わりに，水素と結合する炭素原子鎖を短いジグザグの線であらわし，主鎖からの分枝には線を追加してあらわす．たとえば，ブタンとその分枝異性体である2-メチルブタンの線構造式は以下のように描く．

　と　　　$CH_3CH_2CH_2CH_3$　　はおなじ

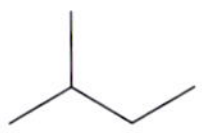

　と

$$CH_3CHCH_2CH_3 \ \overset{\displaystyle CH_3}{|}$$

はおなじ

線構造式（line structure）　線-角構造式（line-angle structure）としても知られる，構造式を簡単に描く一つの方法で，炭素と水素原子を省略する．その代わりに，炭素原子は線の両端と二つの線のすべての交点に存在し，4結合をつくる必要があるすべての炭素に水素が存在すると考える．

　線構造式は有機分子を表記するための単純かつ早い方法で，存在するすべての炭素や水素を書くことでかえってわかりにくくなることを避けるよう考えられている．化学者，生物学者，薬剤師，医師それに看護師などは，非常に複雑な有機構造を互いに伝達するために線構造式を便利に使っている．線構造式のもう一つの利点として，炭素鎖における角度を，より忠実に描写することがあげられる．

　この方法で簡単に分子を描くには，つぎのような指針に従えばよい．

1.　個々の炭素-炭素の結合は線であらわす．

2.　線のはじめ（始点）とおわり（終点）のどの場所でも，あるいは二つの線が交わるどの交点でも炭素原子を示す．

3.　炭素に結合するほかの炭素や水素以外は，すべての原子を表記する．

4.　中性の炭素原子は4結合なので，どの炭素についても，表記されないすべての結合には，炭素が4結合するのに必要な数だけ炭素-水素の結合が存在すると理解する．二つの炭素間の結合あるいは炭素と水素以外の元素との結合のみを示す．

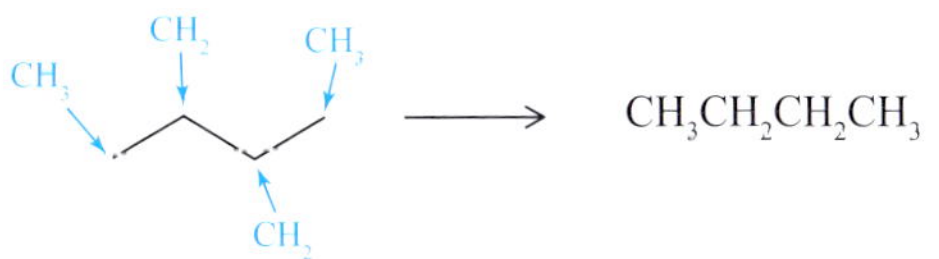

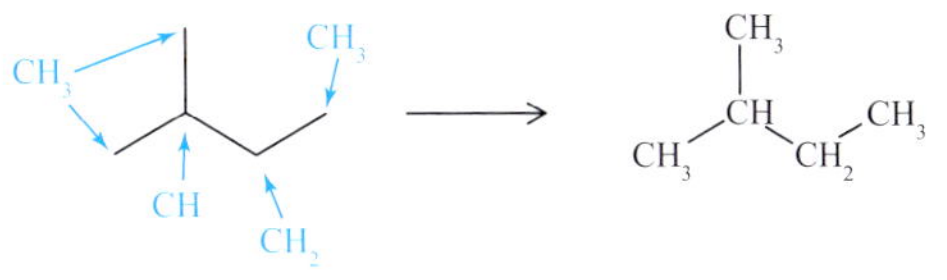

　⟶　$CH_3CH_2CH_2CH_3$

　線構造式を構造式あるいは短縮構造式に変換するには，単純に線構造式にある各線の末端と各交点を正確に解釈する程度でよい．たとえば，一般的な鎮痛薬のイブプロフェンの短縮構造式と線構造式は以下のようになる．

　化学者と生化学者は，研究対象の分子を表記するのに構造式や短縮構造式，線構造式を取り混ぜて使うことが多い．本書を学習するにあたり，このように表記される複雑な分子を多く見かけることになるため，3 通りの構造式の描き方をいつでも変換できるように考えることを勧める．

例題 1.5　分子の構造：短縮構造式を線構造式に変換する

下の短縮構造式を線構造式に変える．

(a)　$CH_3CH_2CHCHCH_2CH_3$
（上下に CH_3 が分枝）

(b)　$CH_3CHCH-C-CH_2CH_3$
（OH，Cl，CH_3，CH_3 が分枝）

解　説　短縮構造式の中から，もっとも長い連続する炭素原子鎖を探す．線構造式を描くには，まずジグザグの線を描くことからはじめ，頂点の数と線の末端の合計が鎖中の炭素原子の数とおなじになるようにする．主鎖の頂点で垂直の線を描き，分枝を表記する．炭素そのものと炭素に結合する水素以外のすべての元素を示す．

解　答
(a)　ジグザグの線から描きはじめ，もっとも長い鎖の炭素数が末端と頂点の数を加えた数に一致するようにする（ここでは 6，わかりやすくするために炭素に番号をつけた）．

（線構造式：番号 2, 4, 6 が上，1, 3, 5 が下）　または　（番号 1, 3, 5 が上，2, 4, 6 が下）

　短縮構造式を参照すると，3 番目と 4 番目の炭素に $-CH_3$（メチル）基がある．この二つの CH_3 基は，ジグザグ構造の炭素から垂直にはみ出して表記する．

（線構造式：番号 2, 4, 6 が上，1, 3, 5 が下，3 と 4 に垂直の分枝）

　これで線構造式が完成した．水素は存在しているが表記されないことに注意する．たとえば，4 番目の炭素には三つの結合が明示されている（炭素 3 へ一つ，炭素 5 へ一つ，分枝の CH_3 基へ一つ）．この炭素の 4 番目の結合は，水素と結合していると考える．
(b)　(a)とおなじように，6 炭素のもっとも長い鎖のジグザグの線からはじめる．つぎに $-CH_3$ 基に結合する炭素（3 と 4）に線を描く．$-OH$ 基と $-Cl$ 基のいずれも表記しなければならないので，最終的につぎのような構造式になる．

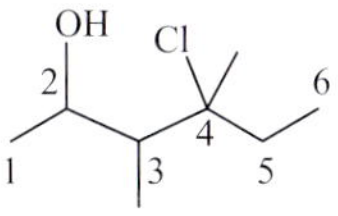

線構造式においては，正しい炭素に結合しているのであれば，主鎖から離れる分枝がどの方向であっても，このような二次元の描き方では構わないことに注意する．これは短縮構造式でもいえる．たいていの場合，主鎖の炭素原子から離れるように表記される官能基の方向は，たんに美的センスで選ばれる．線構造式はつぎのようにも描くことができる．

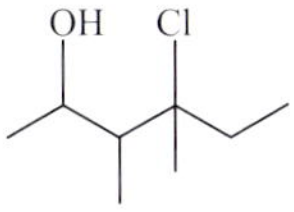

例題 1.6 分子の構造：線構造式を短縮構造式に変換する

下の線構造式を短縮構造式に変える．

(a)

(b)

解 説 すべての頂点と線の末端を炭素に変える．炭素以外のすべての原子を書き，それらに結合する水素すべてを書く．必要に応じて水素を加え，個々の炭素には四つの基が結合するようにする．分枝以外の炭素が結合する線を除く．

解 答

(a) どの線の末端でも，どの線の交点でも C を書く．

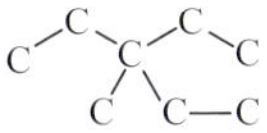

この分子には炭素と水素以外に原子は存在しないので，必要なだけの水素を加えてどの炭素も 4 結合にする．

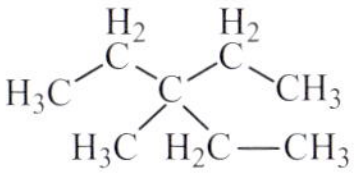

分枝の線を残し，それ以外のすべての線を消去して短縮構造式とする．

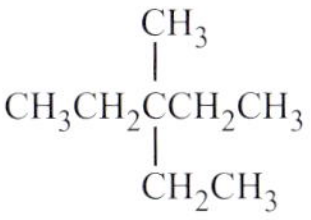

$$CH_3CH_2\overset{\underset{\displaystyle CH_3}{|}}{\underset{\underset{\displaystyle CH_2CH_3}{|}}{C}}CH_2CH_3$$

(b) おのおのの線の末端と，2 本の線のおのおのの交点で C を書くことから短縮構造式を描きはじめる．

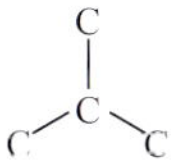

つぎにすべての非炭素原子と，酸素と窒素に結合する水素を書く．さらに水素を加え，個々の炭素が 4 結合になるようにする．

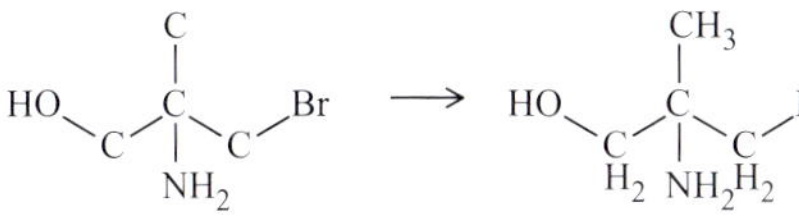

分枝以外のすべての線を消去して短縮構造式を完成させる.

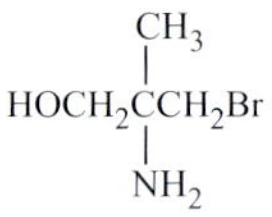

$$HOCH_2\overset{\overset{\displaystyle CH_3}{|}}{\underset{\underset{\displaystyle NH_2}{|}}{C}}CH_2Br$$

問題 1.6
つぎの短縮構造式を線構造式に変える.

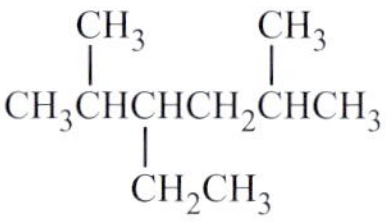

(a) 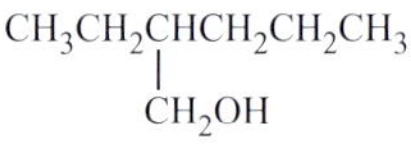 $CH_3CH_2\overset{}{\underset{\underset{\displaystyle CH_2OH}{|}}{C}H}CH_2CH_2CH_3$

(b) $CH_3\overset{\overset{\displaystyle CH_3}{|}}{C}HCHCH_2\overset{\overset{\displaystyle CH_3}{|}}{C}HCH_3$ （CH₂CH₃ 枝付き）

(c) $CH_3-\overset{\overset{\displaystyle Br}{|}}{C}H-\overset{\underset{\underset{\displaystyle CH_3}{|}}{}}{C}H-CH_2-CH_2-\overset{\underset{\underset{\displaystyle CH_3}{|}}{}}{C}H-OH$

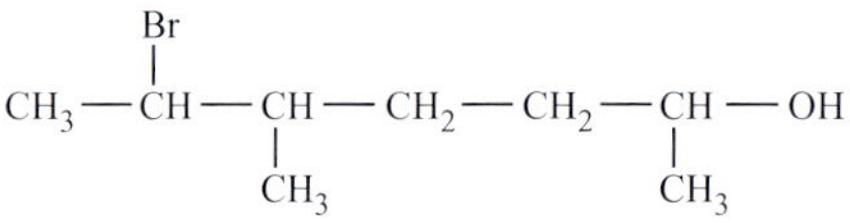

問題 1.7
つぎの線構造式を短縮構造式に変える.

(a)

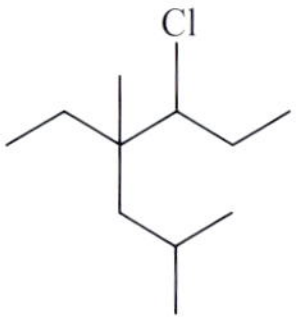

(b)

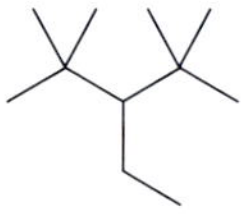

問題 1.8
問題 1.2 の各化合物の構造式を，短縮構造式と線構造式に変える.

1.5 有機分子の形

学習目標：

- 二つの構造式が与えられたときに，それらが同一分子のコンホーマー（配座異性体）であるか，構造異性体であるか，あるいは別の分子であるかどうかを見分けられるようになる.

　アルカンのすべての炭素原子は，正四面体の四つの頂点に向かう結合をもつが，三次元構造などはとくに気にせずに短縮構造式を描いてよい. 短縮構造式は，立体的な配置を特定せずに原子間の結合をあらわすものであって，特定の三次元構造を表示するためのものではない. 線構造式は分子の形を多少なりとも思わせるようになってはいるが，それでも，破線やくさび形の線で補わない限り，三次元構造をあらわすには限界がある（基礎化学編 4.8 節および本書 3.10 節）.

　たとえば，ブタンの炭素–炭素の単結合は**回転**(rotation)しているので，ブタンが一つの形をとることはない. 非環状構造（ブタンのように）では，炭素–炭素の単結合で結合した分子の二つの部分は結合のまわりが自由に回転するた

め，三次元的に可能な立体的配置は無数にあることになり，つまり**立体配座**を生じることになる．ブタンのような分子のいろいろな立体配座は，互いに**コンホーマー**という．炭素−炭素の単結合のまわりが回転する結果，コンホーマーは互いに異なるものになる．コンホーマーの三次元構造(分子内の結合角の違いに起因する)とエネルギー(置換基どうしの配置に起因する)は異なっているが，個々のコンホーマーを分離することはできない．ブタン分子では，あるときは伸び切った形になり，またあるときはより曲がった形になる(図1.2)．実際のブタンには，つねに立体配座を変えている非常に多くの分子が存在している．これらの立体配座では，いくつかは置換基どうしが互いにねじれていたり(図1.2(a)，(b))，すべての置換基が重なっている場合もある(図(c))．分子は三次元構造を有し，原子も空間的に近い．そのため，やや混み合ったコンホーマー(水素より大きい置換基が互いに近くに存在するコンホーマー，図(b))は，もっとも混み合っていないコンホーマー(大きい置換基どうしが可能な限り離れたコンホーマー，図(a))よりも高いエネルギーを有する．隣接する原子上の置換基が重なる場合のコンホーマーは，いわゆる立体障害により高いエネルギーをもつことになる．どの瞬間でも，大多数の分子はもっとも混み合わない低エネルギーの形，つまり図1.2(a)のような伸びた形になっている．ほかのアルカンもすべておなじで，どの瞬間でも，大多数の分子はもっとも混み合わない立体配座になる．

立体配座(conformation)　炭素−炭素単結合のまわりの回転によって特異的に生じる，ある分子のある状態での原子の特異的な三次元構造．

コンホーマー(conformer)　配座異性体ともいう．原子間の結合がおなじで，C−C結合の回転が直接的に相互転換できる分子構造．したがって，原子の空間的な配置が異なるだけの分子構造となる．

▶▶ 3.10節で有機分子の三次元構造の違いによりエナンチオマー(鏡像異性体)が存在する場合があることを学習する．エナンチオマーとは，重ね合わせることができない鏡像の関係となる異性体のことで，多くの生物活性物質にとって重要な性質の一つである．

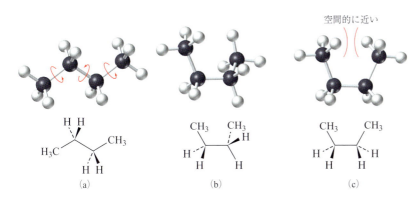
(a)　　　　　　(b)　　　　　　(c)

空間的に近い

◀**図1.2**
ブタンの立体配座の例(ほかにも無数に存在する)
もっとも混み合っていない広がった配座の(a)が，低エネルギー状態の立体配座．一方，重なり形配座の(c)は，二つのCH_3基が互いに上を向いており，高エネルギー状態になる．この表記法では，くさびで示した結合は紙面に対し，読者の方向に飛び出している．一方，破線で示した結合は紙面に対し，読者とは反対方向に向いている．

ある二つの構造が，おなじ原子間の結合をもち，分子の反転あるいはC−C結合の回転のいずれかによって相互転換するかぎり，描き方がどう違っていても互いにコンホーマーであり，おなじ化合物になる．重要なのは，コンホーマーを相互転換するときに，結合を切ったりつけたりしないことである．コンホーマーか実際に異なる化合物かどうかを判断するには，構造を回転して考えるとよい．つぎの例では，一方の構造を左右反転させて，赤のCH_3がおなじ側にくるように書き，二つの構造がおなじ化合物のコンホーマーか二つの異性体かどうかを判断する．

二つの構造がコンホーマーかどうかを判断するには，国際純正・応用化学連合(IUPAC：アイユーパック)の命名法(1.6節)によって名前をつけてみればよい．もし二つの構造がおなじ名前なら，それらはおなじ化合物のコンホーマーとなる．

例題 1.7　分子の構造：コンホーマーの決め方

つぎの構造の分子式はすべて C_7H_{16} になる. どれがおなじ分子か.

$$
\text{(a)}\quad
\begin{array}{c}
\qquad\quad CH_3 \\
\qquad\quad | \\
CH_3CHCH_2CH_2CH_2CH_3
\end{array}
\qquad
\text{(b)}\quad
\begin{array}{c}
\qquad\qquad\quad CH_3 \\
\qquad\qquad\quad | \\
CH_3CH_2CH_2CH_2CHCH_3
\end{array}
$$

$$
\text{(c)}\quad
\begin{array}{c}
\qquad\quad CH_3 \\
\qquad\quad | \\
CH_3CH_2CH_2CHCH_2CH_3
\end{array}
$$

解　説　原子間の**結合**(connection)に注意を払う. 右から左に描いた構造と左から右に描いた構造の違いに惑わされない. はじめに分子の炭素原子のもっとも長い鎖を決める.

解　答
　分子(a)は, 6炭素の直鎖に, 左端から2番目の炭素に分枝の $-CH_3$ 基が結合している. 分子(b)は, おなじく6炭素の直鎖に, 右端から2番目の炭素に分枝の $-CH_3$ 基が結合しているので, (a)とおなじ分子. したがって, (a)と(b)はおなじ分子のコンホーマーになる. (a)と(b)の唯一の違いは, 一方が"前から", もう一方が"後ろから"描かれていることにある. これらと違い, 分子(c)は6炭素の直鎖に, 右端から**3番目**の炭素に分枝の $-CH_3$ 基が結合しているので, (a)や(b)の異性体になる.

例題 1.8　分子の構造：コンホーマーと異性体の決め方

つぎの組合せの化合物は, おなじ分子(コンホーマー)か, 異性体か, あるいは無関係か.

$$
\text{(a)}\quad
\begin{array}{c}
CH_3 \\ | \\ CH_3CHCH_2CH_2 \\ | \\ CH_3
\end{array}
\qquad
\begin{array}{c}
CH_3 \\ | \\ CH_3CHCH_2CH_2CH_3
\end{array}
$$

$$
\text{(b)}\quad
\begin{array}{c}
CH_3CH_2CHCH_3 \\ | \\ CH_2CH_3
\end{array}
\qquad
\begin{array}{c}
CH_2CH_3 \\ | \\ CH_3CHCH_2 \\ | \\ CH_3
\end{array}
$$

$$
\text{(c)}\quad CH_3CH_2OCH_3 \qquad
\begin{array}{c}
O \\ \| \\ CH_3CH_2CH
\end{array}
$$

解　説　まず二つの構造の分子式を比較しておなじかどうかを見て, つぎにおなじ化合物か異性体かを知るために構造を検討する. それぞれの構造で, もっとも長く連続する炭素鎖を見つけ出し, それに結合する置換基の場所を比較する.

解　答
(a)　両化合物ともおなじ分子式 C_6H_{14} をもつ. いずれの場合も, 5炭素鎖の主鎖の端から2番目の炭素原子に $-CH_3$ 基が結合しているので, これらの構造はおなじ化合物で, 互いにコンホーマーを示している.

$$
\begin{array}{c}
CH_3 \\ | \\ CH_3CHCH_2CH_2 \\ | \\ CH_3
\end{array}
\qquad
\begin{array}{c}
CH_3 \\ | \\ CH_3CHCH_2CH_2CH_3
\end{array}
$$

(b)　両方の化合物ともおなじ分子式 C_6H_{14} をもち, もっとも長い炭素鎖はいずれも5である. しかし一方の構造は $-CH_3$ 基が3番目(中央)の炭素原子に, もう一方は2番目の炭素原子に結合しているので, これらは異性体である.

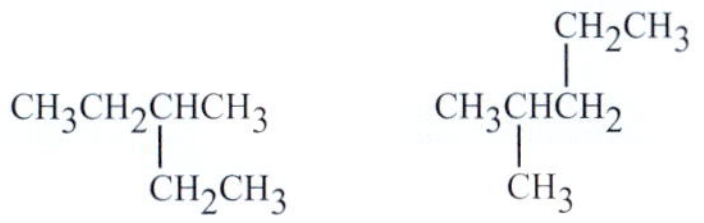

$$CH_3CH_2CHCH_3$$
$$|$$
$$CH_2CH_3$$

$$CH_2CH_3$$
$$|$$
$$CH_3CH_2CHCH_2$$
$$|$$
$$CH_3$$

(c)　これらの化合物の分子式は C_3H_8O と C_3H_6O なので無関係であり，互いにコンホーマーでも異性体でもない．

問題 1.9

つぎの構造式のうちおなじ分子(コンホーマー)を示すのはどれか．

$$CH_3 \quad CH_3$$
$$| \quad\quad |$$
(a) 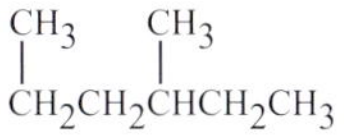　$CH_2CH_2CHCH_2CH_3$

$$CH_3$$
$$|$$
(b) 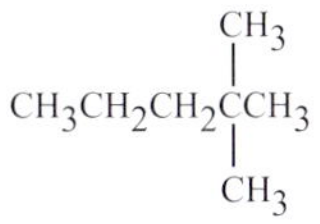　$CH_3CH_2CH_2CCH_3$
$$|$$
$$CH_3$$

$$CH_3$$
$$|$$
(c) 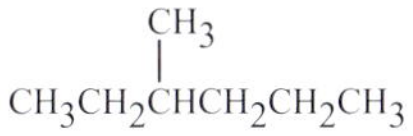　$CH_3CH_2CHCH_2CH_2CH_3$

問題 1.10

つぎの二つの化合物はおなじ分子か，異性体か，あるいは異なる分子か．

(a) 　

(b) 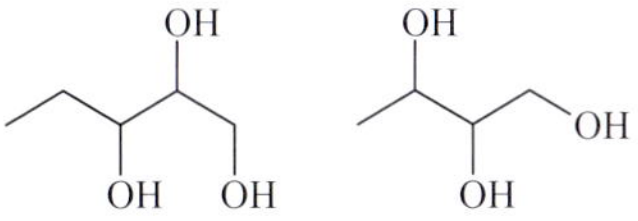　

(c) 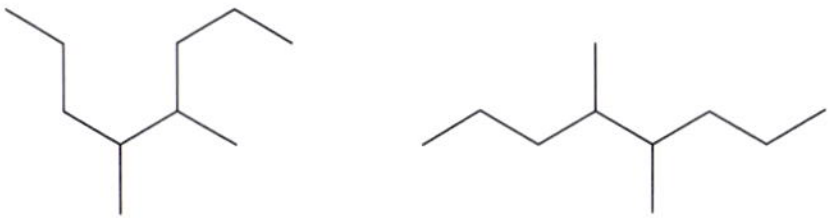　

1.6　アルカンの命名法

学習目標：

● 構造式で描かれたアルカンを命名できるようになる．また名前で書かれたアルカンの構造式を描けるようになる．

　純粋な有機化合物がまだほとんど発見されていなかったころ，新しい化合物の名前は最初に発見した人がきまぐれでつけていた．たとえば，urine(尿)から単離された結晶の urea(尿素)とか，発見者が友人 Barbana に敬意を表してつけた barbiturate(バルビツル酸)など．しかしだんだん多くの化合物が見つかるようになると，系統だった命名法が必要になってきた．

　現在使われる**命名法**(nomenclature)は，IUPAC が提唱している．IUPAC の有機化合物の命名法では，化合物名を**接頭語**(prefix)，**母体名**(parent)，**接尾語**(suffix)の三つの部分に分けて考える．接頭語は分子内の官能基や**置換基**の場所を示し，母体名はもっとも長く連続する炭素鎖にいくつの炭素原子があるかを示し，接尾語はその化合物がどの族に含まれるかをあらわす．

置換基(substitutent)　母体の化合物に結合した 1 原子あるいは原子のグループ．

接頭語—母核—接尾語

置換基の場所はどこか？　　炭素数はいくつか？　　分子が属する族はなにか？

　　直鎖アルカンは炭素原子数に応じて命名し，接尾語に−アン(-ane)をつける．歴史的に特別な名称をもつ最初の四つの母体名(メタン，エタン，プロパン，ブタン)は例外とし，アルカンは母体の炭素数に応じてギリシャ数字で命名する(表1.2)．たとえば，ペンタンは炭素5原子のアルカン，ヘキサンは炭素6原子のアルカンなどのようになる．最初の10個のアルカンの名前はよく使うので，必ず覚えること．

表1.2　直鎖アルカンの名前

炭素数	構　造	名　前	
1	CH_4	メタン	*methane*
2	CH_3CH_3	エタン	*ethane*
3	$CH_3CH_2CH_3$	プロパン	*propane*
4	$CH_3CH_2CH_2CH_3$	ブタン	*butane*
5	$CH_3CH_2CH_2CH_2CH_3$	ペンタン	*pentane*
6	$CH_3CH_2CH_2CH_2CH_2CH_3$	ヘキサン	*hexane*
7	$CH_3CH_2CH_2CH_2CH_2CH_2CH_3$	ヘプタン	*heptane*
8	$CH_3CH_2CH_2CH_2CH_2CH_2CH_2CH_3$	オクタン	*octane*
9	$CH_3CH_2CH_2CH_2CH_2CH_2CH_2CH_2CH_3$	ノナン	*nonane*
10	$CH_3CH_2CH_2CH_2CH_2CH_2CH_2CH_2CH_2CH_3$	デカン	*decane*

アルキル基(alkyl group)　アルカンの水素1原子を除いた残りの部分．

メチル基(methyl group)　$-CH_3$のアルキル基．

エチル基(ethyl group)　$-CH_2CH_3$のアルキル基．

　　主鎖から枝分かれする $-CH_3$ 基や $-CH_2CH_3$ 基のような置換基を**アルキル基**という．アルキル基は，水素1原子を除去して結合できる場所をつくったアルカンの残りの部分と考えることができる．たとえば，メタン CH_4 から1水素を除くと**メチル($-CH_3$)基**，エタン CH_3CH_3 から1水素を除くと**エチル($-CH_2CH_3$)基**，になる．これらのアルキル基の名前は，もとのアルカンの接尾語−アンを−イル(-yl)に置き換えて覚える．

アルキル基はもとのアルカンからできる

メタン　1Hの除去　$= -CH_3$　メチル基

エタン　1Hの除去　$= -CH_2CH_3$　エチル基

　　メタンやエタンには1"種類"の水素しかない．メタンの水素4原子は，すべて等価(おなじ)なので，そのうちのどの水素を除くかを気にする必要はない．こうするとメチル基はたった一つになる．おなじように考えると，エタンの等価な水素6原子のうちどれを除いてもたった一つのエチル基になる．

　　炭素数の多いアルカンでは，いろいろな種類の水素を含むのでもっと難しくなる．プロパンには2種類の水素がある．端の炭素と結合する水素6原子のうちどれか1個を除くと，直鎖のアルキル鎖，**プロピル基**ができ，中央の炭素に

プロピル基(*n*-propyl group)　$-CH_2CH_2CH_3$ の直鎖アルキル基．

結合する水素 2 原子のうち，いずれか 1 個を除くと，分枝アルキル鎖の**イソプロピル基**ができる．

イソプロピル基（isopropyl group）
$-CH(CH_3)_2$ の分枝アルキル基．

アルキル基は化合物ではなく，むしろ化合物名をつけやすくする単純な部分構造を示している．これは重要なことなので理解しておくこと．よく出てくるアルキル基を図 1.3 にあげたので，暗記するとよいだろう．

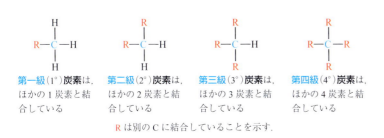

◀**図 1.3**
有機分子にみられるもっとも一般的なアルキル基を示す．

置換には 4 原子につく炭素に対して四つのパターンがあり，**第一級，第二級，第三級，第四級**という．この分類は，単結合しかもたない炭素にのみ使われることに注意する．図 1.3 に示したように，ブチル基（4 炭素）には，*n*-ブチル基，*sec*-ブチル基，イソブチル基，*tert*-ブチル基の四つがあることに注意する．接頭語イソは isomer（異性体）の略で，第一級炭素が結合したアルキル鎖で，直鎖ではなく分枝のアルキル鎖を意味している*．接頭語 *sec*- は secondary（第二級）の略で，アルキル基の結合部位が第二級炭素である．また，接頭語 *tert*- は tertiary（第三級）の略で，アルキル基の結合部位が第三級炭素となる．ほかの 1 炭素（一般的に分子構造では $-R$ 基として示される）と結合する炭素原子を**第一級**（1°）**炭素**，ほかの 2 炭素と結合する炭素原子を**第二級**（2°）**炭素**，ほかの 3 炭素と結合する炭素原子を**第三級**（3°）**炭素**，そしてほかの 4 炭素と結合する炭素原子を**第四級**（4°）**炭素**という．

＊（訳注）：つまり，末端から 2 番目の炭素原子にメチル基が結合しているアルキル基のこと．

第一級（1°）**炭素**（primary carbon atom） ほかの炭素 1 原子が結合している炭素原子．

第二級（2°）**炭素**（secondary carbon atom） ほかの炭素 2 原子が結合している炭素原子．

第三級（3°）**炭素**（tertiary carbon atom） ほかの炭素 3 原子が結合している炭素原子．

第四級（4°）**炭素**（quaternary carbon atom） ほかの炭素 4 原子が結合している炭素原子．

＊（訳注）：炭素原子に結合する水素数ではないことに注意する．

有機化学者は略語 R を使用して，不特定の官能基を示す．この場合，注目する原子へ直接結合するのは炭素となる．R は CH_3 のように単純な場合もあれば，想像したことがないくらい複雑な場合もある．また，化学者が研究の対象となる特定のグループ（官能基あるいは特定の炭素原子）に分類できるように使用されることもある．つまり，特定の官能基の一般的な反応性を示す際，その分子の残りの部分(rest)で混乱を引きおこさないように使われる．略語が使用される場合，R が示す特定のグループが限定されることがある（たとえば，$R = CH_3,\ C_2H_5$）．

表 1.3 に一般的な略語を示す．これらの略語は本書全体で見かけることになるであろうが，その使用は最小限にとどめるように努めた．読者の指導者が使用を認める場合にのみ，これらの略語を使用すること．これらの略語を使用することで反応をずっと単純にすることができる．たとえば，アルコールの一般式 $R-OH$ は CH_3OH, CH_3CH_2OH などのもっとも単純なアルコールや，つぎに示すコレステロールのような複雑なアルコールを意味することがある．

分枝アルカンは，つぎの 4 段階で命名する．

段階 1：主鎖(main chain)**に名前をつける．** 連続するもっとも長い炭素鎖を見つけ，分子が含む炭素の数に応じて炭素鎖に名前をつける．もっとも長い炭素鎖がいつも直線で描かれているわけではないので，簡単にわかるとは限らない．

もっとも長い鎖は 5 炭素なので，置換ブタンではなく置換ペンタンと命名する．

段階 2：最初に分枝する炭素にもっとも近い末端から数えはじめ，**主鎖の炭素原子に番号をつける．**

表 1.3　有機化学における一般的な略語

R	分子の残渣あるいは残りの部分．有機分子の中で，現段階では考慮しなくてもよい部分を示す．注目する反応条件で反応する基は含まれない．一般に炭素基を示し，どのような基にもなりうる．
R′, R″, R‴	プライム表記．異なる基を示すために使用される．"R プライム" "R ダブルプライム" などと読む．
X	極性基．一般にハロゲンを示す場合が多い．"脱離基(leaving group)" を示すことがほとんどである．アニオン種もしくは中性種として脱離することが可能な原子あるいは基を示す．
Y または Z	これらも極性基を示す．すでに存在している極性基 X とは別の極性基を示す．普通は酸素あるいは硫黄原子を介して結合する基を示す．あまり使用されない．
M	金属あるいは金属イオン．金属が正確に何であるかが影響しないときに使用される．たとえば，Na や K を示す．
Ar	芳香族基（アリール基，Aryl）．より特殊な R 基．この基に結合している炭素原子に特別な性質が加わる場合に使用する．もっとも一般的なのはフェニル基（2 章）である．
Ph	フェニル基（$-C_6H_5$，2 章）．一つの基が結合したベンゼン環．

$$\underset{1}{CH_3}-\underset{2}{\overset{\overset{\displaystyle CH_3}{|}}{CH}}-\underset{3}{CH_2}-\underset{4}{CH_2}-\underset{5}{CH_3}$$

左から番号をつけて，最初の分枝を C2 位にする．右からはじめると C4 位になるので間違い．

段階 3：枝分かれする置換基を見つけ，主鎖に結合する位置に応じて，**それぞれに番号をつける**．

$$\underset{1}{CH_3}-\underset{2}{\overset{\overset{\displaystyle CH_3}{|}}{CH}}-\underset{3}{CH_2}-\underset{4}{CH_2}-\underset{5}{CH_3}$$

主鎖をペンタンにする．鎖の C2 位に結合する一つのメチル($-CH_3$)基が存在する．

もし，二つの置換基がおなじ炭素にある場合は，両方におなじ番号をつける．名前にある番号の数とおなじ数の置換基が，つねに存在しなければならない．

$$\underset{1}{CH_3}-\underset{2}{CH_2}-\underset{3}{\overset{\overset{\displaystyle CH_2-CH_3}{|}}{\underset{\underset{\displaystyle CH_3}{|}}{C}}}-\underset{4}{CH_2}-\underset{5}{CH_2}-\underset{6}{CH_3}$$

主鎖をヘキサンにする．ここでメチル($-CH_3$)とエチル($-CH_2CH_3$)の二つの置換基が存在し，いずれも C3 位に結合したと考える．

段階 4：異なる接頭語を区別するためにハイフン(-)を，番号を区切るためにカンマ(,)を必要に応じて入れ，**名前を一語で書く**．二つ以上の異なる置換基がある場合には，アルファベット順にする．二つ以上のおなじ置換基が存在するときは，**ジ**(*di-*)，**トリ**(*tri-*)，**テトラ**(*tetra-*)などの接頭語を使うが，アルファベット順には使わない．

$$\underset{1}{CH_3}-\underset{2}{\overset{\overset{\displaystyle CH_3}{|}}{CH}}-\underset{3}{CH_2}-\underset{4}{CH_2}-\underset{5}{CH_3}$$

2-メチルペンタン（2-methylpentane）
（2-メチル置換基をもつ 5 炭素鎖）

$$\underset{1}{CH_3}-\underset{2}{CH_2}-\underset{3}{\overset{\overset{\displaystyle CH_2-CH_3}{|}}{\underset{\underset{\displaystyle CH_3}{|}}{C}}}-\underset{4}{CH_2}-\underset{5}{CH_2}-\underset{6}{CH_3}$$

3-エチル-3-メチルヘキサン（3-ethyl-3-methyl-hexane）
（アルファベット順に並べて表記した 3-エチルと 3-メチル置換基をもつ 6 炭素鎖）

$$\underset{1}{CH_3}-\underset{3}{\overset{\overset{\displaystyle \underset{2}{CH_2}-\underset{1}{CH_3}}{|}}{\underset{\underset{\displaystyle CH_3}{|}}{C}}}-\underset{4}{CH_2}-\underset{5}{CH_2}-\underset{6}{CH_3}$$

3,3-ジメチルヘキサン（3,3-dimethylhexane）
（二つの 3-メチル置換基をもつ 6 炭素鎖）

$$\underset{1}{CH_3}-\underset{3}{\overset{\overset{\displaystyle \underset{2}{CH_2}-\underset{1}{CH_3}}{|}}{\underset{\underset{\displaystyle H_3C}{|}}{C}}}-\underset{4}{\overset{\overset{\displaystyle CH_2CH_3}{|}}{CH}}-\underset{5}{CH_2}-\underset{6}{CH_2}-\underset{7}{CH_3}$$

4-エチル-3,3-ジメチルヘプタン
（4-ethyl-3,3-dimethylheptane）
（二つの 3-メチル置換基と一つの 4-エチル置換基をもつ 7 炭素鎖．接頭語（di）は考慮せず官能基をアルファベット順に並べて表記する）

例題 1.9 有機化合物の命名：アルカン

つぎのアルカンの IUPAC 名を示せ．

(a) $$CH_3-\overset{\overset{\displaystyle CH_3}{|}}{CH}-CH_2-CH_2-\overset{\overset{\displaystyle CH_3}{|}}{CH}-CH_2-CH_3$$

(b)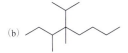

解　説　以下の段階 1〜4 に従って名前をつける．

解 答

(a) **段階1**：もっとも長く連続する炭素原子数は7なので，主鎖は**ヘプタン**．
段階2：最初の枝分かれが近い左端から主鎖に番号をふる．

$$
\begin{array}{c}
\qquad CH_3 \qquad\qquad\qquad CH_3 \\
\qquad | \qquad\qquad\qquad\qquad | \\
CH_3-CH-CH_2-CH_2-CH-CH_2-CH_3 \\
\;1\quad\;2\quad\;3\quad\;\;4\quad\;5\quad\;6\quad\;7
\end{array}
$$

段階3：置換基の名前と数を決める（この問題では2-メチルと5-メチル）．二つのメチル基には接頭語**ジ**(di-)を使う．

$$
\begin{array}{c}
\qquad CH_3 \qquad\qquad\qquad CH_3 \\
\qquad | \qquad\qquad\qquad\qquad | \\
CH_3-CH-CH_2-CH_2-CH-CH_2-CH_3 \\
\;1\quad\;2\quad\;3\quad\;\;4\quad\;5\quad\;6\quad\;7
\end{array}
$$

置換基：2-メチル，5-メチル

段階4：二つのメチル基があるので，ジ- をつけて，名前を一語で書く．二つの番号をカンマで区切り，番号と語のあいだにハイフンをいれる．

名前：2,5-ジメチルヘプタン

(b) **段階1**：もっとも長く連続する炭素原子数は8なので，主鎖はオクタン．
段階2：最初の枝分かれが近い左端から主鎖に番号をふる．

$$
\begin{array}{c}
1\quad 2\quad 3\quad 4\quad 5\quad 6\quad 7\quad 8
\end{array}
$$

段階3：置換基に名前と番号をつける．

$$
\begin{array}{c}
1\quad 2\quad 3\quad 4\quad 5\quad 6\quad 7\quad 8
\end{array}
$$

置換基：3-メチル，4-メチル，4-イソプロピル

段階4：二つのメチル基があるので，接頭語ジ- をつけて，名前を一語で書く．
名前：4-イソプロピル-3,4-ジメチルオクタン

例題 1.10　分子の構造：炭素の第一級，第二級，第三級，第四級

つぎの分子の炭素原子を，第一級，第二級，第三級，第四級に区別せよ．

$$
\begin{array}{c}
\qquad CH_3 \qquad\quad CH_3 \\
\qquad | \qquad\qquad\; | \\
CH_3CHCH_2CH_2CCH_3 \\
\qquad\qquad\qquad\quad\; | \\
\qquad\qquad\qquad\quad CH_3
\end{array}
$$

解 説　分子中のおのおのの炭素原子を見て，結合しているほかの炭素原子を数えればよい．（1炭素と結合していれば）第一級，（2炭素と結合していれば）第二級，（3炭素と結合していれば）第三級，（4炭素と結合していれば）第四級と決める．

解 答

第一級　　　　　　　　　　　　　　　　　第一級

$$
\begin{array}{c}
\qquad CH_3 \qquad\quad CH_3 \\
\qquad | \qquad\qquad\; | \\
CH_3CHCH_2CH_2CCH_3 \\
\qquad\qquad\qquad\quad\; | \\
\qquad\qquad\qquad\quad CH_3
\end{array}
$$

第三級　　第二級　　第四級

▶ 3章でアルコールとハロゲン化アルキル，5章でアミンを勉強する際に再び第一級，第二級，第三級という分類が登場する．アルコールやハロゲン化アルキルの分類法は水素の場合と同様である．アミンの場合は若干分類法が異なる．

注意：炭素に結合している水素も，それらが結合している炭素と同様に第一級，第二級，または第三級という名称が与えられる（そのため，上図の水素と炭素はおなじ色になっている）．

例題 1.11　分子の構造：名前から短縮構造式を描く

つぎの IUPAC 名に対応する短縮構造式と線構造式を描け．
　（a）2,3-ジメチルペンタン　　（b）3-エチルヘプタン
　（c）4-tert-ブチルヘプタン

解 説　まず主鎖を描き，名前についているアルキル置換基を的確な番号の炭素原子に加える．

解 答
　（a）主鎖は 5 炭素（**ペンタン**）をもち，鎖の 2 番目と 3 番目の炭素に二つのメチル基（−CH_3）をつける．

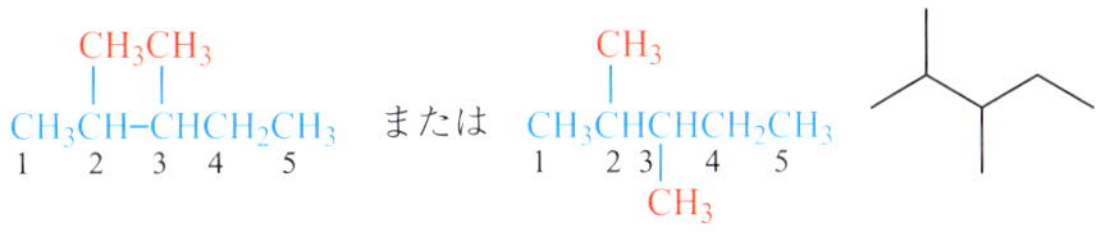

　（b）主鎖は 7 炭素（**ヘプタン**）をもち，鎖の 3 番目の炭素に一つのエチル基（−CH_2CH_3）をつける．

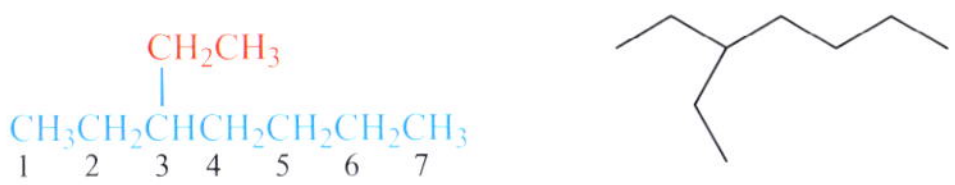

　（c）主鎖は 7 炭素（**ヘプタン**）をもち，鎖の 4 番目の炭素に一つの tert-ブチル基（−C(CH_3)_3）をつける．

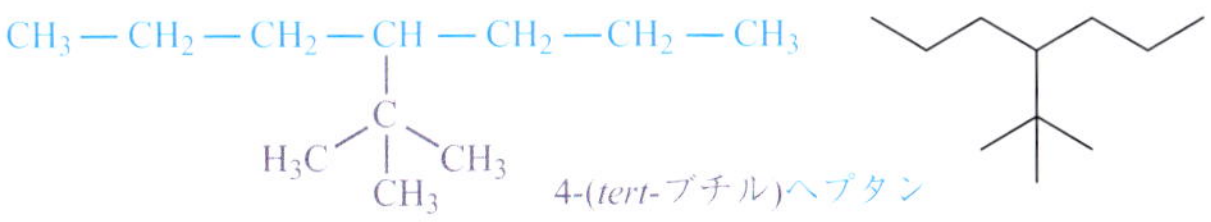

4-(tert-ブチル)ヘプタン

問題 1.11
例題 1.9(b) の分子中の各炭素を，第一級，第二級，第三級，第四級に区別せよ．

問題 1.12
つぎのアルカンの IUPAC 名を示せ．

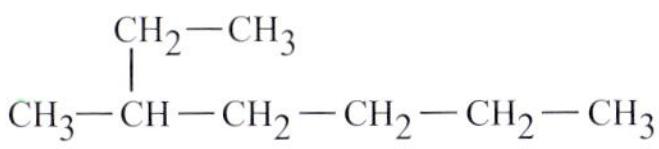

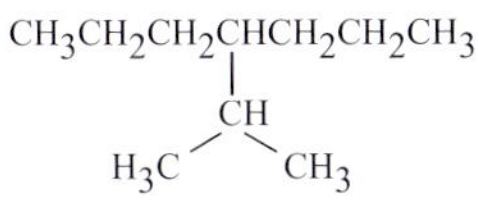

問題 1.13
つぎの IUPAC 名に対応する短縮構造式と線構造式の両方を描き，各炭素を第一級，第二級，第三級，第四級に区別せよ．
　（a）3-メチルヘキサン　　（b）3,4-ジメチルオクタン
　（c）2,2,4-トリメチルペンタン

CHEMISTRY IN ACTION

いったいどれくらいメチル基は重要なのか？

　生物は簡単な出発物質から DNA（生化学編 9 章）や神経伝達物質（生化学編 11 章）のような複雑で美しい分子をつくれるのだろうか. 複雑な生体分子の多くは同化経路（分子を生み出す生化学経路）により合成される. 同化経路は，比較的単純な出発原料（通常は食物消化で得られる）を，一連の生化学反応段階を経ることで，目的最終生成物に変換する. しかし，時にはそれだけでは十分でなく，生合成後の修飾が細胞レベルで進行する場合がある. この中で重要なものの一つが

▲ 血液検査は，病気の診断に非常に役立つ. たとえば，異常レベルのホモシステインは，アテローム症のリスク増加を示す場合がある.

メチル化である. すなわち窒素（N-メチル化），酸素（O-メチル化），硫黄（S-メチル化）への単純なメチル基の付加である. 単純なメチル基の付加といえども，分子の機能が一変することがある. 生体システムにおい

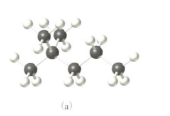

ホモシステイン　　メチルトランスフェラーゼ →　メチオニン

問題 1.14

以下の記述に合うアルカンの構造式を描き，命名せよ.
(a) 第三級炭素原子をもつ 5 炭素のアルカン
(b) 第三級炭素原子と第四級炭素原子の両方をもつ 7 炭素のアルカン

🔑 基礎問題 1.15

つぎのアルカンの IUPAC 名はなにか.

(a)　　　　　　　(b)

1.7　アルカンの性質

学習目標：
● アルカンの物性を見極められるようになる.

　有機分子の性質を議論する際，三つの分子間力を考える必要がある. それらは，双極子–双極子相互作用（分極した分子が隣接したときに生じる δ^+ と δ^- 間の相互作用；基礎化学編 8.2 節），水素結合（−NH 基や −OH 基を有する分子で見られる；基礎化学編 8.2 節），ロンドン分散力（分子の電子雲の瞬間的な分極に基づく. 無極性分子間に働く唯一の分子間力；基礎化学編 8.2 節）である. 分子間力は，分子が互いに凝集する，あるいは粘着する原因となる. 水素結合がもっとも強く，つぎに双極子–双極子相互作用，ロンドン分散力はもっとも

ては，これら変換を行うために，一般にメチルトランスフェラーゼ(生化学編 2.3 節)として知られる一連の酵素群を利用する．それらの多くはビタミン B を補酵素として必要とする(生化学編 2.2 節)．この高度に制御された工程は生体内のあらゆる細胞でみられ，治癒，細胞エネルギー，DNA の発現など多くの工程で重要である．実際，生体内メチル化反応の進行効率は時間の経過とともに減少し，心血管疾患およびがんを含む多くの加齢に伴う病気を引きおこす可能性がある．ホモシステインは，自然界に存在する非タンパク質性のアミノ酸で，生化学反応のバランスがとれていないときに血漿中によく検出されることがある．ホモシステインは，生物学的にはアミノ酸であるメチオニン(生化学編 1 章)の硫黄からメチル基が失われることで生成する．

ホモシステインは酸化促進剤で，それ自体が細胞に毒性を示す(細胞傷害性 cytotoxic)．プロオキシダントは，細胞が酸素やそのほかの酸化剤を利用すること，あるいは除去することを妨げる化学物質である．その

一つの結果として，細胞に酸化的損傷を引きおこす活性酸素種(ラジカル)の蓄積がある(市販の鎮痛薬であるアセトアミノフェン(Tylenol)もまた酸化促進剤として作用することがある．アセトアミノフェンの過剰摂取は，それを代謝する肝臓に致命的損傷を与える)．高レベルのホモシステインは，DNA 鎖の切断や心臓病の危険性の増加など多くの障害をもたらす．通常，ホモシステインはメチオニンにすばやく再メチル化されるので，その血中濃度は低くなる．ビタミン B_{12}, B_6, および葉酸(メチルトランスフェラーゼが機能するために必要な補酵素)が欠損すると，通常，ホモシステインは高レベルとなる．ホモシステインの硫黄にメチル基($-CH_3$)が付加するだけで，その細胞傷害性が中和されることになる．

CIA 問題 1.1　同化経路とはなにか．

CIA 問題 1.2　"細胞傷害性"はどういう意味か．

CIA 問題 1.3　メチルトランスフェラーゼが機能するために必要な補酵素はなにか．

弱い．アルカンは非極性の C–C と C–H の結合のみを含む．したがってアルカンには，弱い分子間力(ロンドン分散力)だけが働く．ロンドン分散力は，分子が大きくなるほど，表面積が大きくなるほど，強くなる(なぜなら分子内の電子の総数が増加するから)．その影響で直鎖アルカンの融点と沸点は，分子量の増加に比例して規則的に増加する(図 1.4)．最初の四つのアルカン(メタン，エタン，プロパン，ブタン)は常温・常圧で気体である．炭素原子数5〜15 のアルカンは液体で，炭素原子数 16 以上では，一般に低融点のワックス状の固体になる．分岐アルカンにも同様の結果がみられる．しかしながら，分岐アルカンはコンパクトで球状であるため，それらの融点や沸点は直鎖アルカンと全く異なることがある．

有意な双極子モーメントをもたないためアルカンは非極性で，水のような極性溶媒には不溶だが，ペンタンやヘキサン，ほかのアルカンなどの非極性

◀◀◀ 基礎化学編 8.2 節の，分子におけるロンドン分散力の影響を参照．

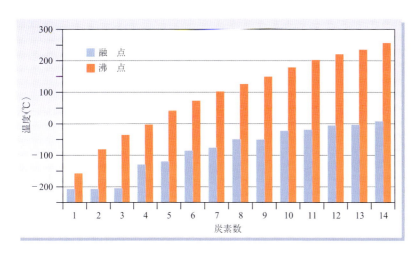

◀図 1.4
分子量が増大するにつれ，直鎖アルカンの沸点と融点は上昇する．

（nonpolar）の有機溶媒（organic solvent）には可溶である（"似たものどうしはよく溶け合う"）．水とは相容れない性質からアルカンは疎水性（"水を嫌う"）であるといわれている．一般にアルカンは，水より低密度なので表面に浮く．低分子量のアルカンは揮発性で，その気体は引火性なので取扱いには注意を要する．アルカンの気体と空気の混合気は，一瞬のスパークで点火し爆発することがある．

アルカンによる生理的な影響は少ない．メタン，エタン，プロパンは無毒だが，吸い込んだ場合の危険性として酸素不足による窒息がある．高濃度の高分子アルカンの気体を吸うと，気を失うことがある．液体アルカンを吸うと，肺で非極性物質が溶解し，肺炎のような症状をおこす危険性がある．

鉱物油，ワセリン，パラフィンなど，高分子アルカンの混合物はすべて生体組織に無害なので，非常に多くの食品や医薬品に使用されている．鉱物油は，体内を代謝されずに流れるので緩下薬としてよく使われる．ワセリン（商標名Vaseline）は，肌を柔らかくすべすべにして保護する．パラフィンは，キャンドルをつくったりサーフボードに塗ったり，瓶をシールするときに家庭などでもよく使われる．アルカンの驚くべき利用法については p.42 の Chemistry in Action に記載した．

◀◀ 基礎化学編 9.2 節の溶解度を推測するときの法則，"似た物は似た物を溶かす"を参照.

まとめ：アルカンの性質
- 無臭か微香，無色，無味，無毒.
- 非極性，水に不溶で非極性有機溶媒に可溶，水より低密度.
- 可燃性だが，化学反応はしにくい.

1.8　アルカンの反応

学習目標：
- アルカンの基本反応を決定できるようになる.
- 簡単なアルカンのハロゲン化で生じる異性体の生成物を描けるようになる.

▶▶ もう一つの重要なラジカル反応は，プラスチックを構成するポリマー（高分子化合物）である．これは主に二重結合を含む有機分子（2.7節）でみられるラジカル反応である.

アルカンは，酸や塩基など，どこの実験室にもあるような普通の**試薬**（reagent，反応の原因となる物質）とは反応しない．主な反応としては，酸素との反応（燃焼）とハロゲンとの反応（ハロゲン化）がある．これらの反応は，いずれも複雑な反応機構をもっており，フリーラジカル（本節"ハロゲン化"参照）を中間体としておこる．

燃　焼

燃焼（combustion）　炎を発する化学反応で，通常は酸素との燃焼でおこる

◀◀ 燃焼反応は発熱反応である（基礎化学編 7.3 節）.

スクールバスのような輸送手段は，ガソリンすなわちアルカンの混合物を使う．また，ガスコンロで調理したり，バーベキューをするときもアルカンの混合物を使う．車にパワーを与えたり，ガスコンロを使うためには，アルカンの混合物をエネルギーに変えなければならない．アルカンと酸素の反応は**燃焼**と呼ばれ，エンジンやストーブのような，一般的に制御された状態でおこる酸化反応である．炭化水素が完全燃焼すると，必ず二酸化炭素と水が生成するとともに大量の熱を出す（ΔH（反応熱）は負になる）．いくつかの例を基礎化学編の表 7.2 に示した．

＊（訳注）：1 cal = 4.184 J

$$CH_4(気) + 2\,O_2(気) \longrightarrow CO_2(気) + 2\,H_2O(気)\quad \Delta H = -213\ \text{kcal/mol}\,(-891\ \text{kJ/mol})^*$$

エンジンやストーブの調子が悪くて，炭化水素（燃料）が不完全燃焼すると，一酸化炭素と煤煙が生成する．一酸化炭素は猛毒で危険な物質だが，無臭なので簡単には気がつかない（基礎化学編 4 章，Chemistry in Action，"CO と NO：

MASTERING REACTIONS

巻矢印を使う有機反応機構

　『有機化学編』と『生化学編』では，有機化学(organic chemistry)とそれに近い生化学(biochemistry)を学ぶ．いずれの分野とも，これまで学んだどの分野よりも視覚化している．たとえば，有機化学者は電子の流れを確かめながら，“なぜ”そして“どのように”反応がおこっているかを見る．例として，2-ヨードプロパンとシアン化ナトリウムの反応を考えてみよう．

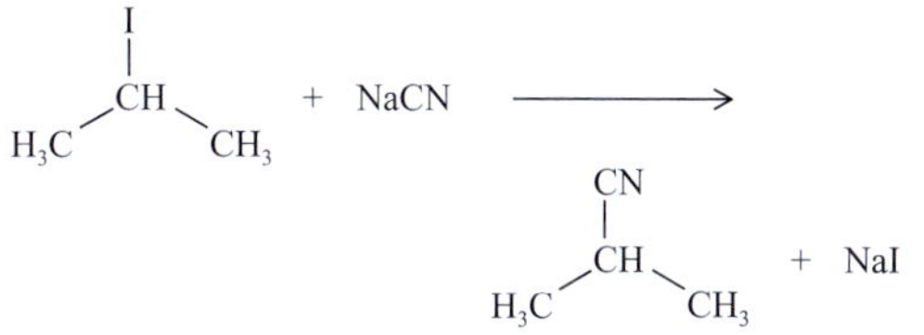

　この簡単そうにみえる過程(2章の置換反応)は，この式では適切に記述されていない．実際におきていることを理解しやすくするために，有機化学者は，失うことを記述するのに“電子を押し出す(electron pushing)”を使い，このことを表現するために“巻矢印の式(curved arrow formalism)”として知られる方法を採用する．この電子の動きは巻矢印で描かれ，ここで動く電子の数を矢印の形に一致させる．釣り針形の半矢印(single-headed arrow)は1電子の動きを表現し，矢印(double-headed arrow)は2電子の動きを示す．

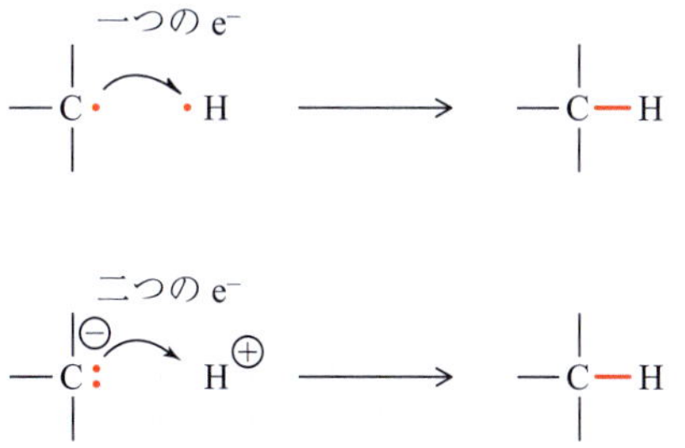

　この転換は，高電子密度の領域(矢印の始点)から低電子密度(矢印の終点)へ動くことを示している．巻矢印を使って，2-ヨードプロパンとシアン化ナトリウムの反応を詳しく見てみよう．この反応には，まったく別の2経路が予想される．

経路 1

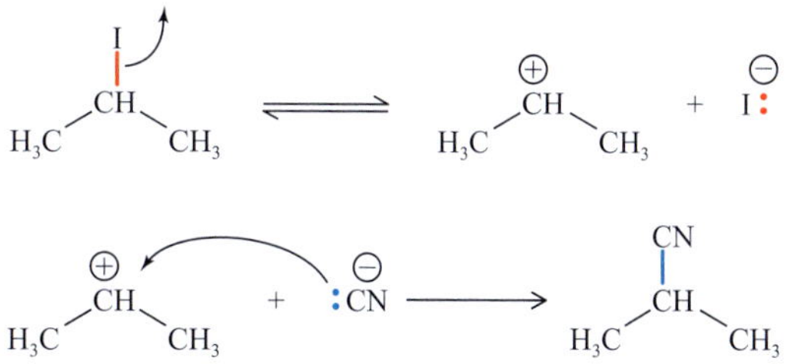

経路 2

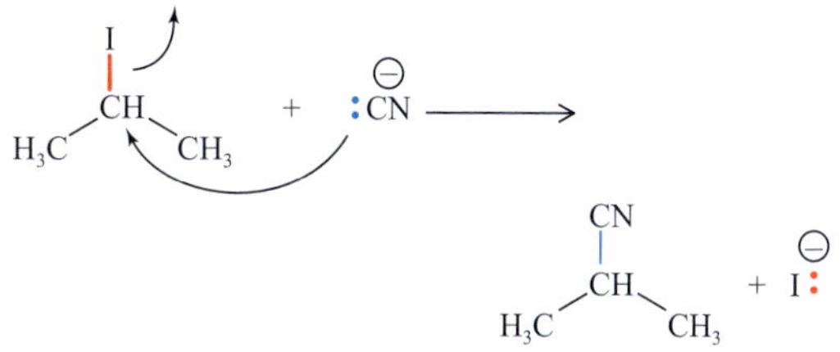

　両経路とも最終的にはおなじ生成物を導くが，まったく異なることがおこっていることを，巻矢印は示している．2経路のうちどちらが現実に働いているかを，ここで理解することが重要なのではなく(結局は溶媒の働き，濃度，触媒，温度など諸々の条件による)，この種の“電子の流れ”として反応を考えることが重要になる．この後の全章にわたって用意した“Mastering Reactions”では，有機分子が受ける一見乱雑な反応に，少しだけ考察を与えるようになっている．

MR 問題 1.1　エタノールが酸処理されると，最初に形成される中間体はオキソニウムイオンとして知られる．巻矢印を使って，この反応がどのようにおこるか示せ．

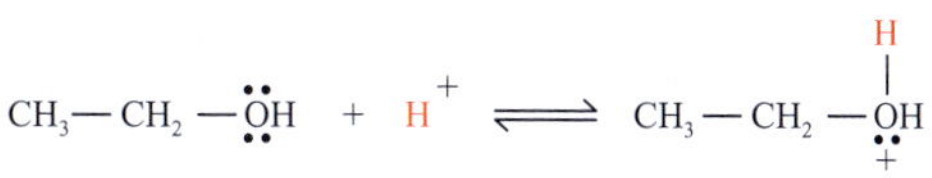

MR 問題 1.2　つぎの2段階の過程を考える．巻矢印を使って，この反応の各段階がどのようにおこるか示せ．

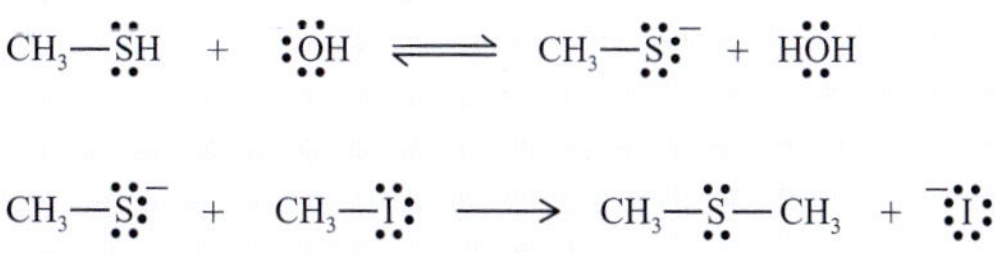

汚染物質かそれとも奇跡の分子か？"参照). 2％の一酸化炭素を含む空気を
たった1時間吸っただけで，死に至るような呼吸系と神経系のダメージを受け
る. 酸素が結合するはずの血中ヘモグロビンの部位と一酸化炭素が強力に結合
する結果，脳への酸素の供給が止まる. 二酸化炭素は一酸化炭素と異なり無毒
で無害だが，高濃度の場合は呼吸障害をおこす.

問題 1.16
メタンと酸素が完全燃焼するときの反応式を書け(基礎化学編 例題5.4参照).

ハロゲン化

アルカンでおきる第2の反応は**ハロゲン化**(halogenation)で，加熱や光で反
応が開始すると，アルカンの水素が塩素や臭素で置換される. この反応過程は
"フリーラジカルハロゲン化"として知られており，段階的に進行する("フリー
ラジカル"または"ラジカル"は，単一の不対電子を含む分子または原子である.
原子のまわりの電子がオクテットを満たしていないので，ラジカルは非常に高
い反応性をもつ). 以下は，メタンと塩素との反応である. この反応過程は臭
素と同一である.

段階1 　　　　　 :Cl—Cl: ⇌ 2 :Cl• 　　　 開始

注意：孤立電子対をもつラジカルには，1電子のみを示すのが一般的である—Cl•

段階2 　　 :Cl ⌢ H—CH₃ ⇌ HCl + •CH₃ 　　 伝搬-1

段階3 　　 :Cl—Cl ⌢ •CH₃ ⇌ CH₃Cl + :Cl• 　　 伝搬-2

反応は塩素ラジカル(Cl•)の生成からはじまる. この反応が進行する理由
は，Cl–Cl結合が極端に弱く，光や熱にさらされると，簡単に開裂するからで
ある. ラジカルは七つの電子(オクテットを満たすには一つが不足している)を
含み，非常に反応性が高いので，炭素から水素を引き抜くことができる(段階
2). 新しく形成された炭素ラジカル(ここではH₃C•)は，別のCl₂と反応して
クロロメタンを生成し，塩素ラジカルを再生し(段階3)，別のC–H結合と反
応する(段階2). 段階1は開始段階と呼ばれ，それまで存在していなかったと
ころに最初にラジカルが生成する. 段階2と3は伝搬(成長)段階と呼ばれ，一
つのラジカルが使用され，別のラジカルが生成される. これは連鎖反応として
知られており，段階3で生成した塩素ラジカルが再び段階2の反応を引きおこ
す. この過程は，(1) 反応が意図的に停止されるか，(2) すべてのC–H結合
がClで置換されるか，または(3) 終止段階となるまで(二つのラジカルが結
合する段階，反応からラジカルを除去される段階).

終止段階

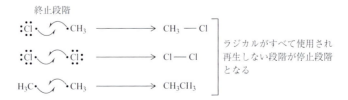

ハロゲン化は，多くの重要な工業用溶媒(たとえばジクロロメタン，クロロ
ホルムや四塩化炭素)とともに，ほかの大きな有機分子をつくるために用いら
れる(たとえば，ブロモエタン)ので，重要である. 上記のように一度に一つの

Hが置換されるが，反応時間が十分長い場合には，すべてのHがハロゲンに置き換わる．たとえばメタンが完全に塩素化すると，四塩化炭素が生成する．

$$CH_4 + 4\,Cl_2 \xrightarrow{\text{熱または光}} CCl_4 + 4\,HCl$$

　上では，メタンと塩素の反応を等式であらわしたが，現実におきていることを十分表現しているとはいえない．実際には，多くの有機反応とおなじように，この反応では混合生成物が得られる．

$CH_4 + Cl_2 \longrightarrow CH_3Cl + HCl$
  $\xrightarrow{Cl_2} CH_2Cl_2 + HCl$
    $\xrightarrow{Cl_2} CHCl_3 + HCl$
      $\xrightarrow{Cl_2} CCl_4 + HCl$

CH_3Cl：クロロメタン（一つ）
CH_2Cl_2：ジクロロメタン（二つ）
$CHCl_3$：クロロホルム
CCl_4：四塩化炭素

　有機化学では，ある反応物（reactant）が目的の生成物（product）になることがわかるように，反応式を書く．あまり重要でない副生成物は，通常無視して書かない．さらに，（メタンを塩素化するときにできる塩酸HClのような）無機生成物を書くことはあまりない．要するに，反応物と主な生成物，必要な試薬と反応条件が書いてあればいつも等式である必要はない．したがって，メタンを臭化メチルにする反応式はつぎのように書く．

$$CH_4 \xrightarrow[\text{光，熱}]{Br_2} CH_3Br$$
　　一般的に，有機反応式は等式であらわさない．

この慣例を使う場合，矢印の上に反応物や試薬を，矢印の下に反応条件や溶媒，触媒を書く．

例題 1.12　モノ塩素化またはモノ臭素化されたアルカンの異性体を描く

　（a）ペンタンと塩素との反応で得られるモノ塩素化体のすべての異性体を描け．

$$CH_3CH_2CH_2CH_2CH_3 + Cl_2 \longrightarrow ?$$

解　説　はじめに母核となるアルカンの構造式を描き，その一つひとつの炭素に順次，塩素を置換させ，対応するモノ塩素化体の構造を作成する．それぞれの構造式を比較し，互いに異なる化合物であるか，唯一の化合物であるかを決定する．

解　答
段階1：出発原料であるアルカンの構造式を描く．つぎに母核の構造式からすべての水素を除去し，炭素に番号をふる．

$$CH_3CH_2CH_2CH_2CH_3 \quad は \quad \underset{1\quad2\quad3\quad4\quad5}{C-C-C-C-C} \quad になる$$

段階2：四置換炭素以外のすべての炭素にClを一つ結合させ，それらの母核構造式を描く．

$$C—C—C—C—C \atop 1|\ \ 2\ \ 3\ \ 4\ \ 5$$
Cl
A

$$C—C—C—C—C \atop 1\ \ 2|\ \ 3\ \ 4\ \ 5$$
Cl
B

$$C—C—C—C—C \atop 1\ \ 2\ \ 3|\ \ 4\ \ 5$$
Cl
C

$$C—C—C—C—C \atop 1\ \ 2\ \ 3\ \ 4|\ \ 5$$
Cl
D

$$C—C—C—C—C \atop 1\ \ 2\ \ 3\ \ 4\ \ 5|$$
Cl
E

この例では一置換あるいは二置換の炭素しか存在しない.

段階3：段階2で描いた各構造式を比較し，同一の構造を消去する．各構造式を "C#" 異性体のように表記すると，この作業を単純化することができる．番号付けの方向を注意せよ.

$$C—C—C—C—C \atop 1|\ \ 2\ \ 3\ \ 4\ \ 5$$
Cl
A
左から右へ番号が付されている

$$C—C—C—C—C \atop 5\ \ 4\ \ 3\ \ 2\ \ 1$$
Cl
A
右から左へ番号が付されている

　構造式 A は，もし左から右へ番号付けした場合には C1 異性体であり，もし右から左に番号付けした場合には C5 異性体となる．この作業をすべての構造に対して行い，つぎのような相関が得られる.

　構造式 A＝C1 または C5　構造式 B＝C2 または C4　構造式 C＝どちらの方向からも C3
　構造式 D＝C4 または C2　構造式 E＝C5 または C1

この結果，構造式 A と E はおなじで，構造式 B と D もおなじである．構造式 C は唯一の構造である．すべての唯一の構造式を残し，おなじ構造式の一つを残す(ここでは，若い番号をもつ構造式 A と B を残した)．これらの作業の結果，つぎの三つの母核構造式が得られた.

$$C—C—C—C—C \atop 1|\ \ 2\ \ 3\ \ 4\ \ 5$$
Cl
A

$$C—C—C—C—C \atop 1\ \ 2|\ \ 3\ \ 4\ \ 5$$
Cl
B

$$C—C—C—C—C \atop 1\ \ 2\ \ 3|\ \ 4\ \ 5$$
Cl
C

段階4：すべて炭素が四つの原子と結合するように水素を加えて作業を完了させる.

$$CH_2—CH_2—CH_2—CH_2—CH_3$$
Cl
A
1-クロロペンタン

$$CH_3—CH—CH_2—CH_2—CH_3$$
Cl
B
2-クロロペンタン

$$CH_3—CH_2—CH—CH_2—CH_3$$
Cl
C
3-クロロペンタン

注意：二つの化合物が同一か否かわからない場合には，化合物を命名するという作戦がある．同一の化合物は同一の名前をもつ．異なる化合物であれば，異なる名前をもつ.

（b）分枝アルカンである 2-メチルブタンのモノ臭素化反応で得られるすべての異性体を描け.

$$CH_3—CH—CH_2—CH_3\ +\ Br_2\ \longrightarrow\ ?$$
CH_3

解　答

　段階 1：母核構造を記載し，番号付けする．

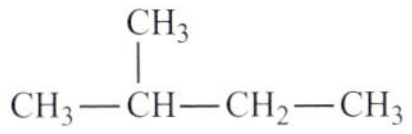

$$CH_3-CH-CH_2-CH_3 \quad は \quad C-C-C-C \quad になる$$

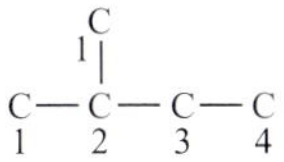

　分枝異性体の場合，分枝部分が若くなるように番号をつけるので，一方向だけに番号を付ければよい．両方向から番号づけした際，分枝部分がおなじ番号となる場合にのみ，両方向から番号づけする．

　段階 2：考えうるモノ臭素化の異性体はつぎのようになる．

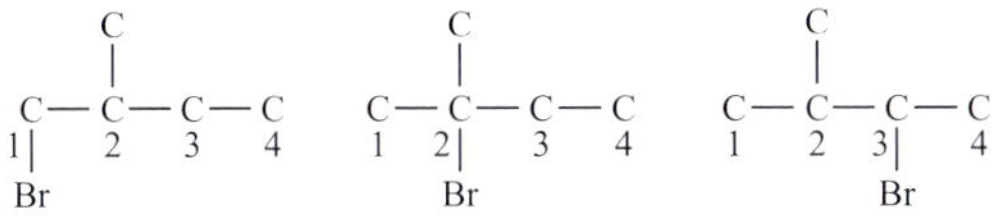

A　　　　B　　　　C

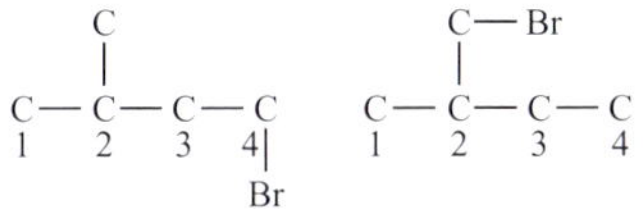

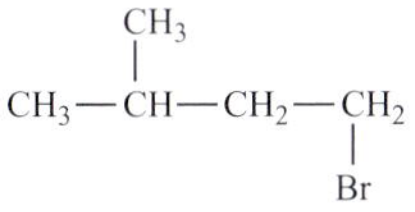

D　　　　E

　段階 3：ここで構造式 A と E だけが同じ構造式である．それら以外は唯一の構造である．

　段階 4：したがって，異性体はつぎのようになる．

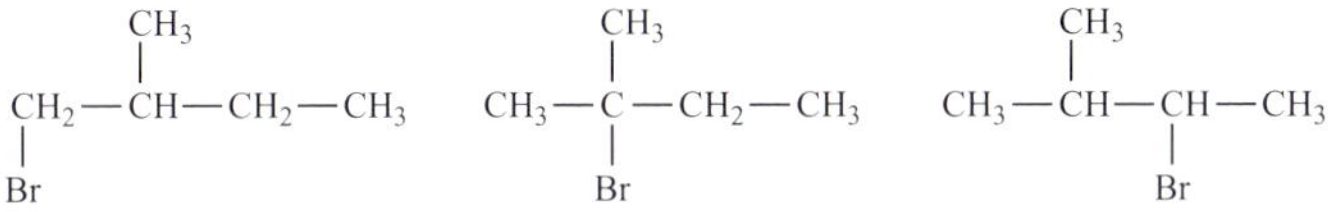

$$CH_2-CH-CH_2-CH_3 \quad (A)$$

$$CH_3-C-CH_2-CH_3 \quad (B)$$

$$CH_3-CH-CH-CH_3 \quad (C)$$

$$CH_3-CH-CH_2-CH_2 \quad (D)$$

注意：この方法は，炭素やほかの官能基(たとえば，$-OH$ や $-NH_2$ など)のほぼすべての組み合わせの異性体を描くために使用することができる．

問題 1.17
2,4-ジメチルペンタンと Cl_2 を反応させると生成する，塩素 1 原子が置換した異性体をすべて描け．

1.9　シクロアルカン

学習目標：
- 構造からシクロアルカンを認識できるようになる．

　これまで説明した有機化合物は，すべて**開環**(open-chain)すなわち**非環状**(acyclic)アルカンである．炭素原子が環状になった**シクロアルカン**もよく知られており，広く自然界に存在し，それらの多くが興味深い生物活性をもっている．環を形成するには，炭素–炭素間の結合と水素 2 原子を失うことによって

シクロアルカン(cycloalkane)　環状の炭素原子を含むアルカン．

生成する．

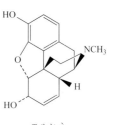

ヒストリオニコトキシン283A
南米に棲息するヤドクガエル科の
カエルから単離された毒素

モルヒネ
鎮痛剤

ホモプシジン
海洋由来のカビから単離された
微小管の重合阻害剤

　環の大きさが3〜30あるいはそれ以上の化合物は，実験室で合成されている．もっとも単純なシクロアルカンの例として，炭素3原子のシクロプロパンと炭素4原子のシクロブタンを下に示す．

シクロプロパン(mp −128℃, bp −33℃)

シクロブタン(mp −50℃, bp −12℃)

　環を平面にするとC−C−Cの結合角は，シクロプロパン環では60°，シクロブタン環では90°になり，通常の正四面体の109.5°にくらべると相当圧縮されている．その結果これらの化合物は，ほかのシクロアルカンより不安定で反応性に富む．五員環(five-membered ring)のシクロペンタンはほぼ理想的な結合角になり，これは六員環(six-membered ring)のシクロヘキサンにもおなじことがいえる．シクロペンタンとシクロヘキサンは，いずれも非平面でひだ状の形になり，そこでの炭素原子はほぼ理想的な状態になる．これは重要なことだが，これ以上の説明はこの教科書の範囲を越える．シクロペンタンとシクロヘキサンはいずれも安定であり，ステロイド(生化学編 11 章)のような天然由来の生理活性分子(biochemically active molecule)の構造には，このような環がよく見られる．これらの環や，それらを含む分子がもつ形は，合理的な薬剤設計で構造活性相関として知られる重要な構成要素となる．
　環状アルカンと非環状アルカンの性質は，いろいろな点で似ている．シクロプロパンとシクロブタンは常温では気体で(プロパンやブタンと同様)，それ以上大きいシクロアルカンは液体か固体である．アルカンと同様に，非極性，水に不溶，引火性である．しかしながら環構造のシクロアルカン分子は，おなじ炭素原子数の非環状アルカン分子より曲がらず柔軟性に欠ける．環を壊さない

と，炭素–炭素結合を回転させることはできない．この性質は**束縛回転**として知られており，異性体の形成にもつながる場合がある（グループ問題 1.76）．

束縛回転（restricted rotation） 結合のまわりを回転する分子の能力が制限されること．

シクロペンタン（109°の結合角）　　　　　シクロヘキサン（109.5°の結合角）

1.10　シクロアルカンの描き方と命名法

学習目標：
- 構造式で描かれたシクロアルカンを命名できるようになる．また，名前で書かれたシクロアルカンの構造式を描けるようになる．

　環が入っている大きい分子を短縮構造で描こうとすると，うまくいかない．そこでシクロアルカンを描くためには，分子の環状部分を多角形とした線構造式がもっぱら使われる．この方法では，正三角形がシクロプロパン，正方形がシクロブタン，正五角形がシクロペンタンなどのように，シクロアルカンを**多角形**（polygon）で表示する．アルカンとおなじように炭素は二つまたはそれ以上の線の交点となり，場合によっては線の末端にもなる．

シクロプロパン　シクロブタン　シクロペンタン　シクロヘキサン　シクロヘプタン

　たとえば，メチルシクロヘキサンの線構造式は，つぎのようになる．

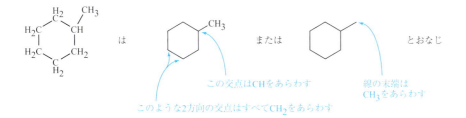

　は　　　　　　　　　　　　　　　または　　　　　　　　　　　　とおなじ

この交点はCHをあらわす

線の末端は CH$_3$をあらわす

このような2方向の交点はすべてCH$_2$をあらわす

　シクロアルカンの命名には，開環のアルカンのルールを適用する．たいていの場合，つぎの2段階が必要になる．

段階1：母体名としてシクロアルカンの名前を使う．つまり，シクロアルカン置換のアルキルと考えるのではなく，アルキル置換のシクロアルカンと考えて命名する．環上の置換基が一つのときは，すべての位置がおなじなので置換基に番号をつけない．

母体：シクロヘキサン（cyclohexane）
名前：メチルシクロヘキサン（methylcyclohexane）
　（シクロヘキシルメタンではない）

段階 2：置換基を決めて，その位置に番号をつける．アルファベット順に置換基に番号をつける．このとき 2 番目の置換基の番号がもっとも小さくなるようにする．

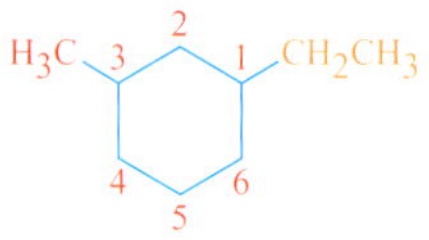

1-エチル-3-メチルシクロヘキサン
(1-ethyl-3-methylcyclohexane)
(1-エチル-5-メチルシクロヘキサン，
1-メチル-3-エチルシクロヘキサン，
1-メチル-5-エチルシクロヘキサンではない)

例題 1.13　有機化合物の命名：シクロアルカン

つぎのシクロアルカンの IUPAC 名はなにか．

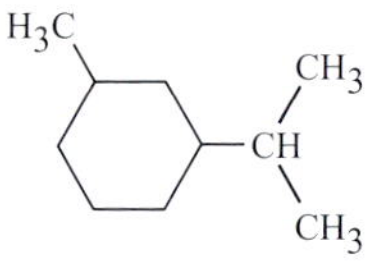

解　説　最初に母体名のシクロアルカンを決め，それから番号を加えて置換基を決める．

解　答
段階 1：母体のシクロアルカンは 6 炭素(**ヘキサン**)を含む；したがって母体名は**シクロヘキサン**．
段階 2：ここには二つ置換基(メチル基 $-CH_3$ とイソプロピル基 CH_3CHCH_3)がある．アルファベット順(メチルよりイソプロピルが先)に置換基の番号 1 をつけ，2 番目の置換基の番号が小さくなるように環をまわる(5 ではなく 3 になる)．

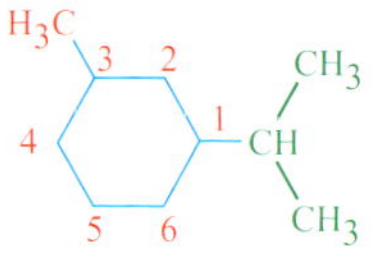

1-イソプロピル-3-メチルシクロヘキサン
(1-isopropyl-3-methylcyclohexane)

例題 1.14　分子構造：シクロアルカンの線構造式

1,3-ジメチルシクロヘキサンの線構造式を描け．

解　説　この構造には炭素の六員環(**シクロヘキサン**)があり，1 位と 3 位に二つのメチル基(**ジメチル**基)をもつ．シクロヘキサン環を正六角形で描き，適当な場所に $-CH_3$ 基をつけると，ここが炭素の 1 位(C1)になる．つぎに環をまわり，3 番目の炭素(C3)にもう一つの $-CH_3$ 基をつける．

解　答
炭素を介して環と結合することを強調するため，C3 のメチル基は H_3C- と書くことに注意すること．これは，シクロアルカン環の左側に結合しているメチル基をあらわすための一般的な方法である．また，メチル基が 1 位と 3 位にある限り，どのように環が配向していても問題にならない．

1,3-ジメチルシクロヘキサン（1,3-dimethylcyclohexane）

問題 1.18

つぎのシクロアルカンの IUPAC 名はなにか．置換基がアルファベット順になることを思い出すこと．

(a) H₃C—⬡—CH₂CH₃   (b) CH₃CH₂—⬠—CH(CH₃)₂

問題 1.19

つぎの IUPAC 名であらわされる線構造式を描け．

(a) 1,1-ジエチルシクロヘキサン   (b) 1,3,5-トリメチルシクロヘプタン

問題 1.20

つぎの命名で間違っているのはどこか示せ．解答する前に自分で実際に構造式を描いてみるとよい．

(a) 1,4,5-トリメチルシクロヘキサン

(b) シクロヘキシルシクロペンタン

(c) 1-エチル-2-メチル-3-エチルシクロペンタン

🔑 基礎問題 1.21 ────────

つぎのシクロアルカンを短縮構造式と線構造式に描き直しなさい．また，この化合物の IUPAC 名を答えなさい．

CHEMISTRY IN ACTION

石油の驚くべき利用法

　古代の植物と動物が崩壊してできた石油は，地殻の深部から発見される．石油は種々の大きさの炭化水素の混合物である．持ち運びできる，エネルギーが詰まった燃料であるとともに，多くの工業化学品の出発物質としての石油の価値は，石油を世界でもっとも重要な商品の一つにならしめている．世界の自動車燃料の需要の約 90％が石油で賄われている．それに加え，米国の総エネルギー消費量の 40％が石油ベースである．“脱 CO_2 社会”な環境とより持続性のあるエネルギーをつくるため，代替エネルギー源を見つける開発が熱を帯びている．しかし，ここで一つの疑問がでて

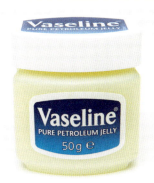

▲ もともとは石油掘削時のやっかいな副産物であったワセリンは，今日では一般的な家庭でさまざまな用途に用いられている．

くる．仮に輸送のための代替エネルギーを見つけることができたとして，私たちの生活から石油の必要性を完全に排除できるのだろうか．

本章の最初で述べたように，石油化学製品（petrochemical）は石油から特異的につくりだされた化学製品であり，一般に燃料に使われることのない製品のことをいう．原油が精製され，そして熱分解（オイル中に見つかった複雑な有機分子が，炭素−炭素結合を壊して単純な分子に変換されるときの過程）されたとき，異なる沸点をもつ多くの画分が得られる．つくられた一次石油化学製品は，三つの範疇に分類される．

1. アルケン（またはオレフィン，2章）：おもにエチレン，プロピレン，ブタジエン．エチレンとプロピレンは，工業化学品とプラスチック製品の重要な原料．
2. 芳香油（2章）：これらの中でもっとも重要なものはベンゼン，トルエン，キシレン．これらの素材は，染料や合成洗剤からプラスチックや合成樹脂，医薬品合成の出発原料まで，多様な化合物をつくるために使われる．
3. 合成ガス：メタノール（これは溶媒として，およびほかの製品の出発原料として使われる）をつくるために使われる一酸化炭素と水素の混合物

このような石油化学品からつくられる製品には，どのような特別なものがあるだろうか．少し見てみよう．

軽機械油，モーターオイル，グリースなどの潤滑油は，ほとんどすべての機械的な装置をスムーズに動かし続け，高負荷状態での使いすぎから守るために使われる．ろうはもう一つの未加工の石油製品である．これらのパラフィンろうは，キャンドルや光沢剤，ミルクカートンなどの食品容器をつくるために使われる．スーパーで見かける果物の光沢もまた，ろうによるものである．

今日の靴に使われるゴム底のほとんどは，ブタジエンからつくられている．天然ゴムは暑いと軟化し寒いと硬化するが，人工ゴムはいつでも柔軟性を保つ．自動車タイヤもまた合成ゴムでつくられており，ドライブを安全なものにしている．今日，合成ゴムの需要は天然ゴムの4倍の大きさになっている．

きわめて興味深い石油由来の素材の一つは，かつては石油掘削のやっかいな副産物と考えられていた．たとえば"black rod wax"はパラフィンのような物質で，油田掘削装置に付いて誤動作をおこす原因となる．労働者たちは，掘削機を動かし続けるためにこの厚くて粘性の物質をはぎ取らなければならなかった．しかし，それを切り傷ややけどをした皮膚に塗ったところ，傷が早く治ることを見つけた．1人の若い化学者Robert Chesebroughがこれを精製して淡色のゲルを得，これをワセリン（vaseline または pertoleum jelly）と名付けた．Chesebroughは自分の肌を焼き，傷口にこの奇跡の製品を塗り，傷が治る様子を見せて説明した．本章の冒頭で述べたように，ワセリンは小さな切り傷，擦り傷，乾燥した肌や唇の治癒を促進する．ただ，やけどの治療には熱だけでなく水分も封じ込めてしまうので，使われなくなってきた．それでも，今なお多くの抗菌性軟膏の基剤として重要である．今日，ワセリンによる治癒の主要な効果は，水分が失われないように傷口をふさぎ，皮膚をより効果的に癒すことができることである．

承知のとおり，石油は私たちの日常生活に欠かせないほど多く使用されている．輸送手段の燃料としての石油の使用を減らすことは，私たちが蓄えた石油を保存する助けにはなるものの，私たちの生活から完全に除くことは，現在のところほぼ不可能である．

CIA 問題 1.4 （a）天然ゴムよりも合成ゴムのほうが，需要が多いのはなぜか．（b）ブタジエンは合成ゴムの原料として使用される．なぜこれが天然ゴムよりも望ましいのであろうか．

CIA 問題 1.5 （a）パラフィンワックスが使用されている一般製品はなにか．（b）エチレンとプロピレンで製造される消費生活用製品はなにか．

要　約　章の学習目標の復習

- **有機分子の一般的な構造的特徴を理解する．とくに炭素の4価の性質とその表記法の違いを見分けられるようになる**

　主として炭素原子と水素原子からなる化合物は有機化合物に分類される．有機分子における各炭素は4価であり，炭素は合計四つの結合を形成することができる．多くの有機化合物は，単結合（C─C），二重結合（C═C），三重結合（C≡C）の組合せで鎖状につながった炭素原子を含む．本章は，すべての炭素が単結合のみで結合する炭化水素，**アルカンとシクロアルカン**に焦点をあてた（問題27，29，30，68，70，74）．

- **官能基を定義づけられるようになる**

　有機化合物は，その分子がもつ官能基によっていくつかの族に分類される（表1.1）．**官能基**は大きい分子の一部であり，特徴的な構造や化学反応性を有する原子団で構成されている（問題28）．

- **有機分子内の官能基を見分けられるようになる**

　有機化合物がもつ官能基を見分けることは非常に重要である．官能基は，どの分子でも，分子内のどこに存在しようとも，ほぼ同様の反応をおこすからである（問題23，31～35，64，71）．

- **構造異性体（structural または constitutional isomer）と官能基異性体を認識する**

　構造異性体は，おなじ組成式をもつが，原子間の構造的な結合が異なる化合物である．炭素や水素以外の原子が存在する場合，**官能基異性体**が生じる可能性がある．つまり，それら原子の結合の違いにより，たんに構造が異なるだけでなく，異なる有機分子の族に属することになる（問題26，36～47，58，73，76）．

- **単純な化合物の構造式，短縮構造式，線構造式を描けるようになる**

　有機化合物はすべての原子と結合が示された**構造式**であらわされる．**短縮構造式**では，すべての結合は記載しない．**線構造式**では炭素骨格を線で描いて，CとH原子の場所がわかるようにする（問題22，23，58，73，75）．

- **構造式，短縮構造式，線構造式をそれぞれ別の描き方に変換できるようになる**

　化学者も生物学者も，研究対象の複雑な分子をあらわすために，構造式，短縮構造式，線構造式を併用する．有機分子はこれら三つの表記法を用いるので，三つの様式を自由自在に考えられるようになることが，有機分子や生体分子の勉強では重要である（問題49，52，53）．

- **二つの構造式が与えられたときに，それらが同一分子のコンホーマーか，構造異性体か，あるいは別の分子かどうかを見分けられるようになる**

　構造異性体はおなじ化学組成をもつが，原子間の結合が異なる．異なる分子は，異なる化学組成をもつ．コンホーマーはおなじ化学組成をもち，原子の空間的配置が異なる結合を有する．C─C単結合の自由回転により，有機分子は異なるいくつかの空間的配置を取ることができるようになる．これらを**立体配座**あるいは**コンホーマー**という．分子が異なる立体配座をとるとき，大きい置換基どうしが互いに近いか遠いかによって，それらのエネルギーが異なってくる（問題46，47，49，72，76）．

- **構造式で描かれたアルカンを命名できるようになる．また名前で書かれたアルカンの構造式が描けるようになる**

　直鎖アルカンではすべての炭素が一列に結合している．**分枝アルカン**は炭素鎖のどこかで原子が枝分かれしている．直鎖アルカンは，母核名の接尾語に**-アン**（ane）をつけて命名する．この名前は，どれだけ多く炭素原子が存在するかを示す．分枝アルカンの命名は，まず母核にもっとも長く連続する炭素原子鎖を決める．それから，主鎖から枝分かれして存在する**アルキル基**を決め，置換基の位置がもっとも小さくなるように主鎖の炭素を番号づけして，置換基の位置を明らかにする（問題24，25，50～53）．

- **アルカンの物性を見極める**

　アルカンは一般に無極性で，水に溶けず（疎水性である），低反応性である．アルカンは弱い分子間力のために，低い融点あるいは沸点をもつ．アルカンは一般的に低毒性で，限られた生理学的効果しか発揮しない（問題68，78）．

- **アルカンの基本反応を決定する**

　アルカンは低反応性である．主な化学反応は，酸素と反応して二酸化炭素と水を与える**燃焼**と，水素原子が塩素や臭素と置換する**ハロゲン化**である（問題60，71）．

- **簡単なアルカンのハロゲン化で生じる異性体の生成物を描く**

　つぎに示す方法で，アルカンのハロゲン化で得られる異性体生成物を描くことができる．まず論理的かつ系統的に各炭素に結合する水素原子をハロゲンに置き換える．つぎにそれぞれの分子を比較して，それらが構造的におなじであるか，異なるかどうかを決定する．ここで化合物がおなじであるか否かを決定する方法の一つに，それらを命名するという方法がある．つまりおなじ化合物はおなじ名前をもつ．異性体生成物を描くためのこの方法は，炭素やほかの官能基のほぼすべての組合せの異性体を描くために使用することができる（問題62，63，69）．

- **構造式からシクロアルカンを認識できるようになる**

炭素原子の環がすべて単結合で構成されている炭化水素を**シクロアルカン**と呼ぶ．シクロアルカンは，環状の性質のため，いわゆる束縛回転を受ける．つまり，それと対応するアルカンとおなじように，多くの立体配座をとることが可能である．シクロアルカンは，アルカンとほぼ同様な物理的，化学的性質をもつ．

- 構造式で描かれたアルカンを命名できるようになる

名前で書かれたアルカンの構造式を描けるようになる．シクロアルカンは，環内の炭素の数に対応するアルカンの名前に接頭語**シクロ**(cyclo-)をつけて命名する．母環に結合するシクロアルカン上の置換基は，アルカンに分枝と同様に命名する．置換基の番号がもっとも小さくなるように環の炭素を番号づけして，置換基の位置を明らかにする(問題 25，41，53，59)．

概念図：序説─有機化学のファミリー

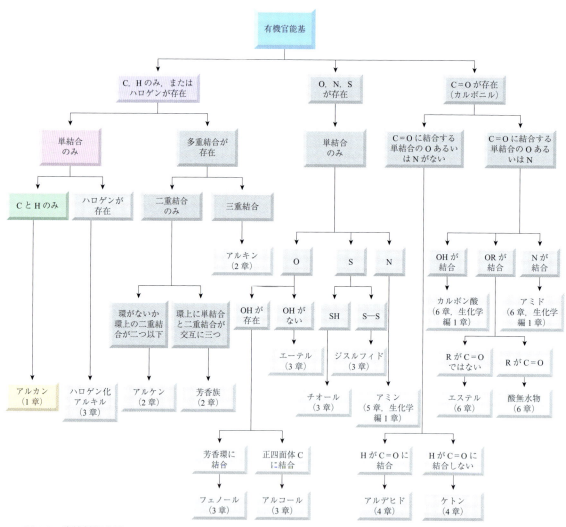

▲ 図 1.5　官能基概念図

　有機分子と生体分子，この両分子の化学は官能基と直接関連しているので，有機化学を族(ファミリー)に分類し学ぶことは，身につけるべき重要なスキルとなる．この概念図は，官能基による分類に役立つ．1.2 節で言及した本図は，本書を学習する際の大事な参考となる．後述する章で各族を議論するときに，本図を参考にして各官能基と構造を結びけるとよい．なお，本図は各章末に掲載する．官能基は灰色で表示しているが，各章で取り上げるにつれて別の色に変わっていくようになっている．

KEY WORDS

鍵反応の要約

本章から6章まで章末問題の直前に"鍵反応の要約"を設けた．ここでは，その章で説明したすべての鍵反応を要約する．また，必要に応じて前章で説明した場合には，その参照も合わせて記載する．これは，有機化学や生化学の勉強を補助することが目的であり，役立つ参考資料になるだろう．

1. 酸素によるアルカンの燃焼による二酸化炭素と水の生成(1.8節)

$$CH_4 + 2\,O_2 \longrightarrow CO_2 + 2\,H_2O$$

2. アルカンのハロゲン化によるハロゲン化アルキルの生成(1.8節)

$$CH_4 + Cl_2 \xrightarrow{\text{光}} CH_3Cl + HCl$$

🔑 基本概念を理解するために ────────

1.22 つぎのモデルを線構造式で示せ(黒=C：白=H：赤=O：青=N).

(a)　　　　　　　　(b)

1.23 つぎの化合物を線構造式で描き，おのおのに含まれる官能基を示せ.

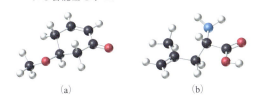

(a)　　　　　　　　(b)

1.24 つぎのアルカンの IUPAC 名を示せ.

(a)　　　　　　　　(b)

1.25 つぎのシクロアルカンの IUPAC 名を示せ.

(a)　　　　　　　　(b)

1.26 つぎの二つの化合物はいずれも 1,3-ジメチルシクロペンタンであるが，異性体である．二つの化合物の違いはなにか.

(a)

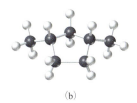

(b)

補 充 問 題

有機分子と官能基 (1.1, 1.2 節)

1.27 非常に多くのいろいろな化合物ができるのは，炭素のどのような特性によるか．

1.28 官能基とはなにか．なぜ重要か．

1.29 ほとんどの有機化合物は非伝導性で水に不溶なのはなぜか．

1.30 極性の共有結合とはなにか．そのような結合の例を示せ．

1.31 つぎの族に属する 5 炭素の化合物の例を示せ．
(a) アルコール　　(b) アミン
(c) カルボン酸　　(d) エーテル

1.32 つぎの分子で，青色に塗った官能基の名前を示せ．

(a)

(b)

1.33 つぎの分子の官能基を示せ．

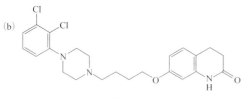

(a)
ドネペジル
(アルツハイマー型認知症の抑制剤)

(b)
アリピプラゾール
(エビリファイ：抗精神病薬)

1.34 つぎの記述に合う分子の構造式を示せ．
(a) 分子式 $C_5H_{10}O$ のアルデヒド
(b) 分子式 $C_6H_{12}O_2$ のエステル
(c) 分子式 C_3H_7NOS のアミドおよびチオール

1.35 つぎの記述に合う分子の構造式を示せ．
(a) 分子式 C_4H_9NO のアミド
(b) 炭素環を一つもつ $C_6H_{10}O$ のアルデヒド
(c) 分子式 $C_8H_{10}O$ のエーテルである芳香族化合物

アルカンと異性体 (1.3, 1.4, 1.9 節)

1.36 二つの化合物が異性体であるにはどのような条件が必要か．

1.37 分子式 C_5H_{10} の化合物と C_4H_{10} の化合物は異性体か，説明せよ．

1.38 (a) 第二級炭素と第三級炭素の違いはなにか．
(b) 第一級炭素と第四級炭素ではどうか．
(c) 補充問題 1.33(b) には第二級炭素がいくつ含まれるか，構造式を描き直して第二級炭素を矢印で示せ．

1.39 第五級炭素の化合物(C に五つの R が結合する)は，なぜ存在しないか．

1.40 つぎの記述に合う化合物の例を示せ．
(a) 二つの第三級炭素をもつ炭素数 6 のアルカン
(b) 二つのメチル基をもつ三つの異なるシクロヘキサン

1.41 つぎの記述に合う化合物の例を示せ．
(a) 第一級炭素と第四級炭素をもつ炭素数 5 のアルカン
(b) 二つのメチル基をもつ三つの異なるシクロヘキサン

1.42 (a) 分子式 C_4H_{10} には二つの異性体が存在する．おのおのの異性体を短縮構造式と線構造式で描け．
(b) 分子式 C_4H_9Cl のハロゲン化アルキルには四つの異性体が存在する．おのおのの異性体を短縮構造式と線構造式で描け．

1.43 つぎに合う短縮構造式を描け．それぞれ二つ以上の異性体を描くこと．
(a) 分子式 C_6H_{14} の異性体で三つのメチル基をもち最長炭素鎖が 5 炭素のもの．
(b) 分子式 C_8H_{16} のシクロヘキサン
(c) 分子式 C_2H_4O
(d) 分子式 C_4H_8O のケトンとアルデヒド
(e) (b)と(d)の線構造式を描け．

1.44 つぎの記述に合う直鎖の異性体はいくつ存在するか．(例題 1.12)
(a) 最長炭素鎖が 6 炭素のアルコール($-OH$)．
(b) 最長炭素鎖が 7 炭素のアミン($-NH_2$)

1.45 つぎの記述に合う異性体はいくつ存在するか．(例題 1.12).
(a) 2-メチルペンタンから生成するモノ臭素化体
(b) 3-メチルペンタンから生成するモノ塩素化体

1.46 つぎの化合物の組合せで，おなじものはどれか，異性体はどれか，無関係なものはどれか．

(a) $CH_3CH_2CH_3$ と $\begin{matrix} CH_3 \\ | \\ CH_2CH_3 \end{matrix}$

(b) $CH_3-\underset{\underset{H}{|}}{N}-CH_3$ と $CH_3CH_2-\underset{\underset{H}{|}}{N}-H$

(c) CH₃CH₂CH₂—O—CH₃ と

CH₃CH₂CH₂—$\overset{\overset{\displaystyle O}{\|}}{C}$—CH₃

(d) CH₃—$\overset{\overset{\displaystyle O}{\|}}{C}$—CH₂CH₂CH(CH₃)₂ と

CH₃CH₂—$\overset{\overset{\displaystyle O}{\|}}{C}$—CH₂CH₂CH₂CH₃

(e) CH₃CH=CHCH₂—O—H と

CH₃CH₂$\overset{\overset{\displaystyle O}{\|}}{\underset{\underset{\displaystyle CH_3}{|}}{C}}$—C—H

1.47 おのおのの構造式でおなじ化合物と異性体の区別をせよ.

(a)

(b) CH₃CHCHCH₃　CH₃CHCHCH₃
　　　　|　|　　　　　|　　|
　　　CH₃ Br　　　CH₃　 Br

CH₃
|
CH₂CHCH₂CH₃
　　|
　　Br

(c)

(d) キャラウェイの種子とミントの葉を調べてみよう. これらを別々に粉砕し, 香りを比較してみる. つぎに香りのもととなる構造を調べて注意深く比較してみよう. それらはどのように関係しているだろうか. これらはコンホーマーとして知られているものである(3章参照).

1.48 つぎの構造式の間違いはなにか.

(a)　CH₃=CHCH₂CH₂OH

(b)　CH₃CH₂CH=$\overset{\overset{\displaystyle O}{\|}}{C}$—CH₃

(c)　CH₂CH₂CH₂C≡CCH₃ の上に CH₃

1.49 つぎの構造式には間違いが2ヵ所ある. どこか.

アルカンの命名(1.6, 1.10 節)

1.50 つぎのアルカンの IUPAC 名を示せ.

(a) CH₃CH₂CH₂CH₂C(CH₂CH₃)HCHCH₂CH₃ (上に CH₂CH₃, 下に CH₃)

(b) CH₃CH₂CH₂CH(CH₃CHCH₃)CH₂CHCH₃ (下に CH₂CH₃)

(c) CH₃CH₂CH₂CH₂CHCH₃ (上に CH₃, 下に CH₃)

(d) CH₃CH₂CH₂CCH₃ (上に CH₂CH₂CH₃, 下に CH₃CHCH₃)

(e) CH₃CCH₂CCH₃ (上に CH₃ CH₃, 下に CH₃ CH₃)

(f) CH₃CH₂CCH₂CH₃ (上に CH₃CH₂, 下に CH₃CH₂)

(g) CH₃(CH₂)₇C—CH₃ (上に CH₃, 下に CH₃)

1.51 分子式 C₆H₁₄ の五つの異性体すべてに IUPAC 名をつけよ.

1.52 つぎの化合物を短縮構造式で描け.
(a) 4-*tert*-ブチル-2-メチルヘプタン
(b) 2,4-ジメチルペンタン
(c) 4,4-ジエチル-3-メチルオクタン
(d) 3-エチル-1-イソプロピル-5-メチルシクロヘプタン
(e) 1,1,3-トリメチルシクロペンタン

1.53 つぎのシクロアルカンの線構造式を描け.
(a) 1,1-ジメチルシクロプロパン
(b) 1,3-ジメチルシクロペンタン
(c) エチルシクロヘキサン

48   1. アルカン：有機化学のはじめの一歩

(d) シクロヘプタン

(e) 1-メチル-3-プロピルシクロヘキサン

(f) 1-エチル-4-イソプロピルシクロオクタン

1.54 つぎのシクロアルカンを命名せよ.

(a)

(b) ![構造式]

(c) ![構造式]

(d) ![構造式]

1.55 つぎのシクロアルカンを命名せよ.

(a) ![構造式]

(b) ![構造式]

(c) ![構造式]

1.56 つぎの命名は間違っている. おのおのの間違いを指摘し, 訂正せよ.

(a) ![構造式]
2,2-メチルペンタン

(b) ![構造式]
1,1-ジイソプロピルメタン

(c) ![構造式]
1-シクロブチル-2-メチルプロパン

1.57 つぎの命名は間違っている. 命名に合う構造式を描き, 正しく命名せよ.

(a) 2-エチルブタン

(b) 2-イソプロピル-2-メチルペンタン

(c) 5-エチル-1,1-メチルシクロペンタン

(d) 3-エチル-3,5,5-トリメチルヘキサン

(e) 1,2-ジメチル-4-エチルシクロヘキサン

(f) 2,4-ジエチルペンタン

(g) 5,5,6,6-メチル-7,7-エチルデカン

1.58 C_7H_{16} の九つの異性体すべての構造式を描き IUPAC 名をつけよ.

1.59 分子式 C_5H_{10} で示されるすべての環状化合物の構造式を描き命名せよ.

アルカンの反応(1.8 節)

1.60 プロパンは, 液化石油ガス(LP)として知られているが, 空気中で燃焼して CO_2 と H_2O になる. 反応を等式で書け.

1.61 ガソリンの成分, イソオクタン C_8H_{16} の燃焼反応を等式で書け.

1.62 光照射下で 2-メチルブタンと Cl_2 を反応させると生成する, 塩素 1 原子が置換した四つの異性体をすべて描け.

1.63 光照射下で 2-メチルプロパンと Br_2 を反応させると生成する, 臭素 2 原子が置換した三つの異性体をすべて描け.

全般的な問題

1.64 つぎの分子中の官能基を示せ.

(a) 男性ホルモンのテストステロン

![構造式]

(b) 抗生物質のチエナミン

![構造式]

(c) 注意欠陥多動障害(ADHD)の治療に使用されるリスデキサンフェタミン(Vyvanse)の構造式を調べて描き, 存在するすべての官能基を示せ. その治療特性について知られていることはなにか.

1.65 プレガバレン(Lyrica)の線構造式を下に示す.

![構造式]

a～d の炭素を, 第一級, 第二級, 第三級, 第四級に区別せよ.

1.66 問題 1.65 に示した化合物は, 第三級炭素をいくつもつか.

1.67 もし誰かが分子式 C_3H_9 の化合物の合成法を報告し

たとすると，ほとんどの化学者は信じないだろう．それはなぜか説明せよ．

1.68 ほとんどの口紅は，70%のキャスターオイルと30%のワックスでできている．口紅がワセリンで落ちやすく，水で落ちにくいのはなぜか．

1.69 ペンタンは，光照射下で臭素 Br_2 にさらされるとハロゲン化反応がおこる．つぎの構造式を描け．
(a) 1 臭素を含むすべての可能な生成物
(b) おなじ炭素上にない 2 臭素を含むすべての可能な化合物

1.70 ペンタンとネオペンタン（2,2-ジメチルプロパン）ではどちらの沸点が高いと予想されるか．また，それはなぜか．

1.71 つぎの記述に合う構造式を示せ．
(a) 分子式 $C_4H_8O_2$ のカルボン酸
(b) 分子式 C_5H_9I のヨウ化アルケン
(c) 分子式 C_7H_{14} のシクロペンタン
(d) 二つのメチル基のみをもつ，分子式 C_4H_8 のアルケン

グループ問題

1.72 つぎの構造の中でおなじ分子を示すものはどれか．
(a)　(b)

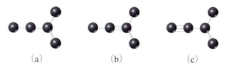

1.73 問題 1.4 では，分子式 C_7H_{16} で最長炭素鎖が 6 炭素である二つの分枝異性体を描いた．この分子式をもつ異性体がほかにいくつ存在するか考えなさい．

1.74 ワセリンはその発見以来，多くの実用用途をもつ家庭製品であることがわかっている．インターネットで，この"驚くべき"製品がもつ用途を 10 個あげてみよう．

1.75 つぎに示す炭素骨格が炭化水素を示すためにはそれぞれいくつの水素原子が必要か．

(a)　　　(b)　　　(c)

1.76 問題 1.26 に示した構造を考える．Hans-on Chemistry 2.1 で紹介する"ガムと爪楊枝"方法を利用して，構造式(a)と(b)のそれぞれの分子モデルを組み立てなさい．これら二つの異性体は束縛回転が有機分子に与える影響を示す（1.9 節）．どの結合も壊すことなく(a)から(b)へ変換できるか．

2

アルケン，アルキン，および芳香族化合物

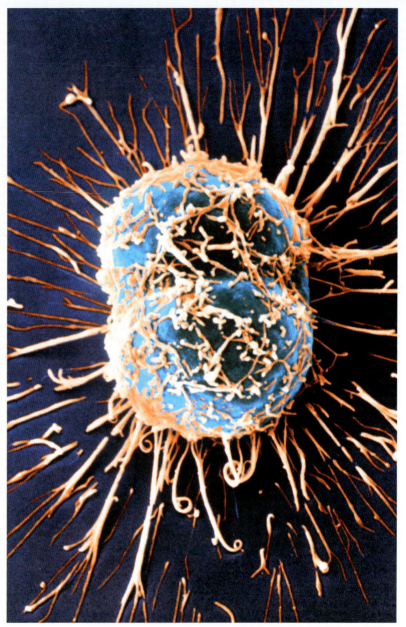

▲ がんとの戦いでは，炭素–炭素三重結合をもつ新しい強力な薬が，子宮頸がんなどの治療に希望をもたらしている．

官能基は，個々の有機分子に特徴的な物理的，化学的，生物学的な性質を与える．1章ではもっとも単純な炭化水素であるアルカンについて学習した．アルカンは，生命に関与する複雑な分子が構築される際の基礎となる．ではここで，炭素–炭素多重結合をもつ分子，すなわち**不飽和**炭化水素の化学について見てみよう．アルケンや芳香環をもつ化合物は自然界に存在する生体分子に数多くみられる．一方，アルキンはあまり多くはないが，生物系においては驚くべき生理活性を示す．化学者は疾病治療のための創薬研究で，出発材料として自然界から得られる生物活性分子を頻繁に利用している．この研究過程において，細菌の培養液など，たくさんの天然資源から複雑な構造をもつアルキンが発見された．これらのアルキンはその後，抗がん剤としての有効性が認められた．その結果，**エンジイン**(enediyne)抗生物質として知られるきわめて興味深い化合物群が発見された．これらの抗腫瘍抗生物質は，これまでに知られている中でもっともよく効く抗がん剤と認

められる天然由来化合物の一族である。後述の Chemistry in Action "エンジイン抗生物質：新進気鋭の抗がん剤"で詳細を説明するが，*Micromonospora* 属の細菌から単離されたこれらのがん細胞に有毒な分子は，デオキシリボ核酸(DNA)鎖を切断することによって細胞の複製を妨げる。そのため，がんやその他の疾病治療に用いうる新しい薬の開発を導くと期待されている。

　最後に解説する不飽和炭化水素のグループは，芳香族炭化水素として知られている。**芳香族化合物**(aromatic compound)は，単結合と二重結合を交互にもつ炭素の六員環を含み，共鳴構造をもつ。この共鳴構造は芳香族化合物に独特の反応性をもたらしている。芳香環内の一つ以上の炭素原子が C 以外の原子で置き換えられた化合物は，**芳香族ヘテロ環**(aromatic heterocyclic)分子として知られ，その多くが独特な生物学的性質をもつ。アルケンと芳香族化合物が自然界に広く分布しているが，(アルキンを含め)これら不飽和官能基のすべてが，生物学の領域で重要な多くの分子中にみられる。

2.1　アルケンとアルキン

学習目標：
- アルケンとアルキンに存在する官能基を確認する。
- 飽和分子と不飽和分子を区別できるようになる。

　1 章で学んだアルカンは，各炭素が四つの単結合をもつため，**飽和**である。これは炭素がもちうる最大の単結合の数であるので，アルカン分子のどのような炭素にもそれ以上の原子を付加させることができない。言い換えれば，分子は飽和している。これに対してアルケンとアルキンは炭素-炭素多重結合をもつので，**不飽和**である。これらの多重結合を単結合に変えることにより，原子をアルケンやアルキンに付加させることができる。**アルケン**は分子中に炭素-炭素二重結合を含む炭化水素，**シクロアルケン**は環構造に二重結合を含む炭化水素，**アルキン**は炭素-炭素三重結合をもつ炭化水素である(シクロアルキンは非常にまれで，炭素 8 個以下の環は知られていない)。有機化学と生化学の学習を進めていくと，**不飽和**(unsaturated)という語は，たとえば不飽和脂肪酸(生化学編 6 章で解説)のように，通常，二重結合が存在することを示す場合に使用されている。

飽和（saturated）　すべての炭素原子が，形成しうる最大の数（四つ）の単結合をもつ分子。

不飽和（unsaturated）　一つ以上の炭素-炭素多重結合をもつ分子。

アルケン（alkene）　炭素-炭素二重結合をもつ炭化水素。

シクロアルケン（cycloalkene）　環の中に二重結合をもつ環状炭化水素。

アルキン（alkyne）　炭素-炭素三重結合をもつ炭化水素。

CH₃CH₂CH₃
プロパン（アルカン）
（飽和）

CH₃CH＝CH₂
プロペン（アルケン）
（不飽和）

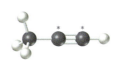

CH₃C≡CH
プロピン（アルキン）
（不飽和）

＊は不飽和炭素を示す

　薬，爆薬，塗料，プラスチック，殺虫剤などをつくる際に利用する有機化合物は，その多くがアルケンを出発原料として合成されている。エチレンはそのような合成素材アルケンの一つで，非常に需要が高く，その大部分が世界でもっとも一般的なプラスチックであるポリエチレンの製造に使われた。事実，全世界のエチレン製造量は 2015 年のおわりには，驚くべきことに 1 億 7500 万 t に達し，2020 年までには 2 億 t になると予想され，この化合物が工業原料としていかに重要であるかを物語っている。

　エチレンは植物の葉や花，あるいは根でもつくられている。エチレンは植物ホルモンとして働き，苗の生長を制御したり，根の形成を促進したり，果実の

▲ゾウ 1 頭の体重は 5 t であるが，シロナガスクジラは 200 t にもなる。ということは，世界中で製造されるエチレンの重量はゾウ 4000 万頭あるいはシロナガスクジラ 100 万頭と等しい。

成熟を調節している．よってエチレンは植物における老化ホルモンと考えられている．このようなホルモン作用により，エチレンは効率的に光合成を止めてすみやかに落葉させるシグナルを送ることによって植物の枯死を引きおこす．

2.2　アルケンとアルキンの命名法

学習目標：
- 短縮構造式や線構造式で示されたアルケンやアルキンの命名ができる．
- 名称で示されたアルケンやアルキンを短縮構造式や線構造式で描けるようになる．

◀◀◀ **復習事項**　1.6 節で学習した IUPAC 命名法を復習すること．

　　国際純正・応用化学連合(IUPAC)命名法において，アルケンとアルキンはアルカンとおなじ一連の規則により命名するが，主鎖を選ぶときの規則に大きな追加事項がある．すなわち，アルケンとアルキンの主鎖は多重結合の原子をすべて含まなければならない．母体の炭素原子数をあらわす基本名称はアルカンとおなじようにつけるが，アルカンで用いた語尾の−**アン**(-ane)の代わりにアルケンでは−**エン**(-ene)，アルキンの場合は−**イン**(-yne)を使う．アルケンとアルキンの名称には，多重結合の場所を示す**位置番号**(index number)と呼ばれる数字が含まれる．不飽和化合物の主鎖には，多重結合がもっとも小さな数字となる位置番号をつける．官能基の位置番号のつけ方の規則は，この教科書の以降の章を通して繰返し使用される．

　　段階 1：母体の炭化水素鎖に名前をつける．二重結合や三重結合を含むもっとも長い炭素鎖をみつけ，接尾語−**エン**または−**イン**をつけて主鎖の炭化水素の名前をつける．二重結合や三重結合が二つ以上ある場合には，多重結合の数を数詞接頭語で示す(**ジエン**(diene)＝二つの二重結合，**トリエン**(triene)＝三つの二重結合など)．

$CH_3CH_2CH_2CH{=}CH_2$　　ペンテンと命名
　　　　　　　　　　　　　　　　　　　　—5 炭素の鎖に二重結合を一つ含む．

$CH_3CH_2CH_2C{\equiv}CCH_3$　　ヘキシンと命名
　　　　　　　　　　　　　　　　　　　　—6 炭素の鎖に三重結合を一つ含む．

$CH_3CH_2CH_2$
　　　　　　　$C{=}CHCH_3$　　ヘキセンと命名
$CH_3CH_2CH_2$　　　　　　　　　　—6 炭素の鎖に二重結合を一つ含む．

$\left[\begin{array}{l} CH_3CH_2CH_2 \\ \qquad C{=}CHCH_3 \\ CH_3CH_2CH_2 \end{array} \right]$　　二重結合が主鎖の中に含まれなければならないので，ヘプテンは母体にならない．

　　段階 2：多重結合がもっとも小さな位置番号になるように，主鎖の炭素に番号をつける．多重結合に近いほうの端から番号をつける(例 1，3)．多重結合の位置が両端から等しい場合は，最初の分枝に近いほうの端から番号をつける(例 2)．

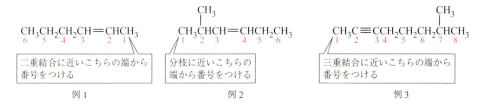

例 1	例 2	例 3
二重結合に近いこちらの端から番号をつける	分枝に近いこちらの端から番号をつける	三重結合に近いこちらの端から番号をつける

　　シクロアルケンも数多く知られている．置換シクロアルケンの二重結合炭

素には 1 と 2 の位置番号をつけるが，最初の置換基がそのつぎに小さい位置番号となるようにする．

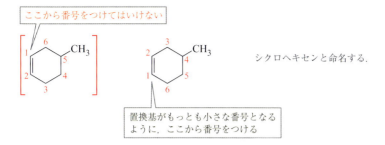

シクロヘキセンと命名する．

（環状アルキンは稀で，知られているものも非常に反応性が高いために容易には得られない．そのため，環状アルキンについては解説しない）

段階 3：完全な名前を書く．結合している炭素鎖の位置の番号を分枝している置換基につけて，アルファベット順に並べる．番号と番号のあいだにはカンマ (,) を入れ，番号と語のあいだにはハイフン (-) を入れる．多重結合のはじめの（小さいほうの）番号を使って，鎖の中の多重結合の位置を示す．二つ以上の二重結合をもつ化合物には，それぞれの位置を番号で示し，その数をあらわす接尾語を用いる（たとえば，1,3-ブタ**ジエン**，1,3,6-ヘプタ**トリエン**など）．

$$\underset{5\ \ 4\ \ 3\ \ 2\ \ 1}{CH_3CH_2CH_2CH=CH_2}$$
1-ペンテン

$$\underset{6\ \ 5\ \ 4\ \ 3\ \ 2\ \ 1}{CH_3CH_2CH_2C\equiv CCH_3}$$
2-ヘキシン

$$\underset{6\ 5\ 4}{CH_3CH_2CH_2}\underset{3}{\underset{|}{C}}=\underset{2\ \ 1}{CHCH_3}$$
3-プロピル-2-ヘキセン

$$\underset{1\ \ 2\ \ \ 3\ 4\ \ \ 5\ \ \ 6\ \ \ 7\ \ \ 8}{CH_3C\equiv CCH_2CH_2CH\overset{CH_3}{\underset{|}{CH}}CH_3}$$
7-メチル-2-オクチン

$$\underset{1\ \ \ \ 2\ \ \ \ \ 3\ \ \ \ 4}{H_2C=\overset{CH_3}{\underset{|}{C}}-CH=CH_2}$$
2-メチル-1,3-ブタジエン
（イソプレン）

4-メチルシクロヘキセン

【慣用名】　古くから知られている化合物の中には，IUPAC 命名法に従わない名称（慣用名）が使われているアルケンとアルキンがある．たとえば炭素数 2 のアルケン，$H_2C=CH_2$ は**エテン**（ethene）と呼ぶべきであるが，**エチレン**（ethylene）という名称が長い間用いられてきたので，IUPAC でもこの名称の使用を認めている．おなじように，炭素数 3 のアルケンの**プロペン**（propene, $CH_3CH=CH_2$）は**プロピレン**（propylene）と呼ばれている．炭素 4 原子のジエン，2-メチル-1,3-ブタジエン（2-methyl-1,3-butadiene, $CH_2=C(CH_3)-CH=CH_2$）は，一般的には**イソプレン**（isoprene）として知られている（上図）．もっとも単純なアルキン，$HC\equiv CH$ は**エチン**（ethyne）であるが，ほとんどの場合**アセチレン**（acetylene）の名前が使われている．IUPAC 名の例外として慣用名が使われるほかの分子の例は，本章および以降の各官能基の族でも学習する．

例題 2.1　有機化合物の命名：アルケン

つぎのアルケンの IUPAC 名を示せ

$$CH_3CH_2CH_2-\overset{H_3C}{\underset{}{\underset{|}{C}}}=\overset{CH_2CH_3}{\underset{}{\underset{|}{C}}}-CH_3$$

解　説　二重結合を含むもっとも長い炭素鎖(主鎖)を見つけて母体を明らかにする．二重結合に近いほうの端から炭素鎖に番号をつけ，二重結合と置換基の位置を確定する．

解　答
段階 1：二重結合を含むもっとも長い炭素鎖の炭素数は 7 —**ヘプテン**．この場合は，もっとも長い炭素鎖は二重結合のところで曲がっている．

$$
\begin{array}{cc}
\text{H}_3\text{C} & \text{CH}_2\text{CH}_3 \\
| & | \\
\text{CH}_3\text{CH}_2\text{CH}_2 - \text{C} = \text{C} - \text{CH}_3
\end{array}
\qquad \text{ヘプテンと命名する．}
$$

段階 2：二重結合に近いほうの端の炭素から番号をつける．左端から番号をつけると二重結合の最初の炭素は C4 となるが，右端からだと C3 となるので，下のように番号をつける．

$$
\begin{array}{ccccccc}
& & & \text{H}_3\text{C} & \text{CH}_2\text{CH}_3 & & \\
& & & {}^{4}| & {}^{3}| & & \\
{}^{7}\text{CH}_3 & {}^{6}\text{CH}_2 & {}^{5}\text{CH}_2 - \text{C} & = & \text{C} - \text{CH}_3 & &
\end{array}
\qquad \text{置換基をもつ 3-ヘプテン．}
$$

段階 3：二つのメチル基が C3 と C4 に結合している．

$$
\begin{array}{cc}
\text{H}_3\text{C} & \text{CH}_2\text{CH}_3 \\
| & | \\
\text{CH}_3\text{CH}_2\text{CH}_2 - \text{C} = \text{C} - \text{CH}_3
\end{array}
$$

置換基：3-メチル，4-メチル
名　称：3,4-ジメチル-3-ヘプテン

例題 2.2　分子構造：アルケン

3-エチル-4-メチル-2-ペンテンの短縮構造式と線構造式を描け．

解　説　母体の名称(**ペント** pent)を確認する．主鎖(母体)に番号をつけ，二重結合とそのほかの置換基の位置を確定する．

解　答
段階 1：母体は炭素数 5 個で，C2 と C3 のあいだに二重結合をもつ．

$$
{}^{1}\text{C} - {}^{2}\text{C} = {}^{3}\text{C} - {}^{4}\text{C} - {}^{5}\text{C} \qquad \text{2-ペンテン}
$$

段階 2：C3 にエチル基，C4 にメチル基を書き入れ，すべての炭素が 4 個の結合をもつように水素原子を書き加える．

$$
\begin{array}{ccccc}
& & \text{CH}_2\text{CH}_3 & & \\
& & {}^{3}| & {}^{4}| & \\
{}^{1}\text{CH}_3 - {}^{2}\text{CH} = \text{C} - \text{CH} - {}^{5}\text{CH}_3 & & & & \\
& & & | & \\
& & & \text{CH}_3 &
\end{array}
\qquad \text{3-エチル-4-メチル-2-ペンテン}
$$

線構造式では下のように描ける．

または

この場合はどちらの描き方も正解である．これら二つの構造は CH_2CH_3 に対して CH_3 の位置が異なり，シス-トランス異性体(2.3 節)の例である．

つぎの化合物の IUPAC 名を答えよ.

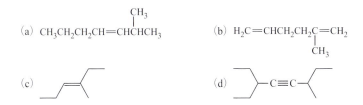

(a) $CH_3CH_2CH_2CH=CHCHCH_3$ の分岐に CH_3

(b) $H_2C=CHCH_2CH_2C=CH_2$ の分岐に CH_3

(c)

(d)

つぎの IUPAC 名で示した化合物の短縮構造式および線構造式を描け.
  (a) 3-メチル-1-ヘプテン   (b) 4,4-ジメチル-2-ペンチン
  (c) 2-メチル-3-ヘキセン   (d) 1,3,3-トリメチルシクロヘキセン

(a)

欄外に示す二つのアルケンの IUPAC 名を答えよ. また, それぞれを線構造式に描き
かえよ.

(b)

2.3 アルケンの構造：シス–トランス異性

学習目標：
● アルケンのシス–トランス異性体を確認する.

　アルケンとアルキンの分子の形はアルカンと異なる. この違いは多重結合に
よる. エタンは正四面体形だがエチレンは平ら（平面）で, アセチレンは真っす
ぐな形（直線）をしている. このことは基礎化学編 4.8 節で学んだ原子価殻電子
対反発（VSEPR）モデルから予想することができる.

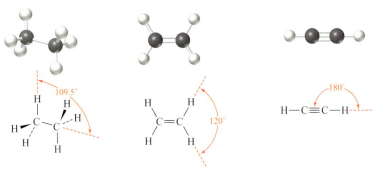

エタン（結合角度109.5°
の正四面体形の分子）

エチレン（結合角度120°
の平面形の分子）

アセチレン（結合角度180°
の直線状の分子）

　エチレンでは, 二重結合を形成する炭素 2 原子と, それらに結合する四つの
原子は同一平面上にある. アルカンの C–C 単結合は自由に回転できるのに対
し, 二重結合は全く回転しないので, アルケン分子はアルカンより固定され
る. このような自由回転の固定により, アルケンには新しい種類の異性体が生
じる. この固定された形態の結果, アルケンはそれぞれ二つの**エンド**（end）と
サイド（side）をもつ.

　この異性現象を, 以下に示す四つの C_4H_8 化合物で考える. 短縮構造式でこ

の分子式をあらわすアルケンの異性体を描くと，1-ブテン（CH$_2$=CHCH$_2$CH$_3$），2-ブテン（CH$_3$CH=CHCH$_3$），2-メチルプロペン（(CH$_3$)$_2$CH=CH$_2$）の 3 種類のみである．1-ブテンと 2-ブテンは互いに構造異性体で，炭素鎖中の二重結合の位置のみが異なる．2-メチルプロペンは 1-ブテンと 2-ブテンとおなじ分子式をもち，これらの化合物とは炭素原子の結合様式が異なる構造異性体である（1.3 節参照）．ところが，C$_4$H$_8$ の分子には四つの異性体が存在する．二重結合は回転しないため，**2-ブテンには二つの異性体が存在する**．そのうちの一つは二つのメチル基が二重結合のおなじ側に結合し，もう一方はそれらが二重結合の異なる側に結合している．

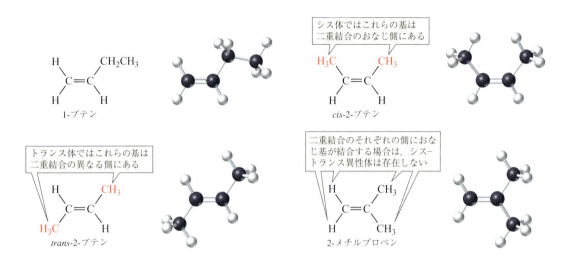

1-ブテン

シス体ではこれらの基は二重結合のおなじ側にある

cis-2-ブテン

トランス体ではこれらの基は二重結合の異なる側にある

trans-2-ブテン

二重結合のそれぞれの側におなじ基が結合する場合は，シス-トランス異性体は存在しない

2-メチルプロペン

シス-トランス異性体（cis-trans isomer）　原子の結合様式はおなじだが，立体構造が異なるアルケン．二重結合の炭素に置換している基が，二重結合の異なる側に結合することで生じる．

　これら二つの 2-ブテンは**シス-トランス異性体**と呼ばれている．二つの異性体はおなじ分子式をもち，原子の結合様式もおなじであるが，二重結合の炭素に置換している基がそれぞれ異なる側に結合しているために立体構造が異なる．この場合，メチル基が二重結合のおなじ側に位置している異性体を cis-2-ブテン（cis-2-butene），異なる側に結合している異性体を trans-2-ブテン（trans-2-butene）という．

　二重結合のエンドの位置にそれぞれ**異なる**置換基をもつアルケン（サイドとエンドを示した前ページの図において，A ≠ B かつ D ≠ E）では，つねにシス-トランス異性がおこる．もし二重結合の一方の炭素に二つのおなじ基が結合している場合は，シス-トランス異性はない．たとえば 2-メチル-1-ブテンでは，C1 におなじ基（水素原子）が結合しているので，シス-トランス異性はない．頭の中で下の構造式のどちらか一方を裏返すと，もう一方の構造式とおなじになることを確かめてみれば，このことは理解できる．

2-メチル-1-ブテン

この二つはおなじ化合物．二重結合の左側の炭素に二つの水素原子が結合しているので，シス-トランス異性は生じない．

　2-ペンテンの場合には，どちらか一方の構造式を裏返しても，もう一方とおなじ構造式にはならないので，シス-トランス異性が生じる．

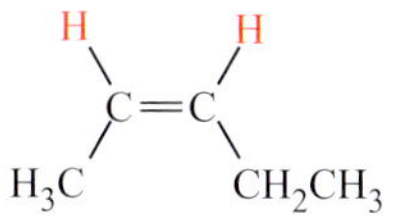

cis-2-ペンテン

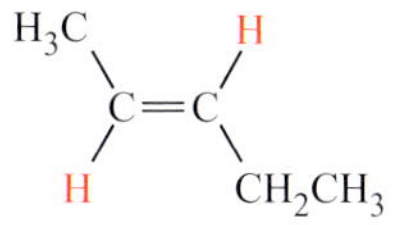

trans-2-ペンテン

この二つは異なる化合物. 二重結合の炭素にはそれぞれ二つの異なる基が結合している.

このような裏返しなどによる比較を行うときの重要な注意事項として，分子はもとのままでどの結合も開裂や再結合をさせない.

二つの置換基が，アルケンの二重結合のおなじ側にあるときには互いにシスの関係にあるといい，反対側にあるときには互いにトランスの関係にあるという. 先に示した一般構造では，AとEが互いにシス，BとDが互いにシス，BとEが互いにトランス，AとDが互いにトランスである. このように，アルケンではシスとトランスという語は二つの意味で使われる. すなわち，(1) 相対的な語として，二重結合炭素にさまざまな置換基がどのように結合しているのかをあらわす(たとえば，"AとEはシス"という使い方)，(2) 命名では分子中のもっとも長い鎖がどのように二重結合に入り，通り抜け，出ていくのかをあらわす(たとえば，cis-2-ブテンやtrans-2-ブテンという使い方). アルキンは直線状の構造をもつため，シス-トランス異性を示さない. すなわち，三重結合にはエンドはあるが，この種類の異性体に必須のサイドがない.

◀◀ C–C 単結合の回転は，分子に多様な立体配座をとらせる要因となる. 1.5 節を復習すること.

例題 2.3 分子構造：シス-トランス異性体

2-ヘキセンのシスおよびトランス異性体の構造式を描け.

解 説 まず 2-ヘキセンの短縮構造式を描き，どのような基が二重結合炭素に結合しているかを調べる.

$$\overset{1}{C}-\overset{2}{C}=\overset{3}{C}-\overset{4}{C}-\overset{5}{C}-\overset{6}{C} \quad \text{2-ヘキセン}$$

つぎに，二つの二重結合を描きはじめる. 二重結合の一方のエンドを選び，そこに二つの基を結合させておなじ部分構造を二つ描く.

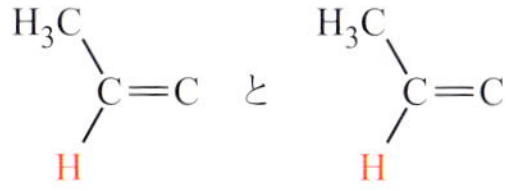

最後にもう一方の二重結合炭素に二つの基をそれぞれ異なる側に描く.

解 答

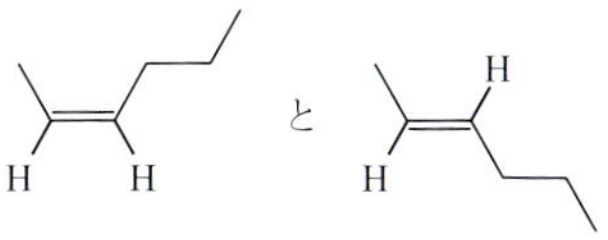

それぞれの構造式の中のもっとも長い鎖をなぞる. 左側の構造式ではもっとも長い鎖は二重結合の一方から入りおなじ側に出る. その結果，二つの水素は二重結合のおなじ側に位置する. これがシス異性体である. 一方，右側の構造ではもっとも長い鎖は二重結合の一方から入り反対側に出るため，二つの水素は互いに反対側になり，トランス異性体となる. 線構造式では二重結合上の水素を示すのが一般的であるが，省略してもかまわない.

問題 2.4
つぎの化合物のうちシス-トランス異性体が存在するのはどれか．存在する場合は，両方の異性体を描け．

(a) 2,3-ジメチル-2-ペンテン（短縮構造式）

(b) 2-メチル-2-ヘキセン（短縮構造式と線構造式）

(c) 2-ヘキセン（線構造式）

問題 2.5
3,4-ジメチル-3-ヘキセンのシスおよびトランス異性体を短縮構造式と線構造式の両方で描け．

HANDS-ON CHEMISTRY 2.1

分子モデルは有機化学において構造を検討する際にとても貴重な道具である．この課題では，二重結合の形とそれが有機分子中にあるとどのようにして自由回転を妨げるのか，また，二重結合が分子の姿を大きく変化させる様子を見てみよう．そこで分子モデルを使用する．ただし，この課題のための分子模型キットは必要ないが，持っていたら，その取扱い説明書に従って以下の"組立用ブロック（building block）"をつくってみよう．もし分子模型キットがない場合は，つぎの説明に従って"ガムドロップ組立ブロック"をつくってみよう．これには爪楊枝と色とりどりのガムドロップ（ゼリー状のキャンディー）を使用する．ガムドロップがもっとも適しているが，グミ（gummy）や小さなマシュマロでも代用できる（大きさが一定しているものがよい）．要は，爪楊枝を刺して固定させることができればよい．この課題で重要なのは，炭素が4価（結合手が4本）で水素と塩素が1価（結合手が1本）ということである．

組立用ブロック——以下のような組立用のブロックをつくる（もし可能なら，基礎化学編 4.7 節に示した各原子の色分けを使う）．

正四面体炭素ユニット6個—— 4本の爪楊枝を正四面体になるようにガムドロップに配置する．炭素原子には黒または暗い色のガムドロップを使用し，つねにおなじ色にする（注意：ほかのユニットに結合させるために爪楊枝を抜く必要があるが，新しい結合をつくるときには抜いたのとおなじところに刺すようにする）．

炭素二重結合ユニット3個——上とおなじ色のガムドロップ2個に2本の爪楊枝を平行に刺して連結する．この際，アルケンモデルに見えるように2本の爪楊枝の間を少し開ける．

"1個組"のユニット6個——この1個組のユニットは，ガムドロップ1個に爪楊枝1本を刺してつくる．使用するガムドロップ

の色は六個すべておなじにし，上で使用したものとは異なる色にする（注意：以下の問題でつくる分子モデルは，後で比較検討ができるように，写真を撮っておくとよい．そうすれば，一つの問いが終わったら，つぎの問いで分子モデルをいったんばらして利用できる）．

a. 四つの正四面体炭素ユニットを結合させてブタンを組み立ててみよう（ユニットどうしを結合させるときには，適宜爪楊枝を抜く必要がある）．水素原子には，爪楊枝の先にガムドロップをつけてみよう．単結合を回転させ，可能なすべてのコンフォメーションを描いてみよう．1.5 節を参照し，それぞれどの立体配座のエネルギーがより高いかを検討してみよう．

b. 炭素二重結合ユニットを使って 2-メチルプロペン，cis-2-ブテン，trans-2-ブテン（2.3 節）の分子モデルを組み立ててみよう．これら三つが別の化合物であることを確認する．また，二重結合を分解しなければ，二重結合を回転させてシス体をトランス体に変換できないことを検証する．シス異性体はトランス異性体よりも少し高いエネルギーをもつが，その理由がわかるだろうか．

c. 上の b. と同様にして 2-クロロ-1-ブテンを組み立て，この化合物には一つの異性体しか存在しないことを示せ．

$$CH_3CH_2CCl=CH_2$$

d. シス二重結合は，トランス形よりも少し高いエネルギーをもつが，たとえば不飽和脂肪酸（生化学編 6.2 節）などのように，多数の生体分子中にみられる．そこで，下の構造についてすべての二重結合がシス配置のものと，すべてトランス配置のモデルを組み立てよ．この二つのモデルを比較して，水中で all-シス体が all-トランス体よりも好都合である理由を説明できるだろうか．

$$CH_2=CH-CH=CH-CH=CH_2$$

基礎問題 2.6

つぎの化合物を，シスとトランスの接頭語も含めて命名せよ．また，線構造式に描き
なおせ．

(a)   (b)

2.4 アルケンとアルキンの性質

学習目標：

- アルケンとアルキンの物理的性質を確認する．

アルケンとアルキンの性質は多くの点でアルカンの性質（1.7 節参照）と似て
いる．アルケンとアルキンの結合は無極性で，物理的性質は主として弱いロン
ドン分散力に影響される．炭素数 1〜4 のアルケンとアルキンは室温では気体
で，分子が大きくなるに従って沸点が高くなる．

アルカンとおなじように，アルケンとアルキンは無極性有機溶媒に溶けるが
水には不溶で，水よりも密度が低い．アルケンとアルキンは可燃性で，気体の
化合物を空気と混合すると爆発の危険がある．アルカンとは異なり，アルケン
は二重結合をもつために反応性は高くなる．つぎの節で述べるように，アルケ
ンはさまざまな試薬と付加反応をおこし，飽和の化合物を生成する．アルキン
は反応をおこす不飽和結合を二つもっているので，より反応性が高いことが想
像できる．

◀◀ 分子間力については，基礎化
学編 8.2 節で解説している．

まとめ：アルケンとアルキンの性質

- 無極性，水に不溶，無極性有機溶媒に溶解する，水より密度が低い
- 可燃性，無毒
- 二重結合の各炭素原子それぞれに，異なる置換基が結合しているアル
  ケンはシス–トランス異性を示す．
- シス–トランス異性体は異なる物理的，生物学的性質をもつ．
- 多重結合は化学反応性をもつ．

2.5 有機反応の種類

学習目標：

- 有機反応のタイプの違いを確認する．

アルケンとアルキンの化学反応性を学ぶ前に，有機反応の一般的な反応パ
ターンについて解説する．これにより有機反応の体系づけと分類がしやすくな
る．ここでは四つの重要な有機反応，**付加**，**脱離**，**置換**，および**転位**について
説明する．

- **付加反応**：二つの反応物が原子を全く余すことなくともにつけ加わり，
  ただ一つの生成物を形成する反応を付加反応という．一般的な過程は以下の
  ように説明できる．

付加反応（addition reaction） 化合
物 X–Y が反応物の多重結合に付加
して単結合のみをもつ生成物を与え
る反応．

これらの二つの反応物　　　　A + B ⟶ C　　…この一つの生
が付加して…　　　　　　　　　　　　　　　　　成物を与える.

　有機化学で出会うもっとも一般的な付加反応は，試薬が炭素–炭素多重結合(不飽和分子)に付加して二つ(アルケンの場合)または四つ(アルキンの場合)の新しい単結合(飽和系)を含む生成物を与える反応である. 反応の経過を一般式であらわすと以下のようになる.

$$\text{C=C} + \text{X—Y} \longrightarrow \overset{\text{X}\ \ \text{Y}}{\text{C—C}}$$

$$-\text{C≡C}- + 2\,\text{X—Y} \longrightarrow -\overset{\text{X}\ \ \text{Y}}{\underset{\text{X}\ \ \text{Y}}{\text{C—C}}}-$$

　後述する Mastering Reactions "付加反応はどのようにおきるか"で，付加反応の反応機構を詳しく学習する. 付加反応の例としては，アルケンと H_2 の反応によるアルカンの生成があげられる. たとえば，エチレンは H_2 と反応してエタンを生成する.

$$\text{C=C} + \text{H—H} \longrightarrow \text{H—C—C—H}$$

エチレン　　　　　　　　　　　エタン

脱離反応(elimination reaction)　飽和の反応物の構造中の隣接する二つの原子上の基が失われて，不飽和の生成物を与える反応.

● **脱離反応**：脱離反応は付加反応の逆である. 一つの反応物が二つ以上の生成物に分裂する反応を脱離反応という. この過程を一般的に示すと，以下のようになる.

この一つの　　　　　　　　　　　　　　　　　　…分裂して二つの
反応物が…　　　　　$\overset{\text{X}\ \ \text{Y}}{\text{A—B}}$ ⟶ A=B + X + Y　　生成物を与える.

　ほとんどの場合，脱離反応では出発物質より単結合が二つ少なく，代わりに炭素の多重結合が一つ増えた生成物に変換される.

$$\overset{\text{X}\ \ \text{Y}}{\text{C—C}} \longrightarrow \text{C=C} + \text{X—Y}$$

　脱離反応の例として，つぎの章でアルコールの脱離について学ぶ. たとえばエタノールは酸触媒で処理すると，脱離反応をおこして水とアルケンを与える. この特徴的な過程は**脱水反応**(dehydration reaction)として知られている(詳しくは3章の Mastering Reactions "脱離はどのようにおこるか"を参照).

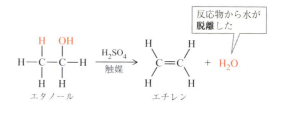

エタノール　　　　　　　　　　エチレン

● **置換反応**：二つの反応物がその一部を交換して二つの新しい生成物を与える反応を置換反応といい，その過程を一般化するとつぎのようになる.

二つの反応物が一部を
交換して…

$$AB + C \longrightarrow AC + B$$

…二つの生成物を
与える.

置換反応の例としては，1.8 節でアルカンが紫外線（UV）の照射により塩素と反応して塩化アルキルを生成する反応を学んだ（アルカンの反応性は低いので，UV 照射が必要となる）．たとえばメタンの –H が –Cl 基と置き換わって，二つの新しい生成物になる.

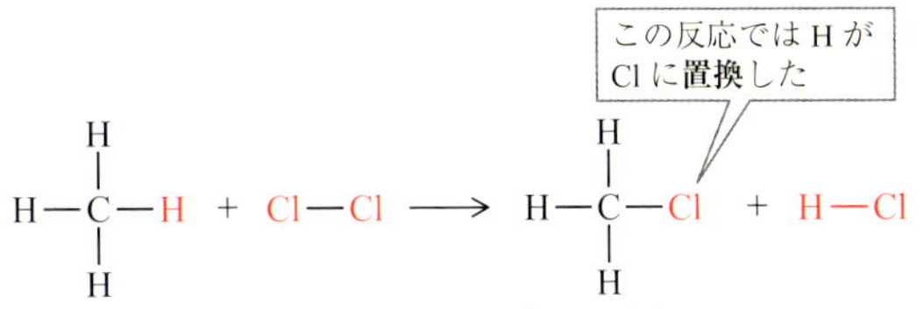

この反応では H が
Cl に**置換**した

メタン　　　　　　　　　　クロロメタン

より一般的な置換反応の例としては，下に示すようなハロゲン化アルキルとルイス塩基の反応があげられる.

$$CH_3CH_2CH_2Cl + CH_3O^- Na^+ \longrightarrow CH_3CH_2CH_2OCH_3 + Na^+ Cl^-$$

1 章の Mastering Reactions "巻矢印を使う有機反応機構"で，このタイプの置換反応の例を学習した．ハロゲン化アルキルとルイス塩基については 3 章と 5 章で詳しく学習する.

● **転位反応**：結合と原子の転位により，一つの生成物を与える反応を転位反応という．生成物は反応物の異性体となる．有機化学でみられる転位反応の一つの例を一般式であらわすと以下のようになる.

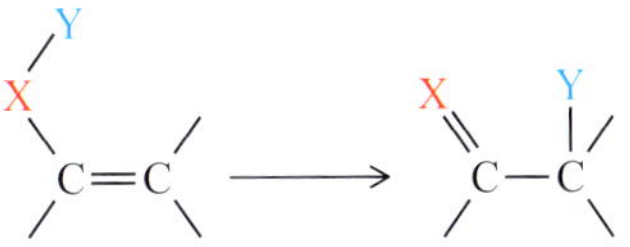

転位反応は有機化学ばかりでなく生化学においても重要であるが，複雑な反応のため本書では詳しく説明しない．転位反応の例としては，酸触媒による処理で *cis*-2-ブテンが異性体の *trans*-2-ブテンに変換される反応がある.

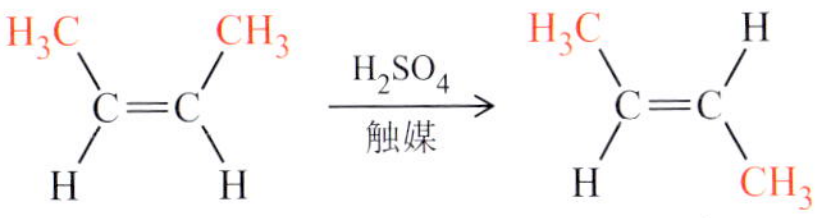

cis-2-ブテン　　　　　　*trans*-2-ブテン

単純にみえるこの相互変換反応では，C=C 結合が開裂して回転し，再び二重結合が形成される過程を経ている．これは色覚の鍵となる過程である（Chemistry in Action "視覚と色彩の化学"を参照）.

置換反応（substitution reaction）　一つの分子中の原子または原子団が別の原子または原子団で置き換えられる反応.

転位反応（rearrengement reaction）一つの分子の結合が再配列して一つの異性体を生成する反応.

さらに先へ ▶▶ グルコースからフルクトースへの変換は（生化学編 5 章）互変異性といい，ある炭水化物を別の炭水化物に変換する.

CHEMISTRY IN ACTION

視覚と色彩の化学

視覚は，私たちがさまざまな色を見分ける，明るい太陽光や暗がりにも対応できる目の能力であり，重要な感覚の一つである．この視覚に化学はどのような役割を果たしているのであろうか．視覚における不可欠な役者は重要な生体アルケンのビタミンAである．

ビタミンは生体に不可欠な微量の有機分子で，通常は食物から摂取している（生化学編 2.9 節）．β-カロテンは，ニンジンやその他の黄色野菜に含まれる赤橙色のアルケンで，レチノールとしても知られるビタミンAの重要な供給源となる．β-カロテンは小腸の粘膜細胞で酵素反応を受けてビタミンAに変換され，肝臓

にたくわえられる．肝臓から目に運ばれたビタミンAは，そこで**レチナール**（retinal）と呼ばれる化合物に換えられ，さらにC11−C12の二重結合がシス−トランス異性化して 11-cis-レチナールになる．これはタンパク質の**オプシン**（opsin）と反応して光感受性物質の**ロドプシン**（rhodopsin）を生成する．

ヒトの目には**桿体細胞**（rod cell）と**錐体細胞**（cone cell）の 2 種類の光感受性細胞がある．300 万個前後存在する桿体細胞は主に薄暗い光での視覚に対応し，1 億個の錐体細胞は明るい光での視覚と色覚に対応している．光が桿体細胞に当たると，転位反応によりロドプシンの C11−C12 二重結合のシス−トランス異性化がおこり，**メタロドプシン II**（metarhodopsin II）と呼ば

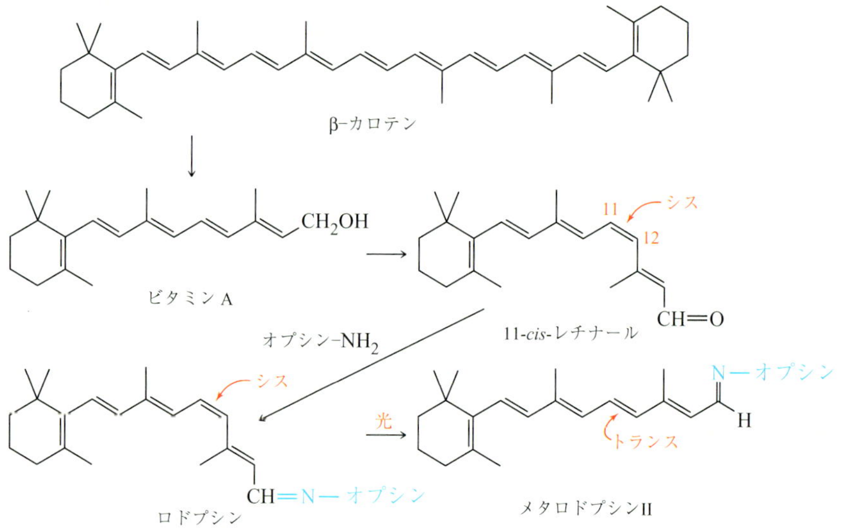

β-カロテン

ビタミン A

11-cis-レチナール

オプシン−NH₂

ロドプシン

メタロドプシン II

例題 2.4   アルケンの反応の検証

つぎのアルケンの反応は付加反応，脱離反応，置換反応のどれに分類されるか．

(a) $CH_3CH=CH_2 + H_2 \longrightarrow CH_3CH_2CH_3$

(b) $CH_3CH_2CH_2OH \xrightarrow[\text{触媒}]{H_2SO_4} CH_3CH=CH_2 + H_2O$

(c) $CH_3CH_2Cl + KOH \longrightarrow CH_3CH_2OH + KCl$

解 説　出発物質（反応物）に新たに原子がつけ加わったか（付加），出発物質から原子が失われたか（脱離），または出発物質の原子がもう一方の反応物に置き換えられたか（置換）を確認する．

解 答
(a) 二つの H 原子が二重結合に付加したので，これは付加反応．
(b) 隣り合った C 原子から H 原子と OH 基が水分子（H_2O）として失われて二重結合を生成したので，これは脱離反応．

れる 11-*trans*-ロドプシンが生成する. このシス-トランス異性化は分子の幾何的形態の変化を伴い, これが神経刺激を生じて脳に送られ, 視覚として認識される. メタロドプシン II はその後に 11-*cis*-レチナールに逆戻りし, つぎの視覚サイクルに利用される.

　見えるということの化学はわかったが, 実際の色そのものをもたらす要因については説明できていない. 植物色素のシアニジンのように鮮やかな色彩をもつ有機化合物はほかにもある. 色彩をもつ化合物は長い共役系をもつ.

　共役系分子は二重結合と単結合が交互に配列した構造をもつ分子で, 二重結合の電子は分子全体に広がり, **非局在化**(delocalized)している. 分子中に共役している個所がある場合はつねに, 電子密度の非局在化した領域が形成され, 光を吸収することができるようになる. 二重結合と単結合の繰返しが長く(10 回以上)のびている構造をもつ化合物は, 可視領域の光を吸収する. シアニジン中の酸素のように, 荷電した原子がある場合は共役二重結合の数が少なくても可視光を吸収することができるようになる.

　私たちの目は吸収された光の余色を見ている. つまり, 白色光のうち化合物に吸収されたある波長の光の

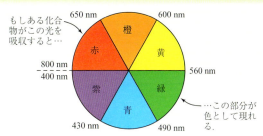

▲ 美術で使う色相環を利用すると, 吸収される光の色彩と観察される色の関係を知ることができる. 観察される色と吸収される色は相補的である. したがって, 赤い光を吸収する物質は緑色に見える.

残りの色を見ていることになる. たとえば, 植物色素のシアニジンは黄緑の光を吸収するので, 赤紫色に見える. このことから, 農業に用いる赤いマルチが植物の成長を促進する理由が理解できる. マルチから反射した赤い光が緑色の植物に吸収され, 光合成に利用される光を増量する効果を生み出す.

CIA 問題 2.1 (a) 11-*cis*-レチナールがオプシンと反応したのち, ロドプシンが光の存在下に 11-*trans*-ロドプシンを生成する反応の分類を答えよ. (b) 11-*cis*-レチナールの水素の数を答えよ. (c) 11-*cis*-レチナールにはどのような官能基があるか答えよ.

CIA 問題 2.2 目の桿体細胞と錐体細胞の役割の違いを説明せよ.

CIA 問題 2.3 テトラブロモフルオレセイン(tetrabromo-fluorescein)は, 口紅などに使われている色素である. この色素が紫色だとすると, どの色の光を吸収しているか.

シアニジン
(花やクランベリーなどの青みがかった赤い色)

(c) 二つの反応物(CH₃CH₂Cl と KOH)がそれぞれ Cl 基と OH 基を交換したので, これは置換反応.

問題 2.7
つぎの反応はそれぞれ付加反応, 脱離反応, 置換反応, 転位反応のどれに分類されるか.

(a) $CH_3Br + NaOH \longrightarrow CH_3OH + NaBr$

(b) $H_2C=CH_2 + HCl \longrightarrow CH_3CH_2Cl$

(c) $CH_3CH_2Br \longrightarrow H_2C=CH_2 + HBr$

問題 2.8

多くの生物学的変換は付加反応，脱離反応，置換反応に分類することができる．つぎの反応はどれに分類できるか．

（a）フマル酸（fumaric acid）からリンゴ酸（malic acid）への変換（クエン酸回路にみられる，生化学編 4.7 節）

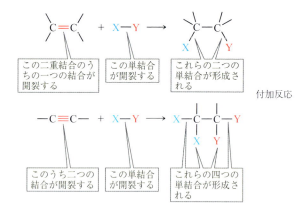

（b）2-ホスホグリセリン酸（2-phosphoglyceric acid）からホスホエノールピルビン酸（phosphoenolpyruvic acid）への変換（解糖でみられる，生化学編 5.3 節）

2.6　アルケンの付加反応

学習目標：

- アルケンが H_2，Cl_2，HCl，H_2O と反応したときに得られる付加反応生成物を予測できる．
- "非対称に置換" および "対称に置換" したアルケンを確認する．
- 非対称に置換したアルケンの付加反応に Markovnikov 則を適用できる．

　アルケンとアルキンの大部分の反応は**付加反応**である．試薬 X−Y が不飽和の反応物の多重結合に付加して単結合のみからなる飽和の生成物になる．

この二重結合のうちの一つの結合が開裂する　この単結合が開裂する　これらの二つの単結合が形成される

付加反応

このうち二つの結合が開裂する　この単結合が開裂する　これらの四つの単結合が形成される

　アルケンの付加反応は，たとえばエタノールのような工業的に重要な化合物を大量に生産するときによく利用されている．アルケンとアルキンの付加反応は多くの点で似ている．アルキンは自然界では稀な存在であり，アルキンへの付加は一般的にアルケンの二重付加として捉えることができるので，アルキンが全くおなじ反応をおこすとしても，本節ではアルケンの反応についてのみ解説する．

水素化（hydrogenation）　多重結合に H_2 を付加させて飽和の生成物を与えること．

アルケンへの水素（H_2）の付加：水素化

　アルケンとアルキンは，触媒としてパラジウムなどの金属の存在下に水素と反応して対応するアルカンを生成する．この過程を**水素化**という．

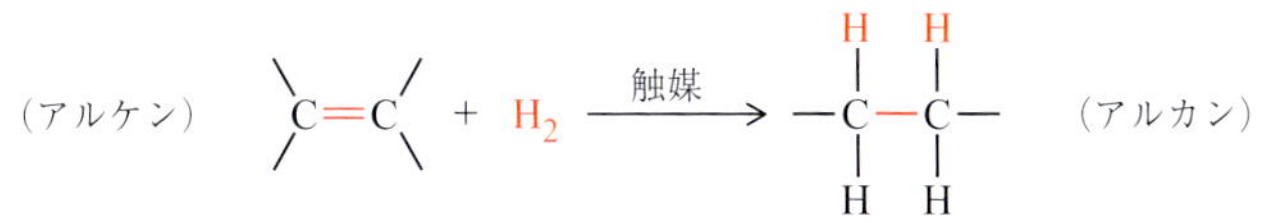

たとえば,

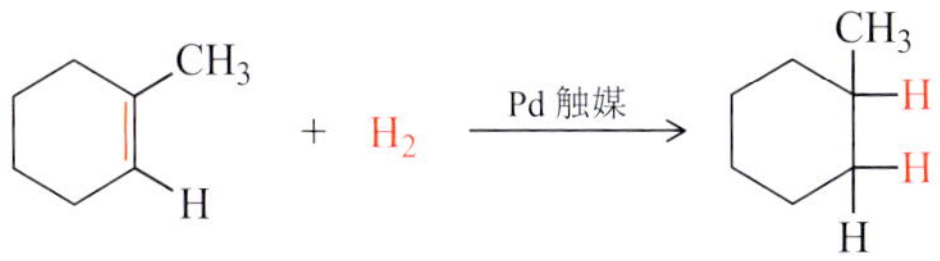

1-メチルシクロヘキセン   メチルシクロヘキサン
                              (収率85%)

アルケンに水素を付加させる反応は工業的にも重要な反応で,二重結合をたくさん含む不飽和植物油を,マーガリンや食用油に使う飽和の脂肪酸に変換するときにも利用されている.この生産工程ではトランス脂肪酸も製品中につくられてしまうため,近年,この工程が厳しい精査を受けている(食事により摂取すると,心臓病のリスクの増加に関係していると考えられている).脂肪や油の構造については生化学編 6 章で学ぶ.

例題 2.5 有機反応：付加反応

つぎの反応ではどのような生成物が得られるか.生成物の短縮構造式と線構造式の両方を描け.

$$CH_3CH_2CH_2CH{=}CHCH_3 + H_2 \xrightarrow{Pd} ?$$

解　説　反応物の二重結合を単結合一つと部分結合二つに描き換える.

$$CH_3CH_2CH_2CH{-}CHCH_3$$

ついで,二重結合のそれぞれの炭素原子に水素を書き加え,生成物を短縮構造式に描き直す.

CH₃CH₂CH₂CH—CHCH₃   を描き換えて   CH₃CH₂CH₂CH₂CH₂CH₃
　　　　　|　　|　　　　　　　　　　　　　　　　ヘキサン
　　　　　H　　H

解　答

この反応はつぎのように描ける.

$$CH_3CH_2CH_2CH{=}CHCH_3 + H_2 \xrightarrow{Pd} CH_3CH_2CH_2CH_2CH_2CH_3$$

線構造式では,以下のようになる.

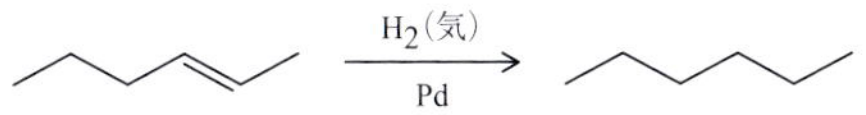

問題 2.9

つぎの水素化反応により得られる生成物の構造式を描け．

(a) $\diagup\!\!\!=\!CH_2$ + H$_2$ $\xrightarrow{\text{Pd}}$?   (b) *cis*-2-ブテン + H$_2$ $\xrightarrow{\text{Pd}}$?

(c) *trans*-3-ヘプテン + H$_2$ $\xrightarrow{\text{Pd}}$? (d) ⬠—CH$_3$ + H$_2$ $\xrightarrow{\text{Pd}}$?

アルケンへの塩素と臭素の付加：ハロゲン化

アルケンは臭素や塩素などのハロゲンと反応して 1,2-ジハロアルカンになる．これは**アルケンのハロゲン化**と呼ばれている．

（アルケンの）**ハロゲン化**（halogenation）　多重結合に塩素や臭素を付加させて 1,2-ジハロゲン化物を与えること．

$$\diagup\!C\!=\!C\diagdown \quad + \quad X_2 \quad \longrightarrow \quad -\!\overset{|}{\underset{X}{C}}\!-\!\overset{|}{\underset{X}{C}}\!-$$

（1,2-ジハロアルカン，X は Br または Cl）

たとえば，

$$\underset{\text{エチレン}}{\overset{H\quad\quad H}{\underset{H\quad\quad H}{C\!=\!C}}} + Cl_2 \longrightarrow \underset{\text{1,2-ジクロロエタン}}{\overset{H\quad\quad H}{\underset{Cl\quad\quad Cl}{H\!-\!C\!-\!C\!-\!H}}}$$

アルケンへの臭素や塩素の付加反応は，例題 2.5 と類似の道筋でおこる．米国では毎年おおよそ 800 万 t の 1,2-ジクロロエタンがこの反応で生産されている．この反応はポリ塩化ビニル（PVC）を製造する際の第 1 段階になる．

臭素（Br$_2$）は，分子中に炭素–炭素二重結合や三重結合が存在するかどうかを調べる簡便な試験方法として利用できる（図 2.1）．未知化合物の試料に赤茶色の臭素溶液を数滴加える．色が直ちに消失したら，臭素が試験化合物と反応して無色のジブロモ体が生成したことを示すので，炭素–炭素多重結合が存在することをあらわす．この試験は脂肪の不飽和度を決定するためにも利用できる（生化学編 6 章）．

(a)

(b)

▲ **図 2.1**
臭素による不飽和結合の検出
（a）ヘキサン（C$_6$H$_{14}$）に臭素溶液を加えても色の変化はない．
（b）1-ヘキセン（C$_6$H$_{12}$）に臭素溶液を加えると臭素の色が消え，二重結合の存在を示す．

ハロゲン化水素化（hydrohalogenation）
多重結合に塩化水素や臭化水素を付加させてハロゲン化アルキルになること．

問題 2.10

つぎのハロゲン化反応ではどのような生成物が得られるか．

(a) 2-メチルプロペン + Br$_2$ $\longrightarrow$?   (b) 1-ペンテン + Cl$_2$ $\longrightarrow$?

(c) $\text{CH}_3\text{CH}_2\text{CH}\!=\!\overset{\text{CH}_3}{\underset{\text{CH}_3}{\text{CCH}_2\text{CHCH}_3}}$ + Cl$_2$ $\longrightarrow$?

(d) ⬠ + Br$_2$ $\longrightarrow$?

アルケンへの HBr と HCl の付加

アルケンは臭化水素（HBr）と反応して**臭化アルキル**（R–Br）になり，塩化水素（HCl）と反応して**塩化アルキル**（R–Cl）になる．これは**ハロゲン化水素化**と呼ばれている．

ハロゲン化水素化：
二重結合へのHBrまたは
HClの付加

HBr （臭化アルキル）

HCl （塩化アルキル）

例として 2-メチルプロペンへの HBr の付加を見てみよう.

2-メチルプロペン + HBr → 2-ブロモ-2-メチルプロパン

上の例をよく見ると，二つの可能な付加生成物のうちの一方しか得られていないことがわかる. 2-メチルプロペンは HBr を付加して 1-ブロモ-2-メチルプロパンを生成してもよさそうに思うが，実際には生成せず，主生成物として 2-ブロモ-2-メチルプロパンのみを与える.

2-メチルプロペン + HBr → 2-ブロモ-2-メチルプロパン（主生成物） ［ 1-ブロモ-2-メチルプロパン（痕跡量） ］

この結果は，二重結合の炭素原子の一方に他方よりも水素がより多く結合しているアルケン（非対称に置換したアルケン）に臭化水素や塩化水素が付加するときにおきる典型的な例である. このような付加反応の結果は **Markovnikov 則**（マルコフニコフ則）により予測することができる. この法則は 1869 年にロシアの科学者，Vladimir Markovnikov により提唱された.

Markovnikov 則（Markonikov's rule）　アルケンに HX が付加するとき，その H はより多くの水素原子がついている二重結合の炭素に結合し，X はより少ない水素原子をもつ炭素に結合した主生成物をつくる.

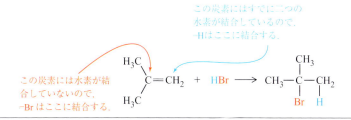

この炭素にはすでに二つの水素が結合しているので，−H はここに結合する.

この炭素には水素が結合していないので，−Br はここに結合する.

ここで使用している"非対称に置換"と"対称に置換"という語は，それぞれの二重結合炭素に結合した水素と炭素の**数**のみを考慮したもので，結合している炭素官能基の同一性を示すものではない.

$$
\begin{array}{cccc}
\underset{\substack{|\\H}}{\overset{\substack{R\\|}}{C}}=\underset{\substack{|\\H}}{\overset{\substack{H\\|}}{C} } &
\underset{\substack{|\\H}}{\overset{\substack{R\\|}}{C}}=\underset{\substack{|\\H}}{\overset{\substack{R''\\|}}{C}} &
\underset{\substack{|\\H}}{\overset{\substack{R\\|}}{C}}=\underset{\substack{|\\R}}{\overset{\substack{R'\\|}}{C}} &
\underset{\substack{|\\H}}{\overset{\substack{H\\|}}{C}}=\underset{\substack{|\\H}}{\overset{\substack{R'\\|}}{C}}
\end{array}
$$

"非対称に置換"　　　　　　　　　　"対称に置換"

　上の例で，R，R′，R″ は H を除くいかなる官能基でもよく，この関係においては異なる官能基である必要はない．

　Markovnikov 則の科学的な原理は，有機化学における有力で重要な法則である．反応の中間に生成する**カルボカチオン**（carbocation）の安定性も含め，Markovnikov 則の詳細については後述の Mastering Reactions "付加反応はどのようにおきるか"で解説する．

　二重結合炭素におなじ数の水素原子が結合しているアルケン（対称に置換した二重結合）では，ほぼおなじ量の二つの可能な生成物が形成される．

$$CH_3CH=CHCH_2CH_3 \; + \; H-Br$$

$$\downarrow$$

$$
\underset{\substack{|\\CH_3CH}}{\overset{\substack{H\\|}}{}}\!\!-\!\!\underset{}{\overset{\substack{Br\\|}}{CHCH_2CH_3}} \quad \text{と} \quad \underset{}{\overset{\substack{Br\\|}}{CH_3CH}}\!\!-\!\!\underset{}{\overset{\substack{H\\|}}{CHCH_2CH_3}}
$$

3-ブロモペンタン　　　　　　　2-ブロモペンタン

（比率 1：1）

例題 2.6　有機反応：Markovnikov 則

つぎの反応ではどのような主生成物が得られるか．

$$
\underset{}{\overset{\substack{CH_3\\|}}{CH_3CH_2C}}=CHCH_3 \; + \; HCl \longrightarrow \; ?
$$

解　説　アルケンと HCl の反応は，Markovnikov 則にのっとった塩化アルキルの付加生成物を与える．生成物を予測するためには，まず出発原料のアルケンの二重結合上のそれぞれの炭素に結合している水素の数を調べる．つぎにより多くの水素をもつほうの炭素に H をつけ，より少ない水素をもつ炭素に Cl をつける．

解　答

$$
\underset{}{\overset{\substack{CH_3\\|}}{CH_3CH_2C}}=CHCH_3 \; + \; HCl \longrightarrow \; \underset{\substack{|\quad\;|\\Cl\;\;H}}{\overset{\substack{CH_3\\|}}{CH_3CH_2C}}\!-\!CHCH_3
$$

この炭素には水素がないので −Cl はここにつく．　　この炭素には水素が一つあるので −H はここにつく．

3-クロロ-3-メチルペンタン

$$
\left(\underset{\substack{|\\Cl}}{\overset{\substack{CH_3\\|}}{CH_3CH_2CCH_2CH_3}} \text{ とおなじ} \right)
$$

例題 2.7　有機反応：Markovnikov則

2-クロロ-3-メチルブタンをつくるには，どのようなアルケンから出発したらよいか．2種類のアルケンについて考えてみよ．

$$
\begin{array}{c}
CH_3 \\
| \\
CH_3CHCHCH_3 \\
| \\
Cl \qquad \text{2-クロロ-3-メチルブタン}
\end{array}
$$

解　説　2-クロロ-3-メチルブタンは塩化アルキルなので，アルケンに HCl を付加してつくることができる．反応物となるアルケンをつくるには，2-クロロ-3-メチルブタンの隣り合う炭素上にある Cl と H 原子を取り除き，二重結合に置き換えればよい．

$$
\begin{array}{c}
CH_3 \\
| \\
CH_3-CH-CH-CH_3 \\
| \\
Cl
\end{array}
\longleftarrow
\begin{array}{c}
CH_3 \\
| \\
CH_3C=CH-CH_3 \\
\text{2-メチル-2-ブテン}
\end{array}
\text{または}
\begin{array}{c}
CH_3 \\
| \\
CH_3CH-CH=CH_2 \\
\text{3-メチル-1-ブテン}
\end{array}
$$

この H を取り除く　　または，この H を取り除く

どちらのアルケンが目的の生成物を得るためにふさわしいか，Markovnikov則に従ってアルケンの付加反応を考える．この場合は，3-メチル-1-ブテンである．もし HCl を 2-メチル-2-ブテンに付加させると，間違った炭素（メチル基が結合している炭素）に Cl が付加した主生成物となるので注意すること．

解　答

$$
\begin{array}{c}
CH_3 \\
| \\
CH_3CHCH=CH_2
\end{array}
+ HCl \longrightarrow
\begin{array}{c}
CH_3 \\
| \\
CH_3CHCHCH_3 \\
| \\
Cl
\end{array}
$$

3-メチル-1-ブテン　　　　　　2-クロロ-3-メチルブタン

問題 2.11
2-メチル-2-ブテンへの HCl の付加反応で生成する可能性のあるすべての構造を描き，主生成物と副生成物を識別せよ．

問題 2.12
つぎの反応ではどのような主生成物が得られるか．

(a) + HCl ⟶ ?　　　　(b) + HBr ⟶ ?

(c) + HCl ⟶ ?

問題 2.13
つぎの付加反応において，示されたハロゲン化アルキルは主生成物として得られるか，理由とともに答えよ．
　(a) 3-エチル-2-ペンテンへの HCl の付加によって生成した 3-クロロ-3-エチルペンタン．

　(b)

🔑 **基礎問題 2.14**

つぎの反応ではどのような生成物が得られるか．答えを短縮構造式と線構造式の両方で描け．

アルケンへの水の付加：水和

水分子($H-OH$)は別のタイプの$H-X$と考えることができるが，アルケンは水のみでは反応しない．しかし，もしH_2SO_4のような強酸の触媒を少量加えると，付加反応をおこしてアルコール($R-OH$)を生成する．この反応を**水和**(hydration)反応という．米国では，この方法によって毎年およそ100万ガロン（1米ガロンは約3.8 L）のエタノール（エチルアルコール）が製造されている．

水和(hydration) 多重結合に水が付加してアルコールを生成すること．

$$\begin{array}{c}\diagdown\\C=C\\\diagup\end{array} + H-O-H \xrightarrow[\text{触媒}]{H_2SO_4} \begin{array}{c}-C-C-\\|\ \ \ |\\H\ \ \ O-H\end{array}$$
アルコール

たとえば，

エチレン $C=C$ + H_2O $\xrightarrow[\text{触媒}]{H_2SO_4}$ $H-C-C-H$ エタノール
OH

臭化水素と塩化水素の付加とおなじように，非対称なアルケンへの水の付加生成物は，Markovnikov則により予測できる．たとえば2-メチルプロペンの水和では2-メチル-2-プロパノールが主生成物として得られる．

この炭素には水素がないので，-OHはここに結合する．

この炭素にはすでに水素が二つあるので，-Hはここに結合する．

$$\begin{array}{c}H_3C\\[-2pt]\diagdown\\[-2pt]C=CH_2\\[-2pt]\diagup\\[-2pt]H_3C\end{array} + H-O-H \xrightarrow[250\,℃]{H_2SO_4} \begin{array}{c}CH_3\\|\\H_3C-C-CH_2\\|\ \ \ |\\OH\ \ H\end{array}$$
2-メチル-2-プロパノール

$$\left(\begin{array}{c}CH_3\\|\\CH_3CCH_3\\|\\OH\end{array}\ \text{とおなじ}\right)$$

MASTERING REACTIONS

付加反応はどのようにおきるか

付加反応はどのように進行するのか．二つの分子，たとえばエチレンと臭化水素は，たんに衝突してそのまますぐに生成物の臭化エタン分子を形成するのか，それとも反応過程はもっと複雑なのか．1章で，反応をビジュアル化するのに便利で効果的な方法を示した（Mastering Reactions "巻矢印を使う有機反応機構", p.33 参照）ので，ここでもそれを利用して，とくに H^+ が関与する付加反応を学習する．下に示すエチレンへの HBr の付加の例のように，アルケンの付加反応は 2 段階で進行することが詳細な研究によって明らかにされた．

▲ アルケンへの臭化水素の付加の反応機構
反応はカルボカチオンを経由する 2 段階で進行する．第 1 段階では，C=C 二重結合から二つの電子が移動して C–H 結合を形成する．第 2 段階では，Br^- が二つの電子を使って正に荷電した炭素と結合を形成する．

ほとんどの有機反応は，電子の豊富な化学種と不足している化学種のあいだでおこっていると考えることができる．第 1 段階では，電子の豊富なアルケンが臭化水素の電子不足の H^+ と反応する．炭素–炭素二重結合が部分的に開裂し，二つの電子が二重結合から移動して，新しい単結合を形成する（図に赤色の巻矢印で示した）．二重結合のもう一方の炭素は，二つの電子がその炭素原子から離れて上の C–H 結合に使われたため，最外殻の電子数が 6 となり正電荷を帯びる．正に荷電した炭素は**カルボカチオン**（carbocation）と呼ばれ，高い反応性をもつ．このカルボカチオンは，生成すると直ちに Br^- と反応して中性の生成物になる．

エチレンの場合は，二つの炭素が全くおなじ置換基をもつ．それでは，非対称に置換した二重結合をもつアルケン，たとえば 2-メチル-2-ブテンではどうだろうか．エチレンと同様にカルボカチオンを考えてみよう．

電子が豊富な二重結合が電子不足の H^+ を攻撃し，カルボカチオンを生成する．しかし，この場合は 2 種類のカルボカチオンの生成が可能である．H^+ が C2 に結合すると，C3 にカルボカチオンが生成する（経路1）．一方，C3 に H^+ が結合すれば，カルボカチオンは C2 に形成される（経路2）．これは平衡過程（H^+ は容易に脱離してアルケンを再生する）なので，両方のカルボカチオンが生成するはずだが，どちらか一方が優先されるのだろうか．その答えは二つのカルボカチオンを解析することで得られる．カルボカチオンは電子枯渇状態の化学種なので，どちらかがより安定性をもつ状況にあると，そのカルボカチオンが他方よりも優先的に存在することになる．炭素は単結合を介して電子を与える性質をもつので，より多くの炭素が結合しているカルボカチオンのほうが電子枯渇状態が和らぎ，安定性が増すため，他方よりも優先する．より優先するカルボカチオンのほうがより多くの生成物を与えると考えられる．研究の結果，第三級（tertiary, 3°）カルボカチオンは第二級（secondary, 2°）カルボカチオンよりも安定性が高く，第二級は第一級（primary, 1°）カルボカチオンよりはるかに安定であることが知られている（第一級カルボカチオンは，ほとんど生成されることがない）．

このようにして，Br^- が反応すると二つの生成物ができるが，より安定なカルボカチオンが主生成物となる．

ここで注意すべきは，主生成物は Markovnikov 則に

つづく

より予想される構造をもつことである．これは Markovnikov が観察した化学反応に対する科学的根拠を示している．すなわち，主生成物はもっとも安定性の高い中間体（この場合は第三級カルボカチオン）に由来する．この中間体の安定性という概念は有機化学の核心であり，さまざまな有機反応において生成物を予想する際に大きな力となる．

一つの反応で，結合が開裂して新しい結合が形成する各段階がどのように進行するかを詳しく記述したものを**反応機構**（reaction mechanism）という．反応機構にもとづけば，一見無関係と思われる非常に多くの有機反応も数種類に分類することができ，反応の過程を理解する一助となる．反応機構を学ぶことは，生化学や薬の生理的な影響などを理解するために不可欠である．

反応機構（reaction mechanism）　一つの反応で，結合が開裂して新しい結合が形成する各段階を詳しく記述したもの．

MR 問題 2.1　Markovnikov 則に従い，2-メチルプロペンと HCl の反応で生成するカルボカチオンの構造式を描け．

MR 問題 2.2　問題 2.62 で，Markovnikov 則から予想される生成物は二つの構造のうちどちらか．また，中間体として形成されるカルボカチオンの構造式を描け．

MR 問題 2.3　1,3-ブタジエン（下図）を 25 ℃で HBr と反応させると，主生成物として 1-ブロモ-2-ブテンが得られる．反応の第 1 段階でカルボカチオンが生成し，Markovnikov 則に従うとして，下の生成物が得られる理由を説明せよ（**ヒント**：共鳴を考慮せよ）．

$$\diagup\!\!\!\diagdown\!\!\!\diagup\!\!\!\diagdown + HBr \longrightarrow H\diagdown\!\!\!\diagup\!\!\!\diagdown\!\!\!\diagup Br$$

例題 2.8　アルケンの反応：水和

つぎの水和反応により，どのような生成物が得られるか．

$$CH_3CH\!\!=\!\!CHCH_2CH_3 + H_2O \xrightarrow{H_2SO_4} ?$$

解　説　二重結合の一方の炭素に −H，もう一方の炭素に −OH が結合することによって，水分子が二重結合に付加する．

解　答
この化合物は非対称に置換した二重結合をもつアルケンではないので，−OH はどちらの炭素にも付加させることができる．

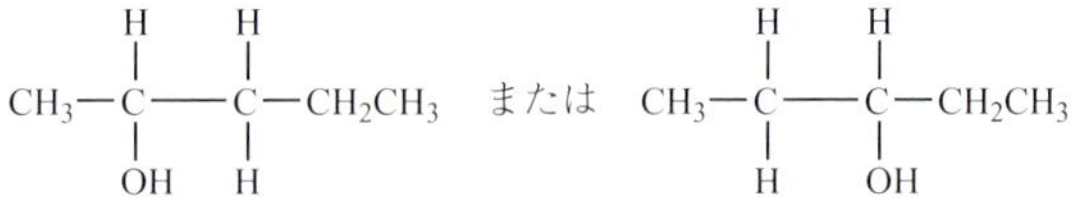

2-ペンタノール　　　　　　　　　3-ペンタノール

問題 2.15

つぎの水和反応により，どのような生成物が得られるか．もし二つ以上の生成物が得られる場合には，主生成物と副生成物を識別せよ．

(a)

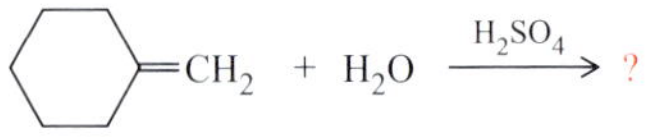

(b)

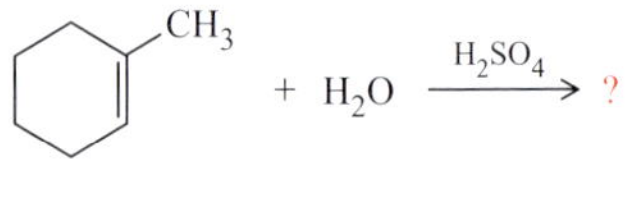

(c) $CH_3CH\!\!=\!\!CHCH_2\!-$$+ H_2O \xrightarrow{H_2SO_4} ?$（二つの可能な生成物）

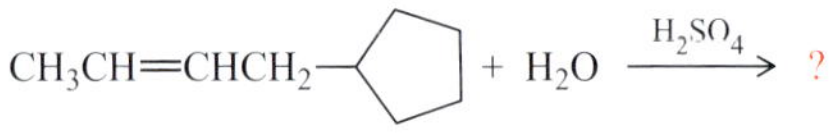

問題 2.16

3-メチル-3-ペンタノールをつくるには，どのようなアルケンから出発したらよいか．2 種類のアルケンを短縮構造式と線構造式で描け．

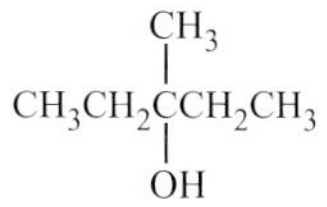

CH3
CH3CH2CCH2CH3
OH

3-メチル-3-ペンタノール

2.7 アルケンポリマー

学習目標：

- 与えられたアルケンモノマーからどのようなポリマーが形成されるかを予測できる．

ポリマーは**モノマー**と呼ばれる低分子量の化合物が多数，繰返し結合することによってできた高分子である．生化学編で学習するように，セルロース，デンプン，タンパク質，DNA などの生体高分子は自然界に広く分布している．合成ポリマーは，低分子の簡単な有機化合物をモノマーとしてつくられる．そのため基本的なところはおなじであるが，合成ポリマーは生体高分子よりも単純なものである．

ポリマー(polymer)　多数の低分子化合物(モノマー)が繰返し結合した高分子化合物．重合体．

多くの簡単なアルケンは，適切な触媒で処理すると**重合**(polymerization)反応をおこす．たとえばエチレンは重合してポリエチレンを生成し，プロピレンはポリプロピレンを，またスチレンはポリスチレンを与える．このような合成ポリマーは数百から数千個のモノマーからなる長鎖の繰返し構造をもつ．

モノマー(monomer)　ポリマーをつくるときに使われる小さな分子．単量体．

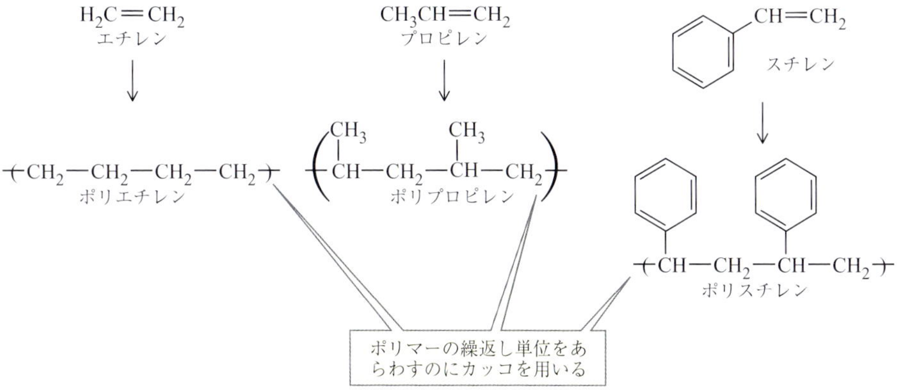

H2C=CH2
エチレン
CH3CH=CH2
プロピレン
CH=CH2
スチレン
CH2—CH2—CH2—CH2
ポリエチレン
CH3
CH3
CH—CH2—CH—CH2
ポリプロピレン
CH—CH2—CH—CH2
ポリスチレン
ポリマーの繰返し単位をあらわすのにカッコを用いる

アルケンモノマーの重合の基本的な反応は，前の節で述べた炭素–炭素二重結合の付加反応によく似ている．合成ポリマーを製造するもっとも一般的な方法の一つは，ラジカル(1.8 節参照)を利用する工程を含む．反応は，**開始剤**(initiator)と呼ばれる試薬をアルケンに加えることによりはじまる．開始剤により二重結合の一つの結合が開裂する．その結果，**ラジカル**(radical)として知られる非対電子をもつ反応性の高い中間体が形成される．この反応性中間体は 2 番目のアルケン分子に付加して別の反応性中間体になり，それが 3 番目のアルケン分子に付加するというように，つぎつぎに付加反応が繰り返される．この反応ではモノマーが順々に付加してポリマー鎖を形成するので，このような反応で生成するポリマーは，**鎖状伸長ポリマー**(chain growth polymer)である．基本となる繰返し単位をカッコ内に書き，ポリマー中の繰返し単位の数を下付きの n で示す．

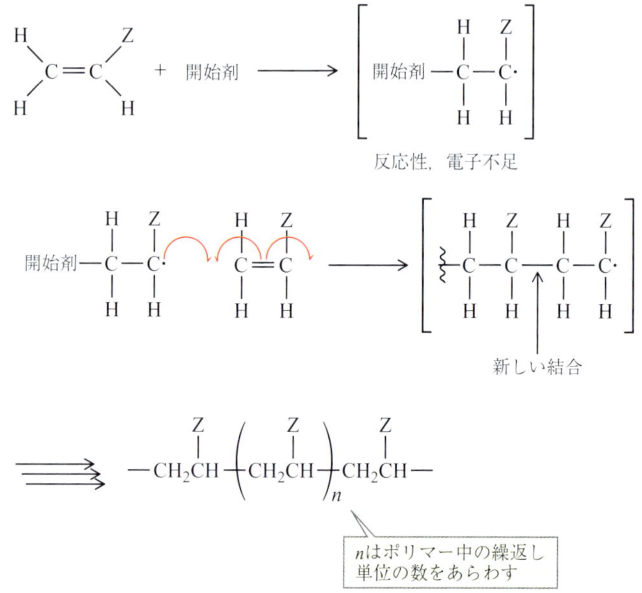

反応性，電子不足

新しい結合

nはポリマー中の繰返し単位の数をあらわす

　表 2.1 に示すように，置換基 Z の違いは生成するポリマーの性質に大きな多様性を与える．ポリマーの硬さは少量の架橋剤(cross-linking agent)を加えることにより調整される．通常，1〜2%のジアルケン(二重結合を二つもつアルケン)が使われる．架橋剤は，モノマーにより形成される 2 本の鎖を共有結合により結び合わせる．

　合成ポリマーの性質はモノマーの違いだけでなく，おなじ種類のポリマーでも平均分子量の違いにより変わる．また生成した架橋や分枝構造の数によっても性質は違ってくる．直鎖ポリエチレンは長鎖分子が互いにくっつきあって詰まっているので，**高密度ポリエチレン**(high-density polyethylene)という硬い物質になる．これは牛乳やエンジンオイルなどの容器として用いられている．置

表 2.1　アルケンポリマーとその用途

モノマー	モノマーの構造	ポリマー(商品名)	用　途
エチレン	$H_2C{=}CH_2$	ポリエチレン	包装用，瓶
プロピレン	$H_2C{=}CH-CH_3$	ポリプロピレン	瓶，ロープ，バケツ，医療用チューブ
塩化ビニル	$H_2C{=}CH-Cl$	ポリ塩化ビニル	絶縁体，パイプ
スチレン	$H_2C{=}CH$〔ベンゼン環〕 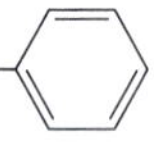	ポリスチレン	スチレンフォームおよび成型品
スチレン と 1,3-ブタジエン	$H_2C{=}CH$〔ベンゼン環〕 と 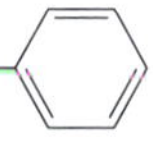 $H_2C{=}CHCH{=}CH_2$	スチレン-ブタジエンゴム (SBR)	タイヤ用合成ゴム
アクリロニトリル	$H_2C{=}CH-C{\equiv}N$	ポリアクリロニトリル (Orlon, Acrilan)	繊維，屋外用カーペット
メタクリル酸メチル	$H_2C{=}C{\overset{O}{\overset{\|}{C}}OCH_3}$ 下に CH_3	ポリメタクリル酸メチル (Plexiglas, Lucite)	窓，コンタクトレンズ，光ファイバー
テトラフルオロエチレン	$F_2C{=}CF_2$	ポリテトラフルオロエチレン (Teflon)	鍋やフライパンのコーティング，ベアリング，心臓弁や血管の代用

換基 Z の存在により，たくさんの分枝構造をもつポリエチレンは，直鎖ポリエチレンのようには分子が密に詰まっていないため，**低密度ポリエチレン**（low-density polyethylene）という柔軟な物質になる．これは主に包装用などに使われている．

　合成ポリマーを利用するようになって，私たちの生活は大きく変わった．配管剤から衣類，スキーやスノーボードの素材など，さまざまなところで合成ポリマーが使われている．医療の分野でも安い使い捨ての器具の使用が一般的になっている．

▲ このような使い捨て式のポリプロピレン製医療器具は，一度使用したら廃棄する．

例題 2.9　アルケンの反応：重合

発泡体（フォーム）や成型品に利用されるポリスチレンのセグメントの構造を描け．モノマーは下の構造をもつ．

解　説　重合は，二重結合の両側に二つのモノマーが付加する反応に似ている．

解　答

　三つのスチレンを，二重結合が隣り合うように描く．つぎに，二重結合を消しながら各モノマーを単結合でつなぐ．

問題 2.17

下に酢酸ビニルの構造を示す（部分構造 $H_2C=CH-$ は**ビニル基**として知られている）．酢酸ビニルを重合すると，ランニングシューズの弾力性のある靴底に使用されるポリ酢酸ビニルができる．三つの酢酸ビニルユニットからなるポリマーの部分構造を描け．

問題 2.18

ポリクロロトリフルオロエチレン（PCTFE，Kel-F，ネオフロン）は，プラスチックの中でもっとも水蒸気透過性が低く，優れた水蒸気バリアとなっている．また，ポリテトラフルオロエチレン（PTFE，テフロン）では不可能なプラスチック製品の注入部材としても使用されている．下に示すモノマーが重合して生成する PCTFE の特徴を示す部分構造（モノマーユニット 2 個）を描け．

2.7′　Diels-Alder 反応：共役ジエンの反応（訳者補遺）

　二重結合が単結合を挟んで二つ結合した構造を共役ジエンという．共役とは，多重結合が単結合と交互になっていることで，p.62 の β-カロテンやビタミン A などは共役二重結合をもつ化合物の例である（共役ポリエンともいう）．

　Diels-Alder（ディールス-アルダー）反応は共役ジエンとアルケンとの反応で，六員環のアルケンを生成する．

共役ジエン　　　　　　　アルケン　　　　　　　　　　　　Diels-Alder 付加生成物
（A,B は置換基をあらわす）　（W, X, Y, Z は置換基を
　　　　　　　　　　　　　　　　あらわす）

　Diels-Alder 反応は特別な試薬や反応条件を必要とせず，共役ジエンとアルケンを加熱するだけで進行するため，有機合成でとくに有用である．しかし，植物や微生物が代謝産物を生合成する際にも，この反応がおきていることが明らかにされている（生体内 Diels-Alder 反応　biological Diels-Alder reaction）．

2.8　芳香族化合物とベンゼンの構造

学習目標：
- 芳香族化合物の構造を確認する．
- 芳香族化合物における共鳴の機能と重要性を説明できる．

芳香族（aromatic）　ベンゼンのような環をもつ化合物群．

　芳香族という語は果実，樹木やほかの天然由来の芳香性物質をあらわすのに用いられていた．しかし，まもなく芳香族に分類される物質群の多くがほかの有機化合物とは異なった挙動を示すことがわかった．今日では，芳香族という言葉はベンゼンのような環を含んでいる化合物群に適用されている．

　もっとも単純な芳香族化合物のベンゼンは平らで対称な分子で，分子式 C_6H_6 をもつ．ベンゼンの構造は，通常六員環に三つの二重結合をもつシクロヘキサトリエンのように描く．この描き方は便利だが，ベンゼンの化学反応性や結合の状態について間違った印象を与える恐れがある．構造を三つの二重結合であらわすと，ベンゼンもアルケンとおなじように水素，臭素，塩化水素，

水などと反応して付加生成物を与えるという印象を受けるが，ベンゼンとその
ほかの芳香族化合物はアルケンよりもずっと反応性が乏しく，通常はアルケン
のような付加反応をおこさない．

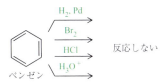

反応しない

▲ 芳香族化合物のベンズアルデヒド
はサクランボの香りのもととなって
いる．

　ベンゼンの反応性が低いのは，その真の構造に由来する．六員環に単結合と
二重結合を交互に描く場合，2 種類の等価な構造が可能である（図 2.2(b)）．し
かしそのどちらもベンゼンの性質を正確にはあらわしていない．実験事実から
すると，ベンゼンのすべての炭素–炭素結合（6 個）は全く等しいので，その構
造を三つの二重結合と三つの単結合であらわすことはできない．

　ベンゼンの真の構造が通常描くような二つの等価な構造の**平均値**であると考
えると，ベンゼンの性質をもっともうまく説明できる．二重結合の電子は特定
の二つの炭素原子のあいだに保持されているのではなく，環のあらゆる場所を
自由に動きまわる．それによって，それぞれの炭素–炭素結合は単結合と二重
結合の中間になる．この現象は**共鳴**として知られ，真の構造は二つあるいはそ
れ以上の構造の平均値としてあらわされる．共鳴関係にある構造は両矢印
（←→）によって示す．共鳴により二重結合電子が分子全体に非局在化
（delocalized）し，二重結合の反応性を低下させている．注意すべきことは，**共
鳴構造間においていかなる原子も移動せず，電子対**（この場合は二重結合）**のみ
が移動する**ことである．

共鳴（resonance）　ある分子の真の
構造が，通常あらわすルイス構造の
二つあるいはそれ以上の平均値であ
るという現象で，それぞれのルイス
構造は二重結合の位置のみが異な
る．

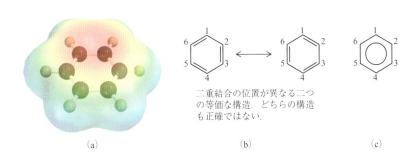

二重結合の位置が異なる二つ
の等価な構造．どちらの構造
も正確ではない．

(a)　　　　　　　　　　　(b)　　　　　　　　　　　(c)

◀ 図 2.2
ベンゼンの構造
(a) の静電ポテンシャルマップは
すべての炭素–炭素結合が等価で
ある様子を示している．通常ベン
ゼンは，(b) のような二つの等価
な構造か，(c) のような構造であ
らわす．

　ベンゼンの真の構造は図 2.2(b) に示した二つの構造の中間なので，共有結合
を示す線ではベンゼンの構造を正確にあらわすことができない．そこで，図
2.2(c) のような六員環の中に円を書いて二重結合をあらわす構造を使うことが
ある．しかし通常は，すべての結合が等価な芳香環であるという理解のもと
に，三つの二重結合をもつ環を描く．そこで本書でも習慣にならって，この表
示法を用いる．

　ベンゼンのような単純な芳香族炭化水素は無極性で水に不溶，揮発性で可燃
性である．アルカンやアルケンと異なり，いくつかの芳香族炭化水素は生物活
性をもつ．ベンゼンは白血病をおこす可能性があり，メチル置換基を二つもつ
ベンゼンは中枢神経系の抑制作用をもつ．

　これまで述べたベンゼン環の構造と安定性は，殺菌剤のヘキサクロロフェン
やフレーバーのバニリンなどのような，置換基をもつ環でも同様である．

　ベンゼン環は植物染料や色素（Chemistry in Action “視覚と色彩の化学”，p.62
参照）などをはじめとする多くの生物分子中に見出されており，それらの分子

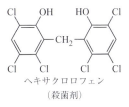

ヘキサクロロフェン
（殺菌剤）

バニリン
（バニラフレーバー）

も芳香環の性質を保持している．さらに"芳香族性(aromaticity)"は，炭素の環に限られたものではない．たとえば，芳香族化合物に分類されるものの中には1個あるいはそれ以上の窒素原子が環を構成している化合物も数多い．ピリジン，インドール，アデニンはその例である．

ピリジン　　　インドール　　　アデニン

　これらの化合物や，置換ベンゼン環あるいは二重結合電子が，環を構成する原子に均等に分布している安定な六員環をもつすべての化合物は芳香族化合物に分類される．分子が芳香族性をもつことを判定する正確なルールは，ここで解説したような簡単なものではないが，本書の目的からすると，単結合と二重結合を交互にもつ六員環を芳香族ということにする．

2.9　芳香族化合物の命名法

学習目標：
● 一置換，二置換芳香族化合物を命名できる．

　置換ベンゼンの命名には，母体として **-ベンゼン**(-benzene)を使う．つまりC_6H_5Br はブロモベンゼン，$C_6H_5CH_2CH_3$ はエチルベンゼンになる．ベンゼン環のすべての位置は等価なので，一置換ベンゼンでは置換基の位置を番号で示す必要はない．

ブロモベンゼン　　　エチルベンゼン　　　ニトロベンゼン

　二つ以上の置換基をもつベンゼンは，シクロアルカンの命名法のように，置換基の位置を番号で表示する．二置換ベンゼンの場合は特殊で，1,2-，1,3-，1,4- の置換基をそれぞれ o-(**オルト** ortho)，m-(**メタ** meta)，p-(**パラ** para)の相対配置を示す記号であらわしてもよい．ortho-，meta-，para- およびそれらの一文字表記は，接頭語として用いる．ただし，この表記方法は二置換ベンゼンのみに使用される．

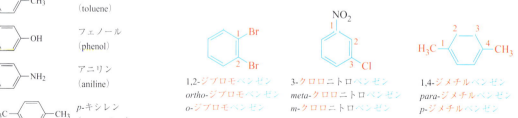

1,2-ジブロモベンゼン　　　3-クロロニトロベンゼン　　　1,4-ジメチルベンゼン
ortho-ジブロモベンゼン　　meta-クロロニトロベンゼン　　para-ジメチルベンゼン
o-ジブロモベンゼン　　　　m-クロロニトロベンゼン　　　p-ジメチルベンゼン

　命名する際は，上記のそれぞれ3種類の表記法のいずれでもよいが，ここではこれらの二置換化合物の命名に o-，m-，p- を使用する．
　置換ベンゼンには系統的な名前のほかに慣用名をもつものも多い．たとえばメチルベンゼンよりは**トルエン**という名前のほうがよく知られている．ヒドロキシベンゼンよりはフェノール，アミノベンゼンよりはアニリンのほうが一般的である．慣用名の例を表2.2に示す．このような慣用名も，o-(ortho)，m-

表 2.2　芳香族化合物の慣用名の例

構　造	名　称
―CH₃	トルエン (toluene)
―OH	フェノール (phenol)
―NH₂	アニリン (aniline)
H₃C―　―CH₃	p-キシレン (para-xylene)
―C(=O)OH	安息香酸 (benzoic acid)
―C(=O)H	ベンズアルデヒド (benzaldehyde)

(*meta*)，*p*-(*para*)の接頭語と一緒によく使われる．

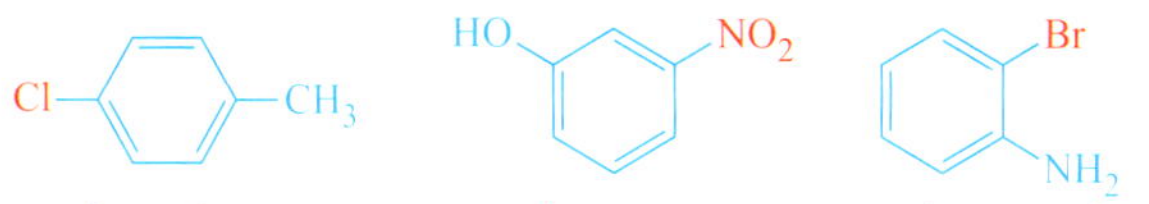

p-クロロトルエン　　　*m*-ニトロフェノール　　*o*-ブロモアニリン

　ベンゼン環がほかの母体に結合した置換基と考えられる場合は，C_6H_5- の部分に**フェニル基**（一般に Ph− と略す）という名前を使う．

フェニル（phenyl）　C_6H_5- 基．

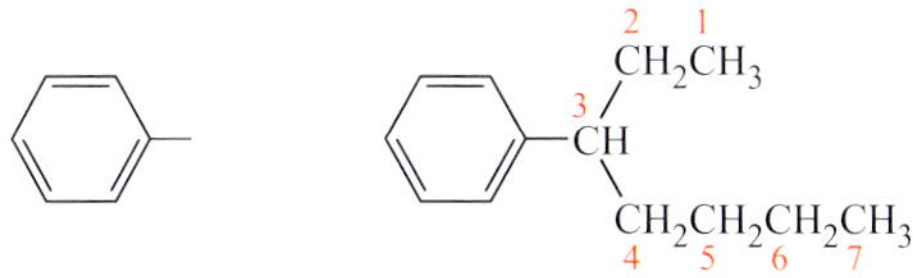

フェニル基．C_6H_5-　　　　　3-フェニルヘプタン

例題 2.10　有機化合物の命名：芳香族化合物

つぎの芳香族化合物を命名せよ．

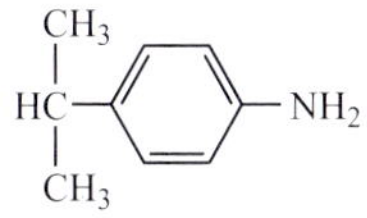

解　説　まずはじめに母体となる化合物を確認し，つぎにベンゼン環上の置換基の位置を番号あるいは *ortho*（*o*-，オルト），*meta*（*m*-，メタ），*para*（*p*-，パラ）で確定する．

解　答
　母体はアミノ基をもつベンゼン環なので**アミノベンゼン**となるが，一般的には**アニリン**（aniline）として知られている．置換基はアミノ基に対して C4 の位置，すなわちパラ位に結合している．このプロピル基は真ん中の炭素がベンゼン環に結合しているので，**イソプロピル基**である．

置換基はパラの
位置にある

プロピル基は真ん中の炭素
で結合しているので，イソ
プロピル基である

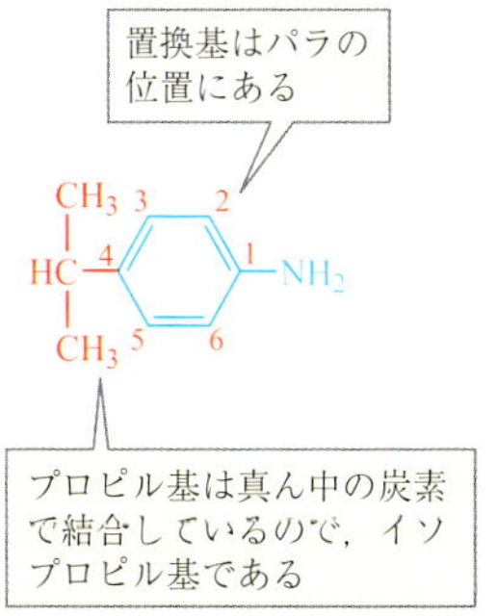

名称：*para*-イソプロピルアニリン，*p*-イソプロピルアニリンまたは 4-イソプロピルアニリン

例題 2.11　分子構造：芳香族化合物

m-クロロエチルベンゼンの構造式を描け．

解　説　m-クロロエチルベンゼンは，ベンゼン環にクロロ(Cl–)とエチル(CH$_3$CH$_2$–)の二つの置換基がメタの関係(C1 と C3 の位置)で結合した構造をもつ.

解　答

　ベンゼン環のすべての炭素は等価なので，一つ目の置換基はどこにつけてもよい.まずベンゼン環を描き，一つ目の置換基，たとえば–Cl を適当な位置に書く.

Cl

　つぎにクロロ基から二つ目の炭素(メタ位)に 2 番目の置換基のエチル基を書く.

CH$_3$CH$_2$

Cl　　　m-クロロエチルベンゼン

問題 2.19

つぎの化合物の IUPAC 名を答えよ.

(a) HO

CH$_2$CH$_3$

(b) Cl

CH$_3$

(c)

問題 2.20

つぎの名称で示される化合物の構造式を描け.

(a) m-クロロニトロベンゼン　　　(b) o-ニトロトルエン
(c) p-メチルアニリン　　　　　　(d) p-ニトロフェノール

🔑 **基礎問題 2.21** ────────────────────────────────

つぎの化合物を命名せよ(赤 = O，青 = N，茶 = Br).

(a)　　　　　　　　　　　　(b)

2.10　芳香族化合物の反応

学習目標

● 芳香族化合物が濃硝酸，塩素，臭素，濃硫酸と反応して得られる生成物を予測できる.

　芳香族化合物は，アルケンとは異なる反応性を示す.アルケンは付加反応を受けるが，芳香族化合物では通常，**芳香族求電子置換反応**(electrophilic aromatic substitution reaction，EAS)と呼ばれる独特な置換反応がおこる.つまり基 Y

が芳香環の水素1原子と置換しても，環そのものは変わらない．ベンゼン環の水素原子は6個とも等価なので，どれが置き換わってもよい．

芳香族求電子置換反応の起因となる反応機構はアルケンの反応と似ているが，大きく異なる点は安定性が非常に高い芳香環が再生することである．

ニトロ化は環の水素一つが**ニトロ基**(nitro group, $-NO_2$)に置換する反応である．ベンゼンを硫酸の存在下で硝酸と反応させるとニトロ化がおきる．

ニトロ化（nitration）　芳香環の水素をニトロ基($-NO_2$)で置換すること．

芳香環のニトロ化は，TNT(トリニトロトルエン)などの爆薬や，多くの重要な医薬品を合成するための重要な反応である．ニトロ基($-NO_2$)が容易にアミノ基($-NH_2$)に変換できるのがその理由である．ニトロベンゼンは，アニリンの工業生産の出発原料になっている．アニリンは衣料用の染料をつくるために使われる．

芳香族ハロゲン化は環の水素一つが臭素や塩素などのハロゲン原子に置換する反応である．ベンゼンに $FeBr_3$ や $FeCl_3$ を触媒として Br_2 や Cl_2 と反応させるとハロゲン化がおきる．

芳香族ハロゲン化（halogenation aromatic）　芳香環の水素をハロゲン原子($-X$)で置換すること．

CHEMISTRY IN ACTION

エンジイン抗生物質：新進気鋭の抗がん剤

　アルキンについては本章や本書全体を通してごく簡単にしか解説していないが，これはアルキンが有機化学においてあまり重要ではないという意味ではない．自然界では通常アルキンはあまり見つからないが，植物や細菌から単離されたアルキン化合物は有毒性などの思いもよらない生理作用を示す．たとえば，アマゾン流域で漁の際に魚毒として使われていた植物から単離されたトリイン（triyne）化合物の(−)-イクチオテレオール（ichthyothereol）は，ミトコンドリアでのエネルギー生産を阻害する．この化合物はその後，中央アメリカの植物からも単離されている．イクチオテレオールは魚だけでなくマウスやイヌにも毒性を示すが，ヒトには作用しない．この化合物の発見により，アルキ

ンという官能基がほかの生物活性物質に導入されたらどうなるかという研究がはじまり，パーキンソン病（Parkinson's disease）治療薬のラサジリン（rasagiline）などの開発につながった．ラサジリンは，ドーパミンの分解酵素であるモノアミン酸化酵素B（MAO-B）を阻害して，脳内のドーパミン濃度を高め，パーキンソン病に特徴的な運動症状などを改善する．また，神経保護作用をもつので，アルツハイマー病（Alzheimer's disease）の薬物治療の新規アプローチとしても注目されている．ラサジリンは記憶と学習を増強するといわれている．さらに，気分ややる気を高め，老化に伴う記憶衰退を改善するので，この深刻な病を治療する新しい薬の開発の優れたリード化合物となる．このラサジリンの成功により，化学者や生化学者は天然アルキン化合物の発見にさらに邁進することとなった．この広範な探索研究によって，本章のはじめに記載したエンジイン（enediyne）という予想もしなかった種類の抗がん抗生物質が発見された．*Micromonospora* 属の細菌の培養液から見つかったエンジイン化合物は，抗生物質の全く新しい化学構造の分類群となった．エンジイン類の化合物は，知られている中でもっとも強い抗がん活性を示す．これらの化合物の毒性は，標的であるDNA鎖を切断する能力に起因する．エンジイン抗生物質は，カリキアマイシン類（calicheamicins），ダイネミシン類（dynemicins，右図），およびこのグループでもっとも複雑なクロモプロテイン類（chromoproteins，色素タンパク質）の3種類に分類される．これらの化合物はすべて三つの特徴的な部分構造，(1) アントラキノン部分，(2) 九 - 十員環に二重結合

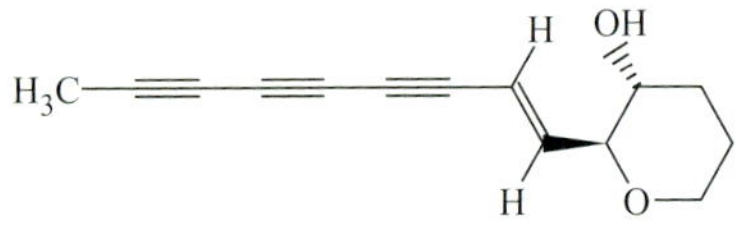

イクチオテレオール

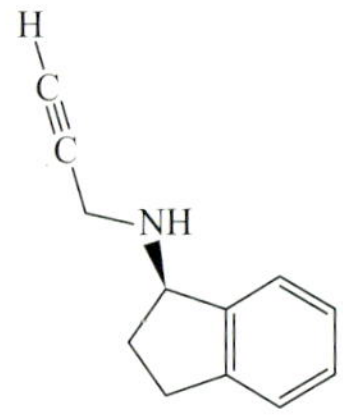

ラサジリン

スルホン化（sulfonation）　スルホン酸基（−SO₃H）で芳香環の水素を置換すること．

スルホン化は環の水素一つがスルホン酸基（−SO₃H）に置換する反応である．ベンゼンを濃硫酸とSO₃の混合物で反応させるとスルホン化がおきる．

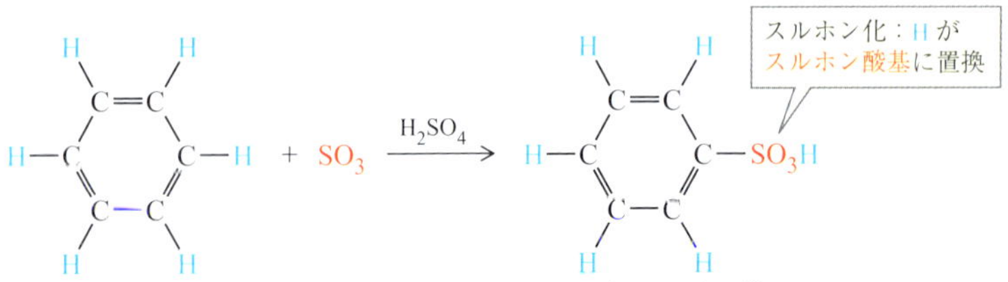

ベンゼン　　　　ベンゼンスルホン酸

スルホン化：H がスルホン酸基に置換

　芳香環のスルホン化は，抗菌薬のサルファ剤を合成するための重要な反応である．

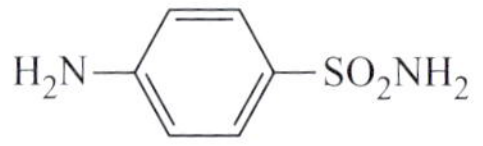

スルファニルアミド（サルファ剤の一つ）

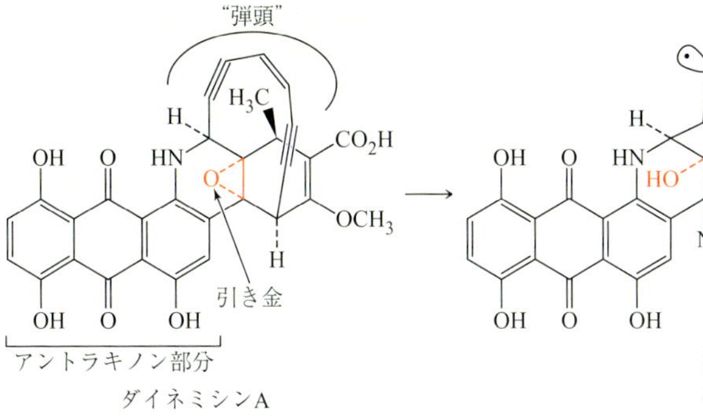

"弾頭"

アントラキノン部分
ダイネミシンA
引き金

➤ くさび線と破線で示した結合
については，立体化学を解説してい
る 3.10 節で確認せよ．

を介して共役している二つの三重結合からなる化学的
"弾頭(warhead)"，そして(3)"引き金(trigger)"をも
つ．図に示したダイネミシン A の引き金は赤で示し
た三員環のエポキシドである．アントラキノン部分は
DNA の主溝に入り込む．キノン部位が酵素によって
還元され，引き金のエポキシドが開環すると求核種
(酸素，窒素，硫黄などを含む化学種，図中の Nuc)が
付加し，共役ジイン部分のひずみが増大する．その結
果，(Bergman 反応と呼ばれる)芳香化反応がおこり，
炭素ビラジカルが発生して活性中間体(右の図)とな
り，DNA 鎖を酸化的に切断する．

　ほかの抗がん剤と同様に，すべてのエンジイン化合
物は毒性が高い．がんとの戦いにおいてこれらの抗が
ん剤を有効に使用する手段の一つに，治療対象のがん
細胞に特異的な抗体をつくり，その抗体に抗がん剤を
結合させる方法がある．この方法は"イムノターゲッ
ティング(immunotargeting)"として知られており，目
標のがん細胞のみを攻撃してほかの細胞には全く影響

を与えない"魔弾(magic bullet)"の作成を可能にする．
エンジイン抗生物質が非常に魅力的な理由の一つに，
薬剤耐性の悪性腫瘍にも活性を示すことがあげられ
る．治療に用いる抗がん剤の多くに耐性をもつがん細
胞も少なからずあり，また，治療中に薬剤耐性を獲得
するがん細胞もある．この薬剤耐性と抗がん剤の選択
毒性の乏しさ(抗がん剤はがん細胞だけでなく，ほか
の正常な細胞にも影響を及ぼす)が，がんの化学療法
における大きな問題点となっている．ダイネミシン A
をはじめエンジインの研究を通して見つけ出された化
合物が，老獪で致命的な敵"がん"に対する我々の攻撃
の新たなる武器を象徴するかもしれない．

CIA 問題 2.4　アルツハイマー病の治療に有利であると考え
　られるラサリジンの優れた性質とはなにか．

CIA 問題 2.5　エンジインを含む分子を抗体に結合させる方
　法は，がん細胞を攻撃するうえで魅力的であるのはなぜか．

CIA 問題 2.6　がんの化学療法において，効果を低減させる
　主な要因はなにか．

問題 2.22
トルエンをつぎの試薬と反応させると，どのような生成物が得られるか．
　(a) Br_2 と $FeBr_3$　　(b) HNO_3 と H_2SO_4 触媒　　(c) H_2SO_4 中の SO_3

問題 2.23
フェノールと Br_2 および $FeBr_3$ の反応では，3 種類の置換反応生成物が考えられ
る．3 種類の化合物の構造と名称を答えよ．

要　約　章の学習目標の復習

● **アルケンとアルキンに存在する官能基を確認する**
　アルケンは炭素–炭素二重結合をもつ炭化水素で，
アルキンは炭素–炭素三重結合をもつ炭化水素である
(問題 27, 29〜31, 34, 35, 43)．
● **飽和分子と不飽和分子を区別する**
　飽和の分子は 4 価の炭素原子のみを含み，二重結合

や三重結合をもたない．一方，相当するアルカンより
も水素の数が少ない場合，**不飽和**と呼び，通常，二重
結合や三重結合が存在するときに使われる(問題 30,
31)．
● **短縮構造や線構造で示されたアルケンやアルキン
を命名する**

アルケンとアルキンの命名は，アルカンの命名(1.6節)と同様であるが，炭素鎖に番号をつけるときにこれらの官能基が優先される．アルケンは語尾に **-エン**(-ene)をつけ，アルキンは **-イン**(-yne)をつけて命名する(問題 34〜37)．

- **名称で示されたアルケンやアルキンを短縮構造式や線構造式で描く**

有機化合物は，すべての原子と結合を示す **構造式**，一部の結合を省略した **短縮構造式**，あるいは炭素と水素の位置を了解したうえで炭素骨格を線で示す **線構造式** で描くことができる(問題 38，39，48，61，70)．

- **アルケンのシス-トランス異性体を確認する**

アルケンは，それぞれ二つのサイドとエンドをもつと考えることができる．シス-トランス異性体は置換アルケンにみられる．これは炭素-炭素二重結合が回転できないために生じる．シス体では二つの置換基が二重結合のおなじ側に位置し，トランス体では逆側に結合している(問題 44〜51，71，81，82，84)．

- **アルケンとアルキンの物理的性質を確認する**

アルケンとアルキンは一般的に無極性で水に溶けず(疎水性)，反応性も低い．分子間力が弱いため，融点や沸点が低い．アルケンは一般的に無毒で，生理作用も限られている(問題 72，73)．

- **有機反応のタイプの違いを確認する**

付加反応では，二つの反応物が原子を全く余すことなく付加結合してただ一つの生成物になる．脱離反応では，一つの反応物が二つの生成物に分裂し，アルケンやアルキンを生じる．置換反応では，二つの反応物が原子や原子団を交換して二つの新しい生成物になる．転位反応では，一つの反応物の結合と原子が再編成して，一つの異性体を生成する(問題 52〜57)．

- **アルケンが H_2，Cl_2，HCl，H_2O と反応したときに得られる付加反応生成物を予測する**

アルケン，アルキンの多重結合は，付加反応をおこす．アルケンに水素が付加するとアルカンとなり(**水素化**)，塩素や臭素が付加すると 1,2-ジハロアルカン(**ハロゲン化**)，HBr や HCl が付加するとハロゲン化アルキル(**ハロゲン化水素化**)，水が付加するとアルコール(**水和**)が生成する(問題 58〜62，76〜80)．

- **"非対称に置換"および"対称に置換"したアルケンを確認する**

二重結合の各炭素におなじ数の水素が直接結合しているアルケンを対象に置換，そうでないアルケンを非対称に置換していると分類することができる(問題 46〜48，50，70，71)．

- **非対称に置換したアルケンの付加反応にMarkovnikov 則を適用する**

Markovnikov 則に従うと，二重結合への HX や H_2O の付加では，H は水素原子をより多くもつ二重結合の炭素に結合し，X や OH はより少ない水素原子をもつ二重結合の炭素に結合する(問題 58，60)．

- **与えられたアルケンモノマーからどのようなポリマーが形成されるかを予測する**

多くの単純なアルケンは **重合** をおこす．重合は上に述べた炭素-炭素二重結合への付加反応と似ている．**開始剤** をアルケンに加えるとラジカルが生じ，このラジカルが二重結合の一つを開裂させる．この活性中間体に 2 番目のアルケン分子が反応すると，つぎの活性中間体が生成し，それに 3 番目のアルケン分子が反応するということを繰り返していく．1 種類のモノマーがつぎつぎに付加反応して重合鎖の最後まで伸長し，ポリマーが得られる(問題 63，64，83)．

- **芳香族化合物の構造を確認する**

芳香族化合物 はベンゼン環のような六員環をもち，通常はその環の中に二重結合を三つ描く．しかし，実際には二重結合の電子は環全体に広がっているので，ベンゼン環の隣り合う炭素どうしの結合はすべて等しい(問題 31〜33，37，39)．

- **芳香族化合物における共鳴の機能と重要性を説明する**

芳香族化合物は共鳴を示す．共鳴は，電子対の動きのみによって相互変換するルイス構造で，原子は全く動かない．共鳴によって，分子全体に電子密度が分散して電子が非局在化する様子を説明することができる．このことから，非局在化した電子が通常のアルケンやアルキンの電子よりも反応性が低いことが理解できる(問題 29，31)．

- **一置換，二置換芳香族化合物を命名する**

二置換ベンゼンは，母体名として接尾語 **-ベンゼン**(-benzene)を使い，置換基の位置を接頭語オルト(o-，1,2 置換)，メタ(m-，1,3 置換)，パラ(p-，1,4 置換)であらわす(問題 26，33，37，39，69)．

- **芳香族化合物が濃硝酸，塩素，臭素，濃硫酸と反応して得られる生成物を予測する**

芳香族化合物は比較的安定であるが，置換反応をおこすことができる．この反応では環の水素がほかの基によって置き換えられる($C_6H_6 \rightarrow C_6H_5Y$)．**ニトロ化**では $-NO_2$，**ハロゲン化** では $-Br$ や $-Cl$，**スルホン化**では $-SO_3H$ が $-H$ と置換する(問題 42，65〜68)．

概念図：有機化学のファミリー

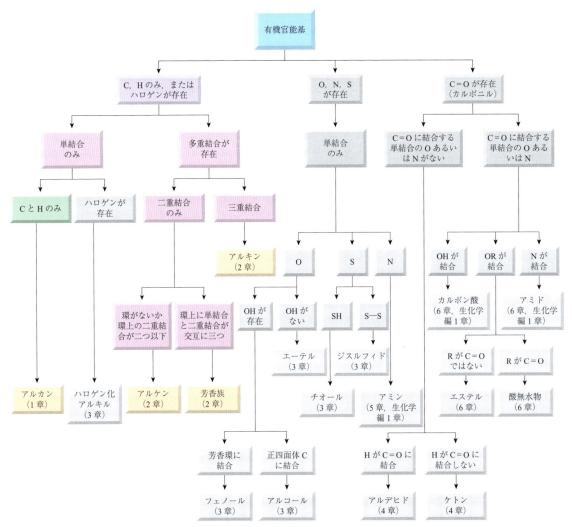

▲ 図 2.3　官能基概念図

　この概念図は1章の図とおなじであるが，本章で解説した官能基であるアルケン，アルキン，芳香族化合物を新たに着色した．

KEY WORDS

アルキン，p.51
アルケン，p.51
共鳴，p.77
シクロアルケン，p.51
シス−トランス異性体，p.56
水素化，p.64
水和，p.70
スルホン化，p.82

脱離反応，p.60
置換反応，p.61
転位反応，p.61
ニトロ化，p.81
ハロゲン化（アルケン），p.66
ハロゲン化（芳香族），p.81
ハロゲン化水素化，p.66
反応機構，p.72

フェニル，p.79
付加反応，p.59
不飽和，p.51
芳香族，p.76
飽和，p.51
ポリマー，p.73
Markovnikov 則，p.67
モノマー，p.73

鍵反応の要約

1. アルケンとアルキンの反応(2.6節)

(a) H₂ の付加によるアルカンの生成(水素化)

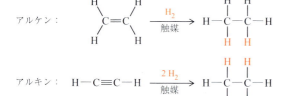

(b) 塩素や臭素の付加によるジハロゲン化物の生成(ハロゲン化)

(c) HCl や HBr の付加によるハロゲン化アルキルの生成(ハロゲン化水素化)

(d) H₂O の付加によるアルコールの生成(水和)

2. 芳香族化合物の反応(2.10節)

(a) ニトロ基(−NO₂)の置換によるニトロベンゼンの生成(ニトロ化)

(b) Cl や Br の置換によるハロベンゼンの生成(ハロゲン化)

(c) スルホン酸基(−SO₃H)の置換によるベンゼンスルホン酸の生成(スルホン化)

🔑 基本概念を理解するために

2.24 つぎのアルケンに名前をつけよ．また酸触媒による
(1) HBr，(2) H₂O との反応の生成物を答えよ．

(a)　　　　　　　　　(b)

2.25 つぎのアルキンに名前をつけよ．

(a)　　　　　　　　　(b)

2.26 つぎの化合物の IUPAC 名を書け(赤＝O，茶＝Br)．

(a)　　　　　　　　　(b)

2.27 つぎの化合物を，それぞれ (1) Br₂ と FeBr₃，(2) SO₃ と H₂SO₄ 触媒で反応させたときの生成物を短縮構造式で描け(赤＝O)．

(a)　　　　　　　　　(b)

2.28 アルキンもアルケンとおなじように水素化してアルカンになる．問題 2.25 のアルキンの水素化で得られる生成物の名称を書き構造を描け．

2.29 2.8 節で学んだように，ベンゼンは二つの共鳴構造であらわすことができる．この二つの構造はその二重結合の位置が異なっている．多環式芳香族化合物のナフタレンの構造も，二重結合の位置の異なる三つの共鳴構造であらわすことができる．二

重結合を書き込んで，その三つの構造を示せ（下のナフタレンの番号をつけた骨格構造は，原子間のつながりのみが描かれている）．

補 充 問 題

アルケン，アルキン，芳香族化合物の命名（2.1，2.2，2.9 節）

2.30 (a) 飽和および不飽和という語の意味を説明せよ．
　　(b) 炭素数 4 個の飽和および不飽和の化合物の例を一つずつ描け．

2.31 (a) 有機分子に関する“芳香族”という語はどのように説明できるか．
　　(b) 芳香族化合物における共鳴とはなにか．また，その重要性を説明せよ．

2.32 アルケン，アルキン，および芳香族化合物のそれぞれをあらわす接尾語を答えよ．

2.33 つぎの化合物を命名するにはどのような接頭語を用いるか．
　　(a) 1,3-二置換ベンゼン
　　(b) 1,4-二置換ベンゼン

2.34 つぎの記述を満たす化合物の構造式を描け．
　　(a) もっとも長い鎖が 4 炭素からなり，全炭素数が 6 のアルケン（3 種類）
　　(b) 全炭素数が 5 のアルキン（3 種類）
　　(c) 全炭素数が 8 の一置換ベンゼン（1 種類）
　　(d) 全炭素数が 8 の二置換ベンゼン（3 種類）

2.35 つぎの記述を満たす化合物の構造式を描け．
　　(a) 分子式 C_6H_{12} で，もっとも長い鎖が 5 炭素からなり，シス-トランス異性体をもたないアルケン
　　(b) 分子式 $C_{10}H_{12}$ で，一つのベンゼン環を含み，シス-トランス異性体をもつアルケン

2.36 つぎの化合物の IUPAC 名を答えよ．

(a) $CH_3CH{=}CHCH_2CH_3$

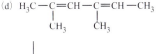

2.37 つぎの芳香族化合物の IUPAC 名を答えよ．

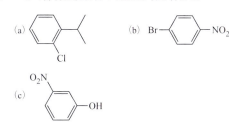

2.38 IUPAC 名で示したつぎの化合物の構造式を描け．
　　(a) *trans*-2-ペンテン
　　(b) *trans*-3,4-ジメチル-3-ヘキセン
　　(c) 2-メチル-1,3-ブタジエン
　　(d) *trans*-3-ヘプテン
　　(e) *p*-ニトロトルエン
　　(f) *o*-クロロフェノール
　　(g) 1,2-ジメチルシクロブテン
　　(h) 3,3-ジエチル-6-メチル-4-ノネン

2.39 つぎの化合物の構造式を描け．
　　(a) アニリン　　　　　　(b) フェノール
　　(c) *o*-キシレン
　　(d) 2,4,6-トリニトロベンゼン
　　(e) *p*-クロロ安息香酸　　　(f) *m*-ニトロアニリン
　　(g) *o*-クロロベンズアルデヒド
　　(h) アニソール（メトキシベンゼン）

2.40 分子式 C_6H_{10} をもつアルキン 7 種類の線構造式を描き，それぞれを命名せよ．

2.41 分子式 C_7H_8O をもつフェノール類の構造をすべて描き，それぞれを命名せよ．

2.42 エチルベンゼンを硝酸と反応させたときに生成する可能性のあるニトロ基とエチル基を一つずつもつベンゼンを 3 種類描き，それぞれを命名せよ．

2.43 下の骨格をもつペンテンが 4 種類ある．

$$C{-}C{-}C{-}C{-}C$$
$$\overset{\displaystyle CH_3}{|}$$

4 種類は二重結合の位置のみが異なる．シス-トランス異性体を考慮しないとして，構造と名前を答えよ．

アルケンのシス-トランス異性体（2.3 節）

2.44 アルケンがシス-トランス異性を示すための条件はなにか.

2.45 アルキンはなぜシス-トランス異性を示さないか.

2.46 つぎのアルケンを線構造式で描け. また, このアルケンの中でシス-トランス異性体をもつものはどれか. シス-トランス異性体をもつ場合はその両方の構造を描け.
　　（a）2-メチル-2-オクテン　　　（b）3-ヘプテン
　　（c）3,4-ジメチル-3-ヘキセン

2.47 問題 2.43 の化合物の中で, シス-トランス異性体をもつものはどれか. また, 対称に置換したアルケンと非対称に置換したアルケンに分類せよ.

2.48 つぎの化合物の構造式を描け.
　　（a）*cis*-3-ヘプテン
　　（b）*cis*-4-メチル-2-ペンテン
　　（c）*trans*-2,5-ジメチル-3-ヘキセン

2.49 つぎの化合物にはシスまたはトランスの異性体が存在する. それぞれの構造を描け.

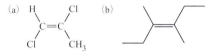

2.50 つぎのそれぞれ二つの構造は異性体をあらわしているか, それともおなじ構造か.

（a）
$$H_3C \quad Br$$
$$\diagdown C=C \diagup$$
$$H \quad Br$$
と
$$Br \quad H$$
$$\diagdown C=C \diagup$$
$$Br \quad CH_3$$

（b）
$$H_3CH_2C \quad Cl$$
$$\diagdown C=C \diagup$$
$$Cl \quad H$$
と
$$H \quad Cl$$
$$\diagdown C=C \diagup$$
$$Cl \quad CH_2CH_3$$

2.51 つぎの化合物のもう一方のシス-トランス異性体の構造を描け.

（a）
$$H_3C \quad CH_3$$
$$\diagdown C=C \diagup$$
$$H_3CH_2C \quad I$$

（b）
$$H \quad Cl$$
$$\diagdown C=C \diagup$$
$$Br \quad CH_2Ph$$

有機反応の種類（2.5 節）

2.52 置換反応と付加反応の違いを説明せよ.

2.53 付加反応の例を示せ.

2.54 2-メチル-2-ペンテンを 1-ヘキセンに変換する反応は, どのような種類に分類されるか.

2.55 ブロモシクロヘキサンからシクロヘキセンを生成する反応は, どのような種類に分類されるか.

2.56 つぎの反応の種類を答えよ.

（a）
$$\text{（トルエン）} \xrightarrow[\text{光}]{Br_2} \text{（ベンジルブロミド）CH}_2Br + HBr$$

（b）
$$\text{（2-メチルシクロヘキセノール）} \longrightarrow \text{（2-メチルシクロヘキサノン）}$$

2.57 つぎの反応の種類を答えよ.

（a）
$$\underset{CH_3}{CH_3CHCH_2CH_2CH_2Br} + NaI \longrightarrow$$
$$\underset{CH_3}{CH_3CHCH_2CH_2CH_2I} + NaBr$$

（b）
$$2\ CH_3\overset{O}{\underset{}{\overset{\|}{C}}}-H \xrightarrow{NaOH} CH_3-\overset{O-H}{\underset{H}{\overset{|}{C}}}-CH_2-\overset{O}{\overset{\|}{C}}-H$$

アルケンとアルキンの反応（2.6, 2.7 節）

2.58 2-ペンテンとつぎの試薬の反応を反応式で示せ.
　　（a）H_2 と Pd 触媒　　　（b）Br_2
　　（c）HCl　　　　　　　　（d）H_2O と H_2SO_4 触媒

2.59 1-メチルシクロヘキセンと問題 2.58 の試薬との反応を反応式で示せ.

2.60 つぎの生成物をつくるために使うアルケンの構造式を描け. また反応に必要なほかの試薬を答えよ.

（a）
（b）$CH_3CH_2CH_3$

（c）$\underset{Br}{CH_3CHCH_2CH_3}$　　（d）

（e）

2.61 2,2,3,3-テトラブロモペンタンは, アルキンに過剰の Br_2 を反応させてつくることができる. 原料となるアルキンの構造と名称を答えよ.

2.62 1-ペンチンと HBr を 1:1 のモル比で反応させると, 化学式 C_5H_9Br をもつ 2 種類のブロモペンテンが得られる. 生成物として考えられる 2 種類の構造式を描け.

2.63 ポリビニルピロリドン（PVP）は, ヘアトリートメント整髪料などによく使われている. 以下のビニルピロリドンの構造を参照して, PVP の数単位の構造式を描け.

2.64 食品などを包むラップに使われているサラン（Saran）は，下の構造をもつポリマーである．サランのモノマー単位を答えよ．

芳香族化合物の反応（2.10 節）

2.65 つぎの(a)～(c)の試薬がクロロベンゼンと反応するかどうかを判定せよ．もし反応すると判断した場合は，その反応の生成物の構造をすべて描き，それぞれを命名せよ．
(a) Br_2 と $FeBr_3$
(b) HBr
(c) HNO_3 と H_2SO_4 触媒

2.66 p-ジクロロベンゼンとつぎの試薬との反応を反応式で示せ．
(a) Br_2 と $FeBr_3$
(b) HNO_3 と H_2SO_4 触媒
(c) H_2SO_4 と SO_3
(d) Cl_2 と $FeCl_3$

2.67 芳香族化合物は通常 Pd 触媒の存在下で水素と反応しないが，高温，高圧（200 気圧）の条件では反応をおこす．そのような条件でトルエンは，水素 3 分子が付加したアルカンを与える．その生成物はどのような構造をもつか．

2.68 爆薬のトリニトロトルエン（TNT）は，トルエンから 3 回のニトロ化でつくられる．もしこのニトロ化がトルエンのメチル基のオルト位とパラ位でおきるとしたら，TNT の構造はどのようなものか．

全般的な問題

2.69 サリチル酸（o-ヒドロキシ安息香酸）はアスピリンの原料である．その構造式を描け．

2.70 IUPAC 命名法ではつぎの名称は間違っている．構造式を描いて正しく命名せよ．また，対象に置換したアルケンと非対称に置換したアルケンに分類せよ．
(a) 2-メチル-4-ヘキセン
(b) 1,3-ジメチル-1-ヘキシン
(c) 2-イソプロピル-1-プロペン
(d) 1,4,6-トリニトロベンゼン
(e) 1,2-ジメチル-3-シクロヘキセン
(f) 3-メチル-2,4-ペンタジエン

2.71 問題 2.70 の化合物のうち，シス-トランス異性体をもつものはどれか．それぞれの構造式を描け．

2.72 シクロヘキサンが入っている瓶とシクロヘキセンが入っている瓶がある．ラベルがついていないので化学反応で二つを区別したいが，どのようにしたらよいか．

2.73 シクロヘキセンが入っている瓶とベンゼンが入っている瓶があるが，ラベルがついていない．化学反応でこの二つを区別するにはどのようにしたらよいか．

2.74 p-ジクロロベンゼンは殺虫剤として使われている．その構造式を描け．

2.75 メンテンは植物ミントの成分で，分子式 $C_{10}H_{18}$ をもつ．IUPAC 名は 1-イソプロピル-4-メチルシクロヘキセンである．メンテンの構造式を描け．

2.76 心地良い香りをもつケイ皮アルデヒド（シンナムアルデヒド）はケイ皮油の成分で，下記の構造をもつ．

ケイ皮アルデヒドを硫酸の触媒で水と反応させるとどのような生成物が得られるか．

2.77 つぎの反応の生成物を答えよ．

2.78 2-ペンテンと HBr の反応では，二つの生成物がほぼ同量得られる．二つの生成物の構造式を描き，ほぼ同量が生成する理由を説明せよ．

2.79 バジルから得られるオシメン（ocimene）は二重結合を三つもち，その IUPAC 名は 3,7-ジメチル-1,3,6-オクタトリエンである．
(a) 構造式を描け．
(b) 十分量の HBr と反応させたときに得られる付加生成物の構造を描け．

2.80 つぎの化合物を合成するためにはどのようなアルケンから出発したらよいか．そのアルケンの構造式と名前を描き，反応に必要なすべての無機試薬または触媒を答えよ．

2.81 つぎの化合物のうち，シス-トランス異性を示すのはどれか.

(a) 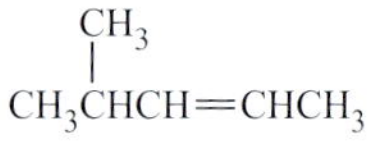 　　　　　CH₃
　　　　　　　|
　　　CH₃CHCH＝CHCH₃

(b) 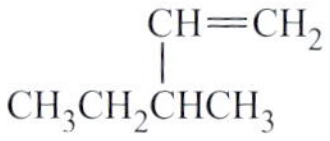 　　　　CH＝CH₂
　　　　　　　|
　　　CH₃CH₂CHCH₃

(c) 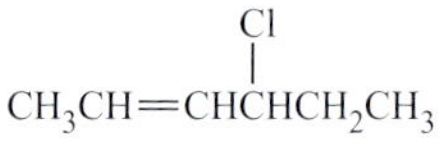 　　　　　　Cl
　　　　　　　　|
　　　CH₃CH＝CHCHCH₂CH₃

グループ問題

2.82 シクロヘキセンのように小さな環をもつシクロアルケンにはシス-トランス異性体が存在せず，シクロデセンのように大きな環ではこの異性現象が生じる理由を説明せよ.

2.83 "スーパーグルー(superglue)"はつぎのモノマーからつくられるアルケンポリマーである. スーパーグルーの典型的な部分構造を描け.

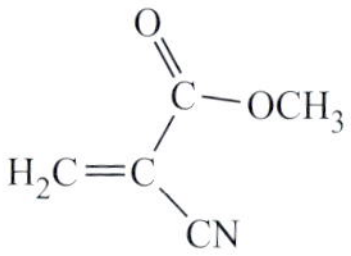

2.84 分子式 C_5H_{10} をもつアルケンで，炭素4個の鎖とメチル基1個の異性体の構造をすべて描け(ヒント: 例題 1.12 で学習した方法を適用して答えを導け).

3

酸素，硫黄あるいはハロゲン含有化合物

▲ 母親が赤ん坊を抱きしめている．彼女が子どもに害を与えるなど想像すらできないが，妊娠中の飲酒はまさにそれにあてはまる．

　エタノール（エチルアルコール）は，"アルコール"という言葉を聞いたときに，酒やビールなどのアルコール飲料に含まれる物質として，最初に思い浮かべる．エタノールは，防腐剤，溶剤あるいは燃料としても用いられている．また，パーティーなど祝いの席において広く飲用されるが，過度の飲酒は深刻な毒性を示す．ヒトの一生の中でもっとも危うい時期である胎児期での飲酒は，もっとも恐ろしい結果をまねく．胎児性アルコール症候群（fetal alcohol syndrome，FAS）は，米国において防ぐことのできる出生時障害のもっとも大きな原因の一つである．実際，2015 年，米国疾病予防管理センター（CDC）は，妊娠中，いついかなるときでも一切の飲酒は危険であると宣告した．妊娠中の飲酒は，新たに生まれる神経系に問題をおこすことを本章のおわりの Chemistry in Action "胎児性アルコール症候群：エタノールの毒性"で学習する．

　しかし，エタノールの危険性に過度に敏感になる必要はない．**アルコール**は有機化学に

おいてもっとも重要な官能基の一つであり，生物学的に重要な数多くの化合物として存在していることは間違いない．有機合成においてアルコール類は多彩な役割を果たしており，ハロゲン化アルキル，ケトン，アルデヒドやカルボン酸など，他のほとんどすべての官能基の原料となりうる．本章では，アルコールのように電気陰性原子の酸素，硫黄やハロゲンが炭素に単結合している官能基について学習する．

3.1 アルコール，フェノールおよびエーテル

学習目標：

- アルコール，フェノール，エーテルの構造上の違いを説明できる．
- おなじ程度の分子量をもつ化合物の中で，なぜ，アルコールの沸点がより高いのか説明できる．

　アルコールは，アルカンのような四面体構造の炭素原子に −OH 基（**ヒドロキシ基** hydroxy group）が結合した化合物．**フェノール**は，ベンゼンのような芳香環に −OH 基が結合したもの，**エーテル**は，二つの炭素基（アルキル，芳香族，あるいはその組合せ）がおなじ酸素原子に結合している．

◀◀◀ **復習事項** 表 1.3 で示したように，R は有機基を示すものとして使われる．分子の残りの部分（**R**est）である．

アルコール（alcohol）　アルカンのような飽和した炭素原子に −OH 基が結合した化合物，R−OH．

フェノール（phenol）　ベンゼンのような芳香環に −OH 基が直接結合した化合物，Ar−OH．

エーテル（ether）　酸素原子に二つの有機基が結合した化合物，R−O−R．

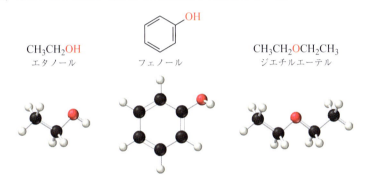

CH$_3$CH$_2$OH
エタノール

OH
フェノール

CH$_3$CH$_2$OCH$_2$CH$_3$
ジエチルエーテル

　これら三つの化合物群は，いずれも H$_2$O の水素のうち，1 原子あるいは 2 原子が有機基で置換された水の有機同族体と考えることができる．たとえば，アルコールと水は構造的にも似ているが，物理的な性質もまた似かよっている．たとえば，エタノール，ジメチルエーテルおよびプロパンの沸点と水の沸点をくらべてみる．

エタノール
（分子量 46
bp 78.5 ℃）

ジメチルエーテル
（分子量 46，
bp −23 ℃）

プロパン
（分子量 44
bp −42 ℃）

水
（分子量 18
bp 100 ℃）

　エタノール，ジメチルエーテルおよびプロパンの分子量はほぼおなじなのに，エタノールの沸点はほかの二つの化合物より 100 ℃ 以上も高い．エタノールと水の沸点は近似している．なぜだろうか．

　水の高い沸点は，水素結合（電気陰性な酸素の非共有電子対とほかの分子の＋に分極している −OH の水素とのあいだの求引力）によっている．この求引力が分子どうしを引き合い，気体になるのを防いでいる．おなじように，アルコール（あるいはフェノール）分子間でも水素結合が形成される（図 3.1）．しかしアルカンとエーテルにはヒドロキシ基が存在しないため，水素結合ができない．その結果，これらの化合物の沸点は低い．実際，エーテルの化学的および

◀◀◀ 基礎化学編 8.2 節の水素結合が沸点に及ぼす効果を参照．

▶図 3.1
水中(a)とアルコール中(b)の水素結合
水素結合（赤色の破線）のため分子は気体になりにくく，沸点が高くなる．

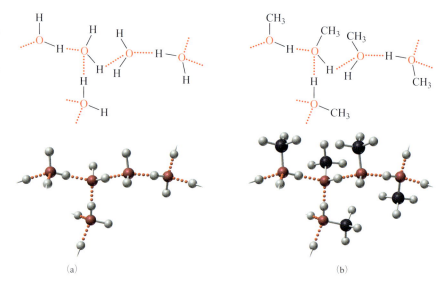

(a)   (b)

物理的性質は極性を除いてアルカンと似ている．

問題 3.1
つぎのそれぞれの化合物をアルコール，フェノールあるいはエーテルに区別せよ

(a) $CH_3CH_2CHCH_3$
         OH

(b) （1-メチルシクロペンタノール，CH_3，OH）

(c) （3-クロロフェノール，OH，Cl）

(d) （フェニル基 CH_2CH_3，OH）

(e) （フェニル基 OCH_3）

(f) $(CH_3)_2CH-O-CH_2CH_3$

問題 3.2
エーテル類は水にわずかに溶解する．水素結合の考えを使ってこのことを説明せよ．

3.2　アルコールの命名

学習目標：

- 簡単なアルコールの体系的な命名ができる．
- アルコールの名称からその構造式を，短縮構造式と線構造式の両方で描ける．
- 第一級，第二級，第三級にアルコールを分類できる．
- グリコールを定義し見つけることができる．

　ヒドロキシ基（−OH）が一つの一般的なアルコールは，アルキル基の名前に**アルコール**をつけて表示する．つまり炭素 2 原子のアルコールはエチルアルコール（エタノール），炭素 3 原子のアルコールはプロピルアルコール（1-プロパノール），といった具合である．

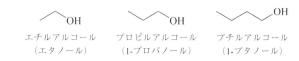

エチルアルコール　　　プロピルアルコール　　　ブチルアルコール
（エタノール）　　　　（1-プロパノール）　　　　（1-ブタノール）

　国際純正・応用化学連合(IUPAC)の命名法では，アルコールはアルカンと同様に命名されるが(1.6節)，ヒドロキシ基の位置番号と母体名の語尾を –(オ)ール(-ol)として命名する．

　段階1：母体名をつける．ヒドロキシ基が結合しているもっとも長い炭素鎖を見つけ，その名前の語尾の –ン(-e)を –(オ)ール(-ol)に置き換える．

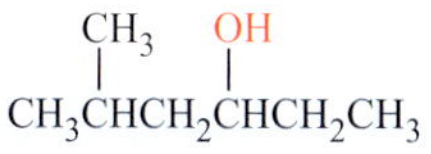

$$CH_3 \quad OH$$
$$CH_3CHCH_2CHCH_2CH_3$$

ヘキサノール：
ヒドロキシ基をもつ
6炭素鎖の一つとして命名

　環状アルコールの場合は，シクロアルカン名の語尾に –(オ)ール(-ol)をつけ加える．たとえば，

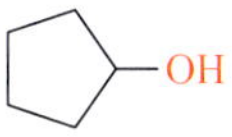

シクロペンタノール

　段階2：主鎖の炭素原子に番号をつける．アルケンのときに行ったように，炭素鎖に番号をつけるときは，可能なかぎり –OH基の結合した炭素が最小の番号になるようにしなければならない．ほかの官能基を無視して，ヒドロキシ基にもっとも近い端から順に番号をつける．

–OH基に近い側の右端
から順に番号をつける

$$CH_3 \quad OH$$
$$CH_3CHCH_2CHCH_2CH_3$$
$$6 \quad 5 \quad 4 \quad 3 \quad 2 \quad 1$$

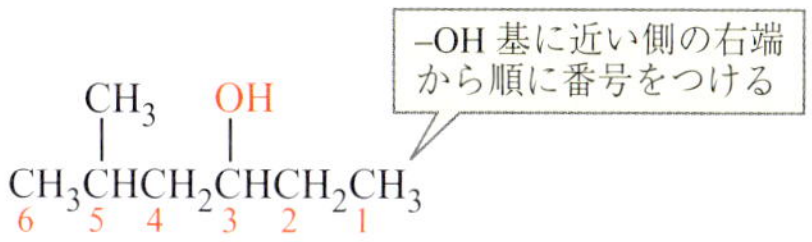

　環状アルコールでは，ヒドロキシ基が結合する炭素から数えはじめ，ほかの官能基の番号がもっとも小さくなるように番号をつける．

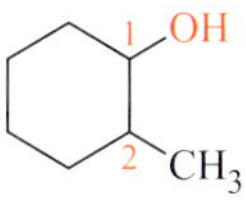

　段階3：化合物名を書く．まず母体名の直前にヒドロキシ基が結合している炭素の番号を書き入れる．ほかのすべての官能基に結合位置を示す番号をつけて表示し，アルファベット順に並べる．環状アルコールでは，アルコールの位置を示す“1”を表記する必要はない．

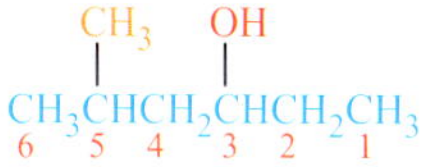

$$CH_3 \quad OH$$
$$CH_3CHCH_2CHCH_2CH_3$$
$$6 \quad 5 \quad 4 \quad 3 \quad 2 \quad 1$$
5-メチル-3-ヘキサノール

$$CH_3CH_2CH_2CH_2OH$$
$$4 \quad 3 \quad 2 \quad 1$$
1-ブタノール

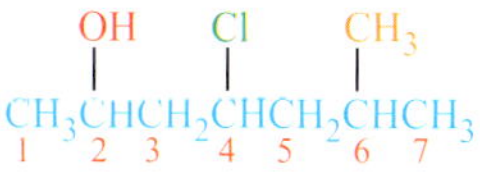

$$OH \quad Cl \quad CH_3$$
$$CH_3CHCH_2CHCH_2CHCH_3$$
$$1 \quad 2 \quad 3 \quad 4 \quad 5 \quad 6 \quad 7$$
4-クロロ-6-メチル-2-ヘプタノール

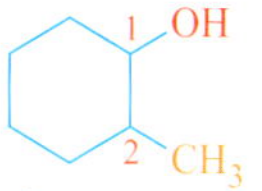

2-メチルシクロヘキサノール

ジオールとグリコール

　二価アルコール(あるいは**ジオール** diol)はおなじ分子の中に二つのヒドロキシ基をもつ化合物である．このようなアルコールのIUPAC名はアルカンの名前に**ジオール**をつける．一方の –OH基に近い端から番号をつけ，二つの –OH基が結合する異なる炭素に二つの番号をつける．

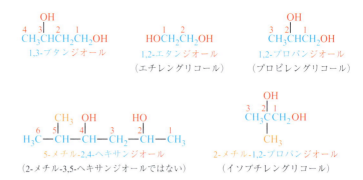

ビシナル（vicinal, vic-）　2 個の置換基が隣り合う炭素上にあることをいう．（訳注）：2 個の置換基が同一炭素にある場合，ジェミナル（geminal, gem-）という．

グリコール（glycol）　隣り合う炭素に −OH 基が結合している二価アルコール（ジオール）．

　　二つの −OH 基が結合する炭素が隣り合う場合（一般的にはビシナルジオール（vic-diol）と呼ばれる），一般的にグリコールという名前を使う．隣り合う炭素に −OH 基があれば，どのジオールでもグリコールと呼ぶことはできるが，"グリコール" という用語はただ二つの化合物，エチレングリコールとプロピレングリコールにのみ使うことが望ましい．エチレングリコールはもっとも単純なグリコールである．プロピレングリコールは，吸引したり皮膚に塗ったりする医薬品の溶媒や，前節でもふれたように，エチレングリコールの代用として不凍液によく使われている．グリコール類は，一般的にアルケンから合成されるので，簡便なグリコール類の命名として，ジオールが合成されるアルケンの名前に "グリコール" をつける方法がある．

アルコールの分類

　　ヒドロキシ基が結合している炭素上の炭素置換数に従って，アルコールを第一級，第二級，第三級に分類する．アルコール類の反応の多くは，−OH 基の置換による官能基変化が多いので，この分類は有用である．一置換のアルコールは**第一級**（primary, 1°），二置換の場合は**第二級**（secondary, 2°），また三置換では**第三級**（tertiary, 3°）となる．置換基は同一である必要はなく，異なった置換基を R，R′，R″ で表示することが多い．

◀◀◀ これとおなじ分類がアルカン類の炭素にも用いられている（1.6 節参照）．

第一級アルコール	第二級アルコール	第三級アルコール
（−OH 基が結合する炭素に R 基が一つ）	（−OH 基が結合する炭素に R 基が二つ）	（−OH 基が結合する炭素に R 基が三つ）

例題 3.1　有機化合物の命名：アルコール

つぎのアルコールを体系的に命名し，第一級，第二級，第三級のいずれかを区別せよ．

$$CH_3CH_2CH_2\overset{\displaystyle CH_3}{\underset{\displaystyle CH_3}{\overset{|}{\underset{|}{C}}}}{-}OH$$

解　説　最初にもっとも長い炭素鎖を見つけ，−OH 基に近い側の端から順に炭素原子に番号をつける．−OH 基に結合したもっとも長い炭素鎖は 5 になる．

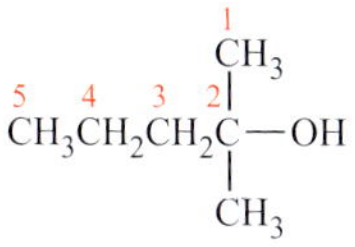

$$
\begin{array}{c}
\overset{1}{CH_3} \\
\underset{5\ \ \ 4\ \ \ 3\ \ \ 2}{CH_3CH_2CH_2C}{\rm -OH} \qquad \text{ペンタノールの一種として命名} \\
CH_3
\end{array}
$$

つぎにヒドロキシ基とほかの置換基に番号をつけ，最後に化合物の名前を書くとよい．

解　答

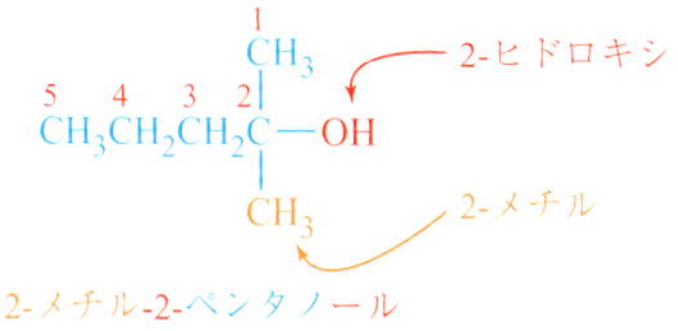

$$
\begin{array}{c}
\overset{1}{CH_3} \qquad \text{2-ヒドロキシ} \\
\underset{5\ \ \ 4\ \ \ 3\ \ \ 2}{CH_3CH_2CH_2C}{\rm -OH} \\
CH_3 \qquad \text{2-メチル}
\end{array}
$$

2-メチル-2-ペンタノール

−OH 基は三つのアルキル基が置換した炭素原子に結合しているので，この化合物は第三級アルコールである．

例題 3.2　構造式を描く：アルコール

（a）2,3-ジメチル-2-ブタノールおよび（b）3-エチルシクロペンタノールの構造式を描きなさい．また，それぞれを第一級，第二級，第三級に分類せよ．

解　説　いずれも，もっとも長い炭素鎖を決めることからはじめよ．つぎに炭素に番号をつけ，適切な炭素上に官能基を結合させよ．もし−OH 基に番号がふられていない場合，−OH 基は，1 番の炭素に結合していると考えられる．

解　答

（a）このアルコールはブタノールなので，もっとも長い炭素鎖は 4 炭素からなる．

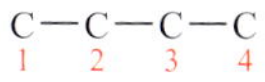

$$
\underset{1\ \ \ \ 2\ \ \ \ 3\ \ \ \ 4}{C-C-C-C}
$$

2-ブタノールなので，−OH 基は 2 番の炭素に結合しており，メチル基は 2 番と 3 番の炭素に結合している．

$$
\begin{array}{c}
OH \\
\underset{1\ \ \ 2\ \ \ \ 3\ \ \ \ 4}{C-C-C-C} \\
CH_3\ CH_3
\end{array}
$$

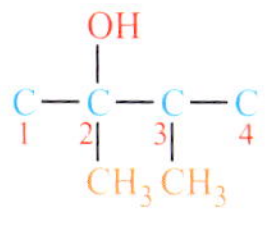

空いている結合に H を結合させると，以下の構造式（短縮構造式と線構造式）になる．

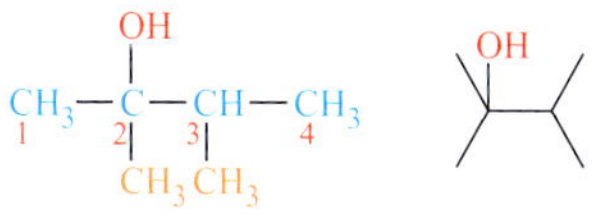

$$
\begin{array}{c}
OH \\
\underset{1\ \ \ \ 2\ \ \ \ 3\ \ \ \ 4}{CH_3-C-CH-CH_3} \\
CH_3\ CH_3
\end{array}
$$

2,3-ジメチル-2-ブタノール

3 個の炭素原子が結合した炭素に −OH 基が結合しているので，このアルコールは第三級である．

(b) この名前から −OH 基はシクロペンタン環に結合していることがわかる．したがって −OH 基の位置番号は与えられておらず，1 番の炭素に結合している．3 番の炭素にエチル基を結合させると以下の構造になる．

−OH 基は 2 個の炭素原子が結合した炭素に結合しているので，このアルコールは第二級である．

問題 3.3

つぎの化合物名の構造式を描け．
- (a) 3-メチル-1-ヘキサノール　　(b) 1-メチル-3-プロピルシクロペンタノール
- (c) 2,2-ジメチル-3-ヘキサノール　　(d) 3-ヘプタノール
- (e) 2,3-ジエチルシクロヘキサノール

問題 3.4

つぎの化合物を体系的に命名せよ．

(a)
$$CH_3-\underset{\underset{CH_3}{|}}{\overset{\overset{CH_3}{|}}{C}}-OH$$

(b)

(c) $CH_3CH_2CHCH_2CH_2CHCH_2CH_3$ （CH₂OH, Cl の置換基あり）

(d)

問題 3.5

問題 3.3 および問題 3.4 のそれぞれのアルコールを，第一級，第二級，第三級に区別せよ

3.3　アルコールの性質

学習目標：
- アルコールの性質を説明できる．
- 疎水性および親水性アルコールについて説明できる．

　アルコールは，隣接する原子から電子を引き寄せる電気的に陰性な酸素原子をもつため，炭化水素よりもはるかに極性が高い．その結果，この極性と水素結合形成能が，アルコールの性質に強い影響を与えている．

1-プロパノール

　炭素数12までの直鎖アルコールは液体で，おなじ炭素数のアルカンよりも格段に高い沸点を示す．メタノール，エタノールやプロパノールのような炭素数1〜3個のアルコールの溶解性は水に類似している．メタノールとエタノールは水と水素結合して水とよく混和し，少量ながらさまざまなイオン性化合物を溶かすことができる．両アルコールとも炭素基があるので種々の有機溶媒と混和する．

　水に対する溶解性という点から，すべてのアルコール類は，二つの特徴的な部分からなっていると考えることができる．水と仲の良い**親水性**（hydrophilic）の部分（−OH 基）と，水と仲の悪い**疎水性**（hydrophobic）の部分（アルコール炭素に結合した炭化水素鎖）である．1-ヘプタノールのような炭化水素部分がより大きいアルコールは，水よりはアルカンに近い性質をもち，水に溶けなくなる．1-ヘプタノールは水にほとんど不溶でイオン性化合物を溶解しないが，アルカンをよく溶かす．水とほかの液体とが混ざり合うためには，水分子がほかの液体分子全体を取り囲まなければならないが，それは疎水性（あるいはアルカン様）部分が大きくなればなるほど困難になるからである．

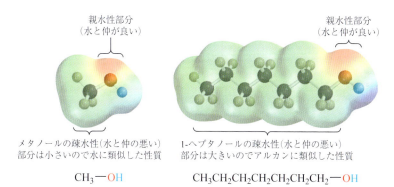

　二つ以上の −OH 基をもつアルコール（ジオールあるいはトリオール）は，複数の水素結合を形成することができる．そのため，−OH 基ただ一つのおなじ炭素数のアルコールよりも高沸点で水溶性も高い．たとえば，1-ブタノールと1,4-ブタンジオールとをくらべると，

$CH_3CH_2CH_2CH_2OH$　$\begin{cases} \text{bp 117℃} \\ \text{水への溶解度は} \\ \text{7 g/100 mL} \end{cases}$　　$HOCH_2CH_2CH_2CH_2OH$　$\begin{cases} \text{−OH 基の追加により} \\ \text{bp は 230℃に上昇.} \\ \text{水と混じり合う} \end{cases}$
1-ブタノール　　　　　　　　　　　　　　　　　　1,4-ブタンジオール

　酸素を含み電荷をもたない有機分子の溶解性に関する大まかな一般則はつぎのとおりである．炭素対酸素の割合が1:1から1:3の有機分子は水溶性（メタノール，エタノールやプロパノールのように）であり，一方，その割合が5:1およびそれ以上のものは水に不溶性である（割合が4:1の分子はわずかに水溶性である）．

　多くのアルコールは商業的に，また医療用に広く用いられている．表3.1に，6種類のアルコールについてその性質と用途を示す．

さらに先へ ➤ 6章，生化学編1章および6章では，カルボン酸，タンパク質，脂質について，もう一度親水性と疎水性の概念を学習する．

問題 3.6
つぎの化合物を沸点の高いものから順に並べよ．
　(a) $CH_3CH_2CH_2OH$　　　(b) $CH_3CH_2(OH)CH_2OH$　　　(c) $CH_3CH_2CH_3$
　(d) $CH_2(OH)CH(OH)CH_2OH$

表 3.1 代表的なアルコールとその用途

アルコール	構　造	主な性質と用途
メタノール （メチルアルコール） CH_3OH		● 一般的に**木精**として知られている ● 一酸化炭素を水素と反応させることによりつくられる ● 工業的には溶剤として，また，ホルムアルデヒド（$H_2C=O$）（4 章）の原料として用いられる ● 無色で水と混ざる ● 摂取あるいは吸引したとき人体に有害
エタノール （エチルアルコール） CH_3CH_2OH		● もっとも古くから知られている有機化合物の一つ ● 100%エタノールは**無水アルコール**として知られている ● デンプンあるいは糖類の発酵により生成する ● すべてのアルコール飲料に含まれるアルコール ● 中枢神経系（CNS）を抑制する ● 胎児に対して毒性を示す（Chemistry in Action "胎児性アルコール症候群：エタノールの毒性"，p.121） ● 非飲用エタノールは，有毒物質（メタノールのような）を添加することによって変性されている．変性アルコールは酒税の対象外である ● 工業的にはエチレンの水和によりつくられる（2 章） ● ガソホール（あるいは E85）は，エタノールにガソリンをブレンドしたものであり，大気汚染がより少ない点から望ましい燃料である
2-プロパノール （イソプロピルアルコール，イソプロパノール） 	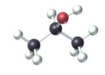	● **消毒用アルコール**としても知られている ● 水で 70%に希釈したものがマッサージに使われる．蒸発による皮膚の冷却と毛穴を収縮させる ● 医薬品の溶剤，医療器具の殺菌，採血や注射時の皮膚の消毒に用いられる ● メタノールほど有毒ではないが，エタノールよりはるかに有毒である
エチレングリコール （1,2-エタンジオール） HO　　OH	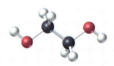	● **ジオール**（−OH 基を 2 個もつことを意味する） ● わずかに甘い無色の液体で，水とは混ざるが非極性溶媒には溶けない ● もともとエンジンの不凍性冷却液として用いられたが，今では主にプラスチックフィルムや繊維の製造に用いられる ● 中枢神経抑制剤 ● 体重あたり 1.5〜3 mL/kg 投与で，ヒト，イヌ・ネコに対して致死効果がある
プロピレングリコール （1,2-プロパンジオール） 		● ジオール ● 無毒であり，自動車の不凍性冷却液として用いられているエチレングリコールに代わって用いられる ● 保湿剤，溶剤および食品の防腐剤として用いられる ● コーヒーをもとにした飲料，液体甘味料，アイスクリーム，ホイップ製品やソーダなど，さまざまな食品に用いられる ● 電子タバコの電子ニコチン送達システム用液体の主成分の一つ ● さまざまな口内用，注射用や局所剤用の薬用処方の溶剤として用いられる
グリセロール （1,2,3-プロパントリオール） 	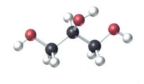	● **グリセリン**として知られている ● トリオール（分子中に 3 個の −OH 基をもつ） ● 甘味のある無色の液体で水と混ざる ● 無毒でありキャンディーや調理に用いられる ● 化粧品の保湿剤，プラスチック工業，不凍液や衝撃吸収液としても用いられる ● 動物油脂や植物油の部分構造を成している（生化学編 6 章）

問題 3.7
つぎの化合物を（ i ）直線型構造式に描き直し，（ ii ）疎水性および親水性部分を示せ．（iii）水に対する溶解性を予測せよ．

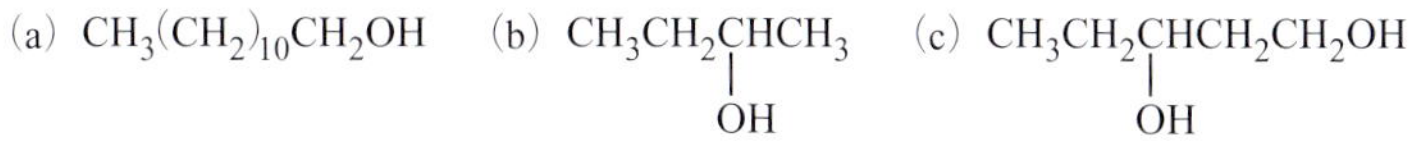
(a) CH3(CH2)10CH2OH
(b) CH3CH2CHCH3
OH
(c) CH3CH2CHCH2CH2OH
OH

3.4 アルコールの反応

学習目標：
- アルコールの脱水により得られる生成物を予測できる．
- 第一級，第二級および第三級アルコールの酸化生成物を予測できる．

アルコール類は，ほかの有機化合物を合成する方法の多様性から，おそらくもっとも重要な有機分子の一種である．ここでは，アルコール類の反応の中から 2 種類の非常に重要な反応を取り上げることにする．**脱水**(dehydration；脱離反応，2.5 節参照)と**酸化**(oxidation)である．

脱　水

強酸触媒下では，アルコールから水分子が脱離する(**脱水**)．この反応は一般的には加熱すると完結する．炭素に結合する −OH 基と，その隣りの炭素に結合する −H が脱離してアルケンと水が生成する．

脱水(dehydration)　アルコールがアルケンになって水分子が脱離すること．

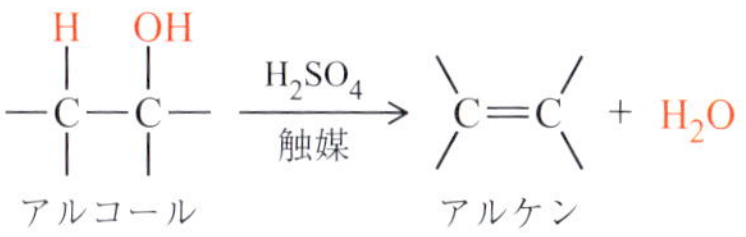
H
OH
H2SO4
触媒
+ H2O
アルコール
アルケン

たとえば，

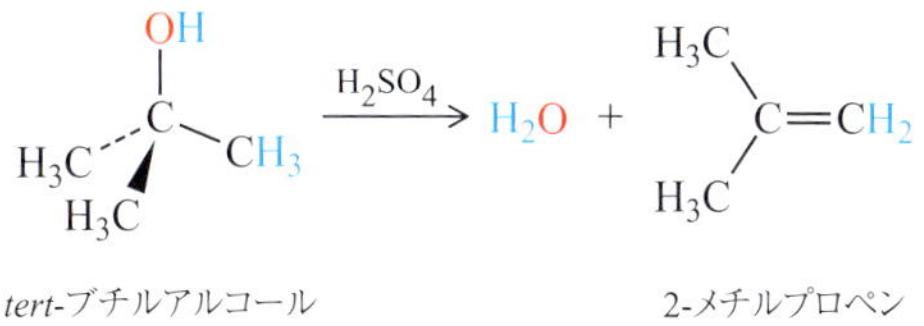
OH
H3C
CH3
H3C
H2SO4
H2O
+
H3C
C=CH2
H3C
tert-ブチルアルコール
2-メチルプロペン

脱水して 2 種類以上のアルケンが生成する場合は，混合生成物になる．一般的にはより多置換のアルケンあるいは二重結合の炭素原子に，より多くのアルキル基が直接結合するアルケンのほうが主な生成物になる．たとえば，実験室で 2-ブタノールを脱水すると，80％の 2-ブテンと 20％の 1-ブテンの混合物が生成する．

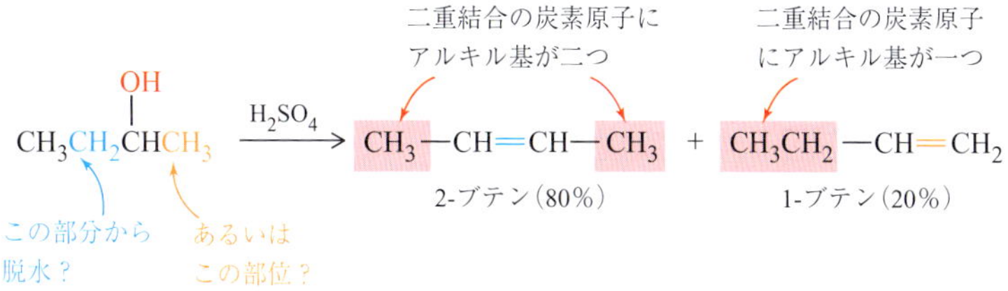
二重結合の炭素原子にアルキル基が二つ
二重結合の炭素原子にアルキル基が一つ
OH
CH3CH2CHCH3
H2SO4
CH3—CH=CH—CH3
+
CH3CH2—CH=CH2
2-ブテン(80％)
1-ブテン(20％)
この部分から脱水？
あるいはこの部位？

MASTERING REACTIONS

脱離はどのようにしておこるか

　すでに付加反応はどのような機構でおこるかについて議論した(2章，Mastering Reactions "付加反応はどのようにおきるか" 参照)．そこで，ここではこの反応の逆反応，脱離について考えてみよう．脱離は2種類の過程を経て進行する．一つは1段階過程(**E2反応**として知られている)，もう一つは2段階過程(**E1反応**として知られている)である．ここでは後者のE1反応について焦点を当て考える．

　アルコールを酸性の強い無機酸(たとえば，硫酸)と反応させると，最初におこることはアルコールの酸素原子へのプロトン化で，これは平衡反応である．

　ここで注意すべき点は，−OH基はこれにより実質的に水分子に変換されることである．そして水分子が離れ，カルボカチオン(炭素陽イオン)が残る．

　この過程の進行は，生じるカルボカチオンの安定性に直接影響を受ける(2章，Mastering Reactions "付加反応はどのようにおきるか" 参照)．結果として第三級アルコールでは第二級アルコールよりも容易に進行し，第一級アルコールではもっとも遅い．

　カルボカチオンは容易にH⁺を失い，アルケンを生成する．

　水分子はルイス塩基として働き，カルボカチオンの隣りの炭素に結合した水素を除いてアルケンを生成する．ここでプロトン化されたアルコール，カルボカチオンおよびアルケンのあいだには平衡が成り立っている．典型的な反応条件として，加熱下で反応を行うことを思い出してほしい．生成したアルケンはアルコールよりも沸点が低いため，加熱下の反応混合物から容易に除かれ，その結果，反応は右辺のほうへと進行する(Le Chatelier の法則，基礎化学編 7.9 節)．

　この可逆過程は，アルケンが反応系から取り除かれるようになるまで何度も繰り返しておこっていると考えられ，このことはもう一つ別の実験事実の説明につながる．すなわち，もし複数のアルケンの異性体が生成可能な場合，二重結合により置換基の多い異性体

例題 3.3　有機反応：脱　水

つぎの脱水反応で得られる生成物はなにか．どちらが主生成物で，どちらが副生成物になるか．

$$CH_3CHCHCH_3 \xrightarrow{H_2SO_4} \ ?$$

解　説　はじめに −OH 基が結合する炭素の隣りの炭素に結合する水素を見つけ，それらの水素原子をつけた構造式を描いてみる．

$$CH_3CHCHCH_3 = CH_3-\overset{H}{\underset{CH_3}{C}}-\overset{OH}{C}H-CH_2$$

つぎに脱水可能な −H と −OH 基の組合せを見つけ，それぞれについて除去可能な −H と −OH を二重結合に置き換える．

が優先的に生成するということである．この実験結果は **Saytzeff 則セイチェフ則（Zaitsev（ザイツェフ）則ともいう）** として知られている．2-ブタノールの脱水反応を考えてみよう．最初のカルボカチオンが生成した後，つぎの脱離には2通りの可能性がある（以下に説明する）．

それぞれのアルケンはカルボカチオンを介して平衡状態にあるが，より置換基の多いアルケン（この場合2-ブテン）は置換基の少ないアルケンより熱力学的に安定である．一度安定なアルケンが生成すると，置換基の少ないアルケンのように，再度，カルボカチオン中間体を生成することはない．このようにして置換基の多いアルケンは蓄積し，反応の主生成物になるのに対し，置換基の少ないアルケンは副生成物になる．

MR 問題 3.1　2章で，硫酸（H_2SO_4）はアルケンへの水の付加を触媒し，アルコールが生成することを学んだ．一方，本節では，アルコールの脱水によるアルケンの生成にも硫酸が使われることを学習した．この二つの反応機構について，硫酸はどのような役割をし，どういう意味があるのか説明せよ．

MR 問題 3.2　1-メチルシクロペンタノールの脱水反応の機構を示せ．

MR 問題 3.3　4-メチル-2-ペンタノールを硫酸と加熱すると，かなりの量の2種類のアルケンが生成する．予想される生成物である 4-メチル-2-ペンテンと予想外の生成物である．ここで学習した反応機構をもとに，この予想外のアルケンが生成する反応機構を考えよ（**ヒント**：平衡について考えてみるとよい）．

最後に二重結合の置換基が多いアルケンを決める．それが主生成物になる．

解　答

▶▶ 生化学編 4.7 節にクエン酸回路の鍵ステップであるクエン酸からイソクエン酸への変換を示す．この反応は，たんに −OH 基が隣りの炭素に移動しているだけにみえるが，実際のところ酵素触媒下，脱水反応とそれに続いて生じたアルケンへの水の再付加が進行している．

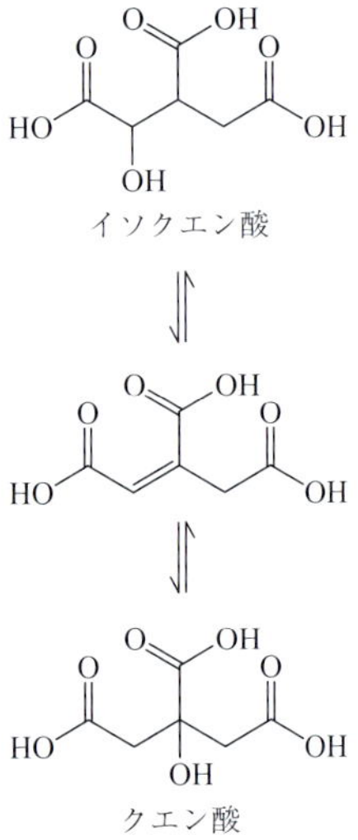

イソクエン酸

クエン酸

例題 3.4　有機反応：脱　水

4-メチル-2-ヘキセンは，どのようなアルコールの脱水反応による生成物か．このアルコールからほかのアルケンは生成するか．

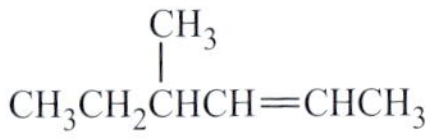

$$CH_3CH_2CHCH=CHCH_3$$
4-メチル-2-ヘキセン

解　説　アルケンの二重結合は，アルコールの隣りの炭素原子に結合する −H と −OH 基が脱離して生成する．この脱離には，どちらの炭素に −OH 基が結合してどちらの炭素に −H が結合しているかによって，2 通りある．

解　答

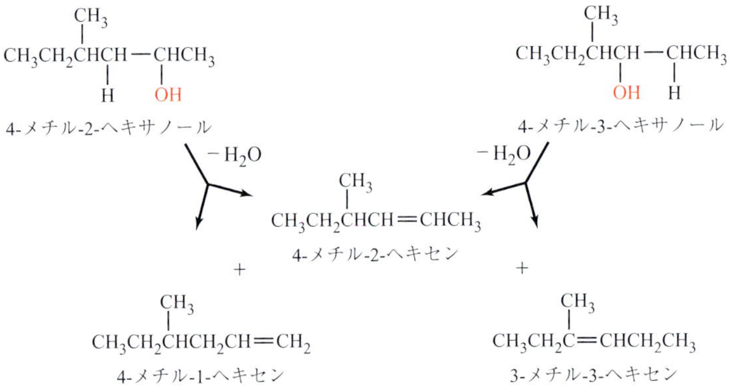

4-メチル-2-ヘキサノール　　　　　4-メチル-3-ヘキサノール

$-H_2O$　　　　　$-H_2O$

$CH_3CH_2CHCH=CHCH_3$
4-メチル-2-ヘキセン

$CH_3CH_2CHCH_2CH=CH_2$
4-メチル-1-ヘキセン

$CH_3CH_2C=CHCH_2CH_3$
3-メチル-3-ヘキセン

　4-メチル-2-ヘキサノールの脱水では 4-メチル-2-ヘキセンが主生成物になり，4-メチル-1-ヘキセンが副生成物となる．4-メチル-3-ヘキサノールの脱水では 4-メチル-2-ヘキセンが副生成物となり，3-メチル-3-ヘキセンが主な生成物となる．

問題 3.8

つぎのアルコール脱水反応で得られるアルケンはなにか．一つ以上の生成物が可能な場合，主生成物を示せ．

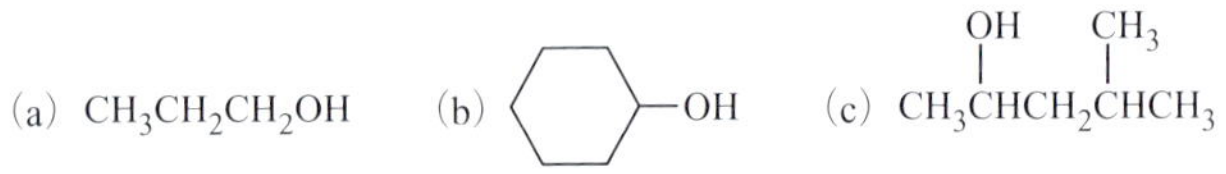

(a) $CH_3CH_2CH_2OH$　(b) OH　(c) $CH_3CHCH_2CHCH_3$

問題 3.9

つぎのアルケンは，どのようなアルコール脱水反応の主成生物として生成するか．

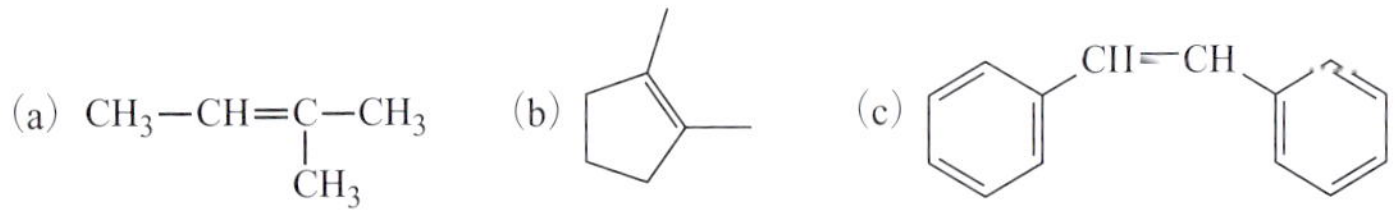

(a) $CH_3-CH=C-CH_3$　(b)　(c)

基礎問題 3.10

つぎのアルコールは脱水反応により 2 種類の異なるアルケンを生成する．縮合型，直線型で構造式を描きなさい．また，主生成物，副生成物はそれぞれどれか示せ．

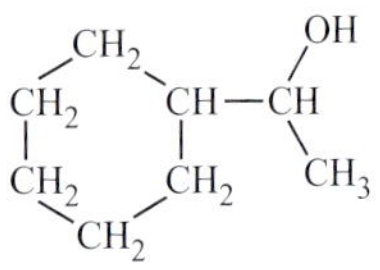

酸　化

　第一級アルコールと第二級アルコールは，酸化剤で処理すると**カルボニル**（carbonyl）化合物になる．**カルボニル基**は，炭素–酸素二重結合の官能基 C=O である．実験的にはアルコールの酸化には過マンガン酸カリウム（$KMnO_4$）や重クロム酸カリウム（$K_2Cr_2O_7$），時には酸素（気体）そのものなどのさまざまな酸化剤が用いられ，特別な酸化剤を選ぶ必要はない．したがって一般的な酸化剤を示すのに，たんに[O]という記号をよく用いる．

　酸化は原子から一つ以上の電子が失われること，**還元**は一つ以上の電子を受け取ることである，と無機化学で定義されている．これらの用語は，有機化学でもおなじ意味をもつが，有機化合物では大きさや構造が多様であり，単純な無機化学の場合よりも酸化–還元の定義は幅が広い．**有機酸化反応**（organic oxidation）では，C–O の結合数が増える，あるいは C–H の結合数が減る（有機酸化を判断する場合，C=O は二つの C–O 結合と数える．そこで，C–O が C=O になる場合は，C–O 結合の数が増えたとし，したがって酸化がおきたとする）．反対に**有機還元反応**（organic reduction）では，C–O の結合数が減る，あるいは C–H の結合数が増える．

　アルコールの酸化ではアルコールから水素2原子が除かれ，酸化剤の[O]で水分子になる．水素は，–OH 基から1原子，–OH 基が結合している炭素から1原子脱離する．この過程で新しい C–O 結合が生成し，C–H 結合が切断される．

アルコール　　カルボニル化合物

　出発原料となるアルコールの構造や反応条件の違いによって，異なる種類のカルボニル化合物が得られる．第一級アルコール（RCH_2OH）は，緩和な（注意深く制御された）条件下ではまず**アルデヒド**（aldehyde, RCH=O）になり，過剰な酸化剤の存在下ではさらに酸化され**カルボン酸**（carboxylic acid, RCO_2H）となる．

第一級アルコール　　アルデヒド　　カルボン酸

たとえば，

1-ブタノール　　ブタナール　　ブタン酸

　第二級アルコール（R_2CHOH）は，酸化反応で**ケトン**（ketone, $R_2C=O$）になり，通常，さらに酸化されない．

第二級アルコール　　ケトン

たとえば，つぎのようにあらわされる。

▶▶ 4.5 節では，アルデヒドからカルボン酸への酸化について学習する．カルボン酸については6章で学習する．

カルボニル基（carbonyl group）
C=O 官能基.

◀◀ 基礎化学編 5.6 節の酸化還元反応を参照.

▶▶ 生化学では，多くの生物的な過程においてアルコール酸化がとても重要な段階となることを生化学編 5 章で学ぶ．たとえば，過労で疲れた筋肉中に乳酸が生成すると，それを肝臓がピルビン酸に酸化する．もちろん私たちの体が酸化にニクロム酸カリウム（$K_2Cr_2O_7$）や過マンガン酸カリウム（$KMnO_4$）を使うわけではない．体は酸化反応に，高い選択性をもつ特定の酵素を利用している．詳しくは触れないが，実験室のフラスコ中であっても生体中であっても全体の化学反応としてはおなじになる．

乳　酸

ピルビン酸

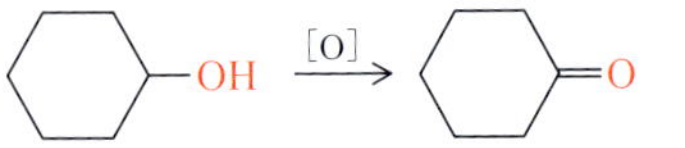

シクロヘキサノール　シクロヘキサノン

　第三級アルコールは, −OH 基が結合する炭素原子に水素がないため酸化剤と反応しない.

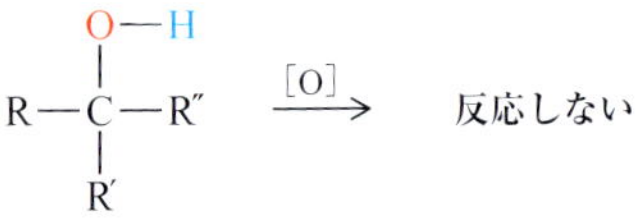

第三級アルコール

例題 3.5 　有機反応：酸 化

◀◀ 表 1.3 に示したように, 一般的に芳香族置換基の略語は Ph が使われる. したがって, ベンジルアルコールは PhCH₂OH とも表記される.

つぎの酸化反応の生成物はなにか.

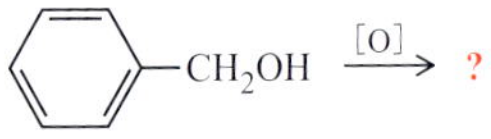

ベンジルアルコール

解 説　出発原料が第一級アルコールなので, 最初にアルデヒドになり, その後にカルボン酸まで酸化されるだろう. それらの化合物の構造を確かめるため, まずヒドロキシ基が結合する炭素の水素が強調されるように出発原料のアルコールを描く.

つぎに −OH 基から一つ, ヒドロキシ基が結合する炭素から一つ, 計 2 原子の水素を除き, その位置を C=O 二重結合にする. これが, 酸化反応の初期にできるアルデヒド生成物になる. 最後に, アルデヒドの −CH=O 基から水素を除いて −OH 基に置き換え, カルボン酸に変える.

解 答

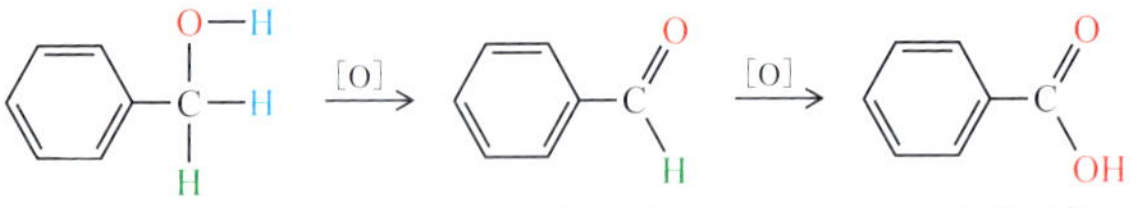

アルデヒド　　カルボン酸

問題 3.11
つぎのアルコールの酸化反応で得られる生成物はなにか.

(a) $CH_3CH_2CH_2OH$　(b) 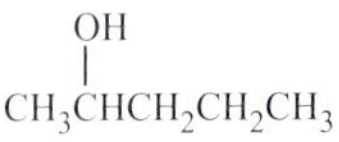 $CH_3CHCH_2CH_2CH_3$　(c)

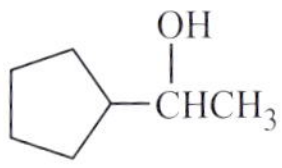

問題 3.12
つぎのカルボニル化合物を生成するのは, どのようなアルコールからか.

(a) 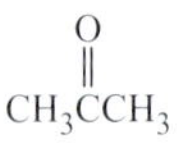 CH_3CCH_3　(b) 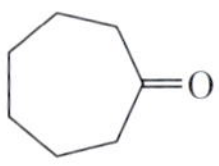　(c) 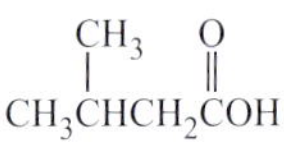 CH_3CHCH_2COH

基礎問題 3.13

つぎのカルボニル化合物は，どのようなアルコールから生成するか．
（赤色＝O，茶色＝Br）

(a)　　　　　　　　　　　(b)

3.5　フェノール

学習目標：
- フェノールを見分けることができる．

　フェノール（phenol）とは，特定の化合物（ヒドロキシベンゼン，C_6H_5OH）と一連の化合物群との両方を意味する．以前は石炭酸と呼ばれていたフェノールそのものは，1867年，Joseph Lister によって最初に用いられた抗敗血症薬である．Lister はフェノールを手術室や患者の皮膚の洗浄剤として用いることによって，手術後の感染症の発生が劇的に減少することを見出した．フェノールは皮膚を無感覚にさせるので，内臓やのどなどの痛み止めの局部薬としても評判になっていた．

　フェノールを口や皮膚から吸収するとひどいやけどの原因となるなど，有毒なことが明らかになったため，現在では医学的な用途は制限されている．いまでは処方箋によらないフェノールの医薬用途としては，1.5％未満の溶液か50mg 含量以下ののど飴以外は認められていない．今日広く用いられている口内洗浄剤やのど飴には，痛みを抑える成分としてチモールのようなアルキル置換したフェノールが含まれている．アルキル基の導入は経皮吸収を抑制し，結果としてアルキル置換フェノール類の毒性はもとのフェノールそのものよりも低くなる．

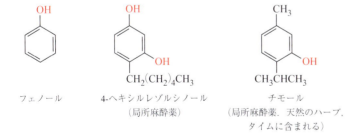

フェノール　　　4-ヘキシルレゾルシノール　　　チモール
　　　　　　　　　　（局所麻酔薬）　　　　　（局所麻酔薬．天然のハーブ．
　　　　　　　　　　　　　　　　　　　　　　　タイムに含まれる）

　クレゾール（メチルフェノール）のようなほかのいくつかのアルキル置換フェノールは，病院などでは**消毒剤**（disinfectant）としてごく一般的に使われている．生組織の微生物だけを安全に殺す**殺菌剤**（antiseptic）とは対照的に，消毒剤は無生物への用途に限定されるべきである．フェノールの殺菌作用は，微生物の細胞壁の浸透性を壊すことによることがわかってきている．

　フェノール類は −OH 基がベンゼン環に結合した構造であるが，**−ベンゼン**（-benzene）よりも，**−フェノール**（-phenol）と命名するのが一般的である．たとえば，つぎのようにあらわされる．

▲ 注意！ この有毒なツタ性植物に含まれるウルシオールは，皮膚にひどい発疹をおこす.

ウルシオール

o-クロロフェノール
（2-クロロフェノール）

p-メチルフェノール
（4-メチルフェノール）

フェノールの性質は，アルコールとおなじように電気的に陰性な酸素原子の存在と水素結合に影響される．ほとんどのフェノールはある程度水に溶け，置換アルキルベンゼンよりも融点や沸点は高い．一般的にフェノールはベンゼン環が疎水性なのでアルコールより水に溶けにくい．

ヒドロキシ基が置換したベンゼン環，すなわちフェノールと考えられる生体分子には，アミノ酸の一種，チロシンをはじめ多くの化合物がある．

チロシン
（アミノ酸）

オイゲノール
（丁子，バナナなどの果物に含まれ，歯痛に用いられる）

問題 3.14
つぎの化合物の構造式を描け.
　（a）2,4-ジニトロフェノール　　（b）m-エチルフェノール

問題 3.15
つぎの化合物を命名せよ.
　（a）　　　　　　　　（b）

3.6　アルコールとフェノールの酸性度

学習目標：
● なぜアルコールとフェノールは弱酸なのか説明できる.

アルコールとフェノールは，O–H 基の水素が＋に分極しているため，いずれも水溶液中でわずかに解離して，中性型と陰イオン型とのあいだで平衡になる．

$$CH_3CH_2OH \quad \underset{水に溶解}{\longleftrightarrow} \quad CH_3CH_2O^- \; + \; H_3O^+$$
アルコール

$$\underset{フェノール}{\text{OH}} \quad \underset{水に溶解}{\longleftrightarrow} \quad \text{O}^- \; + \; H_3O^+$$

メタノールやエタノールのようなアルコールの酸性度は水の酸性度（基礎化学編 10.6 節）とほぼおなじで，酸解離定数 K_a はほぼ 10^{-15} である．なお，酢酸

の K_a は 10^{-5} である．両アルコールは水中でほとんど解離せず，水溶液は中性（pH 7）を示す．したがってアルコールのアニオンである**アルコキシドイオン**（RO^-）は，水酸化物イオン（OH^-）とおなじ強塩基になる．水とアルカリ金属の反応で水酸化物イオンが生成するのと全くおなじように，アルコールとアルカリ金属との反応でアルコキシドイオンが生成する．たとえば，

アルコキシドイオン（alkoxide ion）
アルコールの脱プロトンにより生成する陰イオン．一般式 RO^-.

$$2\ H_2O + 2\ Na \longrightarrow 2\ Na^+\ {}^-OH + H_2$$
水　　　　　　　　　　水酸化ナトリウム

$$2\ CH_3OH + 2\ Na \longrightarrow 2\ Na^+\ {}^-OCH_3 + H_2$$
メタノール　　　　　　ナトリウムメトキシド

アルコールとは対照的に，フェノールは水より 10 000 倍ほど酸性になる．たとえば，フェノールでは $K_a = 1.0 \times 10^{-10}$ になる．この酸性度は，フェノールが水酸化ナトリウムの希薄水溶液と反応してフェノキシドイオンになる（アルコールは，この条件で水酸化ナトリウムと反応することはない）．

◄◄◄ K_a とはなにか，その意味は基礎化学編 10.5 節を参照すること．

フェノール　　　　　　+ NaOH ⟶　　　ナトリウムフェノキシド　　　+ H_2O

3.7 エーテル

学習目標:
- エーテル構造をみつけることができる．
- エーテルとアルコールを区別できる．

単純なエーテル——二つの有機基が同一の酸素原子に結合した化合物——（R–O–R′）の命名は，二つの有機基の名前に**エーテル**（ether）という言葉をつければよい（たんに"エーテル"といえばジエチルエーテルを意味する）．

$CH_3{-}O{-}CH_3$
ジメチルエーテル
（bp $-24.5\ ℃$）

$CH_3{-}O{-}CH_2CH_3$
エチルメチルエーテル
（bp $-10.8\ ℃$）

$CH_3CH_2{-}O{-}CH_2CH_3$
ジエチルエーテル
（bp $34.5\ ℃$）

環内に酸素原子を含む化合物は環状エーテルに分類され，慣用名が使われる場合が多い．ダイネミシン（2 章，Chemistry in Action "エンジイン抗生物質：新進気鋭の抗がん剤"参照）構造中にある酸素を含む三員環（エポキシド）をすでに見てきた．

エチレンオキシド　　テトラヒドロフラン　　1,4-ジオキサン
　　　　　　　　　（溶媒）　　　　　　（溶媒）

$-OR$ 基は**アルコキシ基**と呼ばれる．$-OCH_3$ 基は**メトキシ**（methoxy）基，$-OCH_2CH_3$ 基は**エトキシ**（ethoxy）基など．このような名前は，エーテル基がほかの官能基をもつ化合物に含まれる場合に用いられる．

アルコキシ基（alkoxy group）　$-OR$基.

たとえば，

CH₃CH₂OCH₂CH₂OH

2-エトキシエタノール
（セロソルブ）

OCH₃

OH

o-メトキシフェノール

CH₃OCH₂CH₂OCH₃

ジメトキシエタン
（グライム）

　エーテルは極性な C–O 結合をもっているが，水やアルコールにある –OH 基をもっていないため互いに水素結合することができない．そのため単純なエーテルの沸点は同等の分子量のアルカンよりも高く，アルコールよりかなり低い．エーテルの酸素は水分子と水素結合することができるため，ジメチルエーテルは水溶性で，ジエチルエーテルはある程度水と混ざり合う．アルコールの場合とおなじように，有機基が大きくなるとエーテルは水に不溶になる．エーテルは，極性溶媒でなければいけないが –OH 基があってはいけないような有機反応の非常に良い溶媒である．

　エーテルとアルカンの物理的な性質は多くの点で類似しており，ほとんどの酸，塩基やほかの試薬類と反応しない．しかしながらエーテルは酸素と容易に反応するし，単純なエーテルは可燃性が非常に高い．エーテルの多くは，空気中に放置すると爆発性のある O–O 結合をもつ化合物，**過酸化物**（peroxide）を生成する．したがってエーテルの取扱いには注意を払い，無酸素状態で貯蔵しなければならない．

　もっとも一般的なジエチルエーテルは，現在では主として溶媒に用いられているが，長年にわたり麻酔薬としてよく知られていた．ジエチルエーテルの吸入麻酔薬としての価値は 1840 年代に発見され，1940 年代まで手術室の頼みの綱だった．しかし作用が速く非常に効果がある反面，ジエチルエーテルは覚醒までの時間が長く，また吐き気を催したりと理想的な麻酔薬にはほど遠い．さらにジエチルエーテルの有効性は，エーテルの危険性によって十分に相殺される程度である．ジエチルエーテルは揮発性が高く，その蒸気が空気と混合すると爆発性の気体になる可燃性の液体である．

　ジエチルエーテルは，エンフルランやイソフルラン（次ページの Chemistry in Action "吸入麻酔薬"）のような，より安全で可燃性の低い麻酔薬に代わっている．どちらの化合物も麻酔薬の改良に向けた研究により，1960 年代に合成された 400 種類以上のハロゲン化エーテルの中から選りすぐられた製品である．

　エーテル化合物は植物界や動物界のいずれにも存在する．そのいくつかは植物油に含まれ香水に利用されている．ほかにもエーテルの中にはさまざまな生化学的役割を担っているものが多い．たとえば幼若ホルモン（juvenile hormone）は環状エーテルで，カイコの成虫の発育に関与している．幼若ホルモンの三員環エーテル（**エポキシド環** epoxide）は，60° というひずんだ結合角のために非常に反応性が高い．

▲ このカイコガが成熟する過程は，三員環エーテルを含むある種のホルモンによって制御されている．

CH=CH–CH₂

CH₃O

アネトール（アニス油や
ウイキョウの香辛料）

O

CH₃CH₂C—CHCH₂CH₂C=CHCH₂CH₂C=CHCOCH₃
　　　｜
　　 CH₃

CH₃　　　　CH₃　　O

幼若ホルモン（カイコの昆虫ホルモン）

CHEMISTRY IN ACTION

吸入麻酔薬

William Morton が 1846 年に行った歯科手術での
エーテル麻酔の実演は，医学分野における歴史上の大
発見の一つになった．それまでの外科手術は，すべて
患者の意識のある状態で行われていた．Morton の実
演の後すぐに麻酔薬としてクロロホルム（CHCl₃）が使
われ，1853 年に英国のビクトリア女王がクロロホル
ム麻酔で出産したのを契機として普及していった．

エーテルやクロロホルム以外にも何百もの物質に吸
入麻酔薬としての作用があることが発見された．なか
でもハロタン，エンフルラン，イソフルラン，メトキ
シフルランは，病院の手術室で現在もっとも多く使わ
れている麻酔薬である．これらのすべてが比較的少量
で効き目が強く，無毒で不燃性であり，安全性が高
い．

驚くべきことに，これほど重要であるにもかかわら
ず，吸入麻酔が生体内でどのように作用するかにつ
いてはあまりわかっていない．ただ注目すべきこと
に，麻酔薬の効力とオリーブ油への溶解性とはよく相
関している．このことから麻酔薬が神経細胞周辺の細
胞膜に溶けて作用するのではないかと，多くの科学者
は信じている．細胞膜の流動性や形態の変化によって
神経細胞へのナトリウムイオンの透過が減少した場
合，神経刺激の発生は抑えられている．

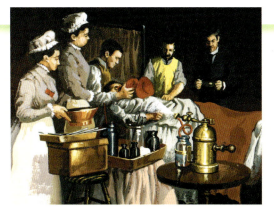

▲ 1846 年 10 月 16 日，Morton はマサチューセッツ総合
病院で最初のエーテル麻酔の公開実演を行った．

存する．麻酔薬の力価は**最小肺胞濃度**（minimum alve-
olar concentration, MAC）として表示され，50 ％の患者
が麻酔に陥る吸入空気中の麻酔薬の濃度と定義されて
いる．下の表にあるように，一般的な麻酔薬の中では
一酸化二窒素（N₂O）がもっとも弱い．また，メトキシ
フルランがもっとも強い麻酔薬である．たった 1.2
mmHg のメトキシフルラン分圧で 50 ％の患者が麻酔
にかかる．

吸入麻酔薬の相対強度

麻酔薬	MAC(%)	MAC（分圧，mmHg）
一酸化二窒素		＞760
エンフルラン	1.7	13
イソフルラン	1.4	11
ハロタン	0.75	5.7
メトキシフルラン	0.16	1.2

麻酔の深度は脳に到達する麻酔薬の濃度によって決
まる．また，脳中濃度は血流中での麻酔薬の溶解性と
輸送性に依存し，さらに吸入する空気中の分圧にも依

ハロタン

エンフルラン

イソフルラン

メトキシフルラン

CIA 問題 3.1　最初の麻酔薬としてどのような物質が使われ
たか．

CIA 問題 3.2　吸入麻酔薬の溶解性は，物質のどのような効
力に相関するか．

CIA 問題 3.3　麻酔薬の"最小肺胞濃度"とはどのように定
義されるか．

例題 3.6　分子の構造：エーテルとアルコールの構造

3-メトキシ-2-ブタノールの構造式を描け.

解　説　まず母体の化合物をみつけ，その炭素鎖に位置番号のついた置換基をつける.

解　答
母体は2位の炭素(C2)に−OH基が結合する炭素4原子の化合物である.

$$\overset{\text{OH}}{\underset{4\quad 3\quad 2|\quad 1}{\text{C}-\text{C}-\text{C}-\text{C}}}\qquad \text{2-ブタノール}$$

"3-メトキシ"とは，メトキシ基がC3に結合していることを示している.

$$\underset{\text{CH}_3}{\overset{\text{OH}}{\underset{4\quad 3\quad 2|\quad 1}{\text{C}-\text{C}-\text{C}-\text{C}}}\ |\ \text{O}}\qquad \text{3-メトキシ}$$

最後に，それぞれの炭素に四つの結合ができるまで水素をつける.

$$\underset{\text{CH}_3}{\overset{\text{OH}}{\underset{4\quad 3\quad 2|\quad 1}{\text{CH}_3-\text{CH}-\text{CH}-\text{CH}_3}}\ |\ \text{O}}\qquad \text{化合物名：3-メトキシ-2-ブタノール}$$

問題 3.16
つぎの化合物を命名せよ.

(a) $\underset{\text{OCH}_3}{\overset{\text{OCH}_3}{\text{CH}_2-\text{CH}-\text{CH}_3}}$　(b) 〔4-ニトロアニソール構造式〕　(c) 〔tert-ブチルエーテル構造式〕

3.8　チオールとジスルフィド

学習目標：
- チオールを見分けることができる.
- どのようにしてチオールはジスルフィドに変換されるのか，およびその逆の反応について説明できる.

　硫黄は周期表の16族にあって酸素の真下に位置し，酸素を含む化合物の多くに硫黄同族体が存在する．たとえば**チオアルコール**(thioalcohol)あるいは**メルカプタン**(mercaptan)とも呼ばれる**チオール**(R−SH)は，アルコールの硫黄アナログである（アナログとは，1ないしは2個の要素において，もう一つの分子と非常によく似た構造をもつ分子のことである）．チオールの体系的な命名（系統名）には，母体名に**−チオール**(-thiol)の語句をつける．そのほか，チオールの命名はアルコールとおなじようにする.

チオール(thiol)　−SH基を含む化合物．一般式 R−SH.

$$CH_3CH_2SH$$
エタンチオール

$$CH_3CHCH_2CH_2SH$$
$$\quad | \quad$$
$$CH_3$$
3-メチル-1-ブタンチオール

$$CH_3CH=CHCH_2SH$$
2-ブテン-1-チオール

チオールの際だった特性としておぞましい悪臭がある．スカンクの噴射物の独特の臭いは，前述の 3-メチル-1-ブタンチオールと 2-ブテン-1-チオールの二つの単純なチオールによる．またチオールはニンニクやタマネギ，天然ガスがもれたときの臭いの正体でもある．天然ガスそれ自体は無臭だが，ガスもれを簡単に検出するために，低濃度のメタンチオール(CH_3SH)が安全の目安になるように加えられている．

チオールは臭素水や酸素のような緩和な酸化剤と反応して**ジスルフィド RS–SR** を生成する．この反応では 2 分子のチオールからそれぞれの水素原子が除かれ，硫黄の 2 原子間で結合が形成される．

ジスルフィド（disulfide）　硫黄–硫黄結合を含む化合物，一般式 RS–SR.

$$RSH + HSR \xrightarrow{[O]} RSSR$$
チオール2分子　　　　ジスルフィド

たとえば，

$$H_3C-S-H + H-S-CH_3 \xrightarrow{[O]} CH_3-S-S-CH_3 + H_2O$$
メタンチオール　　　　　　　　ジメチルジスルフィド

ジスルフィドは還元剤 [H] により逆反応をする．

$$RSSR \xrightarrow{[H]} RSH + RSH$$

チオールは生化学的に重要で，多くのタンパク質の構成成分のアミノ酸の一種，システイン（cysteine）に官能基として存在している．

▲ スカンクはひどい臭いのチオール類を分泌して捕食者を追い払う．

$$HSCH_2CHCOOH$$
$$\qquad | \quad$$
$$\qquad NH_2$$
$$\qquad\qquad\qquad\qquad O$$
$$\qquad\qquad\qquad\qquad \|$$

システイン（アミノ酸）

システイン間での S–S 結合の形成は容易におこり，大きなタンパク質分子が機能する形になるために役立っている．たとえば，髪のタンパク質には異常に–S–S–と–SH 基が多い．髪の毛が“パーマ”されるとジスルフィド結合のいくつかが切断され，その一方で新たなジスルフィド結合がいくつか生じる．結果として髪のタンパク質は異なった形に保たれる（図 3.2）．ストレートヘアーにもどす過程は，“再結合”になるが，同様に行われる．ジスルフィド結合の重要性については，生化学編 1.8 節で詳しく述べる．

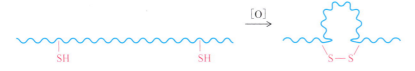

▶**図 3.2**
化学が髪をカールする
髪のタンパク質中の –SH 基間でジスルフィド架橋が生じると，パーマネントウェーブになる．

問題 3.17
つぎのチオールの酸化で生成するジスルフィドはなにか．
　（a）$CH_3CH_2CH_2SH$　　（b）3-メチル-1-ブタンチオール（スカンクの臭い）

3.9　含ハロゲン化合物

学習目標：

● ハロゲン化アルキルあるいはハロゲン化アリールを見分けることができる．

ハロゲン化アルキル（alkyl halide）
ハロゲン原子に結合したアルキル基をもつ化合物，一般式 R‐X．

＊（訳注）：和名ではアルキル基名の前にフッ化，塩化，臭化，ヨウ化を入れて命名するのが一般的である．

ハロゲン化アリール（aryl halide）
ハロゲン原子に結合したアリール基をもつ化合物，一般式 Ar‐X．

　もっとも単純な含ハロゲン化合物は，**ハロゲン化アルキル** RX，R はアルキル基であり，X はハロゲンを示している．および**ハロゲン化アリール** ArX である．Ar は芳香環を示している．多くのハロゲン化アルキルの一般名は，アルキル基名にハロゲン名の語尾を－(イ)ド(-ide)にして付け加える＊．たとえば，化合物 CH_3Br は**臭化メチル**（メチルブロミド methyl bromide）と一般に呼ばれている．

　1.6 節ではアルカンの命名について学習した．ハロゲン化アルキルの体系的な命名(IUPAC)はアルカンにハロゲン原子が置換した状態と考えればよい．アルカンのもっとも長い炭素鎖を選び，最初の置換基（アルキル基かハロゲンか）に近い側の端から番号をつける方法に従って名前をつける．**ハロ**(halo-)置換基名は，アルキル基の場合と全くおなじように接頭語として用いる．ハロゲン化アルキルの中には，クロロホルムのように慣用名で知られているものが若干ある．ハロゲン化アリールの命名については 2.9 節で学習した．

$$\underset{\text{1-クロロプロパン}}{\overset{3\quad 2\quad 1}{CH_3CH_2CH_2Cl}} \qquad \underset{\text{2-ブロモ-5-メチルヘキサン}}{\overset{\overset{CH_3}{|}\qquad\overset{Br}{|}}{\underset{6\quad 5\quad 4\quad 3\quad 2\quad 1}{CH_3CHCH_2CH_2CHCH_3}}} \qquad \underset{\substack{\text{トリクロロメタン}\\ \text{(クロロホルム)}}}{CHCl_3}$$

　ハロゲン化された有機化合物の中には，医学や工業のさまざまな用途を担っているものがある．塩化エチルは，速やかに蒸発して皮膚を冷やすことから局所麻酔薬として用いられている．ハロタンは重要な麻酔薬である．クロロホルムは，以前は麻酔薬や咳止めシロップなどの医薬品の溶剤として用いられていたが，いまではそのような使用には毒性がありすぎるとされている．ブロモトリフルオロメタン(CF_3Br)は不燃性で無害で完全に揮発することから，航空機や電子装置などの火災での消火剤として有用である．

　おびただしい数の含ハロゲン有機化合物が天然界，とくに海洋生物から見つかっているが，人体中にほとんど存在していないのは興味深い．例外の一つとして甲状腺から分泌される含ヨウ素ホルモンのチロキシンがある．食物中のヨウ素の欠乏はチロキシン量の低下を来し，**甲状腺腫**(goiter)という甲状腺肥大の原因となる．海から遠く離れた地域では，人々の食品からのヨウ素摂取量を適切に維持するために，ヨウ化カリウムを食卓塩に加えている（ヨウ素添加塩）．

　甲状腺ホルモン：
　欠乏すると甲状腺腫
　をおこす

チロキシン

　含ハロゲン化合物はまた，工業や農業でも広く使用されている．ジクロロメタン(CH_2Cl_2，塩化メチレン)，トリクロロメタン($CHCl_3$，クロロホルム)，トリクロロエチレン($Cl_2C=CHCl$)は溶媒として，また油脂抜き剤として使用されているが，より低公害の代替品が入手できるようになって，それらの使用量は減ってきている．皮膚の脂質をよく溶かしてしまうので，上の含ハロゲン化合

物の常用は皮膚炎の原因になることがある.

　2,4-D のような含ハロゲン除草剤やキャプタン(captan)のような防かび剤は,過去数十年のあいだに穀物の大幅な増収をもたらしたし, ジクロロジフェニルトリクロロエタン(DDT)などの殺虫剤を広範囲に使用した結果, マラリアやチフスなどを地球レベルで撲滅する取組みに大いに貢献してきた. しかし, そのような多くの利点があるにもかかわらず, 含塩素殺虫剤は環境中に残存し続けて容易に分解しないことから, 多くの問題を投げかけている. それらは生物の脂肪組織に残存して, より大きな動物の餌になることによって食物連鎖の過程で蓄積する. 結局のところ, ある種の動物中での蓄積濃度が有害なレベルまで上昇することになる. 含ハロゲン殺虫剤の有益性と有害性のバランスを保つため, 多数の農薬の使用は制限され, それ以外の農薬の使用はすべて禁止されている.

| 2,4-D | キャプタン | DDT |

問題 3.18
　つぎのハロゲン化アルキルを体系的に命名せよ.

3.10　立体化学とキラリティー

学習目標:

● 不斉炭素を見分けることができる.

　1 および 2 章で, いくつかの分子構造の表記に実線および点線のくさび形で結合が表記されているのに気づいたと思うが, 実線のくさび形は, その結合が紙面から手前側に出ていることを, 一方, 点線のくさび形は, その結合が紙面から奥側に向かっていることを示している. この考え方は, 基礎化学編 8 章で三次元構造について学習したときに紹介している. **立体化学**とは, おなじ結合様式をもちながら結合している原子の三次元空間における配置が互いに異なる分子について学習することである. 1.5 節ではコンホーマー(配座異性体)の概念について, 2.3 節ではシス–トランス異性体について学習した. どちらの場合もこれら分子は, 結合している原子が空間的に異なる位置に存在している. おなじ分子式をもち原子の結合様式もおなじであるが, 空間的配置が異なる異性体は, **立体異性体**と呼ぶ.

　配座異性体は, 炭素–炭素一重結合の回転により互いの異性体が相互変換可能である. しかし, もしシス–トランス異性体のように異性体間で相互変換できなければどうなるだろうか. このような異性体は異なる**配置**をもっているという. まず, このことが有機化学および生物化学においてなぜ重要なのか説明しよう.

　字を書くとき左手を使うか, それとも右手を使うか. もし右利きなら, 左手で字を書こうと挑戦したことはあるか. "利き手"は, 字を書くときからゴル

立体化学(stereochemistry)　分子を構成する原子の三次元空間における相対的な配置の研究.

立体異性体(stereoisomer)　おなじ分子式および構造式をもつが, 原子の空間配置が異なる異性体のこと.

立体配置(configuration)　一重結合回りの回転では互いに変換不可能な立体異性体.

フボールを打つときやフォークを使うときなど，ほとんどすべての行動に影響を与えているはずである．これとおなじように，分子も利き手をもっており，その生化学的な作用に大きな影響を及ぼしている．これを実感するためには，右手を鏡にかざしてみるとよい．鏡に映った像は，図 3.3 に示すように，左手のように見える．この現象がおこるのは，両手は同一ではないからで，互いに鏡像の関係にあるからである．

もう一つ，手とその鏡像は互いに決して重なり合わないことに注意しよう．このように両手の関係をもつ物体を**キラル**（英語では chiral，カイラルと発音する．これはギリシャ語で手を意味する cheir に由来）であるという．

すべてのものがキラルであるわけではない．図 3.4 に示すように分子とその鏡像を考えるのと同様に椅子とその鏡像体を考えてみるとよい．椅子を鏡に映すと，その鏡像は実像と一致する．両手の関係をもたないものは，非キラルあるいは**アキラル**と呼ばれる．この図中の分子もアキラルである．図 3.4 に示す椅子と分子をよく見て考えてみるとよい．これらはいずれも対称面をもつため実像と鏡像は重なる．仮想鏡面によって 2 分割し，その半分が鏡に映った半分

キラル（chiral）　二つの異なる鏡像が右あるいは左手の関係にあること．

アキラル（achiral）　キラルと反対の意味で，鏡像体と重なり合うこと．したがって，右あるいは左手の関係にはない．

◀図 3.3
鏡像の意味
右手を鏡に映すとその像は左手のように見える．分子においてもおなじことである．

◀図 3.4
互いに重なるという意味
椅子がその鏡像と重なるということは容易に見てとれる．右に示した分子模型も重なり合うが，椅子ほどわかりやすくはないかもしれない．

対称面
（一つの半分が他方の半分を反映する）　　　　　非対称面
（一つの半分が他方の半分を反映しない）

◀図 3.5
対称面の意味
図 3.3 の分子模型に対称面を描き加えて示した．仮想の鏡は椅子（a）と分子模型（b）を二つのおなじ断片に分けている．一方，（c）に示した分子模型では，そのような対称面はない，したがってキラルであることに注意．

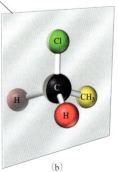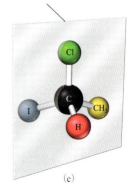

(a)　　　　　　　(b)　　　　　　　(c)

と互いに重なるものはなんであれアキラルである．アキラルな分子に要求されるものは1個の対称面である．図3.5にその考えを示す．

　構造式から，その分子がキラルかどうか予測できるだろうか．4個の結合が仮想の四面体構造の角に向かっている炭素原子を思い浮かべてみる．4個の置換基が中心の炭素に結合した形で描かれた2-ブタノールとブタンの構造を下に示す．2-ブタノールではこの炭素に4個の異なる置換基が結合している．$-CH_3$基，$-H$原子，$-OH$基と$-C_2H_5$基である．

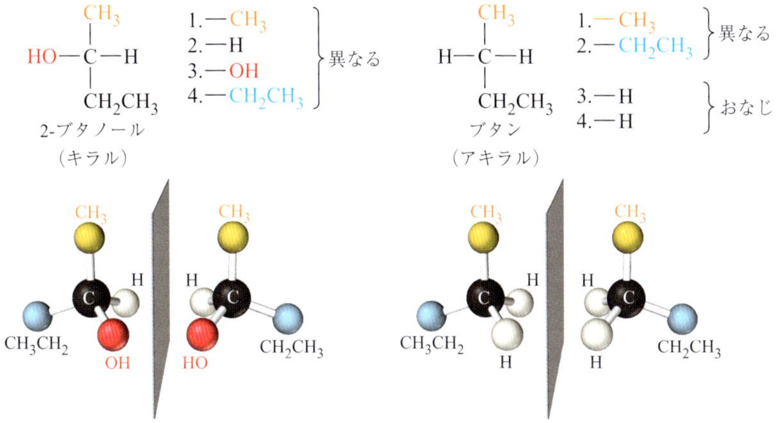

▶ キラリティーの考え方に悩まされる必要はない．それを実際に使ってみることで徐々に慣れていくだろう．

　正四面体構造であり，かつ4個の異なる置換基が結合した炭素原子は，**不斉炭素原子**あるいはキラル中心（あるいは立体中心）と呼ぶ．不斉炭素原子が1個あると，2個の互いに鏡像関係にある形で存在するキラルな分子ができる．したがって，2-ブタノールはキラルである．ブタンでは，示した中心炭素は2個の異なる置換基（$-CH_3$基と$-C_2H_5$基）と1組の同一置換基，2個の水素原子と結合している．キラル中心がないので，ブタンはアキラルである．分子は複数の不斉炭素原子をもてるが，その分子がキラルかどうかは分子自身のかたちによる．

　2-ブタノールのようなキラルな分子の互いに鏡像関係にある2個のかたちは，互いに**エナンチオマー**（enantiomer）あるいは鏡像異性体または**光学異性体**（旋光度に与える効果から"光学"と呼ばれる）と呼ぶ．1組のエナンチオマー（2-ブタノールとその鏡像体のような）の化学的および物理的性質は，旋光度に与える影響を除いてあらゆる点において通常おなじである．たとえば，2-ブタノールの両エナンチオマーは，おなじ沸点，おなじ水に対する溶解性，おなじ等電点，おなじ比重を示すが，一方のエナンチオマーの溶液に偏光を透過させたとき，偏光面を右に回転させる（このときdあるいは$(+)$エナンチオマーという），これに対し，もう一方のエナンチオマーの溶液に透過させると，今度は左に回転させる（このときlあるいは$(-)$エナンチオマーという）．エナンチオマー間でしばしば臭いや味といった生物活性に違いがみられる．たとえば，スペアミントとヒメウイキョウの種は非常に異なる臭いであるが，2個のエナンチオマーに由来している．

不斉炭素原子（chiral carbon atom）
4個の異なる置換基が結合した炭素原子．キラル中心あるいは立体中心とも呼ばれる．

▶ エナンチオマーを区別するために偏光の回転を利用する方法は，生化学編3.2節でもう一度学習する．

エナンチオマー（**光学異性体**）
（enantiomer（optical isomer））
キラルな分子の互いに鏡像の関係にある2個のかたち．

l-カルボン
（スペアミント）

d-カルボン
（ヒメウイキョウ）

▶ 生化学編1章で α-アミノ酸について学習するが，α-アミノ酸は1個を除いてすべてキラルである．キラリティーは別の重要な生体分子である炭水化物の重要な性質でもある（生化学編 3章）．

もっとも重要な点は，エナンチオマー間でしばしば医薬品としての活性に差が見られることである．たとえば *l*-エタンブトールは結核の治療に用いられ，世界保健機関（WHO）の必須医薬品リストにも掲げられているが，そのエナンチオマー，*d*-エタンブトールは，視力障害を引きおこす．

l-エタンブトール
（結核治療）

d-エタンブトール
（視力治療）

HANDS-ON CHEMISTRY 3.1

　重なり合う分子，対称面やキラリティーをきっちりと理解することは，分子の三次元のかたちがその生物活性に決定的に重要である生化学を学習する際にも重要である．この課題では，キラル中心を0個，1個および2個もつ分子に焦点をあて，キラリティーの概念を理解しているか検証する．この課題を行う際，分子模型を使うことになるが，**分子模型のキットを用意する必要はない**．もし分子模型キットをもっているなら，取扱い説明書に従って以下に述べる"組立用ブロック"をつくってみよう．分子模型キットがないなら，2章の"ガムドロップ組立用ブロック"をつくってみよう．必要なものは爪楊枝と，色とりどりのガムドロップ（望ましくは），もしくはグミ，小さなマシュマロでもよい．爪楊枝を刺して，ちゃんと固定させることができればよい．この課題の間，つぎのことを念頭に置いておくこと．(1) 炭素は4価（結合手4個），(2) 水素とハロゲン（Cl, Br と I）は1価（結合手1個），(3) 真の角度と四面体の形をできるだけ保つように気をつける，(4) モデルを組み立てたら，比較するときには一重結合は回転させてもよいが，原子をはずしたり入れ替えたりしてはいけない．

　組立用ブロック——この課題にあたりつぎを参考にするとよい（可能ならわかりやすいように基礎化学編の4.7節に示した原子のカラーコードにそろえるとよい）．

正四面体炭素ユニット8個——ガムドロップに爪楊枝4本を四面体形になるように突き刺す．炭素として用いるガムドロップは，とくにどんな色でもかまわない（黒色あるいは他の暗色系の色）．**注意**：ユニットどうしを結合させるとき，爪楊枝を抜く必要があるが，このとき，抜いた爪楊枝とおなじ場所に新しい結合をつくること．

"1個組"のユニットあたり6〜8個の1価の原子団をつくる——ガムドロップに爪楊枝を1本刺すだけ．2組つくるので合計12〜16個つくる．用いるガムドロップの色はすべておなじ色にしておく．

　以上を用意しておけば，はじめることができる．必要なら，もっと爪楊枝とガムドロップを用意すればよい．もし可能なら，つくった分子モデルは後で比較検討するために，写真を撮っておくとよい．

a. CH₂BrCl を組み立ててみる．原子ごとに違う色を使用すること．できたモデルは鏡の前に置いてみる（アルミホイルのような小さな写せるものを用いてもよい），それから今つくったモデルの鏡像を組み立ててみる．両者は重なるだろうか．確認するために，次のようにすることができる．

例題 3.7　キラルな炭素か見分けよ

(a) グリセルアルデヒド-3-リン酸はグルコース代謝(解糖と糖質新生)の鍵中間体である. この分子のどの炭素(複数ある場合はすべて)がキラルか答えよ(わかりやすいように炭素には番号をふっている).

$$
\underset{HO}{\overset{O}{\underset{OH}{P}}}-O-CH_2-\underset{3}{}\;\underset{2}{\overset{OH}{C}H}-\underset{1}{\overset{O}{C}}-H
$$

解　説　分子中の四面体形炭素を見つけよ. 炭素原子が四面体形で 4 個の異なる置換基が結合しているとキラルである.

解　答

C1 は四面体形ではないので無視できる(二重結合の一部であり, 平面三角形であることに注意). 残りの炭素原子それぞれに結合している置換基をリストにしてみる.

このリストから, C2 の炭素だけが異なる 4 個の置換基と結合していることがわかり, C2 だけがキラルである.

炭素 2 の置換基		炭素 3 の置換基	
1	$-CHO$	1	$-CH(OH)CHO$
2	$-OH$	2	$-H$
3	$-H$	3	$-H$
4	$-CH_2OPO_3H_2$	4	$-CH_2OPO_3H_2$

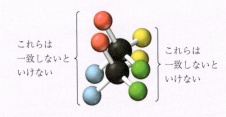

これらは
一致しないと
いけない

これらは
一致しないと
いけない

両者が重なることがわかったら, モデルの中にある対称面がわかるだろうか.

b. CHIBrCl を組み立て, 同様に繰り返してみる. 両者は重なるだろうか. 対称面はあるだろうか.

c. つぎに以下の分子を組み立ててみる.

$$
\begin{array}{c}
CH_3 \\
H-C-Br \\
H-C-Br \\
CH_3
\end{array} \; +その鏡像 \qquad
\begin{array}{c}
CH_3 \\
H-C-Br \\
Br-C-H \\
CH_3
\end{array} \; +その鏡像
$$

セット1　　　　　セット2

(CH₃ を組み立てるよりも, メチル基全体を別の色の一つのボールあるいはガムドロップを使って置きかえるほうがよい, ただし, どちらの分子のメチル基もおなじ色を使うこと). セット 1 から眺めてみて, それぞれの分子には

いくつキラル中心があるだろうか. 両者は重なり合うだろうか. C-C 結合を回転させてみる. 分子中に対称面はあるだろうか. おなじことをセット 2 についてもやってみる. 理解しないといけないことは, セット 1 のモデルは重なるが, セット 2 のモデルは重ならないということである.

d. (可能なら)セット 1 の最初の分子とセット 2 の最初の分子をくらべてみる. 両者は互いに鏡像の関係にあるだろうか, それとも異なるか. 必要なら真ん中の C-C 結合を回転させてみて両分子を重ね合わせてみる. そうすると両者は互いに鏡像の関係でもなければ, 重なり合いもしないことがわかる. これがジアステレオマーの例である. 原子どうしがおなじ結合をもつ立体異性体だが, 空間的な配置が異なり, かつ互いに鏡像関係にない. ジアステレオマーのもっとも単純な例は, シス-トランス異性体(2 章)である. 正四面体構造をもつ炭素だけからなる分子でジアステレオマーが存在するためには, その分子に 2 個以上のキラル中心がなければならない. これが分子に複数個のキラル中心があるときにおこる現象の一つである. 炭水化物について学習する際, もう一度出てくる(生化学編 3 章).

(b) 2-デオキシリボースは，生体分子であるデオキシリボ核酸(DNA)の骨格をつくる炭水化物である．この分子のどの炭素(複数ある場合はすべて)がキラルか答えよ(わかりやすいように炭素には番号をふっている)．

解 説　(a)でやったように，分子中の四面体形の炭素をさがし，なにが結合しているかリストをつくる．置換基が複雑な場合，リストをつくりやすいように異なる炭素置換基を R，R′，R″であらわすとよい．

解 答
線構造式を扱う場合，混乱しないように実際に炭素を描き入れるほうがわかりやすい．

この分子のすべての炭素が四面体構造である．それぞれの炭素に結合する置換基をリストにする．異なる複雑な炭素鎖は R と R′を使ってあらわす．それぞれの炭素についてキラルかどうか検証する．

炭素1の 置換基	炭素2の 置換基	炭素3の 置換基	炭素4の 置換基	炭素5の 置換基
1　-OR	1　-CH(OH)R	1　-CH₂R′	1　-CH(OH)R	1　-OH
2　-OH	2　-H	2　-OH	2　-CH₂OH	2　-H
3　-H	3　-H	3　-H	3　-H	3　-H
4　-CH₂R′	4　-CH(OH)R′	4　-CH(CH₂OH)OR	4　-OR′	4　-CH(R)(R′)

それぞれの炭素の置換基を比較した結果，C2 と C5 はアキラルとわかる．両方とも 3 種類の異なる置換基と結合していることに注意(C2 に結合した -CH(OH)R と -CH(OH)R′は，R と R′で示されているので異なることにも注意)．これ以外の炭素は 4 種類の異なる置換基が結合している．したがって，C1，C3 および C4 はキラルである．

問題 3.19
2-アミノプロパンはアキラルな分子であるが 2-アミノブタンはキラルである．これを説明せよ．

問題 3.20
つぎの分子でキラルなものはどれか(ヒント：それぞれの構造式を描き，例題 3.2 のときとおなじようにすればよい)．
(a) 3-クロロペンタン　　(b) 2-クロロペンタン
(c) CH₃CHCH₂CHCH₂CH₃
　　　　|　　　|
　　　CH₃　 CH₃

CHEMISTRY IN ACTION

胎児性アルコール症候群：エタノールの毒性

章のはじめで学習したように，エタノール（エチルアルコール）は，医薬品としては中枢神経系抑制剤に分類される．エタノールは，飲用すると胃と小腸において吸収され，ついですみやかに体液と臓器に広がっていく．直接的な効果（飲用による）は，麻酔薬に似ており，また血流中の量は簡単に測定可能で血中アルコール濃度（BAC，血液中のエタノールのパーセンテージであらわされ，血液 1 dL 当たりに含まれるアルコールのグラム単位を示す）で示される．BAC が 0.06～0.20％で自動車の運転や痛みの感じ方に影響を与え，バランス感覚の消失，ろれつが回らなくなり記憶を失う．BAC が 0.20～0.40％では，吐き気と意識消失をおこす可能性がある．BAC が 0.50％を超えると，呼吸や心機能に影響を受け，最終的に死に至る．これらの数値はすべてアルコールが毒であることを示しているが，十分に少ない量であれば，ヒトは耐えることができる．

しかし，完全な形を成してないだけでなく血中のアルコールを処理する生化学機能も未発達な器官がアルコールの影響を受けると，いったいなにがおこるだろうか．お腹の中の赤ちゃんがアルコールにさらされたら，なにがおこるだろうか．アルコールは胎盤を通過し，すみやかに胎児に到達する．研究によると BAC 値は胎児も母親と変わらない，これは胎盤はアルコールの通過を妨害していないことを示唆している．胎児の肝臓のアルコールデビドロゲナーゼ（ADH）の活性は，成人の活性の 10％以下なので，胎児のアルコール代謝は母親の肝臓に依存している．より冷たい羊水はアルコールの受け皿として働き，胎児とアルコールとの接触を長くすると考えられている．胎児期にアルコールにさらされると，さまざまな影響を受け，もっとも深刻なものが胎児性アルコール症候群（FAS）である．その症候群は，互いに関連し合うあるいは特定の病気に関連する特徴的な一連の医学的な兆候と症状からなる．FAS の場合，その兆候と症状は女性の妊娠期におけるアルコール飲用による先天性欠損である．FAS の子どもは，ほかの子どもより成長が遅く，顔貌に異常があり，さらには，寝返り，座る，這うことや歩くことといった運動能力発達の遅れや，過活動，注意障害，行為障害，そして深刻な例としては精神発達障害といった中枢神経に問題を生じることがある．

成長途中にある胎児の事実上すべての臓器に与えるアルコールのこのような負の効果のメカニズムについては，わかっていない．肝臓で行われるアルコールの代謝は 2 段階を経て行われる．アルコールからアセトアルデヒドへの酸化と，アルデヒドから酢酸への酸化

▲ かわいい見た目の飲み物もとくに妊娠中の女性にとっては危険をまねく．

である．これら酸化を担うのが ADH という酵素である．慢性アルコール中毒者の体内においては，アルコールとアセトアルデヒドはつねに存在し，毒性を示し，身体的および代謝の荒廃をもたらす．胎児の場合，成人とくらべて体重が小さいので，このような効果は疑う余地なく危険なレベルまで増幅されることになる．

$$CH_3CH_2OH \xrightarrow[\substack{\text{アルコール}\\\text{脱水素酵素}}]{NAD^+} CH_3\overset{\displaystyle O}{\overset{\|}{C}}H \xrightarrow[\substack{\text{アルデヒド}\\\text{脱水素酵素}}]{NAD^+} CH_3\overset{\displaystyle O}{\overset{\|}{C}}OH$$

妊娠中の女性の飲酒は，どんな少量であっても安全とはいえないのか．2015 年，米国疾病予防管理センター（CDC）は，つぎの声明を発表した．"妊娠中あるいは妊娠しようとしている時期のアルコールの安全な摂取量はわからない．妊娠中に飲酒しても安全であるという時期もない．ワインやビールを含めすべてのアルコール飲料は，等しく有害である．妊娠中の女性が飲酒しているときは，赤ちゃんも飲酒している"．これが発表されたとき，かなりの議論を巻きおこしたが，一つ確実にいえることは，胎児を危険にさらす飲酒行為は勧められないということである．少量あるいは中程度の飲酒であっても，妊娠中であればつねに赤ちゃんに害を及ぼす可能性がある．わずかであってもこの可能性を考慮し，母親が待ちわびる赤ちゃんのためのもっとも安全な選択肢は禁酒である．これを選ばない手はない．

CIA 問題 3.4　アルコールは刺激剤か抑制剤か．

CIA 問題 3.5　どれくらいの BAC（血中アルコール濃度）でろれつがまわらなくなるか．死に至るエタノールの血中濃度はだいたいどれくらいか．

CIA 問題 3.6　症候とはなにか．

CIA 問題 3.7　胎児性アルコール症候群の子どもにおこる中枢神経障害のいくつかの症状を示せ．

要　約　章の学習目標の復習

● **アルコール，フェノールおよびエーテルの構造の違いを説明できる**

　アルコールは飽和した炭素原子に結合する −OH 基（ヒドロキシ基）をもつ．フェノールは芳香環に直接結合する −OH 基をもつ．またエーテルは二つの有機基に結合する酸素原子をもつ（問題 26，27，30，31）．

● **なぜアルコールの沸点がおなじ分子量(MW)のほかの化合物の沸点より高いか説明できる**

　アルコールは水のように水素結合を形成できる．これはアルコールは分子量から予想されるより高い沸点を示すということを意味する．2 個以上の −OH 基をもつアルコールは複数の水素結合を形成し，より高い沸点を示す（問題 28，30）．

● **簡単なアルコールを命名できる**

　アルコールは語尾を −オール(-ol)，フェノールは語尾を −フェノールにする（問題 32，33，60，68，69，73）．

● **アルコールの名前から短縮構造式と線構造式の両方でその構造式を描ける**

　アルコールの構造は，アルカンと同様にして描く．ヒドロキシ(−OH)基の位置番号をもとに分子中のほかの置換基の位置番号を決めるようにナンバリングを行う（問題 34，35，67，73）．

● **アルコールを第一級，第二級，第三級アルコールに分類できる**

　第一級アルコールは，−OH 基が結合した炭素に別の炭素が一つだけ結合している．第二級アルコールは，−OH 基が結合した炭素に二つの炭素が結合している．そして，第三級アルコールは，−OH 基が結合した炭素に三つの炭素が結合している（問題 36，37）．

● **グリコールを見つけ特定できる**

　ジオールは，2 個の −OH 基をもつアルコールである．2 個のヒドロキシ基が互いに隣り合った 2 個の炭素原子にそれぞれ結合しているとき，グリコールという（問題 32，34，39）．

● **アルコールの性質を説明できる**

　アルコールは，炭化水素よりずっと極性が高く，−OH 基があるため，ほかのアルコールや水と水素結合を形成できる．アルコールには炭素基があるため，多くの有機溶媒とも混ざることができる（問題 28，29，54，55，62）．

● **疎水性および親水性アルコールについて説明できる**

　アルコール(R−OH)には親水性(−OH)と疎水性(R−)の部分がある．**親水性**とは，"水を好む"ということ，**疎水性**とは，"水を嫌う"ということを意味する．有機基の疎水性部分が大きいほど，よりアルカン様の性質をもち，水のような性質が弱くなる（問題

36，39，62）．

● **アルコールの脱水生成物を予測できる**

　アルコールは，強酸と処理すると水を失い（**脱水**），アルケンを生じる．複数のアルケンが生成可能な場合，主生成物は，炭素−炭素二重結合にもっとも多くの炭素が置換した化合物である（問題 46，47，69，74，75）．

● **第一級，第二級および第三級アルコールの酸化生成物を予測できる**

　アルコールは酸化されるとカルボニル基(C=O)をもつ化合物になる．第一級アルコール(RCH₂OH)は酸化され，アルデヒド(RCHO)あるいはカルボン酸(RCOOH)を，第二級アルコール(R₂CHOH)はケトン(R₂C=O)を生じるが，第三級アルコールは酸化されない（問題 48，49，69，70，72）．

● **フェノールを見つけることができる**

　フェノールは，−OH 基が芳香環に直接結合した構造をもつ．殺菌剤，防腐剤として用いられる．

● **アルコールおよびフェノールが弱酸である理由を説明できる**

　水とおなじように，アルコールやフェノールは −OH 基から H⁺ を強塩基に供与することができるので弱酸になる．アルコールの酸性は水とほぼおなじで，フェノールは水よりも酸性が強く，水酸化ナトリウム(NaOH)の水溶液と反応する（問題 29，64）．

● **エーテルを見つけることができる**

　エーテルは，二つの有機基に結合した酸素原子を有する．有機基は，アルキル基，アリール基の混合あるいは，両方ともにどちらかの場合がある．単純なエーテルの名称は，酸素に結合した有機基のあとにエーテルという語をつける．エーテルは主として溶媒として用いられる（問題 30，33，35）．

● **エーテルとアルコールを区別できる**

　アルコールもフェノールも水のように水素結合を形成できる．アルコールは，分子中の炭素部分が大きくなると，水に溶けにくくなる．エーテルは水素結合をつくらないので，よりアルカンのような性質をもつ（問題 32〜35）．

● **チオールを見つけることができる**

　チオールは，アルコールの硫黄類縁体であり，−OH 基のかわりに −SH 基をもつ．チオールは語尾に −チオールをつけて命名する（問題 50，51）．

● **チオールはどのようにしてジスルフィドに変換されるか，またその逆も説明できる**

　チオールが緩和な酸化剤と反応するとジスルフィド(RSSR)になる．この反応はタンパク質の化学では重要である．ジスルフィドを還元するとチオールに戻る（問題 52，53）．

● **ハロゲン化アルキルあるいはアリールを見つける ことができる**

ハロゲン化アルキル（R−X）はアルキル基に結合し たハロゲンをもち，**ハロゲン化アリール**（Ar−X）は， 芳香環に結合したハロゲンをもつ．ハロゲンを含む化 合物は，ヒトの生命活動にはあまり関与していない が，工業的には溶媒として，農業では除草剤，殺菌剤 や殺虫剤として広く用いられている（問題 68，69）．

● **不斉炭素原子を見つけることができる**

不斉炭素原子とは，4 個の異なる置換基が結合した 炭素のことである．キラル中心あるいは立体中心と呼 ばれることもある．不斉炭素原子があると立体異性体 が存在する．原子の結合様式はおなじであるが，空間 的配置が異なる異性体のことである（問題 56〜59， 65，67）．

概念図：有機化学のファミリー

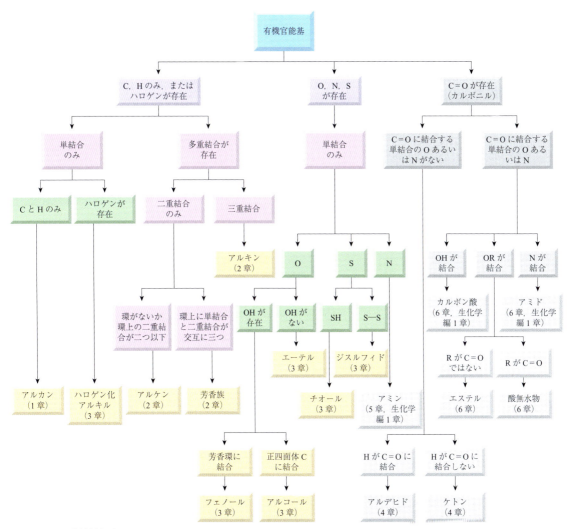

▲ 図 3.6　**官能基概念図**

この概念図は 1 章および 2 章と同じであるが，本章で解説した官能基であるアルコール，エーテル，チオール，ジスル フィドを新たに着色した.

KEY WORDS

鍵反応の要約

1. アルコールの反応(3.4節)

(a) H_2O の放出によるアルケンの生成(脱水)

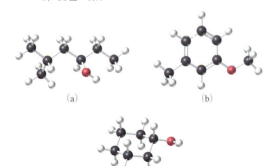

2. チオールの反応(3.8節). 酸化によるジスルフィドの生成

$$RSH + HSR \xrightarrow{[O]} RSSR$$

チオール 2 分子　　　　　ジスルフィド

(b) 酸化によるカルボニル化合物の生成

基本概念を理解するために

3.21 つぎの化合物の IUPAC 名を示せ(黒色=C, 赤色=O, 白色=H).

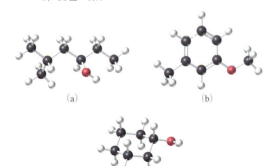

(a)　　　　　　(b)

(c)

3.22 つぎの反応の生成物はなにか.

3.23 つぎの反応の生成物はなにか.

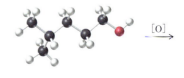

3.24 つぎの化合物はチオールである.（a）線構造式で表記し,（b）酸化剤で処理したときに得られるジスルフィドの構造を示せ（黄色 = S）.

3.25 右のカルボニル化合物は, どのようなアルコールからつくられるか（茶色 = Br）.

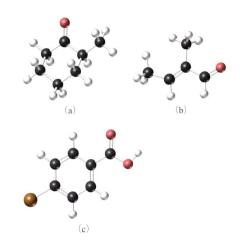

(a)

(b)

(c)

補 充 問 題

アルコール, フェノールおよびエーテル
（3.1, 3.2, 3.5〜3.7 節）

3.26 アルコール, エーテルおよびフェノールは構造上どのように違うか説明せよ.

3.27 第一級, 第二級および第三級アルコールの構造上の違いはなにか.

3.28 アルコールの沸点がおなじ分子量のエーテルよりも高いのはなぜか.

3.29 エタノールとフェノール, どちらがより強い酸か.

3.30 つぎのタキサン骨格はいくつもの新しい抗がん剤のもとになっている. 分子中に含まれる官能基を示せ.

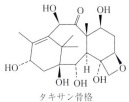

タキサン骨格

3.31 ビタミン E は以下に示す構造をもっている. 酸素原子を含むそれぞれの官能基を示せ.

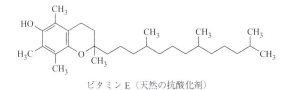

ビタミン E（天然の抗酸化剤）

3.32 つぎのアルコールの系統名はなにか.

(a) $H_3C-\overset{\displaystyle CH_3}{\underset{\displaystyle CH_3}{\overset{|}{\underset{|}{C}}}}-OH$

(b) $(CH_3)_2CHCH_2OH$

(c) $HO\diagup\diagdown\overset{OH}{\diagup}\diagdown OH$

(d) $C_6H_5-\overset{\displaystyle CH_3}{\underset{\displaystyle CH_3}{\overset{|}{\underset{|}{C}}}}-CH_2OH$

(e) 3-メチルシクロヘキサノール構造（OH, CH₃ 付き）

(f) $CH_3CH_2CH_2\overset{\displaystyle CH_2CH_3}{\underset{\displaystyle \underset{\displaystyle CH_3}{\overset{|}{CHOH}}}{\overset{|}{\underset{|}{C}}}CH_3}$

3.33 つぎの化合物の系統名はなにか.

(a) $H_3C\diagdown\diagup\diagup OH$（3,4,5-トリメチルフェノール構造, CH₃ × 3）

(b) $CH_3-\overset{\displaystyle CH_3}{\overset{|}{CH}}-O-CH_2CH_3$

(c) $O_2N\diagdown\diagup OH$（NO₂ × 2）（ピクリン酸として知られている）

(d) シクロブチル–O–シクロペンチルエーテル構造

(e) $\diagdown\diagup OH$（CH₂CH₂CH₂CH₃ 付き）

(f) $CH_3CH_2CH_2OCH_2CH_2CH_3$

3.34 つぎの化合物名の構造式を描け.
 (a) 2,4-ジメチル-2-ヘプタノール
 (b) 2,2-ジエチルシクロヘキサノール
 (c) 5-エチル-5-メチル-1-ヘプタノール
 (d) 4-エチル-2-ヘキサノール
 (e) 3-メトキシシクロオクタノール
 (f) 3,3-ジメチル-1,6-ヘプタンジオール

3.35 つぎの化合物名に該当する構造式を描け.
 (a) イソプロピルメチルエーテル
 (b) o-ジヒドロキシベンゼン（カテコール）
 (c) フェニル tert-ブチルエーテル
 (d) m-ヨードフェノール
 (e) 2,4-ジメトキシ-3-メチルペンタン
 (f) 3-メトキシ-4-メチル-1-ペンテン

3.36 (a) 問題 3.32 中のアルコールをそれぞれ第一級，第二級あるいは第三級に区別せよ.
 (b) 問題 3.32 中のアルコールを水に溶ける，溶けないで分類し，それぞれのアルコールの疎水性および親水性部分を示せ.

3.37 タキサン（問題 3.30）に含まれるアルコール官能基を見つけ，それぞれを第一級，第二級あるいは第三級に区別せよ.

3.38 つぎの炭素数 6 の化合物を沸点の高い順に並べ，その根拠を示せ.
 (a) ヘキサン
 (b) 1-ヘキサノール
 (c) ジプロピルエーテル
 　　（$CH_3CH_2CH_2-O-CH_2CH_2CH_3$）

3.39 グルコースはおなじ炭素数 6 の 1-ヘキサノールよりも水に溶けやすい．それはなぜか.

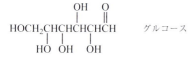
　　　　　　　　　　　　　グルコース

アルコールの反応（3.4 節）

3.40 第二級アルコールの酸化反応による生成物はなにか．イソプロピルアルコールを例として答えよ.

3.41 アルコールが酸化されるためには，どのような構造上の特性があるか.

3.42 過剰の酸化剤を用いたとき，第一級アルコールの酸化反応による生成物はなにか.

3.43 アルコールと金属ナトリウム（Na）の反応でどのような生成物が得られるか.

3.44 おなじ組成式 C_7H_8O の二つの化合物の標品をもっていると仮定する．どちらの化合物もエーテルに溶けるが，水酸化ナトリウム（NaOH）の水溶液にはその一方しか溶けない．二つの化合物を区別するのにこの情報をどのように用いればよいか.

H_3C—〇—OH　　と　　〇—CH_2OH

3.45 つぎのアルコールで酸化されるのはどれか．酸化されるものは生成物を線構造式で示せ．酸化剤が過剰にあるときはどうなるか.

(a) 〇 CH_3 —OH　　(b) 〇 CH_3 —OH

(c) 〇 CH_3 —CH_2OH

3.46 つぎのアルケンは，あるアルコールの脱水反応により生成する．それぞれについて示したアルケンが主生成物となるアルコールの構造を示せ.

(a) 〇 CH_2CH_3 CH_2CH_3　　(b) （アルコール 2 種類）

(c) 2-フェニル-2-ヘキセン

(d) 〇—C=CH_2 CH_3　　(e) 1,4-ペンタジエン

3.47 つぎのアルコールの脱水反応により生成するアルケンはなにか．二つ以上の生成物がある場合は，主生成物に印をつけること.

(a) 〇 CH_3 —OH　　(b) $CH_3CH_2CH_2CCH_3$ CH_3 —OH

(c) H_3C—〇—CH_3 —OH

(d) 〇—$CHCH_2CH_3$ OH　　(e) $CH_3CH_2CCH_2CH_3$ OH CH_2CH_3

3.48 つぎのアルコールの酸化反応で生成するカルボニル化合物はなにか．反応がおこらない場合は "NR" と書け.

(a) 〇—CH_2CH_2 OH　　(b) CH_3CH_2CHOH CH_3

(c) 2,3-ペンタンジオール　　(d) 〇 HO CH_3

(e) CH_3—C—OH Ph　　(f) 〇—$CHCH_2CH_3$ OH

3.49 酸化反応でつぎのカルボニル化合物が生成するアルコールはなにか.

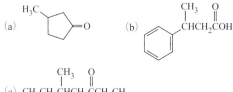

(a) 　(b)

(c) $CH_3CH_2CHCH_2CH_2CCH_2CH_3$

チオールとジスルフィド(3.8 節)

3.50 チオールのもっとも特徴的な性質はなにか.

3.51 チオールとジスルフィドとの構造上の関係はなにか.

3.52 アミノ酸システインを酸化するとジスルフィドが生成する. そのジスルフィドの構造式を示せ.

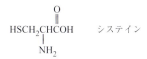

$HSCH_2CHCOH$ 　システイン

3.53 2,5-ヘキサンジチオールのようなジチオールの酸化反応ではジスルフィド結合を有する六員環構造ができる. その構造式を描け(ヒント:原料を線構造式で描いてみるとよい).

$CH_3CHCH_2CH_2CHCH_3$
　　SH 　　　　SH
2,5-ヘキサンジチオール

3.54 プロパノールの沸点は 97 ℃で, 分子量がほぼおなじエタンチオール(37 ℃)やクロロエタン(13 ℃)の沸点よりも高い. それはなぜか.

3.55 プロパノールは水に溶けやすいが, エタンチオールとクロロエタンは水に溶けにくい. それはなぜか.

立体化学とキラリティー(3.10 節)

3.56 つぎの用語を説明せよ.
　(a) キラル　　　(b) アキラル
　(c) 不斉炭素　　(d) エナンチオマー

3.57 以下はキラルかアキラルか. 理由も述べよ.
　(a) フォーク　　(b) 本書　　(c) 右手
　(d) 白紙の 8×13cm の索引カード

3.58 つぎの分子中のキラル中心を示せ.
　(a) 2-メチル-3-ペンタノール
　(b) 3-クロロ-1-ブタノール
　(c)　　　　　　　　(d)

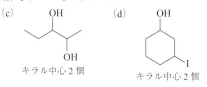

キラル中心 2 個　　　キラル中心 2 個

3.59 つぎの分子はキラルかアキラルか. キラルなら, 不斉炭素原子を示せ.

(a) 3-ペンタノール　　(b) 2-ブロモブタン
(c) 2-メチルシクロヘキサノール

(d)

全般的な問題

3.60 組成式 $C_5H_{12}O$ の直鎖状のエーテルとアルコールのすべての異性体を考えて名前をつけ, 構造式を描け.

3.61 チロキシン(3.9 節)は, チロニンとヨウ素との反応で生体内で合成される. その反応式を書き, 反応の過程について述べよ(ヒント:2.5 節参照).

HO—⟨⟩—O—⟨⟩—CH_2CHCOH
　　　　　　　　　　　　　　　NH_2
チロニン

3.62 1-プロパノールは水に可溶で, 1-ブタノールはわずかに溶け, 1-ヘキサノールは不溶である. それはなぜか.

3.63 フェノールは, ほかの芳香族化合物と同様に置換反応をおこす(2.10 節参照). p-メチルフェノールが臭素(Br_2)と反応して 2 種類の置換生成物になる反応式を書け.

3.64 防腐剤(antiseptic)と殺菌剤(disinfectant)の違いはなにか.

3.65 問題 3.47 のアルコールの中でアキラルなのはどれか.

3.66 問題 3.48 のアルコールの中でキラルなのはどれか. キラルなアルコールの不斉炭素を示せ.

3.67 つぎの一般的なアルコールの構造式を描き, IUPAC名を書け(ヒント:表 3.1 参照).
　(a) マッサージ用アルコール
　(b) 木精
　(c) 殻精
　(d) 不凍液のアルコール(答えは 2 個)

3.68 つぎの化合物を命名せよ.

(a) Br—⟨⟩—Br

(b) $BrCH=CCH_2CH_3$
　　　　　　Br

(c)
　　OCH_3

　　$CH_2CH_2CH_3$

(d)

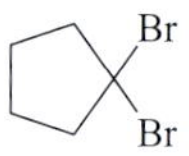

(e) 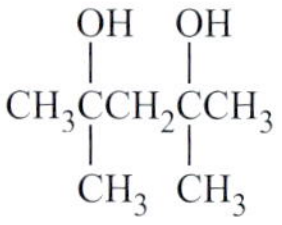 $CH_3CH_2C(OH)CH_3$ with OH groups and CH₃ branches

(e)

(f)

(g) $CH_3C\equiv CCHCH_2CCH_3$ with Br and CH₃ substituents

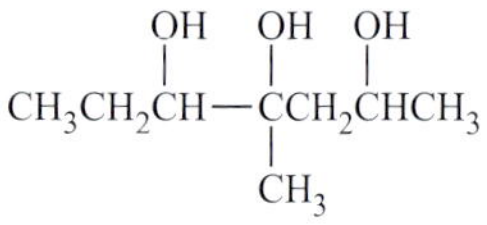

(g)

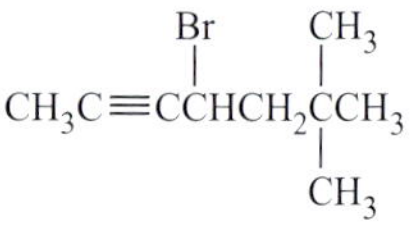

(h)

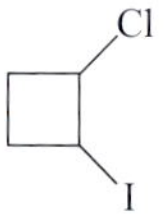

3.69 つぎの反応式を完成せよ．

(a) 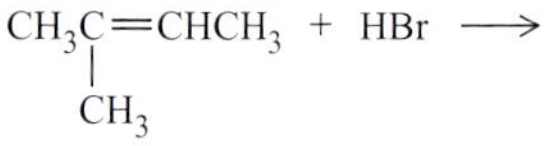 $CH_3C=CHCH_3 + HBr \longrightarrow$
with CH₃ branch

(b)

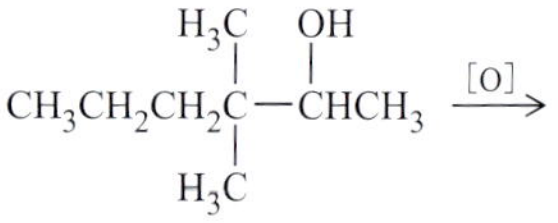

(c)

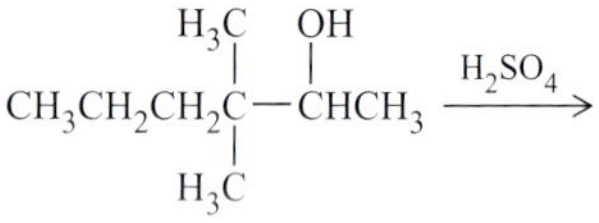

(d)

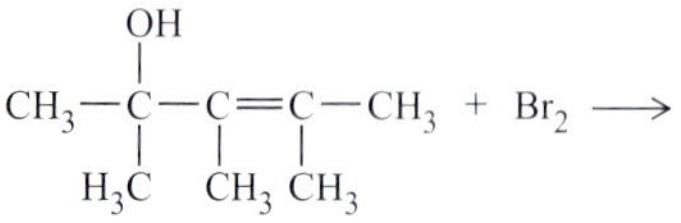

(e) $2(CH_3)_3C-SH \xrightarrow{[O]}$

(f) 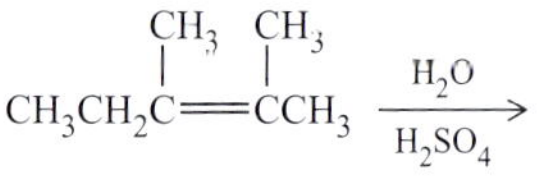 $CH_3CH_2C=CCH_3 \xrightarrow[H_2SO_4]{H_2O}$
with CH₃ CH₃ branches

(g)

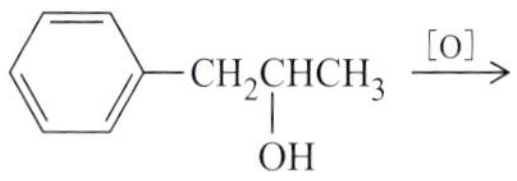

3.70 ゲラニオールはバラの香り成分の一つである．

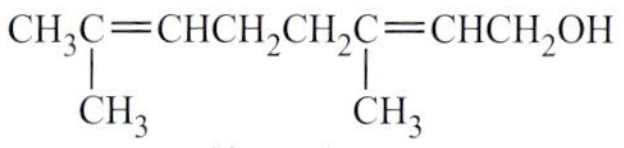

$$CH_3C=CHCH_2CH_2C=CHCH_2OH$$
with CH₃ branches
ゲラニオール

(a) ゲラニオールの体系的な化合物名はなにか．

(b) ゲラニオールを酸化すると，レモン臭のシトラールが生成する．シトラールの構造式を描け．

3.71 ここ 10 年ほどで"デザイナービネガー"が一般的になってきた．ビネガーは，シャンパン，メルローなどワインをブレンドしてつくられる．すべてのワインはエタノールを含んでおり，ビネガーはこのエタノールを酸化する微生物を含んだワインにすぎない．もしビネガーがたんにエタノールの酸化されたものなら，酸の構造はなにか．

3.72 クレープシュゼットは，ブランデーやリキュールに入っているエタノールを燃やしてから食べるデザートである．アルコール燃焼の反応式を書け．

グループ問題

3.73 (a) シクロヘキサン環とメチル基をもち $C_7H_{14}O$ であらわされる環状アルコールをすべて示せ（ヒント：例題 1.12 で行った方法を試すとよい）．

(b) (a)で書いた異性体の構造中の，キラル中心をすべて示せ．

3.74 つぎのアルコールの脱水によって生成するすべてのアルケンを示せ．どれが主生成物になるか．どれが副生成物になるか．主生成物，副生成物は一つとは限らない．

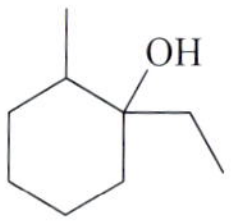

3.75 つぎのアルコールの脱水によって生成するすべてのアルケンを示せ．シス‐トランス異性体が存在するアルケンはどれか．短縮構造と線構造式で構造式を描き，シス，トランスを示せ．その理由も述べよ．

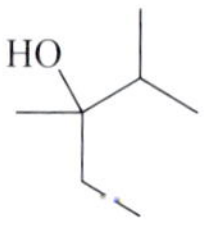

4

アルデヒドと
ケトン

◀◀◀ 復習事項

A.　電気陰性度と分子の極性
　　　（基礎化学編　4.9，4.10 節）
B.　酸化と還元
　　　（基礎化学編　5.6 節）
C.　水素結合
　　　（基礎化学編　8.2 節）
D.　官能基
　　　（1.2 節）
E.　アルカンの命名法
　　　（1.6 節）
F.　反応の種類
　　　（2.5 節）

▲ パクリタキセルは西洋イチイの樹皮から単離されたカルボニル基を含む化合物で，がんの化学療法における新規薬剤として活用されている.

　細胞の再生などの多くの複雑な生物学的プロセスは，含まれる多くの異なる官能基，ケトンおよびアルデヒドを含むかなり複雑な分子によって調節されている．その結果，病気を治療するために必要な医薬品はますます複雑化している．これは，がんの治療薬においても顕著にあらわれている．医学においてよく知られている格言に“用量が毒をつくる”というものがあり，がんの治療薬はほかのなによりもこの格言をよりよくあらわしている．化学療法は，難しいだけでなく有毒な分子を使うことが多く，薬物と毒物のあいだの境界線ははっきりしていない．化学療法剤には五つの一般的なカテゴリーがあるが，なかでも最新の有糸分裂阻害剤は，急速に分裂する細胞に対して主な影響を及ぼすため，もっとも有望なものと考えられている．これらの化合物は，細胞周期の一部である有糸分裂，すなわち染色体が複製され，それぞれが核内で染色体の二つの同一のセットに分離される過程を阻害する．これらの化合物群のうち，二つの化合物にはケトン官能基が含まれてい

る．そのうちの一つ，パクリタキセルは，もともとは西洋イチイの樹皮から単離されており，多くの固形腫瘍がんの治療に非常に有望なことが示された．本章の最後にあるChemistry in Action "毒が有益なことはあるか？" の中で，薬物と毒物の違いと化学療法について議論する．

　パクリタキセルに含まれるカルボニル基は，炭水化物（生化学編 3章）を含む多くの重要かつ生物学的に欠くことのできない分子にもみられる．本章と6章では，カルボニル化合物の中でもっとも単純な二つ，アルデヒドとケトンからはじめて，この官能基を含む化合物について学ぶ．

4.1　カルボニル基

学習目標：
- カルボニル基を認識し，その分極と形が描けるようになる．

　カルボニル基（C=O）の存在によって**カルボニル化合物**は，そのほかの有機化合物と区別される．なにがカルボニル炭素に結合しているかによって表4.1に示すように分類される．

表 4.1　カルボニル化合物の一般的な分類

族 名	構 造	例	
アルデヒド	R—C(=O)—H	H₃C—C(=O)—H	アセトアルデヒド
ケトン	R—C(=O)—R′	H₃C—C(=O)—CH₃	アセトン
カルボン酸	R—C(=O)—O—H	H₃C—C(=O)—O—H	酢 酸
エステル	R—C(=O)—O—R′	H₃C—C(=O)—O—CH₃	酢酸メチル
アミド	R—C(=O)—N	H₃C—C(=O)—NH₂	アセトアミド

　酸素は炭素よりも電気陰性度が高いので，カルボニル基は強く分極し，炭素原子は部分的に正電荷を，酸素原子は部分的に負電荷を帯びるようになる．カルボニル基の分極は，その反応性に寄与する．

　化学者は，化学的性質にもとづいてカルボニル化合物を二つのグループに分類して扱っている．第1のグループは**アルデヒド**と**ケトン**で，それらのカルボニル炭素は電子を強く引き寄せることのない炭素および水素と結合しており，化学的性質は似ている．第2のグループは**カルボン酸**（carboxylic acid），**エステル**（ester），**アミド**（amide）である．これらの化合物のカルボニル炭素は，酸素や窒素を典型とする強く電子を引き寄せる（炭素や水素以外の）原子と結合している．第2グループのカルボニル化合物については6章で述べる．

　カルボニル化合物の構造は，紙の上にいろいろな方法で描くことができる．すべてのカルボニル基は平面的である．カルボニル炭素上の三つの置換基間の結合角は120°またはこれに近い値である．カルボニル炭素のまわりの原子は正三角形の頂点の位置に配置されているので，カルボニル炭素の結合はたいて

カルボニル基（carbonyl group）　炭素原子が酸素原子と二重結合している官能基．

カルボニル化合物（carbonyl compound）　カルボニル基 C=O を含む化合物．

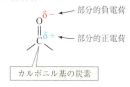

◀◀◀ **復習事項** 電気陰性度が電子を原子に引き寄せる強さであることを思い出すこと．基礎化学編 図 4.6 参照．

アルデヒド（aldehyde）　少なくとも一つの水素が結合したカルボニル基をもつ化合物．一般式 RCHO．

ケトン（ketone）　おなじまたは異なる二つの有機基の炭素に結合したカルボニル基をもつ化合物．一般式 R₂C=O または RCOR′．

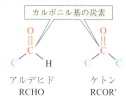

120°の結合角.
平面の三方向

い 120° で描きあらわされるが，これは実際の構造に近い．一方，表 4.1 にある構造は二重結合の存在を強調しているが，直線状に描きたいときには不便なので，アルデヒドとケトンをつぎのように簡略化することがある．

アルデヒド　　　　　　　　　**ケトン**

$$R-\overset{\overset{\displaystyle O}{\|}}{C}-H \quad RCHO \qquad R-\overset{\overset{\displaystyle O}{\|}}{C}-R' \quad RCOR' \quad \text{あるいは} \quad R_2C=O$$

たとえば，

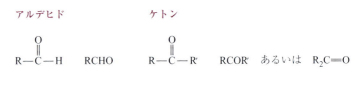

CH₃CHO
アセトアルデヒド
（エタナール）

CH₃COCH₃
アセトン
（2-プロパノン）

アルデヒド基はただ一つの炭素原子に結合しており，つねに炭素鎖の末端にあることに注意する*（−CHO はアルデヒド基の略号である．−COH と表記するアルコールと混同しないように注意すること）．これに対してケトン基は，二つの炭素基に結合しており，つねに炭素鎖の一部になる．

＊（訳注）：ホルムアルデヒドは唯一の例外になる．

問題 4.1
つぎの分子のうち，アルデヒドまたはケトンの官能基をもつものはどれか．表 1.1，4.1 および図 4.3 を参照すると，判別の参考になるだろう．構造式を描き写し，官能基を丸で囲め．

(a)

$(CH_2)_6COOH$

$(CH_2)_4CH_3$

HO　　　OH

プロスタグランジン E₁

(b)

OH

H₃C

H₃C

O

テストステロン
（男性ホルモン）

(c)

CH₃O

HO　　　CHO

バニリン
（香料）

(d)　$C_4H_9COCH_3$

(e)　C_4H_9CHO

さらに先へ ▶▶ アルデヒドやケトン基は生体分子に存在しており，性機能の制御をするステロイドホルモン（生化学編 11.4 節）から核酸や遺伝情報（生化学編 9.2 節）に必須な糖質の骨格まで広範な役割を果たしている．もっとも際立った例として，アルデヒドおよびケトンの構造と反応は炭水化物の化学の基本であり，食事に含まれる炭水化物はエネルギーを供給し，私たちの体をつくる（生化学編 3〜5 章）．

問題 4.2
問題 4.1(d)と(e)の化合物の構造式にあるすべての原子とすべての共有結合を描け　ただしすべての炭素は一直線に連結しているものとする．また，それぞれを線構造式で描け．

4.2　単純なアルデヒドとケトンの命名法

学習目標：

- 与えられた構造から単純なアルデヒドとケトンを命名する方法，および与えられた名称から構造を描く方法を身につける．

　アルデヒド基やケトン基は通常一つ以上の官能基を含む化合物に見出される．よって，ここでは単純なアルデヒドとケトンの命名法にとどめておき，可能なかぎり慣用名を取り上げることにする．

　単純なアルデヒドは慣用名で呼ばれており，ホルムアルデヒド，アセトアルデヒド，ベンズアルデヒドなどのように，語尾に **–アルデヒド**（-aldehyde）と書く．国際純正・応用化学連合（IUPAC）の系統的命名法によるアルデヒドの名前は，親アルカン名の語尾にある **–ン**（-e）を **–（ア）ール**（-al）に置き換える．系統的命名法では，炭素数 3 のプロパンから誘導されるアルデヒドはプロパナール，炭素数 4 のアルデヒドはブタナールのようになる．置換基が存在する場合は，つぎの 3-メチルブタナールに示すようにカルボニル炭素を 1 として番号をつける．

アルデヒド

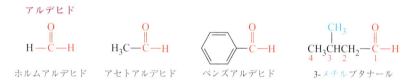

| ホルムアルデヒド | アセトアルデヒド | ベンズアルデヒド | 3-メチルブタナール |

　ほとんどの単純なケトンは慣用名で呼ばれている．この場合，つぎのメチルエチルケトンのようにカルボニル炭素に結合する二つのアルキル基名の後ろに **ケトン**（ketone）をつけて命名する．この慣用名の例外は，もっとも単純なケトンのアセトンである．ケトンの系統的命名法では，相当する炭素数のアルカンの語尾にある **–ン**（-e）を **–ノン**（-one）に置き換える．炭素鎖の番号は，カルボニル炭素により近い末端炭素から数える．カルボニル炭素の位置は，2-ブタノンや 2-ペンタノンのように，カルボニル炭素の番号を名前の前に書く．この命名法に従うと，アセトンは 2-プロパノンとなる．

ケトン

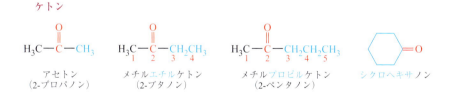

| アセトン
（2-プロパノン） | メチルエチルケトン
（2-ブタノン） | メチルプロピルケトン
（2-ペンタノン） | シクロヘキサノン |

例題 4.1　**構造の与えられたケトンの命名**

つぎの化合物に（IUPAC）系統名と慣用名をつけよ．

$$CH_3CH_2\overset{\overset{\displaystyle O}{\|}}{C}CH_2CH_2CH_3$$

　解　説　この化合物はケトンであり，一つのカルボニル基の左側にエチル基（CH₃CH₂–），右側にプロピル基（–CH₂CH₂CH₃）の二つのアルキル基が結合している．IUPAC の系統的命名法では，カルボニル炭素の位置番号ができるだけ小さく

なるように数え，カルボニル基の場所を示すようにして番号をつける．

$$\underset{1\quad 2\quad 3\ 4\quad 5\quad 6}{CH_3CH_2\overset{\overset{\textstyle O}{\|}}{C}CH_2CH_2CH_3}$$

慣用名では二つのアルキル基の名前を用いる．

解　答

IUPAC 名では，3-ヘキサノンである．慣用名では，エチルプロピルケトンとなる．

問題 4.3

つぎの名前の化合物の構造を描け．

(a) オクタナール　　　　　　　　　(b) メチルフェニルケトン

(c) 4-メチルヘキサナール　　　　　 (d) メチル tert-ブチルケトン

問題 4.4

つぎの化合物の IUPAC 系統名を書け．また，それぞれを線構造式で描け．

(a) $CH_3CH_2CH_2CH_2\overset{\overset{\textstyle O}{\|}}{C}H$　　　(b) $CH_3CH_2\overset{\overset{\textstyle O}{\|}}{C}CH_2CH_3$

(c) $CH_3CH_2\overset{\overset{\textstyle CH_3}{|}}{C}HCH_2CH_2\overset{\overset{\textstyle O}{\|}}{C}H$　　　(d) ジプロピルケトン

CHEMISTRY IN ACTION

虫の化学戦争

　虫の世界は弱肉強食の生存競争の場である．近づいた虫を餌にしようと待ち構えている捕食者がたくさんいる．生き残るために非常に効率的な化学防衛手段をもっている虫がいる．ヤスデの一種，*Apheloria corrugata* の例を見てみよう．アリに攻撃されると，ヤスデはベンズアルデヒドシアノヒドリンを放出する．

　実験室ではシアノヒドリン［RCH(OH)C≡N］は，有毒ガスのシアン化水素(HCN)をケトンまたはアルデヒドに付加して生成する．アルケンへの HCl や H_2O の付加と類似している(2.6 節および後述の Mastering Reactions "カルボニル付加" 参照)．アルデヒドまたはケトンとアルコールからヘミアセタールが生成する反応のように，HCN との反応でシアノヒドリンが生成する反応も可逆的である(4.7 節)．したがって，ヤスデから分泌されるベンズアルデヒドシアノヒドリンも分解してベンズアルデヒドと HCN を生成する．シアノヒドリン自体は安全であるのに対し，この分解反応によって致死性のシアン化水素ガスを放出するので，ヤスデは身を守ることができる．なんとも巧妙で効率的な化学兵器といえる．

▲ 美しく彩られたヤスデ *Apheloria corrugata* は自己防衛のために，攻撃されると 0.6 mg もの HCN を放出することができる．

$$\underset{\underset{\textstyle H}{|}}{\overset{\overset{\textstyle O-H}{|}}{Ph-C-CN}} \longrightarrow Ph-\overset{\overset{\textstyle O}{\|}}{C}-H \ + \ H-CN$$

CIA 問題 4.1　問題 4.4 の化合物(a)および(b)に HCN が付加した際に生じるシアノヒドリンの構造式を描け．

CIA 問題 4.2　HCN は猛毒である．ヤスデが自分自身を殺すことなくこの武器をどのようにして使っていると考えられるか．

問題　4.5

つぎのケトンを線構造式で描き，慣用名を書け．
（a）1-フェニル-2-プロパノン（1-フェニルプロパン-2-オン）
（b）2-メチル-3-ペンタノン
（c）1-シクロヘキシル-3,3-ジメチル-2-ブタノン

🔑 基礎問題 4.6

つぎの二つの分子のうち，どちらがケトンでどちらがアルデヒドか判定し，さらに両方の分子の構造式および線構造式を描け．

(a) 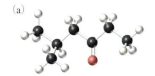　　　(b)

4.3　アルデヒドとケトンの性質

学習目標：

● 分極，水素結合，水溶性などの性質を説明できる．

カルボニル基が分極しているため，アルデヒドおよびケトンは中程度の極性化合物になる（4.1 節）．その結果，おなじような分子量をもつアルカンよりも高い沸点を示す．アルデヒドとケトンは，酸素または窒素に結合する水素原子をもたず，これらの分子だけでは分子間の水素結合をしないため，沸点はアルコールよりも低くなる．おなじような分子量をもつ化合物の沸点を比較すると，アルカンがもっとも低くアルコールがもっとも高い．アルデヒドとケトンの沸点は，両者の中間になる．

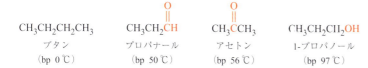

$CH_3CH_2CH_2CH_3$	$CH_3CH_2\overset{\overset{\displaystyle O}{\|}}{CH}$	$CH_3\overset{\overset{\displaystyle O}{\|}}{C}CH_3$	$CH_3CH_2CH_2OH$
ブタン	プロパナール	アセトン	1-プロパノール
（bp 0 ℃）	（bp 50 ℃）	（bp 56 ℃）	（bp 97 ℃）

ホルムアルデヒド（HCHO）はもっとも単純なアルデヒドで，室温では気体である．アセトアルデヒド（CH_3CHO）の沸点は室温付近にある．そのほかの単純なアルデヒドやケトンは液体であるが，炭素数 12 以上になると固体である．低沸点のアルデヒドとケトンは可燃性で，空気と爆発性の混合物をつくることがある．

アルデヒドとケトンは通常の有機溶媒に溶けるが，炭素数 4 以下のものは水と水素結合（図 4.1）することができるので水に溶ける．アルコール類と同様に，酸素原子数にくらべて炭素原子数が増加すると溶解度は減少する．ケトンとアルデヒドではこの傾向は顕著である．なぜなら，アルコールは水との水素結合の受容と供与ができるのに対し，ケトンとアルデヒドは受容しかできないからである．

単純なケトンは，極性化合物と非極性化合物の両方を溶かすことができるので，溶媒として優れている．炭素数が増すにつれ，アルデヒドとケトンはアルカンのようになり，水溶性が下がる．

◀◀ 溶媒に対する溶解度では，分子がその溶媒に完全に取り囲まれる必要があるため，分子の疎水性が上がると，水に対する溶解が困難になるため溶解度は下がる（3.3 節）．

▶ 図 4.1
水（青色の部分）とアルデヒドまたはケトンの水素結合．赤い破線はカルボニル基の酸素と水の水素間の水素結合をあらわす．

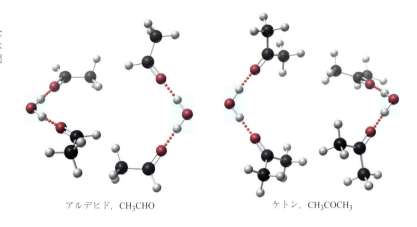

アルデヒド，CH_3CHO　　　　　ケトン，CH_3COCH_3

⇒ 生化学編で単純な糖 ── 単糖（生化学編 3.4 節）── を学ぶことになるが，これらはすべてアルデヒド基やケトン基を含んでいる．下に示す六炭糖のグルコースは，エネルギー生産の燃料分子として主要な役割を果している（生化学編 5.2 節）．

アルデヒドとケトン
四炭糖

グルコース

まとめ：アルデヒドとケトンの性質

- アルデヒドとケトン分子はカルボニル基があるので極性がある．
- アルデヒドとケトンは互いに水素結合することはできないので，沸点はアルコールよりも低いが，双極子–双極子相互作用（基礎化学編 8.2 節）によりアルカンよりも高い．
- よく知られているアルデヒドとケトンは一般的に液体．
- 単純なアルデヒドとケトンは，水分子と水素結合するので水溶性．ケトンは多くの極性，および非極性溶質の優れた溶媒になる．
- 多くのアルデヒドとケトンは特有の臭いをもつ．
- 単純なケトンは，単純なアルデヒドよりも毒性が低い．

基礎問題 4.7

つぎの化合物（a～d）は，それぞれ極性か無極性か，水に溶解するか否かのどちらか．

(a) $CH_3CCH_2CH_3$

(b) CH_3CH_2-C-H

(c) $CH_3CH_2CH_2CH_2CH_3$

(d) H_3C-

基礎問題 4.8

アルデヒドとケトンの沸点は，なぜおなじような分子量をもつアルコールよりも低く，おなじような分子量をもつアルカンよりも高いのか説明せよ．

4.4　代表的なアルデヒドとケトン

学習目標：

- 代表的なアルデヒドとケトンを学び，それらの用途を理解する．

　多くの芳香剤や香料は天然由来のアルデヒドとケトンでつくられている．たとえば，カルベノン（ジル油），フェンコン（ウイキョウ油），ジュニオノン（ジュニパーベリー油），ピベリトン（ユーカリ油），シトロネラール（バニラ），シンナムアルデヒド（シナモン）がある．独特の香りがする天然由来アルデヒドおよびケトンの構造をつぎに示す．これらはすべてセッケン，化粧品，香水などに使われている．

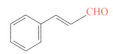

シトロネラール
(昆虫忌避物質や香水に使用，
シトロネラ油やレモングラス油)

シンナムアルデヒド
(食品および薬物の
シナモン香，桂皮)

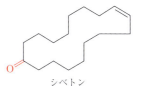

ショウノウ（カンファー）
(クスの木の蛾よけ)

シベトン
(香水中のムスク臭，
ジャコウネコの香腺から分泌)

　化学的にはアルデヒド基やケトン基は，多くの複雑な有機化学物や医薬品を合成するうえで出発点として用いられており，本章の最後にある Chemistry in Action "毒が有益なことはあるか？" で取り上げる抗がん剤の合成でも用いられている．工業的にもっとも多く用いられている四つのアルデヒドまたはケトンは，ホルムアルデヒド，アセトアルデヒド，アセトン，ベンズアルデヒドであり，それらの性質と用途を表 4.2 に示す．

表 4.2　アルデヒドとケトンの一般的な用途

名　前	構　造	性質と用途
ホルムアルデヒド （HCHO）		● 刺激臭，窒息性の香りがする無色の液体．ホルマリンという名称で水溶液として市販されている． ● 空気中で低濃度でも目，のど，気管支に炎症を与える．高濃度では喘息の原因となる．皮膚に触れると炎症をおこす． ● 炭化水素燃料の不完全燃焼で生じ，スモッグによる炎症の一因となる． ● 摂取すると毒性が高く，腎臓にダメージを与え死に至る ● メタノールの生分解によって生じる．よってメタノールも有害である． ● かつて生物学的標本のために広く用いられた． ● 主要な工業的用途は，ベニヤの接着，建物の断熱材，布地の仕上げ，硬く耐久性のある構造物などをつくるためのポリマーの原料である． ● ポリマーから生じるホルムアルデヒドの毒性と発がんの可能性から，家財への使用は制限されている．
アセトアルデヒド （CH₃CHO）		● 甘い香りのする可燃性の液体 ● 熟したリンゴなどの果実に含まれ，エタノールの酸化によって生じる． ● ホルムアルデヒドよりも毒性が低いが，大量に摂取すると呼吸不全を引きおこす． ● 慢性的に曝されるとアルコール依存症のような症状が現れる． ● 炭水化物の通常の分解過程で少量生成する(生化学編 3 章)． ● 過去には酢酸と無水酢酸の生産に用いられていた(6 章)． ● 工業的には高分子樹脂の合成や銀鏡の作成に用いられる．
アセトン （CH₃COCH₃）		● 揮発性の高い液体で，閉鎖空間で蒸発すると爆発の危険がある． ● すべての有機溶媒の中でもっともよく用いられるものの一つである． ● ほとんどの有機化合物を溶解することができ，水にも混和する． ● 日常のばく露では慢性的な健康被害はないとされる． ● ホームセンターで掃除用に市販されている． ● ワニス，ラッカー，マニキュアの剥離剤として用いられる．恒常性が崩れると，生体内で脂質や炭水化物の分解によって肝臓でつくられる．
ベンズアルデヒド （PhCHO）		● もっとも単純な芳香族アルデヒド． ● 無色の液体で，アーモンドあるいはサクラ様の香りがする．クヘントウから初めて単離された． ● 食品，化粧品，薬品，セッケンの香料として使われ，米国食品医薬品局（FDA）により "一般的に安全とみなす" に分類されている． ● 工業的には医薬品からプラスチックの添加物など他の有機化合物の前駆体として用いられる．

基礎問題 4.9

つぎの化合物に含まれる官能基を示せ.

(a) 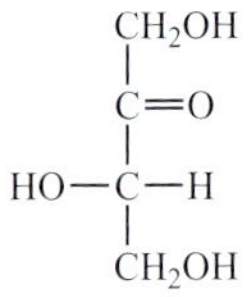
$$CH_2OH$$
$$C=O$$
$$HO-C-H$$
$$CH_2OH$$

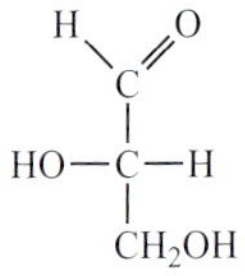

(b)
$$H \quad O$$
$$HO-C-H$$
$$CH_2OH$$

(c) ⬡—CH₂CHO

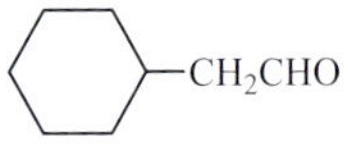

(d) H₂NCH₂CH₂COCH₃

4.5　アルデヒドの酸化

学習目標:

● アルデヒドの酸化によって生じる生成物を理解する(また,ケトンは同様の反応では酸化されないことを学ぶ).

アルコールは酸化されるとアルデヒドあるいはケトンになる(3.6節).アルデヒドはさらに酸化されてカルボン酸になる.アルデヒドの酸化反応では,カルボニル炭素に結合している水素は -OH 基に置き換わる.ケトンにはこのような水素がないので,(分子を分解するような強い酸化剤を除けば)酸化剤とは反応しない.

アルデヒドおよびケトンの酸化

$$C-\overset{O}{\overset{\|}{C}}-H \xrightarrow{\text{酸化剤}} C-\overset{O}{\overset{\|}{C}}-OH$$
アルデヒド　　　　　　　　　　　カルボン酸

$$C-\overset{O}{\overset{\|}{C}}-C \xrightarrow{\text{酸化剤}} \text{反応しない}$$
ケトン

たとえば,

ベンズアルデヒド　　　　　　　　　安息香酸

アルデヒドをカルボン酸に変換する温和な酸化剤のうち,空気中の酸素はもっとも単純なものになる.アルデヒドは概してかび臭いが,それは部分的に酸化されて一般的に強い不快な臭いがあるカルボン酸を含むからである.空気酸化を防ぐため,アルデヒドの保存容器にはたいてい空気中の酸素との接触を防ぐため窒素ガスを入れて保存する.

ケトンは酸化されないので,アルデヒドとケトンを区別するためには,温和な酸化剤が試薬として使われる.銀イオンを含むアンモニア水の **Tollens 試薬** (トレンス試薬 Tollens reagent)は,アルデヒドの酸化をもっともはっきりと視覚化できる試薬である.アルデヒドをこの試薬で処理すると,Ag^+ ($[Ag(NH_3)_2]^+$ として存在する)が酸化剤となり,瞬時にカルボン酸の陰イオン

と金属銀を生成する．この反応を透明なガラス器具の中で行うと，金属色の銀が容器の内側に析出し，美しい銀の鏡ができる（図 4.2(a)）．機器分析法が発達する前は，化学者はこのような定性反応を用いて化学物質を確認しなければならなかった．

Tollens 試験

$$\text{RCHO} + [\text{Ag(NH}_3)_2]^+ \xrightarrow{\text{NH}_3, \text{H}_2\text{O}} \text{RCOO}^- + \text{NH}_4^+ + \text{Ag}(\text{金属})$$

Tollens 試薬
（無色）　　　　　　　　　　　　　　　　　銀　鏡

Benedict 試薬（ベネディクト試薬 Benedict reagent）と呼ばれる温和な酸化剤を使う試験も，金属の還元を見てアルデヒドを検出する．この試薬は青い銅(II)イオンを含んでおり，これがアルデヒドと反応して還元され，赤い酸化銅(I)の沈殿を生じる（図 4.2(b)）．Benedict 試薬は Tollens 試薬とは異なり，ケトンとアルデヒドをはっきりと区別できない．糖にみられる一般的な原子団 α-ヒドロキシケトン（カルボニル基の隣りの炭素に −OH 基をもつケトン）にも陽性を示す．アルデヒドと同様に赤い銅(I)が析出すれば，このようなケトンが存在する証明となる．結果として，Tollens 試験が陰性で Benedict 試験が陽性であれば，これら二つの生物学的に重要な官能基を区別することができる．

　昔，Benedict 試薬は尿中の糖（根本的にはアルデヒドや α-ヒドロキシケトンである）の検出に広く使われた．今日では，より特異的な酵素にもとづく試験が使用されている（生化学編 5 章，Chemistry in Action "糖尿病の診断とモニター" 参照）．

Benedict 試験

$$\text{RCHO} + \text{Cu}^{2+} \xrightarrow{\text{緩衝液}} \text{RCOO}^- + \text{Cu}_2\text{O}$$

青色の溶液　　　　　　　　　　赤レンガ色の
　　　　　　　　　　　　　　　固体

(a)

(b)

▲図 4.2
アルデヒドに対する Tollens 試験および Benedict 試験
(a) Tollens 試験では無色の銀イオン（Ag^+）が金属銀（Ag）に還元される．(b) アルデヒドを含む糖の Benedict 試験は，青い銅(II)イオン（Cu^{2+}，左の試験管）がレンガ色の酸化銅(I)（Cu_2O，右の試験管）に還元される．右の赤いレンガ色の沈殿の生成のためにグルコースが用いられた．両方の試験とも，アルデヒドが酸化されてカルボン酸の陰イオンになる．

問題 4.10

つぎの化合物を(i) Tollens 試薬，(ii) Benedict 試薬で処理したとき，陽性，陰性どちらを示すか．

(a)
```
      O
      ‖
   \  C
    \ /  H
     |
```

(b) シクロヘキサノン

(c)
```
     CHO
      |
 H —C— OH
      |
 H —C— OH
      |
     CH_3
```

(d)
```
    CH_2OH
     |
     C=O
     |
HO —C— H
     |
    CH_2OH
```

4.6　アルデヒドとケトンの還元

学習目標:

- アルデヒドとケトンの還元によって生じる生成物を理解する.

カルボニル基を還元すると, 二重結合に水素が付加して−OH 基が生成するが, これはアルコールの酸化の逆反応になる.

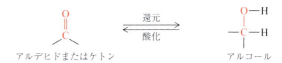

アルデヒドは第一級アルコールを生成し, ケトンは第二級アルコールを生成する.

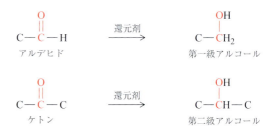

これらの還元は, ヒドリドイオン(水素化物イオン, :H⁻)のカルボニル炭素原子との結合の形成と, それに伴う水素イオン(H⁺)のカルボニル酸素原子との結合の形成によっておこる. この還元はカルボニル基の分極について考えると理解しやすい. 電子が電気陰性な酸素原子に引きつけられているので, カルボニル基の炭素は部分的な正の電荷をもつ. このため負に荷電した :H⁻ は, この炭素原子に引き寄せられる. 一方, 酸素原子は部分的に負に荷電しているので, 正に荷電した水素イオンは酸素原子に引き寄せられる.

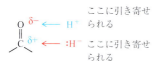

ヒドリドイオン(:H⁻)は, 価電子の非共有電子対をもつことに注意する. カルボニル炭素と共有結合を形成するために両方の電子が使われる. この変化は, カルボニル酸素上に, 負の電荷を残したままにする. 酸の水溶液が加えられると, H⁺ は酸素と結合し, 電気的に中性のアルコールになる. このように, アルコール生成物の新しい二つの水素原子は異なる供給源に由来する.

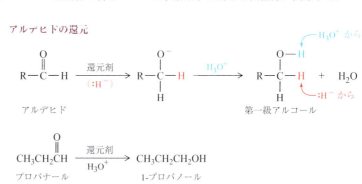

ケトンの還元

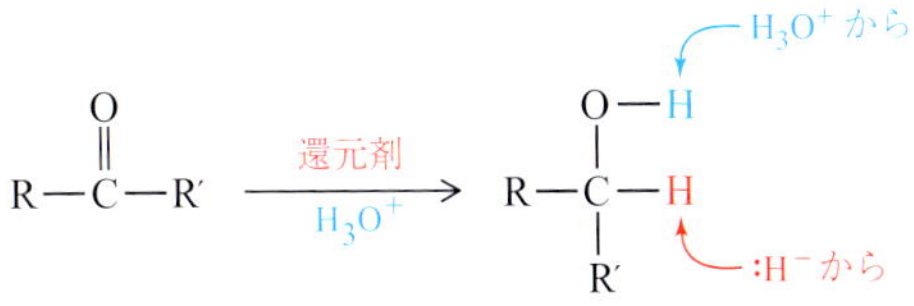

ケトン　　　　　　　　　第二級アルコール

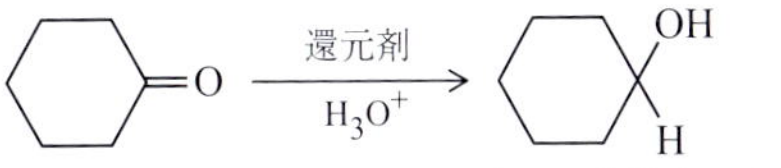

シクロヘキサノン　　シクロヘキサノール

　生体内では，カルボニル基の還元剤は多くの場合，補酵素のニコチンアミドアデニンジヌクレオチド（NAD）であるが，この補酵素はヒドリドイオン（:H⁻）を得たり失ったりして還元剤（NADH）として，また酸化剤（NAD⁺）として反応しながら循環している．ケトン基をもつ酸のピルビン酸は，エネルギー生産の中心的な役割を果たすが，この生化学的な還元にはNADHを使う．この反応は筋肉が活動するときにおこる．激しい運動によって還元生成物の乳酸ができると，乳酸は筋肉に炎症をおこし，不快感や痛みの原因となる．

▶ アルコールへのアルデヒドとケトンの還元は生きている細胞内でも重要な反応で，NADHがヒドリドイオンの共通の供給源となる．NADHがアルデヒドやケトンにH⁻を供給してアニオンが生成すると，周辺の水溶液からH⁺を拾う．生化学的な還元剤としてのNADHの役割については生化学編 4.7 節で紹介する．また，ピルビン酸の乳酸への変換は生化学編 5.5 節で学ぶ．

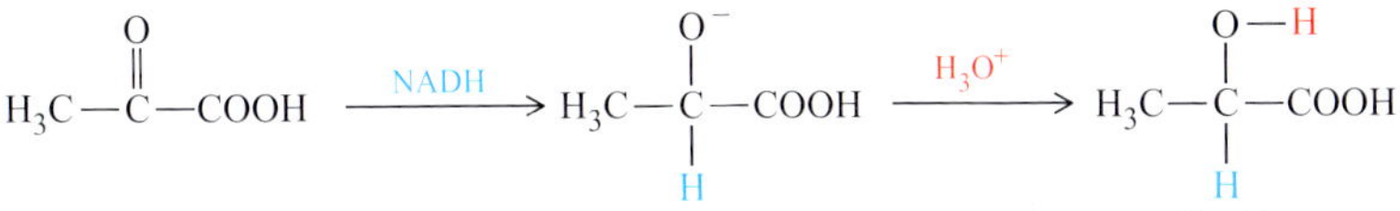

ピルビン酸　　　　　　　　　　　　　　　　　　　　　　　乳　酸

例題 4.2　カルボニルの還元生成物を描く

ベンズアルデヒドを還元するとなにが得られるか．

解　説　最初に，カルボニル基の二重結合をもつ出発物質を描く．つぎにCとOの結合を単結合とした構造に描き直し，CとOに半結合を書き加える．

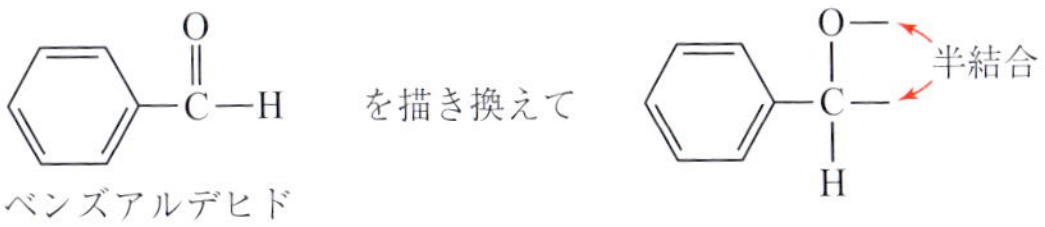

ベンズアルデヒド　　を描き換えて　　　　　　　　　半結合

最後に，二つの半結合に水素原子をつけ，生成物を描き直す．

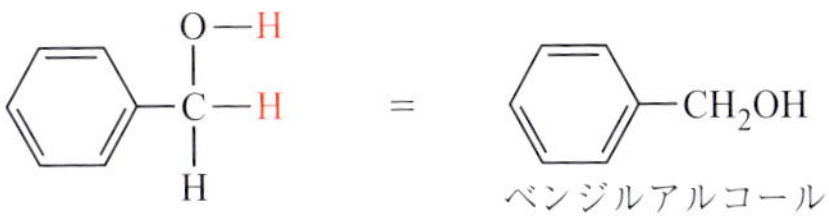

ベンジルアルコール

解　答
　生成物はベンジルアルコールである．

問題 4.11
つぎのケトンとアルデヒドの還元反応による生成物を線構造式で描け．
　(a) イソプロピルメチルケトン　　　(b) p-ヒドロキシベンズアルデヒド
　(c) 2-メチルシクロペンタノン

問題 4.12

還元反応によってつぎのアルコールを生成するケトンまたはアルデヒドはなにか.

(a) 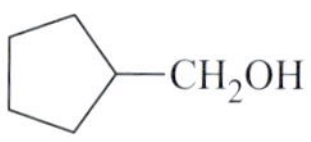 ⬡—CH₂OH   (b) 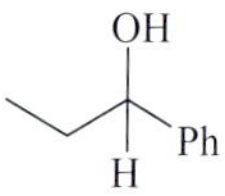 CH₃—C(OH)(H)—Ph

(c) HOCH₂—CH₂—CH₂OH

4.7　アルコールの付加： ヘミアセタールとアセタール

学習目標：

- ● ヘミアセタール，ヘミケタール，アセタール，ケタールの違いを理解する.
- ● ヘミアセタール，ヘミケタール，アセタール，ケタールの形成とそれらの加水分解生成物を予想できる.

ヘミアセタールとヘミケタールの生成

2.6 節で炭素–炭素二重結合に水が付加するとアルコールが生成することを述べた. 同様にして, アルデヒドとケトンは**付加反応**を受け, アルコールはカルボニル炭素と酸素に結合する. この反応がアルデヒドでおこる場合, アルコールとの付加反応の最初の生成物は, **ヘミアセタール**と呼ばれる. ヘミアセタールは, 反応前はカルボニル炭素原子であった炭素にアルコールのような –OH 基とエーテルのような –OR 基の両方をもち, 新たに不斉炭素を形成する. カルボニル酸素にはアルコールの水素が, カルボニル炭素にはアルコールの –OR 基が結合する. この反応がケトンでおこる場合, 最初の生成物は**ヘミケタール**として知られている.

付加反応（アルデヒドとケトン） （addition reaction, aldehyde and ketone）　炭素–酸素二重結合にアルコールまたはほかの化合物が付加すると炭素–酸素単結合になる.

ヘミアセタール（hemiacetal）　アルデヒドのカルボニル炭素であった炭素原子にアルコール様の –OH 基とエーテル様の –OR 基の両方が結合する化合物.

ヘミケタール（hemiketal）　ケトンのカルボニル炭素であった炭素原子にアルコール様の –OH 基とエーテル様の –OR 基の両方が結合する化合物.

◀◀◀　3.10 節で学んだ不斉炭素の概念を思い出せ.

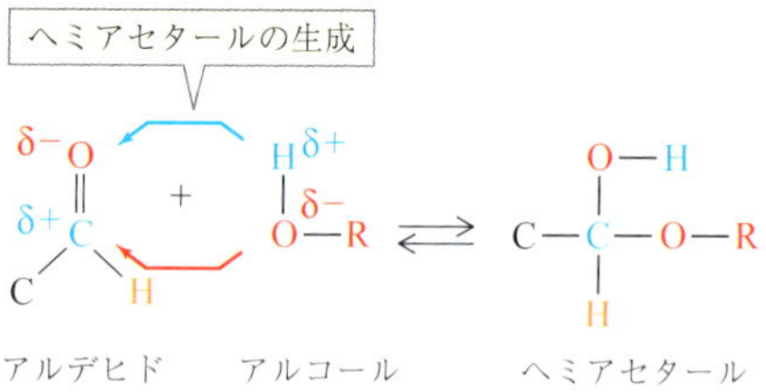

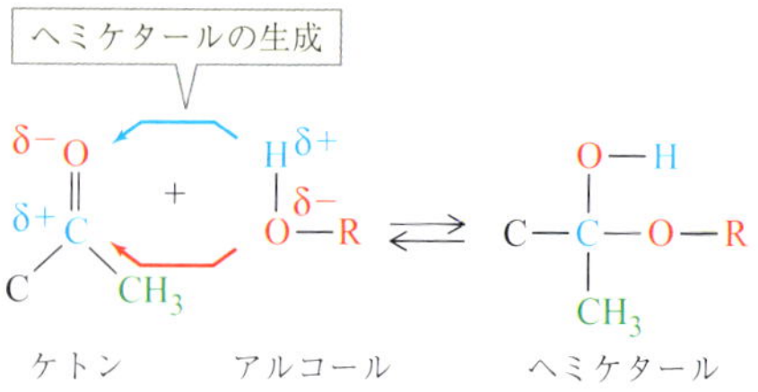

ヘミアセタールの生成

ヘミケタールの生成

- ● 負に分極したアルコール酸素が正に分極するカルボニル炭素に付加する（カルボニル基の還元反応でおこることと同様）. ほとんどのカルボニル基の反応は, おなじ分極の型になる.
- ● 反応は可逆的. ヘミアセタールとヘミケタールは, アルコールを失うと速やかにアルデヒドまたはケトンにもどり, アルデヒドまたはケトンとの平衡状態になる.

エタノール（CH₃CH₂OH）は，アセトアルデヒドおよびアセトンと以下のような
ヘミアセタールおよびヘミケタールを生成する．

$$CH_3-\overset{\overset{\displaystyle O}{\|}}{C}-H \quad + \quad HOCH_2CH_3 \quad \rightleftharpoons \quad CH_3-\overset{\overset{\displaystyle OH}{|}}{\underset{\underset{\displaystyle H}{|}}{C}}-OCH_2CH_3$$

アセトアルデヒド　　　エタノール　　　　　ヘミアセタール

$$CH_3-\overset{\overset{\displaystyle O}{\|}}{C}-CH_3 \quad + \quad HOCH_2CH_3 \quad \rightleftharpoons \quad CH_3-\overset{\overset{\displaystyle OH}{|}}{\underset{\underset{\displaystyle CH_3}{|}}{C}}-OCH_2CH_3$$

アセトン　　　　　　エタノール　　　　　　ヘミケタール

（ヘミアセタールおよびアセタールの詳細な生成機構は，後述の Mastering
Reactions "カルボニル付加" 参照）

　実際にはヘミアセタールとヘミケタールは不安定でほとんど単離できない．
平衡に達していても，それらはほんの少ししか存在していない．ただし，分子
内にアルコール –OH 基とカルボニル –C=O 基がある場合は例外になる．熱力
学的な理由により，こうしてできた**環状の**ヘミアセタールあるいはヘミケター
ルは，鎖状のそれよりも安定である．このような安定性によって，つぎに示す
グルコースの例のように，ほとんどの単糖は鎖状の構造よりも，環状のヘミア
セタールまたはヘミケタール構造で存在する．これは，炭水化物が "折りたた
まれ"，分子内ヘミアセタールまたはヘミケタールが形成できる際におこる．

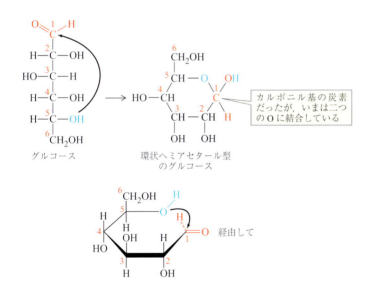

グルコース　　　　　　　環状ヘミアセタール型
　　　　　　　　　　　　　のグルコース

カルボニル基の炭素
だったが，いまは二つ
の O に結合している

経由して

　グルコースの環構造は，慣例上つぎのように描く．

または

▶ 生化学編 3.3 節で，アノマー，
すなわち C=O の炭素原子であった
部位における，糖の –OH の空間的
配置に関する環状の異性体について
学ぶ．この炭素はアノマー炭素と呼
ばれる（問題 4.18 も参照）．

アセタールとケタールの生成

アルデヒドまたはケトンとアルコールの反応に，少量の酸触媒を加えると，はじめにヘミアセタールまたはケタールが生成し，つぎに置換反応によって**アセタール**または**ケタール**が生成する．アセタールは，アルデヒドのカルボニル炭素であった炭素原子にエーテルのような二つの –OR 基(この二つは異なることがある)が結合している．ケタールは，ケトンのカルボニル炭素であった炭素原子にエーテルのような**二つの** –OR 基が結合した化合物である．

アセタール(acetal)　アルデヒドやケトンのカルボニル炭素であった炭素原子に，二つのアルコキシ(–OR)基が結合している化合物．

ケタール(ketal)　ケトンから誘導されたアセタール．現在の命名法では，アセタールと区別はない．本文も参照．

たとえば，

現在の IUPAC のガイドラインによれば，ヘミケタールおよびケタールの表記は推奨されておらず，アルコールがアルデヒドおよびケトンに付加した化合物はヘミアセタールとアセタールの呼称が好ましいとされている．それに従い，官能基というよりは特定の付加生成物として認識されている．一方で，本章ではアルデヒドまたはケトンへのアルコールの付加で得られる生成物を区別しているが，両者は全くおなじ反応であることを心にとどめておくこと．

例題 **4.3**　生成するヘミアセタールとアセタールを予想する

つぎの反応で，中間生成物のヘミアセタールおよび最終生成物のアセタールの構造を描け．

解　説　最初に，C と O のあいだを単結合にして構造を描き直し，C と O には半結合を書く．

つぎに，酸素の半結合には $-H$ を，炭素の半結合には $-OCH_3$ を書き加え，1 分子のアルコール（この場合は CH_3OH）を付加する．ここで得られるヘミアセタール中間体は，

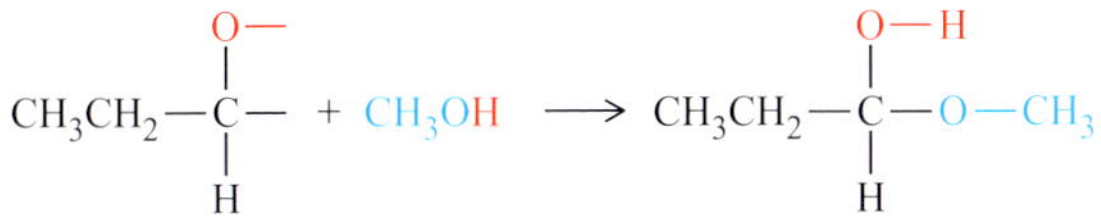

ヘミアセタール

最後に，ヘミアセタールの $-OH$ 基をもう 1 分子のアルコールの $-OCH_3$ 基と置換する．

解 答

この反応は，アセタールと水を生成する．

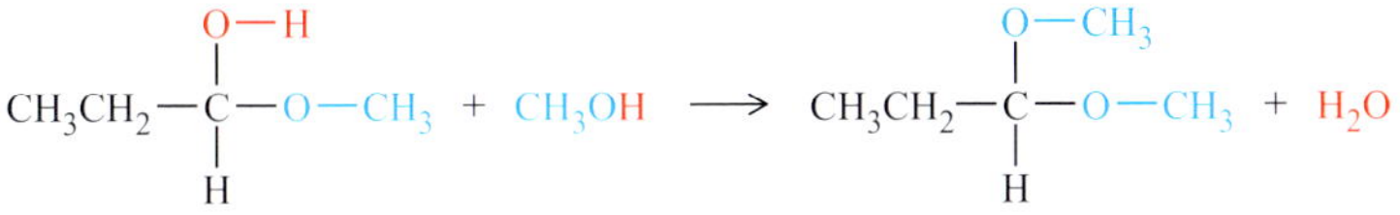

アセタール

例題 4.4 ヘミアセタールとヘミケタールを見分ける

つぎの化合物のうちヘミアセタールとヘミケタールはどれか．

(a) 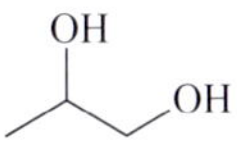

(b) 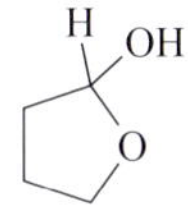

(c) 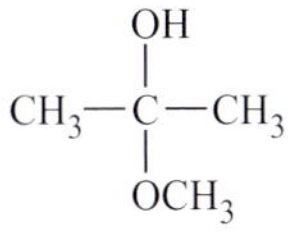

解 説 ヘミアセタールまたはヘミケタールを見分けるには，一つの $-OH$ 基と一つの $-OR$ 基の二つの酸素原子が結合する炭素原子を見つける．$-OR$ 基の O が環の一部でもよいことに注意する．残る二つが炭素原子ならヘミケタール，一つが炭素もう一つが水素ならヘミアセタールである．

解 答

化合物(a)は二つの O 原子を含んでいるが，それらは**異なる** C に結合しているのでヘミアセタールではない．化合物(b)は，環状の炭素の一つに二つの酸素原子が結合しているが，一つは置換基の $-OH$ 基に，一つは環の一部になっており，$-OR$ 基の R 基は環である．炭素に結合する他の二つは，H 原子と他の C 原子なので，これは環状ヘミアセタールである．化合物(c)は，一つの $-OH$ 基と一つの $-OR$ 基が結合する C 原子を含んでいる．しかし炭素に結合する他の二つは炭素原子だから化合物(c)はヘミケタールである．

例題 4.5 アセタールとケタールを見分ける

つぎの化合物のうちアセタールとケタールはどれか．

(a) 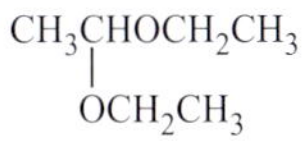

(b) 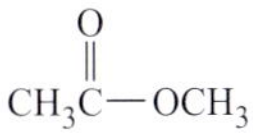

(c) 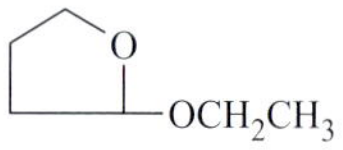 ... −OCH₂CH₃　(d)

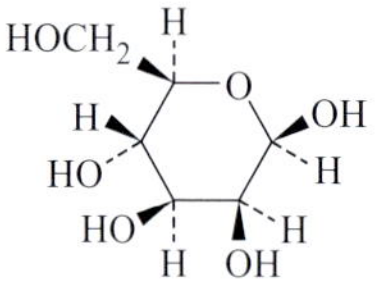

マンノース
(ヒトのタンパク質に結合している糖)

解 説　ヘミアセタールとヘミケタールを見分けるときとおなじように，二つの酸素原子が結合する炭素原子をみつける．−OR 基の O が環の一部になることもある．残りの結合が二つとも炭素であればケタール，一つが炭素でもう一つが水素であればアセタールである．

解 答
　化合物(a)では，中心の炭素は一つの −CH₃ 基，一つの −H および二つの −OCH₂CH₃ 基と結合している．したがってアセタールである．化合物(b)では，二つの酸素原子が結合しているが，そのうち一つは単結合ではなく，二重結合である．したがってアセタールではない(これはエステルである，6章参照)．化合物(c)では，一つの酸素原子は環の一部になっており，−OR 基の R 基は環である．環の O に結合している炭素の一つは −OCH₂CH₃ 基にも結合しているので，この化合物(c)はアセタールである．化合物(d)は，マンノースとして知られる糖である．これも環内に酸素原子を有し，これが −OR 基の一部となっている．ここで R は環である．環の O 原子と結合した炭素には一つの H，一つの OH が結合しているため，化合物(d)はヘミアセタールである．

　生化学を学習する過程で頻繁に目にするようになるまでは，これらのタイプの環構造を見分けることは非常に困難である．よって，それらを見分けられるようになるには練習あるのみである．環内に酸素原子がある際は，その酸素が結合した両側の炭素がもう一つの酸素と結合していないか確認するとよい．もし一つ酸素がある場合は，環状ヘミアセタール，ヘミケタール，アセタール，ケタールのどれかである．

問題 4.13
つぎの化合物のうちヘミアセタール，ヘミケタール，いずれでもないのはどれか．

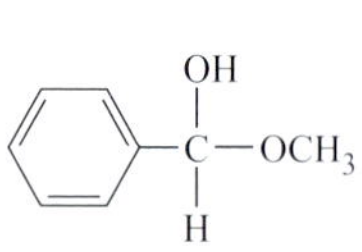

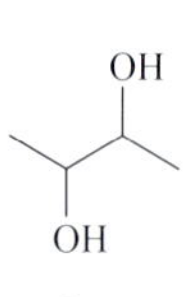

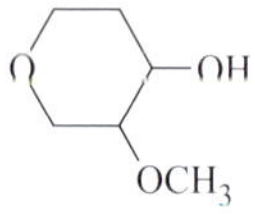

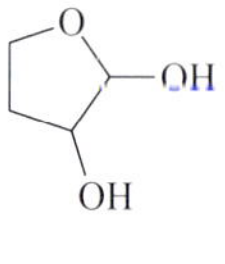

問題 4.14
つぎの化合物はアセタール，ケタールのどちらか．それぞれのもととなるアルデヒドまたはケトンの構造を描け．

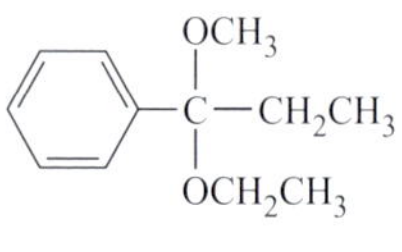

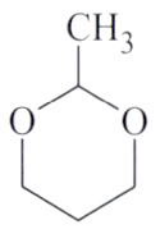

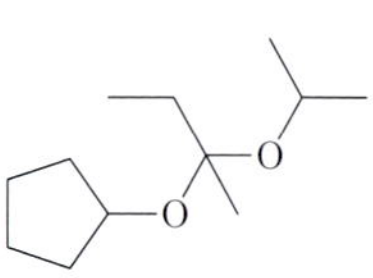

問題 4.15

つぎの反応で生成するヘミアセタールまたはヘミケタールの構造を描け.

(a) 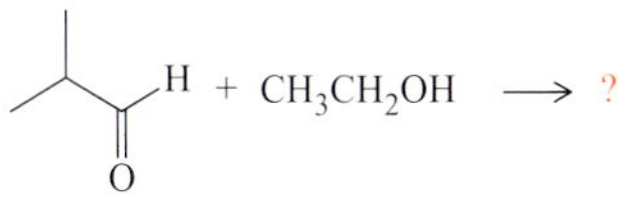 + CH₃CH₂OH ⟶ ?

(b) 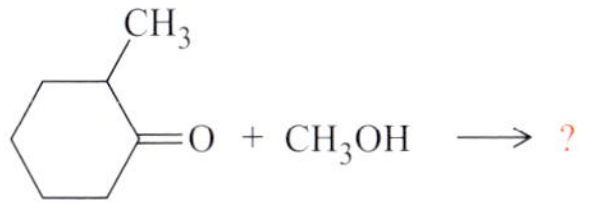 + CH₃OH ⟶ ?

問題 4.16

問題 4.15 の反応で過剰のアルコールを用いたときに最終的に生成するアセタールまたはケタールの構造を描け.

問題 4.17

つぎの化合物はヘミアセタール, ヘミケタール, アセタール, ケタールのどれか.

(a) 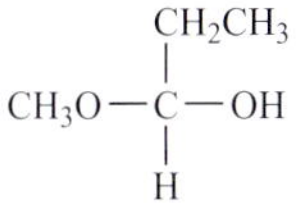 　(b)

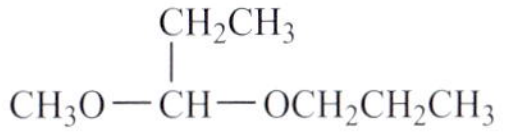

(c) 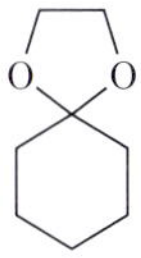 　(d)

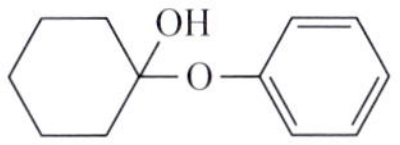

問題 4.18

糖(または炭水化物, 生化学編 3 章)は環状ヘミアセタールやヘミケタールを直ちに生じる. ヘミアセタールまたはヘミケタール結合の一部となる(もとは C=O の)炭素はアノマー炭素として知られている(生化学編 3.3 節). つぎの化合物はヘミアセタール, ヘミケタールのどちらか. また, アノマー炭素に星印をつけよ.

(a) 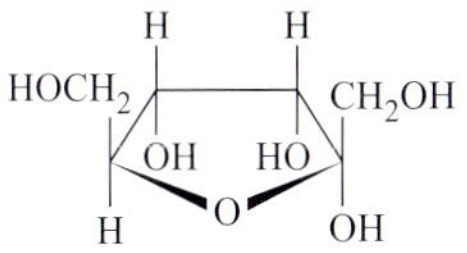
タガトース

(b) 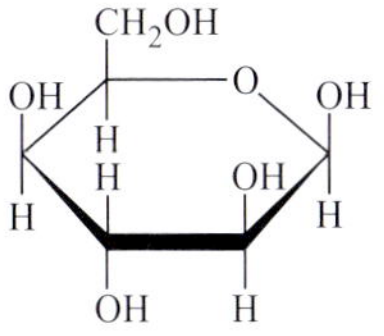
イドース

アセタールとケタールの加水分解

アセタールとケタールの生成は平衡反応なので, 反応条件を変えることによって平衡の方向を制御することができる. アセタールの生成の際に水が生成していることを思い出すと, アセタールまたはケタールをつくるアルデヒドあるいはケトンは, 逆反応によって再生される. 平衡を逆転させ, アルデヒドやケトンにもどる反応を進めるには, 酸触媒と大量の水を加えればよい(Le Châtelier(ルシャトリエ)の法則, 基礎化学編 7.9 節参照).

$$\underset{\substack{\text{アセタール} \\ \text{または} \\ \text{ケタール}}}{-\overset{\displaystyle \text{O—R}}{\underset{\displaystyle |}{\text{C}}}-\text{O—R}} + \text{H—OH} \xrightarrow{\text{酸触媒}} \underset{\substack{\text{ヘミアセタール} \\ \text{または} \\ \text{ヘミケタール}}}{-\overset{\displaystyle \text{OH}}{\underset{\displaystyle |}{\text{C}}}-\text{O—R}} + \text{RO—H} \xrightarrow{\text{酸触媒}} \underset{\substack{\text{アルデヒド　アルコール} \\ \text{または} \\ \text{ケトン}}}{\overset{\displaystyle \text{O}}{\underset{\displaystyle \text{C}}{}}} + \text{RO—H}$$

　　たとえば,

$$\underset{\displaystyle \text{CH}_3}{\overset{\displaystyle \text{O—CH}_3}{\text{CH}_3-\text{C}-\text{OCH}_3}} + \text{H—OH} \xrightleftharpoons{\text{酸触媒}} \underset{\displaystyle \text{CH}_3}{\overset{\displaystyle \text{O—H}}{\text{CH}_3-\text{C}-\text{O—CH}_3}} + \text{CH}_3\text{OH} \xrightarrow{\text{酸触媒}} \underset{\displaystyle \text{H}_3\text{C}\quad\text{CH}_3}{\overset{\displaystyle \text{O}}{\text{C}}} + \text{CH}_3\text{OH}$$

加水分解(hydrolysis)　一つあるいはそれ以上の結合が切れ, 水の −H と −OH が切れた結合の原子に付加する反応.

▶▶ 必要な反応に正確に適した酵素触媒とともに, 水分子がつねに利用できる環境でおこる生化学反応について少し考えてみよう. この環境では, 当然加水分解反応が重要な役割を果たす. 消化のあいだに, 加水分解によって炭水化物(生化学編 5.1 節), トリアシルグリセロール(生化学編 7.1 節), タンパク質(生化学編 8.1 節)の結合が切断される.

　　上の反応は**加水分解**(hydrolysis はラテン語の "水で裂く")の一例で, 一つあるいはそれ以上の結合が切れ, 水の −H と −OH が切れた結合の原子に付加する反応である. アセタールまたはケタールでは, 水が一方の C−OR 結合を切りそこが C−OH 結合になる, ヘミアセタールまたはヘミアセタールの生成が最初の段階となる. それから, C−OH の H とヘミアセタールまたはヘミアセタールの C−OR が切れて結合し, カルボニル基が形成される. その結果, アセタールからはアルデヒドが, ケタールからはケトンが生成し, それに加えて2 分子のアルコール RO−H がつくられる. 例題 4.6 に, この反応の段階をわかりやすく示す.

　　アセタール, ヘミアセタール, ケタール, ヘミケタールは酸の存在下で水と反応するが, 塩基性条件下(pH > 7)では反応しないということは, 生理的 pH が 7 より大きいため重要である.

例題 4.6　アセタールの加水分解で得られる生成物を描く

つぎのアセタールの加水分解によって, 生成するアルデヒドまたはケトンの構造を描け.

$$\underset{\displaystyle \text{CH}_3\quad\quad\text{H}}{\overset{\displaystyle \text{OCH}_2\text{CH}_3}{\text{CH}_3\text{CHCH}_2\text{CHCH}_2\text{CH}_3}} + \text{H}_2\text{O} \xrightarrow{\text{酸}} ?$$

解　説　生成物はアセタールを形成できるアルデヒドまたはケトンと 2 分子のアルコールである. はじめに二つのアセタール結合の C−O を見つけ, 出発物質のアセタールを描く.

$$\boxed{\text{アセタール結合}}$$
$$\underset{\displaystyle \text{H}}{\overset{\displaystyle \text{CH}_3\quad\text{O—CH}_2\text{CH}_3}{\text{CH}_3\text{CHCH}_2-\text{C}-\text{O—CH}_2\text{CH}_3}}$$
$$\boxed{\text{アセタール結合}}$$

　　つぎに, H−OH 結合と, 一方のアセタールの C−OR(この場合どちらでもかまわない)を切る. 水の −OH をアセタール炭素に, 水の −H を −OR に移動して 1 分子の HOR をつくる.

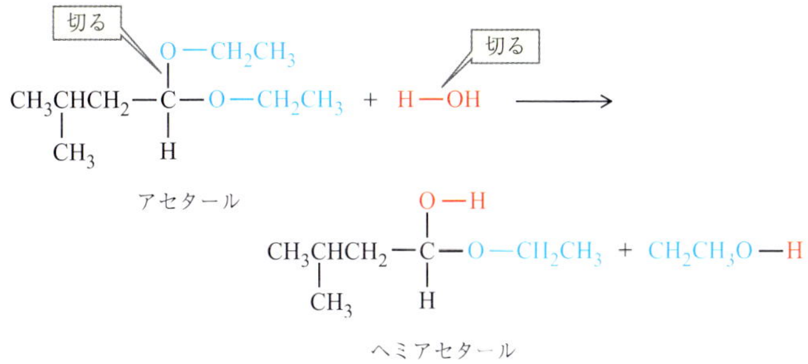

切る O—CH₂CH₃

CH₃CHCH₂—C—O—CH₂CH₃ + H—OH ⟶
   | |
   CH₃   H

アセタール

O—H

CH₃CHCH₂—C—O—CH₂CH₃ + CH₂CH₃O—H
   | |
   CH₃   H

ヘミアセタール

ヘミアセタールから −H と −OR 基を除き，C−O 単結合を C=O 二重結合に変えて，炭素を必ず 4 結合にする．−H と −OR を結合し，2 番目のアルコールとして除く．

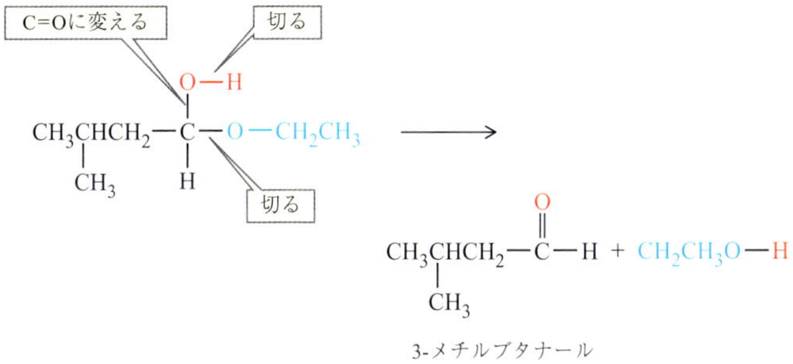

C=Oに変える   切る
        O—H

CH₃CHCH₂—C—O—CH₂CH₃   ⟶
   | |
   CH₃   H
           切る

              O
              ‖
CH₃CHCH₂—C—H + CH₂CH₃O—H
   |
   CH₃

3-メチルブタナール

解 答

この例では生成物はアルデヒドである．アセタールではなくケタールから出発する場合でも解法はおなじである．

問題 **4.19**

つぎの加水分解反応によって生成すると考えられるアルデヒドまたはケトンはなにか．また同時に生成するアルコールはなにか．それぞれの化合物を線構造式に描き直すとわかりやすい．

(a) 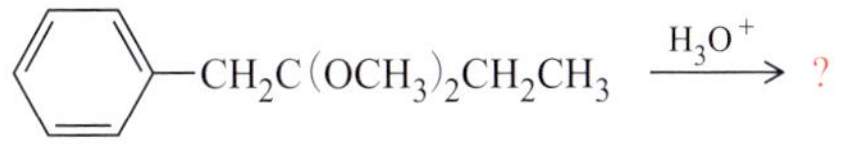 C₆H₅—CH₂C(OCH₃)₂CH₂CH₃ $\xrightarrow{H_3O^+}$?

(b) CH₃CH₂CH₂OCHOCH₂CH₂CH₃ $\xrightarrow{H_3O^+}$?
                    |
                   CH₂CH₃

(c) CH₃CH₂CH₂OCH₂OCH₂CH₂CH₃ $\xrightarrow{H_3O^+}$?

HANDS-ON CHEMISTRY 4.1

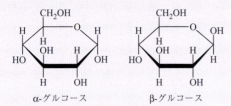

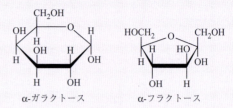

α-グルコース   β-グルコース   α-ガラクトース   α-フラクトース

炭水化物(生化学編 3 章)は覚える必要があり，これから扱わなければならないより複雑な化合物群の一つである．これらのほとんどはヘミアセタールとヘミケタールの形で存在する．この課題では，実際にグルコース，ガラクトース，フルクトースの模型を作成することで，それらを実感してみよう(太い環の結合は，手前側に向かって見えることを意味している)．

Hands-on Chemistry 2.1(p.58)に概説した方法とテクニックを使用するとよい．この課題では，分子のHaworth 投影式として知られているものを作成する．すなわち，環が平面であるかのように分子を作成することになる(これはここで行う比較にはまったく問題ない)．この課題を通じて，炭素は 4 価(四つの結合)であることを覚えておくこと．一つのグミを使ってOH 基をあらわすこと．

この課題で必要な組立用ブロック ―― (四つの構造を組み立てるために)つぎのものが必要である．

爪楊枝 1 箱：丸いものがよいがそうでなくてもよい．

19 個の炭素用グミ：黒色かほかの濃い色がよく，できるかぎり異なる色をほかの構造に用いるのがよい．

4 個の環内酸素用グミ：赤色かオレンジ色がよく，環内酸素に限定して使うこと．

15 個の"OH"用グミ：青色か緑色がよく，環に結合した OH 基をあらわすために用いる．

16 個の水素用グミ：白か透明がよく，環を構成する炭素に結合した水素に用いる．

5 個の"CH₂OH"用グミ：CH₂OH を別途組み立てるより，この部位を一つのグミであらわすのがよい．まだ用いていない色を用いる．

環を平面的に組み，環炭素からの結合を垂直にたてる．これに従うと α-グルコースはつぎのように見えるはずである．

組み立てができればつぎの課題を開始することができる．必要であれば爪楊枝やグミを追加

してもよい．後で見返すために写真を撮っておくこともよいだろう．

a. α-グルコースを組み立てよ．不斉炭素原子はいくつあるか(必要であれば 3.10 節を見よ)．この分子のヘミアセタール炭素はどれか．

b. β-グルコースを組み立てよ．不斉炭素原子はいくつあるか(必要であれば 3.10 節を見よ)．この分子のヘミアセタール炭素はどれか．

c. α-グルコースと β-グルコースを比較せよ．それらは鏡像か．もし確信がもてない場合は小さな手鏡を用いて確認せよ．それらは鏡像の関係にないことを確認しなければならない．二つの分子のうち，どの炭素原子が異なる配置(空間的な方向)をもっているか．二つの分子はヘミアセタールまたはヘミケタール炭素を除いて一つ以上の不斉炭素がおなじ配置をとっており，この関係は**アノマー**(anomer)と呼ばれている．このヘミアセタールあるいはヘミケタール炭素のことを**アノマー炭素**と呼ぶ．環に結合したCH₂OH と，アノマー炭素に結合した OH の空間的位置を比較せよ．糖質化学では，それらが環に対しておなじ側に配置しているとき β，環に対して違う側のとき α と呼ぶ．

d. α-ガラクトースを組み立てよ．不斉炭素原子はいくつあるか．α-グルコースと比較せよ．どの炭素が異なる配置を取っているか．これら二つの分子はアノマーか．二つの分子はヘミアセタールまたはヘミケタール炭素ではない，一つ以上の不斉炭素をもつが，そのうちただ一つだけが異なる配置をとっており，この関係は**エピマー**と呼ばれている．アノマーはエピマーの特別な場合である．

e. 【発展】α-フルクトースを組み立てる．不斉炭素原子はいくつあるか．アノマー炭素がどれかわかるか．その構造をみて可能であれば β-フルクトースの構造がどのように見えるか推測せよ．

MASTERING REACTIONS

カルボニル付加

2章で炭素–炭素二重結合(C=C)に対する付加がどのようにしておこるか学んだ(Mastering Reactions "付加反応はどのようにおきるか" 参照). そこで, 最初に生成する中間体(カルボカチオン)とその安定性にもとづいて, 反応の生成物を予測することができた. アルケンのどちらの炭素に攻撃がおこるかには固有の選択性がないため, この予測は必要なことであった. ここで同様に, カルボニルの炭素–酸素二重結合(C=O)について考えてみる. カルボニルには分極があり, 二重結合であるから, C=C と同様の反応をするはずである. この付加反応について詳しくみよう.

カルボニルは, 炭素に部分正電荷(δ+)を, 酸素に部分負電荷(δ−)を有する分極した二重結合である(4.6 節). その結果, 極性の試薬が付加する配向にはつねに選択性がある.

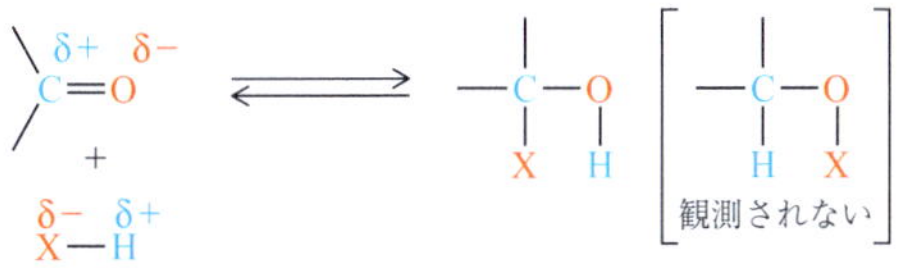

段階 1

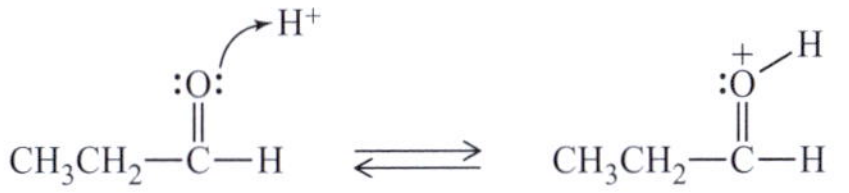

段階 2

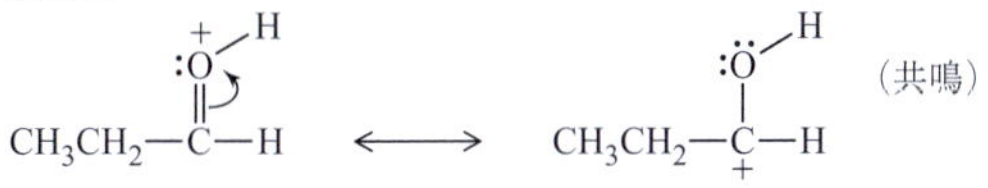

（共鳴）

段階 3

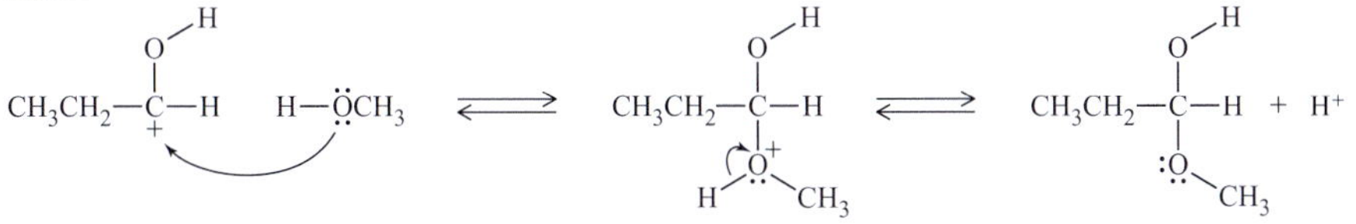

ヘミアセタール

アセタールの生成

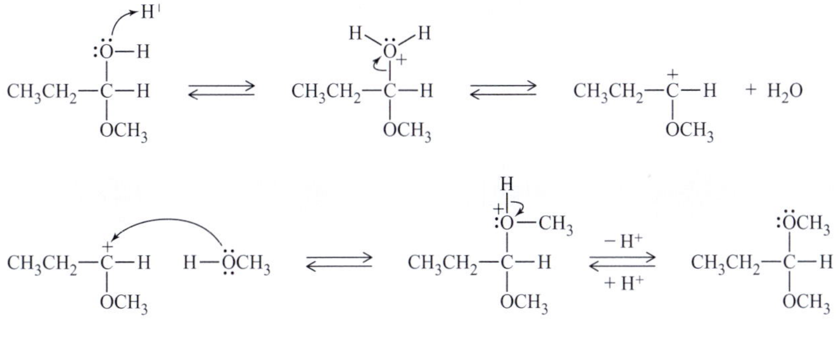

よって, 試薬の電子不足な末端(δ+)はつねにカルボニルの O に結合し, 電子豊富な末端(δ−)はつねに C に結合する. この過程は平衡状態にあり, Le Châtelier の法則に従う. 水の存在下では以下のような反応がおこると考えられる.

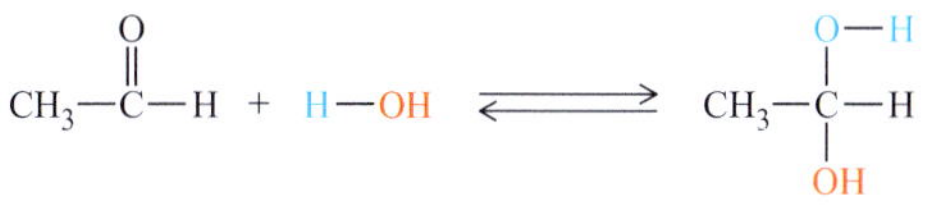

水和物

生成した水和物は C=C に水が付加した際に得られるアルコールと同様であるが, ほとんどの水和物は単離することができない. これは Le Châtelier の法則に起因する. すなわち水和物を単離するには水を除去しなければならないが, その操作によって平衡を元の C=O にもどる方向へ移動させてしまう. これはアルケンとは異なり, いくつかを除いてカルボニルへの付加生成物は, 単離するには十分に安定ではないという二つの反応の重要な違いを示している. つぎにもっとも重要な二つの反応, すなわち HCN の付加とアルコールの付加(ここではケトンとアルデヒドに絞ることにする. 6 章ではカルボン酸の C=O ではなにがおこるかを学ぶ).

プロピオンアルデヒドに対するメタノールの付加反応の機構をつぎに示す. この反応は C=C とおなじように開始する. 痕跡量の酸触媒がカルボニルをプロトン化し(段階 1), 付加に対して活性化する. これはカルボニルでは必要な段階であり, C=C よりは反応性が高いものの, 付加がおこるにはそれ自身ではまだ十分な反応性はない.

さまざまな供給源があるので, H+ の量は極少量で

構わない．プロトン化されたカルボニルは正電荷がO
からCへ移動した化学種と共鳴しており（段階2），ア
ルコールが付加するのに絶好の中間体となる．メタ
ノールが付加してH⁺を失うことによってヘミアセ
タールが生成する（段階3）．メタノールが過剰にある
限り，平衡はヘミアセタールの生成の方向へ偏る．

　ヘミアセタールの生成には（なんであれ）痕跡量の酸
さえあればよいが，アセタールへの変換にはH⁺は必ず
必要である．ヘミアセタールの −OH 基のプロトン化，
続く水の脱離，さらにもう一分子のアルコールの付加，
最後に H⁺ の脱離によってアセタールが生成する．

　ここで，水がもう一つの生成物であることに注意し
なければならない．存在するアルコールよりも水の量
が十分に少なければ，平衡はアセタールの生成の方向
へ偏る．実際，反応の終結後，酸を中和（塩基を加え
ることにより）すると，酸と水が平衡の逆方向の反応
には必要であるため，アセタールを容易に単離するこ
とができる．

　アセタールの加水分解の機構は，先に示した過程を
単純に遡っていけばよい．すなわち H⁺ と H₂O を加え
ることで，平衡はケトンあるいはアルデヒドとアル
コールの出発物質の方向へ進ませることができる．

CHEMISTRY IN ACTION

毒が有益なことはあるか？

　私たちは一生を通して薬に頼っているが，ほぼすべ
ての医薬品には副作用があり，毒性もその一つであ
る．毒性が時には役に立つということはあるだろうか．

　もっとも広い意味で，薬という用語は，生物に影響
を及ぼし，通常は疾患を予防または治療する，食品以
外のあらゆる化学物質のことをあらわす．対照的に，
毒または毒性物質とは，生物に有害な化学物質のこと
である．よって，“薬”と“毒物”という分類は互い
に排他的ではない．低濃度では病気を治療したり症状
を緩和する物質であっても，大量に摂取すると傷害や
死亡を引きおこすことがある．おそらく，その意図さ
れた目的を達成するために有毒でなければならない医
薬品のもっとも重要な一群は，がんを治療するために
使用される薬剤だろう．

　化学物質によるがんの治療（化学療法）は，医学にお
いて満足のいくものではないが価値のあるものであっ
たといえる．がんを治療するために使用されるほとん
どの薬は，活発に複製している細胞にのみ影響を及ぼ
し，がん細胞は体内のほとんどの正常細胞よりも急速
に増殖して繁殖するため，通常，この悪い細胞は“正
常な”細胞よりもより強く影響を受けることになる．
しかし，化学療法薬が正常細胞をがん細胞とおなじく
らい容易に死滅させるという事実は依然として残って
いる．

　化学療法に用いられる薬は，つぎの五つの一般的な
カテゴリーに分類することができる．1）アルキル化
剤（この物質はデオキシリボ核酸（DNA）を直接的に損
傷させ複製を阻害する，2）抗代謝薬（この物質は通常

▲ 美しいイヌサフラン．絶滅が危惧されてい
るとともにもっとも致死性が高い植物である．
コルヒチンを含んでいるが，この毒素に対する
解毒剤はない．

の DNA とリボ核酸（RNA）のビルディングブロックと
置き換わることができる，3）抗腫瘍抗生物質（薬剤は
がん細胞の内側の DNA を改変する），4）トポイソメ
ラーゼ阻害剤（化合物は複製における DNA の鎖を分
離するのを助けるトポイソメラーゼと呼ばれる酵素を
阻害する），5）有糸分裂阻害剤（もっとも新しい化学
療法薬の一種で，微小管を形成するチューブリンと呼
ばれるタンパク質を阻害することで細胞分裂を妨害す
る）．微小管は，非常に長く，ケーブル様のタンパク
質であり，細胞内の細胞小器官を動かす必要があると
きに集められる．すなわち，微小管は細胞が分裂（有
糸分裂）する際，染色体と他の成分を移動して分離す
るために必要である．がん細胞は，止まることのない
有糸分裂によって増殖および拡大するので，正常細胞
よりも有糸分裂の阻害に対してより感受性が高い．細
胞の増殖を止めることができる場合，細胞が最終的に

MR 問題 4.1　水和物は，カルボニル炭素にアルコールではなく水が付加すると生成する．抱水クロラールには強い鎮静作用があり，"ノックアウト"麻酔薬の成分であるが，トリクロロアセトアルデヒドと水からヘミアセタール生成と同様の反応によって生成する．抱水クロラールの構造を描け．

MR 問題 4.2　右に示すアセタールの加水分解の機構を描け（ヒント：アセタールの生成機構を反対から考える）．

MR 問題 4.3　環状ヘミアセタールは容易に生成し，分子がコンパクトになることからより安定する．つぎの反応機構を描け．

死ぬか内部修復を受けるという二つのうち一つの事象がおこりうる．どちらの場合でも，がん細胞はその過程で死ぬことになる．

　ほとんどすべての既知の有糸分裂阻害剤は，多種多様な官能基を含む複雑な有機分子であり，ケトン基を含むものもある．これらの化合物はもともとは植物から単離されており，有糸分裂を阻害する．コルヒチンはその一例である．もともとイヌサフランから単離されたコルヒチンは有糸分裂を阻害することが知られているが，その非常に強い毒性のために，臨床研究からは脱落した．チューブリンを研究している科学者は，コルヒチン結合部位を発見し，総合的に毒性の低い合成類縁体をつくることが可能であると推論した．しかし，この研究以外で，二つのコルヒチン結合部位阻害剤（CBSI）が発見され（フェンスタチンおよび BCN-105P），現在，固形腫瘍の治療のための研究が行われている．

　ケトン基も含んでいる別の有望な有糸分裂阻害剤はパクリタキセル（タキソール（taxol）としても知られている）であり，これは本章のはじめに学んだ．西洋イ

チイの樹皮から単離された，この複雑で高度に酸化された分子は，卵巣がん，乳がん，肺がん，膀胱がん，および黒色腫を含む多数の固形がん，ならびに後天性免疫不全症候群（AIDS）に罹患している患者ともっとも頻繁にみられるがんであるカポジ肉腫に対しても高い可能性を示した．パクリタキセルは，（脱毛，白血球数の減少，胃腸障害，高血圧，うつ，筋肉痙攣，頭痛などを含む）副作用を有するが，その重要性から世界保健機関（WHO）の基本的な健康のために必要な，もっとも重要な薬のリストに載っている．

CIA 問題 4.3　化学療法薬の五つの分類をあげよ．

CIA 問題 4.4　(a) 微小管とはなにか，(b) なぜ微小管を標的にすると良い化学療法薬となりうるのか．

CIA 問題 4.5　フグ毒であるテトロドトキシンはがんによる深刻な痛みを緩和する目的での使用が研究されてきた．この猛毒な化合物は，体重 1 kg 当たり 8 μg 以上注射すると死に至る．体重 90 kg の男性を死に至らしめるために必要なテトロドトキシンの量はいくらか．

要　約　章の学習目標の復習

- **カルボニル基を認識し，その分極と形が描けるようになる**

　カルボニル基（C=O）は，炭素原子が二重結合で酸素原子に結合している．炭素と酸素の電気陰性度の違いにより，C=O 基は酸素原子が部分的に負電荷に，炭素原子が部分的に正電荷に分極している．カルボニル基の酸素とカルボニル炭素に結合する二つの置換基は，平面な三角形を形成している（問題 20，27〜29，48，49，66）．

- **単純なアルデヒドとケトンの名前，構造および命名法を理解し，構造を描けるようになる**

　単純な**アルデヒド**と**ケトン**は慣用名で呼ばれる（例：ホルムアルデヒド，アセトアルデヒド，ベンズアルデヒド，アセトン）．系統的命名法によるアルデヒド名は，炭素数がおなじアルカンの名前の語尾にある－ン(-e)を－（**ア**）ール(-al)に置き換える．枝分かれがある炭素に番号をつける必要のあるときは－CHO 基を 1 にする．ケトンの系統的命名法では，炭素数がおなじアルカンの名前の語尾にある－ン(-e)を－ノン(-one)に換え，C=O 基からもっとも近い末端の炭素の番号を 1 にする．ケトンではカルボニル基の位置は，名前の前に炭素の番号を書いて示す．ケトンの慣用名では，カルボニル炭素に結合する二つのアルキル基を分けて命名する（問題 26，27，29〜35，50，54〜57，63）．

- **分極，水素結合，水溶性などの性質を説明できる**

　アルデヒドとケトン分子は中程度の極性物質で，おのおのの分子間では水素結合しないが，水分子と水素結合することができる．炭素数 4〜5 以下のアルデヒドとケトンは水溶性であり，ケトンは優れた溶媒である．一般にアルデヒドとケトンの沸点は，おなじような分子量をもつアルカンよりも高く，アルコールよりも低い．多くのアルデヒドとケトンは特徴的な，時に良い香りがする（問題 20，22，52，53，61，62）．

- **代表的なアルデヒドとケトンの同定と主な用途を説明できる**

　アルデヒドとケトンは多くの植物に含まれており，植物の芳香に寄与している．それらは食品の香料に用いられている．天然のアルデヒドとケトンは，広く香水や香料として使われる．ホルムアルデヒド（炎症をおこし，毒性がある）はポリマーに使われており，スモッグに汚染された空気中に存在し，体内に取り込まれたメタノールから生化学的につくられる．アセトンはよく使われる溶媒であるが，糖尿病や飢餓のときに食物の消化に伴って体内でもつくられる．多くの糖（炭水化物）はアルデヒドまたはケトンである（問題 45，49，52，53）．

- **アルデヒドの酸化によって生じる生成物を説明できる（また，ケトンは同様の手法では酸化されないことを学ぶ）**

　温和な酸化剤はアルデヒドをカルボン酸に変えるが，単純なケトンは酸化されない．Tollens 試薬はアルデヒドの検出に用いられるが，Benedict 試薬はアルデヒドと α-ヒドロキシケトンの両方で陽性を示す（問題 21，38，40，41，52，58，60）．

- **アルデヒドとケトンの還元によって生じる生成物を説明できる**

　還元剤との反応では，ヒドリドイオン（H⁻）がアルデヒドまたケトンの C=O 基の C に，水素イオン（H⁺）が O に付加する．アルデヒドからは第一級アルコールが，ケトンからは第二級アルコールが生成する．生体内では，カルボニル基の還元剤はしばしば補酵素 NAD であり，これはヒドリドイオン（:H⁻）を失ったり得たりすることによって還元剤の NADH になったり酸化剤の NAD⁺ になったりする循環をしている（問題 20，39，58）．

- **ヘミアセタール，ヘミケタール，アセタール，ケタールの違いを説明できる**

　アルデヒドは，アルコールと共存するとヘミアセタールまたはアセタールと平衡状態に，ケトンは同様にヘミケタールまたはケタールと平衡状態になる．**ヘミアセタール**と**ヘミケタール**の四価炭素上には一つの－OH と一つの－OR があり，ヘミアセタールでは残りの二つは一つの C と一つの H との結合，一方ヘミケタールは二つの C との結合である（問題 23，25，36，42〜44，47）．

- **ヘミアセタール，ヘミケタール，アセタール，ケタールの形成とそれらの加水分解生成物を予想できる**

　比較的不安定な**ヘミアセタール**と**ヘミケタール**は，1 分子のアルコール（－OR 基のもとになる）がカルボニル基の C=O 結合に付加した結果，カルボニル炭素であった炭素に－OH 基と－OR 基が結合している．より安定な**アセタール**および**ケタール**では，ヘミアセタールまたはヘミケタールにもう 1 分子のアルコールが反応し，カルボニル炭素であった炭素に－OR 基が二つ結合している．アセタールまたはケタールを酸触媒と大量の水で処理すると，アルデヒドまたはケトンの C=O 結合が再生する．ここで－OR 基はもとのアルコール（RO－H）にもどる．これは**加水分解反応**の一例である（問題 23，24，36，37，42〜47，59，64，65）．

KEY WORDS

概念図：有機化学のファミリー

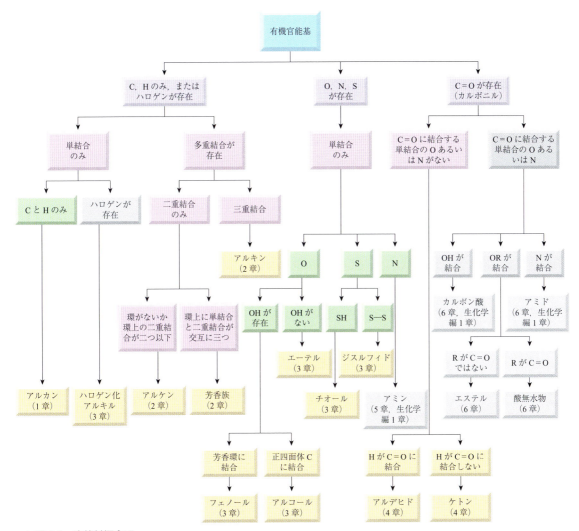

▲ 図4.3　官能基概念図

　この図は1～3章の最後に掲載したものとおなじ概念図であるが，本章で解説した官能基であるアルデヒドとケトンを新たに着色した．

鍵反応の要約

1. アルデヒドの反応

(a) 酸化するとカルボン酸になる(4.5節).

$$CH_3CH_2CH \xrightarrow{[O]} CH_3CH_2COH$$

(b) 還元すると第一級アルコールになる(4.6節).

$$CH_3CH_2CH \xrightarrow{[H]} CH_3CH_2CH_2OH$$

（c）アルコールが付加するとヘミアセタールまたはアセタールを生成する（4.7節）.

$$
\begin{array}{c}
\overset{\displaystyle O}{\overset{\|}{CH_3CH}} + CH_3CH_2OH \longrightarrow \overset{\displaystyle H}{\underset{\displaystyle OH}{CH_3\overset{|}{\underset{|}{C}}OCH_2CH_3}}
\end{array}
$$

$$
\overset{\displaystyle H}{\underset{\displaystyle OH}{CH_3\overset{|}{\underset{|}{C}}OCH_2CH_3}} + CH_3CH_2OH \longrightarrow \overset{\displaystyle H}{\underset{\displaystyle OCH_2CH_3}{CH_3\overset{|}{\underset{|}{C}}OCH_2CH_3}} + H_2O
$$

2. ケトンの反応

（a）還元すると第二級アルコールを生成する（4.6節）.

$$
\overset{\displaystyle O}{\overset{\|}{CH_3CCH_3}} \xrightarrow{[H]} \underset{\displaystyle OH}{CH_3\overset{|}{\underset{|}{C}}HCH_3}
$$

（b）アルコールが付加するとヘミケタールまたはケタールを生成する（4.7節）.

$$
\overset{\displaystyle O}{\overset{\|}{CH_3CCH_3}} + CH_3CH_2OH \longrightarrow \overset{\displaystyle CH_3}{\underset{\displaystyle OH}{CH_3\overset{|}{\underset{|}{C}}\!-\!OCH_2CH_3}}
$$

$$
\overset{\displaystyle CH_3}{\underset{\displaystyle OH}{CH_3\overset{|}{\underset{|}{C}}\!-\!OCH_2CH_3}} + CH_3CH_2OH \longrightarrow \overset{\displaystyle CH_3}{\underset{\displaystyle OCH_2CH_3}{CH_3\overset{|}{\underset{|}{C}}\!-\!OCH_2CH_3}} + H_2O
$$

3. アセタールとケタールの反応（4.7節）

加水分解すると，アルデヒドまたはケトンにもどる.

$$
\underset{\displaystyle OCH_2CH_3}{CH_3\overset{|}{\underset{|}{C}}HOCH_2CH_3} \xrightarrow[\displaystyle H_2O]{\displaystyle H^+} \overset{\displaystyle O}{\overset{\|}{CH_3CH}} + 2\,CH_3CH_2OH
$$

🔑 基本概念を理解するために

4.20 カルボニル基は，ヒドリドイオン（H^-）と水素イオン（H^+）の付加によって還元される. アルコールから H^- と H^+ が除去されるとカルボニル基になる.

$$
\overset{\displaystyle O}{\underset{\displaystyle C}{\overset{\|}{\diagdown}\diagup}} + H^- + H^+ \rightleftharpoons \overset{\displaystyle O\!-\!H}{\underset{\displaystyle C\!-\!H}{|}}
$$

（a）カルボニル基のどの原子にヒドリドイオンが付加するか，その理由を述べよ.

（b）上の反応式で，どちら向きが還元をあらわすか，またどちら向きが酸化をあらわしているか.

4.21 アルデヒドとケトンの基本的な違いは，一方は酸化されてカルボン酸になるが，もう一方はならないことである. どちらがどちらか？ アルデヒドとケトンを区別できる定性試験の例を一つあげよ.

4.22 水素結合の場所をつぎの図に点線で示せ. それらの原子を選択した理由を述べよ.

$$
\underset{\underset{\displaystyle H}{\displaystyle O}}{\overset{\overset{\displaystyle H}{\displaystyle O}}{\overset{\displaystyle R}{\diagup}C=O}}
\qquad
O=C\overset{\displaystyle H}{\underset{\displaystyle R}{}}
$$

4.23 （a）アルデヒドはアルコールとどのような反応をするか述べよ.

（b）つぎの図で，アルデヒドとアルコールからヘミアセタールが生成する場合，新たに生成する結合を実線で書き，消滅する結合を点線で書け.

$$
\underset{\displaystyle H}{R\!-\!\overset{\displaystyle O}{\overset{\|}{C}}\!-\!} \qquad \overset{\displaystyle H}{\underset{\displaystyle O\!-\!R'}{|}}
$$

4.24 グルコースは，哺乳動物の血液中の主要な糖である. 下図のように遊離のアルデヒドあるいは環状

のヘミアセタール形で書く．グルコースの二つの
形のうち，血中でみられるのは環状ヘミアセター
ルが多い．その理由はなぜか．

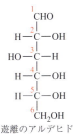

遊離のアルデヒド

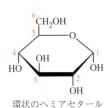

環状のヘミアセタール

4.25 ケタールとアセタールで構造的に異なる点を述べ
よ．その点を示すためにそれぞれ一つを描け．

補 充 問 題

（注意：つぎの用語，アルファ(α)は，カルボニル基が結
合している炭素をあらわし，ベータ(β)は，カルボニル基
が結合している炭素の隣りの炭素をあらわしている）

アルデヒドとケトン（4.1，4.2 節）

4.26 つぎの条件に合う化合物の構造を描け．
- (a) 炭素数 6 の環をもつケトン，β 炭素に一つのメ
チル基
- (b) 炭素数 4 のアルデヒド
- (c) α-ブロモアルデヒド，C_4H_7BrO
- (d) β-ヒドロキシケトン，$C_4H_8O_2$

4.27 つぎの条件に合う化合物の構造を描け．
- (a) 炭素数 5 の環状ケトン，このケトンの C–O 結
合の結合角はおよそいくらか
- (b) 炭素数 8 で最長の炭素鎖が 6 のケトン
- (c) β-ケトアルデヒド，$C_6H_{10}O_2$
- (d) 環状 α-ヒドロキシケトン，$C_5H_8O_2$

4.28 アルデヒドまたはケトンのカルボニル基をもつ化合
物を示せ．

(a) $CH_3CH_2CCH_3$

(b)

(c) $CH_3CH_2{-}O{-}CH_2{-}CHO$

(d) CH_3CH_2CH (with CH_2OH and OCH_3)

(e)

(f) $CH_3CCH_2CH_2OH$

4.29 つぎの化合物を線構造式で描け．アルデヒドまたは
ケトンのカルボニル基をもつ化合物あるいはそのど
ちらでもないかを示せ．
- (a) CH_3CH_2CHO
- (b) $(CH_3)_2C(OH)CH_2CH_2CH_3$
- (c) CH_3–⟨benzene⟩–$CONH_2$
- (d) $CH_3CHCH_2CHCH_3$ (with OH and OCH_3)
- (e) $CH_3CH_2COCH_2CH_3$

4.30 つぎの名前のアルデヒドとケトンの構造を描け．
- (a) 3-メチルブタナール
- (b) 4-クロロ-2-ヒドロキシペンタナール
- (c) p-メチルベンズアルデヒド
- (d) 2-エチルシクロヘプタノン
- (e) シクロプロピルメチルケトン
- (f) メチルフェニルケトン（アセトフェノン）

4.31 つぎの名前のアルデヒドとケトンの構造を描け．
- (a) 4-ヒドロキシ-2,2,4-トリメチルヘプタナール
- (b) 4-エチル-2-イソプロピルヘキサナール
- (c) p-ブロモベンズアルデヒド
- (d) 2,4-ジヒドロキシシクロヘキサノン
- (e) 1,1,1-トリクロロ-3-ペンタノン
- (f) 2-メチル-3-ヘキサノン

4.32 つぎのアルデヒドとケトンの系統名を書け．

(a) CH_3CH_2CCHO (with CH_3 above and CH_3 below)　(b) $CH_3CH_2CH_2CCH_3$ (with CHO above and OH below)

(c) CHO

(d) structure

(e) structure with CH_3, HO

4.33 つぎのアルデヒドとケトンの IUPAC 名を書け．

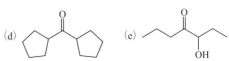

4.34 つぎの名前は正しくない. その理由を述べよ.
(a) 1-ペンタノン　　　(b) メチル-3-ペンタノン
(c) 3-ブタノン

4.35 つぎの名前は正しくない. その理由を述べよ.
(a) シクロヘキサナール　　　(b) 2-ブタナール
(c) 1-メチル-1-ペンタノン

アルデヒドとケトンの反応(4.5～4.7 節)

4.36 酸触媒存在下 1 モルのメタノールと 1 モルのブタナールとの反応によって生じる化合物の構造を描け.

4.37 酸触媒存在下 2 モルのメタノールと 1 モルのメチルエチルケトンとの反応によって生じる化合物の構造を描け.

4.38 つぎの化合物のうち Tollens 試薬が反応するのはどれか. また Benedict 試薬ではどうか.
(a) シクロペンタノン　　　(b) ヘキサナール

(c) 略構造式 CH₃-C-C-C-H (OH OH O)

4.39 つぎの化合物と還元剤との反応による生成物の構造を描け.
(a) ベンゼン環-CHO
(b) CH₃CH₂CCH₃ (O)
(c) Cl₂CHCH (O)

4.40 酸化されてつぎのカルボン酸を生成すると考えられるアルデヒドの構造を描け.
(a) H₃C-ベンゼン環-COOH
(b) CH₃CH₂CHCH₂CHCH₃ (COOH CH₃)
(c) CH₃CH=CHCOOH

4.41 酸化されてつぎのカルボン酸を生成すると考えられるアルデヒドの構造を描け.
(a) ベンゼン環-COOH, OH
(b) シクロブタン-CH₂COOH, CH₃
(c) CH₃CH=CHCH₂COOH

4.42 つぎの反応(a)と(b)によって生成するヘミアセタールまたはヘミケタールの構造を描け. それらはヘミアセタール, ヘミケタールのどちらか. また化合物(c)と(d)の完全な加水分解による生成物の構造を示せ.
(a) 2-ブタノン ＋ 1-プロパノール ⟶ ？
(b) ブタナール ＋ イソプロピルアルコール ⟶ ？
(c) CH₃CH₂CH₂CH−O−CH₃ + H₂O --酸--> ？ (O−CH₂CH₃)
(d) 構造式 + H₂O --酸--> ？

4.43 つぎの反応(a)と(b)によって生成するヘミアセタールまたはヘミケタールの構造を描け. また化合物(c)と(d)の完全な加水分解による生成物の構造を示せ.
(a) アセトン ＋ エタノール ⟶ ？
(b) ヘキサナール ＋ 2-ブタノール ⟶ ？
(c) 環状構造-OCH₃ + H₂O --酸--> ？
(d) CH₃O-C-OCH₃ (H₃C CH₃) + H₂O --酸--> ？

4.44 分子内のアルコール部位がおなじ分子の別の場所にあるカルボニル基に付加し, とくにそれらが 4 または 5 炭素離れている場合, 環状ヘミアセタールを生成することがある. つぎのヘミアセタールからできると考えられるヒドロキシアルデヒドの構造を描け.

環状ヘミアセタール

4.45 グルコサミンはロブスターの殻にみられ, 大部分は下図のようなヘミアセタールで存在する. グルコサミンの鎖状ヒドロキシアルデヒド構造を描け(ヘミアセタール炭素を 1 としてある).

4.46 つぎの環状アセタールの完全な加水分解による二つの生成物はなにか.

4.47 アセタールとケタールは, 通常アルデヒドまたはケトンと 2 分子の 1 価アルコールから生成する. しかしアルデヒドまたはケトンが 1 分子の 2 価アルコールと反応すれば, 環状のアセタールまたはケタールになる.
(a) 赤色で示す −OH 基がシクロペンタノンと反応して生成するヘミケタールの構造を描け.
(b) (a)で生成したヘミケタール中の青色で示す −OH 基が反応して生成するケタールの構造を描け.

シクロペンタン=O ＋ HO−CH₂CH₂CH₂−OH ⟶ ？

4.48 アルドステロンは, 生体内でナトリウム-カリウムバランスをコントロールする重要なステロイドである. アルドステロンに含まれる官能基をあげよ.

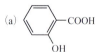
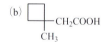

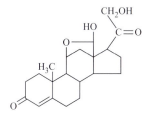

4.49 カルボンはスペアミントの香りの化合物である．カルボンに含まれる官能基をあげよ．

カルボン

全般的な問題

4.50 香料として使われているつぎの化合物の名前はなにか．

4.51 アルコール$(CH_3)_3COH$は，アルデヒドまたはケトンの還元反応によって合成できるか．できる場合，できない場合の理由を述べよ．

4.52 多くの香料と香水は，香りのするケトンを含んでいるのに対し，アルデヒドはあまり用いられない．これはなぜか．ヒントは4.5節を参照．

4.53 ある種のプラスチックの燃焼に関する問題の一つは，ホルムアルデヒドの発生である．ホルムアルデヒドにさらされることによる生物機能への影響についてどのようなことがあるか述べよ．

4.54 つぎの化合物をIUPAC名で命名せよ．

(a) $CH_3CH_2CCH(CH_3)_2$

(b) $CH_3CH_2CH_2CH=CH_2$

(c)

(d) $(CH_3)_3CCH_2CCH_2CH_3$

4.55 つぎの化合物を命名せよ．

(a)

(b)

(c)

（名前に *cis* または *trans* を含むこと）

(d) $(CH_3)_2CH-C-H$

4.56 つぎの化合物の構造を描け．

(a) 2,4-ジニトロアセトフェノン

(b) 2,4-ジヒドロキシシクロペンタノン

(c) 2-メトキシ-2-メチルプロパン

(d) 2,3,4-トリメチル-3-ペンタノール

4.57 つぎの化合物の構造を描け．

(a) 2,3-ジメチルペンタナール

(b) 1,3-ジブロモプロパノン

(c) 4-ヒドロキシ-4-メチル-2-ヘキサノン

4.58 つぎの式を完成させよ（必要ならば2，3章の鍵反応の要約を見よ）．

(a) ＋ H_2 $\xrightarrow{Pd}$?

(b) $CH_3CHCHCH_3$ $\xrightarrow{[O]}$?

(c) $HCCH_2CH_2CH_3$ $\xrightarrow[H_3O^+]{還元剤}$?

(d) ＋ HO $\longrightarrow$? （ヘミアセタール）

4.59 つぎの式を完成させよ．

(a) ＋ $2\,HOCH_2CH_2CH_3$ $\longrightarrow$? （アセタール）

(b) $CH_3CH=CCH_2CH_2CH_3$ ＋ HCl $\longrightarrow$?

(c) CH_3⎯⎯CH_2CH_2OH $\xrightarrow{H_2SO_4}$?

4.60 3-ヘキサノールとヘキサナールとを簡単な化学的な試験で見分ける方法を示せ．

4.61 二つの液体，1-ブタノール，ブタナールは似たような分子量をもつ．どちらの沸点が高いか推定し，その理由を述べよ．

4.62 2-ブタノンの水への溶解度は26 g/100 mLである．しかし，クローブやシナモン中に存在する2-ヘプタノンは水には微量しか溶けない．この二つのケトンの溶解度の違いを説明せよ．

グループ問題

4.63 最長8の炭素鎖をもつ分子式$C_8H_{16}O$であるケトンの可能な構造をすべて描け．またそれらのIUPAC名，慣用名を書け．

4.64 問題4.24でグルコースのアルデヒド基が遊離した構造を得た．グルコースが(a) C4のOH，(b) C3のOHでヘミアセタールを形成した場合の環状ヘミアセタールを描け．

4.65 フルクトース（生化学編 3.1節）のケトン構造を用いて，(a) C4のOH，(b) C6のOHで環状ヘミケタールを形成した場合の構造を描け．

4.66 2章のChemistry in Action "エンジイン抗生物質：新進気鋭の抗がん剤"にダイネミシンAの構造が与えられている．この分子に含まれるすべての官能基をあげよ．

5

ア ミ ン

◀◀◀ **復習事項**

▲ ときどき，私たちは日々のストレスに圧倒されることがある．不安な気持ちをコントロールできなくなったときは，薬物治療が有効である．

　　脳はもっともわかっていない器官であり，私たちが誰であり何であるかというあらゆる考え方を本質的に制御している．体のほかの部分から独立して包み込まれて存在し，脳を守るための並外れた一連の防御システムが備わっている（生化学編 12 章，Chemistry in Action "血液脳関門（BBB）" 参照）．しかし，うまく働かないこともある．発作，脳卒中，不安やうつ病と呼ばれるいくつかの症状である．不安は日常生活において誰もが何度も経験する．ほとんどの場合，運動，瞑想，ハーブティーなどの自然を利用した治療法に頼っている．しかし，極端にひどい不安におそわれたときや，このような治療が効かないほど酷いときには，医学的な治療が必要になる．このような状況に有効な薬は，脳内における信号の伝達に影響を与える化合物であり，それ自身，良い性質と悪い性質，両方をもっている．たとえば，ベンゾジアゼピンは即効性があるが，習慣性を示す可能性がある．セロトニン再取り込み阻害剤は，習慣性はないが即効性に欠ける．これらの共通点は

すべてアミンであるということである．この点については章末の Chemistry in Action "荒れる心を静める：抗不安薬としてのアミン" で学習する．

　生化学的には，化学伝達物質（たとえば神経伝達物質など，生化学編 11 章参照）の多くは比較的単純なアミンで，きわめて強い作用を示す．花粉症などのアレルギー反応を引きおこすヒスタミンはアミンの一種であり，虫に刺されたとき，すでにその威力を体験していると思う．風邪やアレルギーの治療薬になっている抗ヒスタミン剤は，ヒスタミンの構造をまねたり薬効をコントロールして開発された医薬品で，その多くはアミンである．アミノ基（$-NH_2$）は，タンパク質の形成や安定性にとって重要であり，複素環アミンは DNA と RNA の機能に非常に重要な役割を果たしている．しかし，これらはアミンが果たしている役割のごく一部にすぎない．

5.1　アミンの分類

学習目標：

- アミンを見つけ第一級，第二級，第三級に分類できる．

　アミンは，窒素原子と結合する一つ以上の有機基をもっている化合物群で，一般式は RNH_2，R_2NH，R_3N であらわされる．アルコールやエーテルが水の有機同族体と考えられるように，アミンはアンモニア（NH_3）の有機同族体である．窒素原子に直接結合する有機基の数によって**第一級**（primary, 1°），**第二級**（secondary, 2°），**第三級**（tertiary, 3°）に分類することができる．有機基（つぎの図の長方形のカラーの部分）は大きい場合も小さい場合もあり，おなじことも異なることもあり，あるいは互いに結合して環をつくることもある．

さらに先へ ▶▶ タンパク質および DNA におけるアミンの機能については，それぞれ生化学編 1 章と 9 章で紹介する．

アミン（amine）　窒素原子に有機基が一つ以上結合した化合物．第一級：RNH_2，第二級：R_2NH，第三級：R_3N．

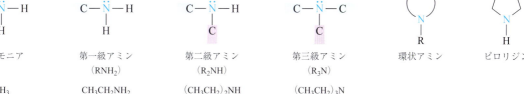

アンモニア	第一級アミン（RNH_2）	第二級アミン（R_2NH）	第三級アミン（R_3N）
NH_3	$CH_3CH_2NH_2$	$(CH_3CH_2)_2NH$	$(CH_3CH_2)_3N$

環状アミン　　　ピロリジン

　アミンの窒素原子は非共有電子対をもっている．3 個の置換基が結合した窒素はその電子対は書かれていなくても存在していることと，アミンの化学に大きな影響を及ぼしていることを忘れてはならない．第 4 番目の基がこの非共有電子対を介して結合すると，**第四級アンモニウムイオン**（5.6 節）が生成して，恒久的に＋に荷電し，陰イオンと結合してイオン化合物を生成する［たとえば，$(CH_3CH_2)_4N^+ Cl^-$］．

$$H_3CH_2C-\overset{\overset{\displaystyle CH_2CH_3}{|}}{\underset{\underset{\displaystyle CH_2CH_3}{|}}{N^+}}-CH_2CH_3 \qquad Cl^-$$

　アミンの窒素に結合する有機基はアルキル基やアリール（芳香族）基で，有機基中にほかの官能基が存在したりしなかったりもする．代表的なアミンとして，たとえば，つぎのような化合物がある．

第四級アンモニウムイオン（quaternary ammonium ion）　窒素原子に四つの有機基が結合した陽イオン（R_4N^+）．

第四級アンモニウムイオン（R_4N^+）

CH_3NH_2

メチルアミン
（第一級アルキルアミン）

アニリン
（第一級芳香族アミン）

$NHCH_2CH_3$

N-エチル-1-ナフチルアミン
（第二級芳香族アミン）

アセチルコリン，神経伝達物質
（第四級アンモニウムイオン）

5.2　アミンの命名と構造式の描き方

学習目標：

- 簡単なアミンの構造式から命名できる，あるいは名称から構造式が描ける.

第一級アルキルアミン（RNH_2）の命名は，窒素に結合するアルキル基名に接尾語の **–アミン**（-amine）をつけ加える.

第一級アミンの命名例

$CH_3CH_2—NH_2$　　エチルアミン

$CH_3CH—NH_2$ （上に CH_3）　イソプロピルアミン

シクロヘキシルアミン（NH_2）

単純で複素環のない第二級（R_2NH）と第三級（R_3N）アミン（それぞれおなじ基を二つ，あるいは三つもつ）は，アルキル基名の前に**ジ-**（di-）あるいは**トリ-**（tri-）を接頭語としてつけ加え，接尾に –アミンをつけ足して命名する.

単純な第二級アミンと第三級アミンの命名例

$CH_3CH_2CH_2—N—CH_2CH_2CH_3$ （下に H）　ジプロピルアミン

$CH_3CH_2—N—CH_2CH_3$ （下に CH_2CH_3）　トリエチルアミン

R 基が異なる第二級あるいは第三級アミンは，第一級アミンの N-置換体と考える. もっとも長い炭素鎖の R を含む第一級アミンを一つだけ選んで親化合物とし，ほかの基を N-置換体とみなす（N はこれらの基が直接窒素原子に結合していることを意味する）. たとえばつぎの化合物の例では，いずれもプロピル基がもっとも長い炭素鎖なので，どちらもプロピルアミンとして命名する.

複雑な第二級アミンと第三級アミンの命名例

$CH_3CH_2—N—CH_2CH_2CH_3$ （下に H）　N-エチルプロピルアミン

$CH_3—N—CH_2CH_2CH_3$ （下に CH_3）　N,N-ジメチルプロピルアミン

複素環アミン（5.4 節）は窒素が環構造の一部になっている重要なアミンである. これら化合物の命名は，複雑すぎるのでここでは学ばないが，主なものは必要に応じて記載する.

–NH_2 の官能基を**アミノ基**といい，この基が置換基の場合には接頭語**アミノ-**（amino-）を化合物名に使用する（化合物に C=O がある場合，5 章および 6 章参照）. 芳香族アミンはこのルールの例外で，歴史的にあるいは一般的に使われる名前を優先する. もっとも単純な芳香族アミンは，アニリンという一般名で知られており，その誘導体はアニリン類として命名される.

▶ タンパク質は α-アミノ酸が重合したものであり，アミノ酸のアミノ基が別のアミノ酸のカルボキシル基とアミド結合で結合している. すべてのアミノ酸はアミノ基（–NH_2）* とカルボキシ基（–COOH）を含む（さらに何らかの側鎖基が存在する）. カルボン酸，エステル，およびアミドについては 6 章で学習する. アミノ酸およびタンパク質については生化学編 1 章で学習する.
*（訳注）：プロリンでは第二級（–NH–）となっている.

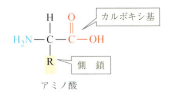

アミノ酸

アミノ基（amino group）　–NH_2 官能基.

H$_2$NCH$_2$CH$_2$COOH

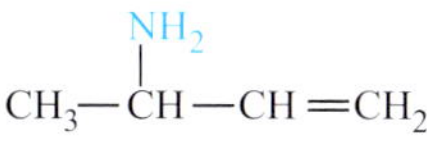

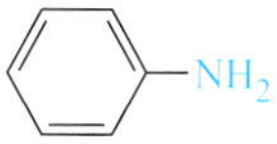

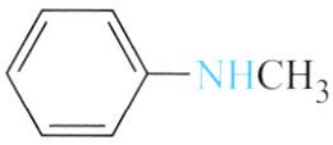

3-アミノプロパン酸

$$CH_3-\underset{\underset{\displaystyle NH_2}{|}}{CH}-CH=CH_2$$

3-アミノ-1-ブテン

（ベンゼン環）—NH$_2$

アニリン

（ベンゼン環）—NHCH$_3$

N-メチルアニリン

例題 5.1　化合物名からアミンの構造を描き分類する

N,N-ジエチルブチルアミンの構造を描き，第一級，第二級，第三級アミンのいずれか示せ．

解 説　この化合物名から母体と置換基の鍵となる用語を探す．たとえば，"ブチル" が "-アミン" の直前にあることから，ブチルアミン（炭素数4の飽和アミン）が母体となる．"N,N" は二つのほかの基がアミノ窒素に結合していることを示し，"ジエチル" はそれらがエチル基であることを意味している．

解 答
この構造は，三つのアルキル基が窒素原子に結合しているので，第三級アミンである．

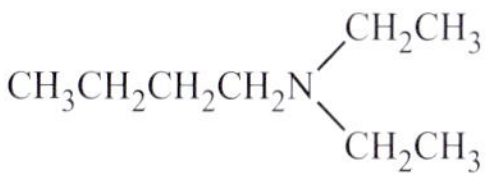

$$CH_3CH_2CH_2CH_2-N\begin{smallmatrix}CH_2CH_3\\[4pt]CH_2CH_3\end{smallmatrix}$$

例題 5.2　構造からアミンを命名し分類する

下の化合物を命名し，第一級，第二級，第三級アミンのいずれか示せ．

（シクロヘキシル環）—NH—CH$_3$

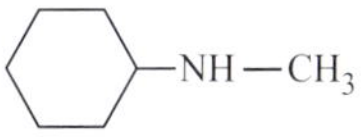

解 説　窒素に結合している有機基の数を見る．窒素には二つの炭素基が結合しているのがわかる．シクロヘキシル基が窒素原子に結合するもっとも長いアルキル基になるので，この化合物はシクロヘキシルアミンの一種として命名される．おなじ窒素原子にメチル基が一つ結合しており，接頭語 N で示す．

解 答
この化合物名は N-メチルシクロヘキシルアミンになる．この化合物は窒素原子上に二つの基を有していることから第二級アミンである．

例題 5.3　構造から環状アミンを分類する

つぎの複素環アミンはオクタヒドロインドリジンである．このアミンは，第一級，第二級，第三級のいずれか示せ．

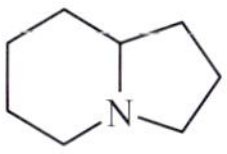

（二環性構造の窒素化合物）

解 説　まず窒素原子を見る．三つの異なる炭素に結合していることがわかる（赤，黒，青線で示す）．窒素が環の一部であっても，窒素に結合する有機基の数からアミンを分類する．

解答

この分子では，三つの別々の炭素基が窒素原子に結合している．よって第三級アミンである．

問題 5.1

つぎの化合物を第一級，第二級あるいは第三級アミンに区別せよ．

(a) $CH_3(CH_2)_4CH_2NH_2$　　(b) $CH_3CH_2CH_2NHCH(CH_3)_2$

(c) 　　(d)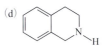

(e)

問題 5.2

つぎのアミンをそれぞれ命名せよ．

(a) $(CH_3CH_2CH_2)_2NH$　　(b)

(c)

問題 5.3

つぎのそれぞれの化合物名に相当する構造式を描け．
(a) オクチルアミン　　　　(b) N-メチルペンチルアミン
(c) N-エチルアニリン　　　(d) 4-アミノ-2-ブタノール

問題 5.4

問題 5.3(a)〜(c)のアミンを第一級，第二級，第三級に分類せよ．

🔑 **基礎問題 5.5**

テトラメチルアンモニウムイオンの構造式を描け．また，このイオンがなぜつねに＋に荷電しているのか説明せよ(5.1，5.6 節参照)．

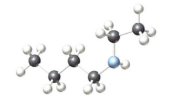

🔑 **基礎問題 5.6**

左の化合物を構造式で描け．第一級，第二級あるいは第三級のうちどれか説明せよ．

5.3 アミンの性質

学習目標：

● 水素結合，溶解性，沸点および塩基性のようなアミンの性質を説明できる.

アンモニアの非共有電子対とおなじように，アミンの窒素原子の非共有電子対は，酸や水からの H^+ と結合することができるので，アミンは弱いブレンステッド-ローリー（Brønsted-Lowry）塩基あるいは**ルイス塩基**として働く（基礎化学編 10.1，10.3 節および 5.5 節参照）.

ルイス塩基〔Lewis base〕 非共有電子対をもつ化合物（アミンなど）.

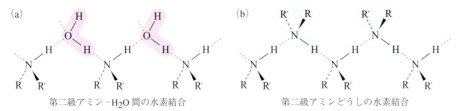

第一級と第二級アミンでは，電気的にきわめて陰性な窒素原子上の非共有電子対と，もう一方の第一級や第二級アミンの若干陽性な水素原子とのあいだで水素結合が形成される. すべてのアミン（第一級，第二級，第三級）は，水と水素結合する（図 5.1）.

（a）   （b）

　　　　第二級アミン−H_2O 間の水素結合　　　　　第二級アミンどうしの水素結合

▲**図 5.1**
第二級アミンの水素結合
（a）第二級アミンと水　　（b）第二級アミンどうしの水素結合（赤点線で表示）

水素結合する能力があるため，第一級や第二級アミンはおなじ大きさのアルカンよりも高沸点になる. アミンどうしの水素結合はアルコールどうしの水素結合より弱いことから，一般にアミンは，おなじ大きさのアルコールよりも沸点が低い. 第一級，第二級アミンは互いに水素結合できるので予想より沸点は高い. しかし，第三級アミン分子は，窒素に結合する水素原子をもたないので，互いに水素結合することはできない. その結果，おなじ分子量のアルコールや第一級アミン，第二級アミンよりも沸点がかなり低くなる.

しかしながらすべてのアミンは，窒素原子の非共有電子対と水分子とのあいだで水素結合を形成することができるので，炭素数 6 以下のアミンは水にかなり溶ける.

◀◀◀ **復習事項** 水素結合しない場合，分子の沸点は分子量の増加につれて高くなることを思い出そう（図 1.4 参照）.

CH₃CH₂CH₂CH₃

ブタン, bp 0 ℃
分子量 58

CH₃CH₂CH₂NH₂

プロピルアミン, bp 48 ℃
分子量 59

CH₃CH₂CH₂OH

プロパノール, bp 97 ℃
分子量 60

　揮発性アミンの多くは強烈な臭いを放つ．そのいくつかはアンモニア臭があり，ほかに魚のような臭いや腐りかけた肉の臭いのものもある．肉の中のタンパク質にはアミノ基が多く含まれているので，タンパク質が分解すると低分子の揮発性のアミンが生成し，腐った肉の臭いの原因となる．そのようなアミンの一つに，1,5-ジアミノペンタン，一般名カダベリンがある．

　多くのアミンは，生理活性作用がある．単純なアミン（メチルアミン，ジエチルアミンあるいはトリエチルアミンなど）は皮膚，眼，粘膜を刺激する作用があり，摂取すると有毒である．植物由来の複雑なアミン（アルカロイドなど）には猛毒性を示すものや，強力な鎮痛作用（痛みを和らげる）を示すものがある（5.7 節）．その一方で，すべての生命体は多種多様なアミンを含んでおり，またアミンには有用性の高い薬が多い（Chemistry in Action "荒れる心を静める：抗不安薬としてのアミン" および Hands-On Chemistry 5.1 参照）．

まとめ：アミンの性質

- 第一級および第二級アミンは互いに水素結合するため，沸点はアルカンより高いが弱いため，アルコールより低い．
- 第三級アミンは，第三級アミン間で水素結合しないため，第二級や第一級アミンよりも沸点は低い．
- メチルアミン，エチルアミン，ジメチルアミンとトリメチルアミンは気体，ほかの単純なアミンは液体．
- 揮発性アミンは一般的に不快な臭いを発する．
- 炭素数 4 以下の単純なアミンは水と水素結合するので水によく溶ける．
- アミンは弱いブレンステッド–ローリー / ルイス塩基である（5.5 節）．
- アミンの多くは生理活性物質であり，なかでも有毒なものが多い．

問題 5.7
つぎの化合物を沸点の高い順に並べ，その理由を説明せよ．

(a) CH₃—N—CH₂CH₃
　　　　|
　　　CH₃

(b) CH₃CH₂CH₂CH₂OH

(c) CH₃CH₂CH₂CH₂NH₂

問題 5.8
(a) エチルアミンと (b) トリメチルアミンの構造を描き，それぞれがどのように水分子と水素結合するかを点線を用いて示せ．

HANDS-ON CHEMISTRY 5.1

官能基アミンは，日常的に触れる非常に多くの化合物に含まれている．医薬品でアミンがどれほど一般的かを検証するため，おそらく聞いたことがあると思う 2015 年の上位 200 種類の医薬品の中からいくつか取り上げて，どんな官能基が含まれているか見てみよう．この課題に必要なものはインターネットに接続できる環境だけである．

a. よく聞く抗生物質からはじめてみよう．つぎの 4 種類の抗生物質の構造を調べてみよ．アモキシシリン，ドキシサイクリン，シプロフロキサシン，メトロニザゾールはそれぞれ何のための薬か．線型構造式で示し，できるだけ多くの官能基を同定せよ(表 1.1 参照)．これらにアミノ基が含まれているか．アミン窒素を第一級，第二級，第三級に分類せよ．

b. 2014 年 9 月のもっともよく売れた処方薬 10 種類の商品名はつぎのとおりである．

1. クレストール　2. シンスロイド
3. ネキシウム　4. ベントリン
5. アドベア　6. ランタス　7. ビバンセ
8. リリカ　9. スピリーバ　10. ディオバン

それぞれの構造式を調べ，以下の問いに答えよ．
1. 一般名はなにか．
2. どのような症状の治療に用いられるか．
3. アミンを含むか．含むなら分類せよ．
4. ほかに含まれる官能基はなにか(必要なら表 1.1 参照)．

c. a. と b. の検証後，日々用いられている医薬品においてアミノ基はどのような重要性があるか．

5.4 含窒素複素環化合物

学習目標：

● 複素環アミンを見つけることができる．

含窒素化合物の多くは炭素環に窒素原子を含む．このような炭素以外の原子を含む環構造は**複素環**と呼ばれる．含窒素複素環化合物は，芳香族の場合もあれば非芳香族の場合もある．たとえばピペリジンは六員環の飽和複素環化合物で，ピリジンは芳香族複素環化合物であり，ほかの芳香族化合物とおなじように，環構造に二重結合と単結合を交互に描く場合が多い．

複素環（heterocycle）　炭素以外に窒素などほかの原子を含む環．

ピペリジン
（飽和環状アミンの一つ）

ピリジン
（芳香族アミンの一つ）

いくつかの含窒素複素環化合物の名前と構造を表 5.1 に示す．歴史的な要因から命名されているので，一見したところ化合物名が系統的でないことに注意する(たとえば，"プリン(purine)" という名は，ドイツ人化学者 Emil Fischer により与えられたが，"純粋な尿(pure urine)" を縮めたもので，最初に得られた方法をほのめかしている)．これらの構造と名前を記憶しておく必要はないが，このような環構造は植物や動物由来の天然化合物に一般的なものであることを知っておく必要がある．たとえば，ニコチンはタバコの葉から得られ，ピリジン環とピロリジン環を一つずつもっている．キニーネは南米産キナの木の幹から得られる抗マラリア薬で，キノリン環と炭素 2 原子の架橋構造の含窒素環をもっている．アミノ酸の一つ，トリプトファンはアミノ基を含む側鎖がインドール環に結合している．

表 5.1　含窒素複素環化合物

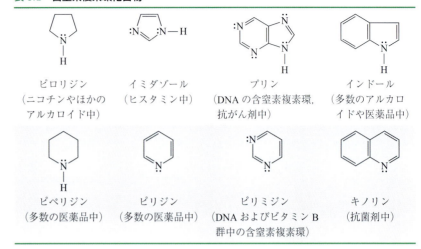

ピロリジン （ニコチンやほかの アルカロイド中）	イミダゾール （ヒスタミン中）	プリン （DNA の含窒素複素環, 抗がん剤中）	インドール （多数のアルカロ イドや医薬品中）
ピペリジン （多数の医薬品中）	ピリジン （多数の医薬品中）	ピリミジン （DNA およびビタミン B 群中の含窒素複素環）	キノリン （抗菌剤中）

ニコチン
タバコより
（殺虫剤：紫煙中の活性成分）

キニーネ
キナの木より
（抗マラリア薬）

トリプトファン
（アミノ酸）

アデニン

　含窒素環状化合物の一つ，アデニンは遺伝子をコードする DNA の四つの"塩基"構成アミンの一種であると同時に ATP 中にも含まれる（生化学編 4.4 節）．

問題 5.9

つぎの化合物の例を示せ．
　（a）室温で気体のアミン 2 種類
　（b）複素環アミン
　（c）芳香環にアミノ基が結合した化合物

問題 5.10

表 5.1 からピペリジンとプリンの分子式を求めよ．

問題 5.11

つぎの化合物のうち含窒素複素環化合物はどれか．

（a）　　　　　　　　$CH_2CH_2NH_2$　　　（b）　　　　　　　　NH_2

（c）　HO　　　　　　$CH_2CHCO_2^-$　　　（d）　HO　　　　　　$CH_2CH_2\overset{+}{N}H_3$
　　　　　　　　　　　$\overset{+}{N}H_3$

> ▶ アミンの水素原子と窒素や酸素原子とのあいだ，おなじ分子内のほかの官能基の酸素や窒素原子とのあいだの水素結合は，さまざまな生体分子の形を決めている．このような水素結合の引力は，巨大なタンパク質分子が複雑な形に折りたたまれる（生化学編 1.7 節）のに寄与している．アミノ基の水素結合は，遺伝情報を伝達する分子 DNA（生化学編 9.4 節）のらせん構造中で重要な役割を担っている．

5.5 アミンの塩基性

学習目標：

- アミンが酸と反応して生じる生成物がわかり，その構造式を描ける．

　アンモニアとおなじように，アミンは水中で OH^- と R_3NH^+ を生成するため，アミンの水溶液は弱塩基になる．つぎのアミンと**アンモニウムイオン**との平衡を考えてみよう．

$$CH_3CH_2NH_2 + H_2O \rightleftharpoons CH_3CH_2\overset{+}{N}H_3 + OH^-$$
$$(CH_3CH_2)_2NH + H_2O \rightleftharpoons (CH_3CH_2)_2\overset{+}{N}H_2 + OH^-$$
$$(CH_3CH_2)_3N + H_2O \rightleftharpoons (CH_3CH_2)_3\overset{+}{N}H + OH^-$$

これらの反応は可逆反応であることに注意しよう．アンモニウムイオンは塩基存在下で酸として反応しアミンを再生する．この平衡は pH 8 までの溶液で見られる．

　アンモニウムイオンは，アミンが酸中でヒドロニウムイオンと反応することによっても生成する．

$$CH_3CH_2NH_2 + H_3O^+ \rightleftharpoons CH_3CH_2\overset{+}{N}H_3 + H_2O$$
$$(CH_3CH_2)_2NH + H_3O^+ \rightleftharpoons (CH_3CH_2)_2\overset{+}{N}H_2 + H_2O$$
$$(CH_3CH_2)_3N + H_3O^+ \rightleftharpoons (CH_3CH_2)_3\overset{+}{N}H + H_2O$$

アルキルアミンに H^+ を付加して生成する陽イオンは，接尾語を **-アミン**（-amine）から **-アンモニウム**（-ammonium）に置き換えて命名する．複素環アミンの場合は，アミン名の **-ン**（-e）を **-(ニ)ウム**（-ium）とすればよい．たとえば，

▶ アンモニウムイオン（ammonium ion） アンモニアやアミン（第一級，第二級，第三級のいずれでも可）に水素イオンが付加することによって生成する陽イオン．

◀◀ 平衡の概念およびその可逆性は基礎化学編 7 章および 10 章を参照．

エチルアンモニウムイオン	ジプロピルアンモニウムイオン	ピリジニウムイオン
（エチルアミンから）	（ジプロピルアミンから）	（ピリジンから）

　置換基として 1 個でも水素が結合しているアンモニウムイオンは弱酸であり，ヒドロキシイオンのような塩基と反応してアミンを再生する．

$$CH_3CH_2\overset{+}{N}H_3 + OH^- \rightleftharpoons CH_3CH_2NH_2 + H_2O$$
$$(CH_3CH_2)_2\overset{+}{N}H_2 + OH^- \rightleftharpoons (CH_3CH_2)_2NH + H_2O$$
$$(CH_3CH_2)_3\overset{+}{N}H + OH^- \rightleftharpoons (CH_3CH_2)_3N + H_2O$$

　前記の水系における平衡により，血液や体液など，pH 7.4 の水性環境でのアミンはアンモニウムイオンになる．そのため，生化学の書籍ではイオンとして書かれる．たとえば，ヒスタミンやセロトニン（どちらも神経伝達物質，生化学編 11.7 節）はつぎのように描いてある．

ヒスタミン	セロトニン
（アレルギー反応の原因）	（脳内で神経伝達作用）

　一般に，非芳香族アミン(CH₃CH₂NH₂やピペリジンなど，表5.1)はアンモニアよりわずかながら強塩基性で，芳香族アミン(アニリンやピリジンなど，表5.1)は，アンモニアよりも塩基性が弱い.

$$塩基性:　非芳香族アミン　>　アンモニア　>　芳香族アミン$$

例題 5.4　水中における塩基としてのアミン

アンモニアと水，およびエチルアミンと水の反応式を書き，式中の各反応物に酸か塩基の印をつけよ.

解　説　どの反応物が塩基で，どの反応物が酸かを決める. 塩基は酸から水素イオンを受容することを思い出す. ブレンテッド-ローリー塩基(基礎化学編 10.3節)とルイス塩基(5.3節)を復習する.

解　答
アンモニアと同様に，アミンは窒素原子上に非共有電子対をもつ. アンモニアは，(非共有電子対に結合する)水素イオンを受容して水と反応する塩基なので，アミンは塩基としておなじように反応すると予想できる.

$$NH_3 + H_2O \rightleftharpoons NH_4^+ + OH^-$$
$$\underset{塩基}{} \quad \underset{酸}{} \quad \underset{酸}{} \quad \underset{塩基}{}$$

$$CH_3CH_2NH_2 + H_2O \rightleftharpoons CH_3CH_2^+NH_3 + OH^-$$
$$\underset{塩基}{} \quad \underset{酸}{} \quad \underset{酸}{} \quad \underset{塩基}{}$$

いずれの場合も，水は水素イオンを窒素に供給するので酸として働く.

問題 5.12
つぎの酸–塩基平衡の反応式を書け. 式中の各反応物に酸または塩基の印をつけよ.
　(a) ピロリジンと水　　　(b) ピリジンと水

例題 5.5　水中における酸としてのアンモニウムイオン

ヒスタミンは酸(酢酸のような)と反応して，それ自身酸として働くアンモニウム塩を生成する. 水酸化カリウム(KOH)と反応するとアミンを再生する. ヒスタミン酢酸塩と水酸化カリウムの反応の平衡式を示せ.

ヒスタミン酢酸塩

解　説　アンモニウムイオンは弱酸であり塩基と反応してアミン，水およびもともとアンモニウムイオンの対イオンであった陰イオンの塩を生成する. 正電荷と最低1個の水素をもつ窒素が以下のように書けるということも重要である.

$$\overset{+}{R}NH_3 \equiv R\underset{H}{\overset{+}{N}}H_2 \quad R_2\overset{+}{N}H_2 \equiv R_2\underset{H}{\overset{+}{N}}H \quad R_3\overset{+}{N}H \equiv R_3\underset{H}{\overset{+}{N}}$$

したがって，正電荷をもつ窒素原子上の水素は酸性であり，KOHとつぎのように反応する.

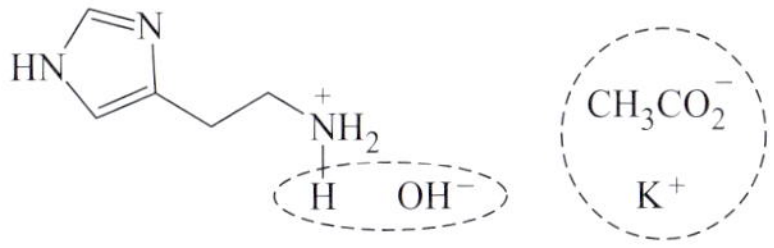

（構造式：ヒスタミン関連のアンモニウムイオンと CH₃CO₂⁻, K⁺ のイメージ）

解　答

反応は以下のようになる.

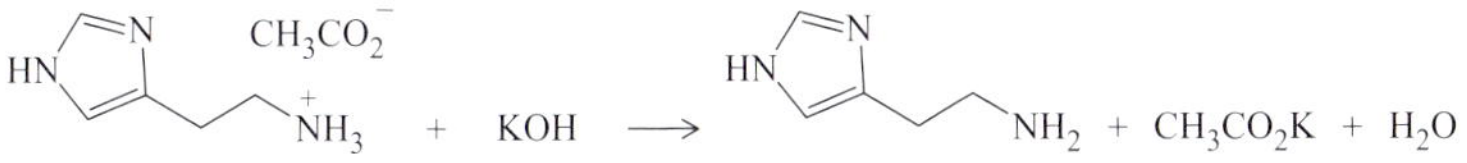

（構造式）ヒスタミン酢酸塩 ＋ KOH ⟶ ヒスタミン ＋ CH_3CO_2K ＋ H_2O

ヒスタミン酢酸塩　＋　水酸化　⟶　ヒスタミン　＋　酢酸　＋　水
　　　　　　　　　　カリウム　　　　　　　　　　　カリウム

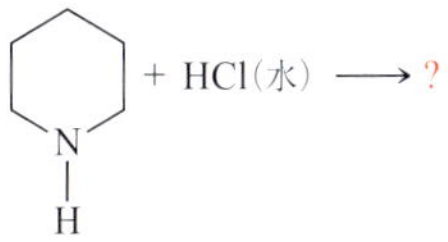

問題 5.13

つぎの反応式を完成せよ.

(a) 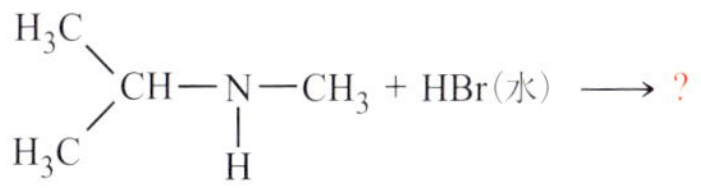 （構造式）$\mathrm{(CH_3)_2CH-N(CH_3)-H}$ ＋ HBr（水）⟶ ?

(b) 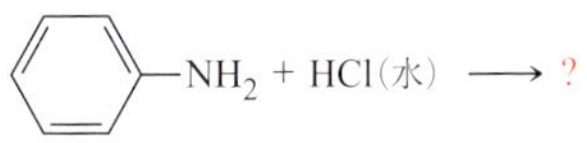 （構造式）$\mathrm{C_6H_5-NH_2}$ ＋ HCl（水）⟶ ?

(c) （構造式 ピペリジン）＋ HCl（水）⟶ ?　(d)  （構造式）$\mathrm{-NH_3^+}$ ＋ NaOH（水）⟶ ?

問題 5.14

問題 5.13 の反応(a)〜(d)で生成する有機イオンを命名せよ.

問題 5.15

つぎの各二つのうち, より強い塩基はどちらか.
　(a) アンモニア　と　エチルアミン　　(b) トリエチルアミン　と　ピリジン

問題 5.16

つぎの生物活性アミンが生体内に入ると, 直ちに H^+ と反応してアンモニウムイオンを生成する. アンモニウムイオンの構造式を描け.

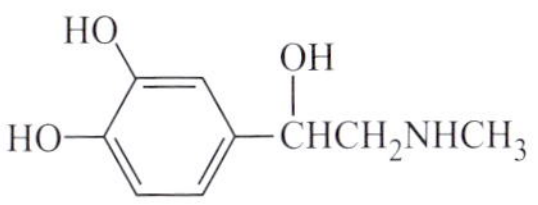

（構造式 アドレナリン）
アドレナリン
（生化学伝達物質）

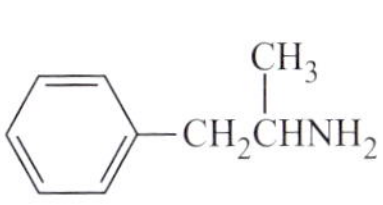

（構造式 アンフェタミン）
アンフェタミン
（中枢神経系興奮薬および覚せい剤）

5.6　ア ミ ン 塩

学習目標:

- 第四級アンモニウム塩構造を見つけ, その性質を説明できる.

　アンモニウム塩（アミン塩 amine salt ともいう）は, ほかの塩類とおなじように陽イオンと陰イオンからできていて, 命名には両イオンの名前を組み合わせる. 塩化メチルアンモニウム（$CH_3NH_3^+Cl^-$）ではメチルアンモニウムイオン

アンモニウム塩（ammonium salt）
アンモニウム陽イオンとある種の陰イオンからできている化合物.

（$CH_3NH_3^+$）が陽イオンで，塩素イオン（Cl^-）が陰イオンである．

アンモニウム塩は無色無臭の結晶性固体で，イオン性のため中性のアミンよりずっと水に溶けやすい（6 章，Chemistry in Action"薬物治療，体液と'溶解性スイッチ'"参照）．たとえば，

$$CH_3CH_2CH_2CH_2 - \underset{\underset{\displaystyle CH_2CH_2CH_2CH_3}{|}}{N} - CH_2CH_2CH_2CH_3 \ + \ HCl(水) \rightleftarrows$$

トリブチルアミン　　　　　　　　塩　酸
（水に不溶）

$$CH_3CH_2CH_2CH_2 - \overset{\overset{\displaystyle H}{|}}{\underset{\underset{\displaystyle CH_2CH_2CH_2CH_3}{|}}{N^+}} - CH_2CH_2CH_2CH_3 \ Cl^-(水)$$

塩化トリブチルアンモニウム
（水に可溶）

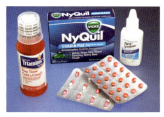

▲ OTC(over-the-counter)のアンモニウム塩．アンモニウム塩は，これらの店頭販売医薬品の活性成分になっている．

薬化学では，アミンの構造と名前を塩の生成に用いた酸を組み合わせて書くことが多い．この方法では塩化メチルアンモニウムは $CH_3NH_2 \cdot HCl$ になり，名前はメチルアミン塩酸塩になる（この簡便な命名は，『マクマリー生物有機化学 生化学編』を勉強するともっと目にする）．この命名法は薬でよく使われる．たとえば薬局で手に入る抗ヒスタミン剤の一種にジフェンヒドラミンがある．このタイプの抗ヒスタミン剤は液体のため，そのままでは処方しにくいのでアミン塩として販売されている（6 章，Chemistry in Action"薬物治療，体液と'溶解性スイッチ'"参照）．

$$(C_6H_5)_2CHOCH_2CH_2N(CH_3)_2 \cdot HCl$$
または
$$(C_6H_5)_2CHOCH_2CH_2^+NH(CH_3)_2Cl^-$$

抗ヒスタミン剤のジフェンヒドラミン塩酸塩（Benadryl）

遊離のアミンは，アミン塩を塩基で処理すると生成する．

$$CH_3\overset{+}{N}H_3Cl^-(水) + NaOH(水) \longrightarrow CH_3NH_2(水) + NaCl(水) + H_2O(液)$$

第四級アンモニウムイオンは，窒素原子に四つの有機基が結合している．そのため，窒素はつねに正電荷になる．窒素には塩基で除去される水素原子も，H^+ と結合し得る窒素上の非共有電子対もなく，アンモニウムイオンは酸性も塩基性も示さず，溶液中の構造は pH の変化に影響されない．これらの塩を**第四級アンモニウム塩**という．一般的な第四級アンモニウム塩にはつぎのようなものがある．R は $C_8〜C_{18}$ のアルキル基を示す．

第四級アンモニウム塩（quaternary ammonium salt）　第四級アンモニウムイオンと陰イオンからなるイオン化合物．

$$\langle\!\!\!\bigcirc\!\!\!\rangle - CH_2 - \overset{\overset{\displaystyle CH_3}{|}}{\underset{\underset{\displaystyle CH_3}{|}}{N^+}} - R \ Cl^- \qquad R = -C_8H_{17} 〜 -C_{18}H_{37}$$

塩化ベンザルコニウム
（防腐剤および消毒剤）

　これらの塩化ベンザルコニウムには，殺菌作用と洗浄作用がある．手術前の手の洗浄や手術装置の無菌保存には希釈溶液として利用されるが，濃厚な溶液は有害である．

問題 5.17
つぎの化合物の構造式を描け．
　(a) 臭化 *N,N*-ジエチルブチルアンモニウム
　(b) 水酸化テトラブチルアンモニウム
　(c) ヨウ化プロピルアンモニウム
　(d) 塩化イソプロピルメチルアンモニウム

問題 5.18
問題 5.17 中の化合物について，第一級，第二級，第三級あるいは第四級アンモニウム塩のいずれか区別せよ．

問題 5.19
塩化ブチルアンモニウムと OH⁻ 水溶液との反応で遊離アミンが生成する反応式を書け．

問題 5.20
右に一般的な抗ヒスタミン剤の構造を示す．Benadryl はこの一般的な構造をもっているか．両構造の比較をして結果を述べよ．

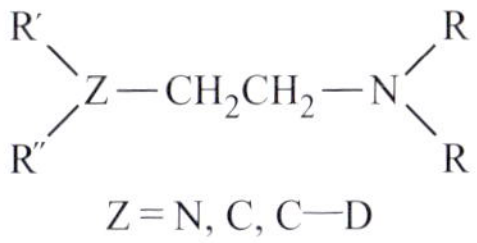

$$R'{-}Z{-}CH_2CH_2{-}N\begin{smallmatrix}R\\R\end{smallmatrix}$$

Z = N, C, C—D

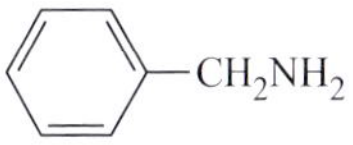

ベンジルアミン

問題 5.21
ベンジルアミン塩酸塩の構造を 2 通り描き，アンモニウム塩として塩酸塩を命名せよ．

問題 5.22
以下の反応から予測される生成物を示せ．
　(a) $(CH_3CH_2)_3\overset{+}{N}H$ Br^- + LiOH $\longrightarrow$?

　(b) 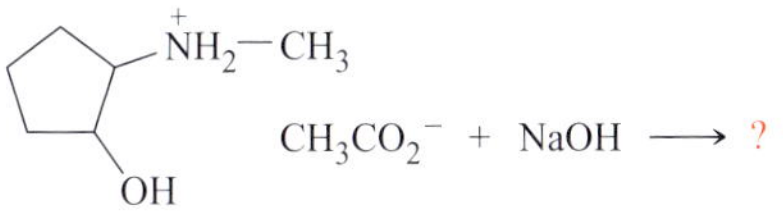 $\overset{+}{N}H_2{-}CH_3$ $CH_3CO_2^-$ + NaOH $\longrightarrow$?

　(c) 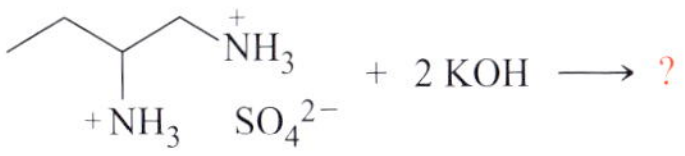 $\overset{+}{N}H_3$ $\overset{+}{N}H_3$ SO_4^{2-} + 2 KOH $\longrightarrow$?

5.7　植物中のアミン：アルカロイド

学習目標：
● いくつかの代表的なアルカロイドの起源，名称をいえる．また，アミンの典型的な性質としてその性質を説明できる．

　被子植物の根，葉，果実は，含窒素化合物の豊富な供給源となっている．水溶液が塩基性のため，"植物性アルカリ"と呼ばれていたこれらの化合物は，現在では**アルカロイド**と呼ばれている．

　数千のアルカロイドの分子構造がその医療面での重要性とともに明らかになっている．そのほとんどのものが苦く，生理活性作用をもっており，複雑な構造をしており，高用量では人間や動物に毒性を示す．

　一つの仮説としてアルカロイドの苦味や毒性は，植物が動物に食べられない

アルカロイド（alkaloid）　植物から単離される天然由来の含窒素化合物．通常は塩基性で苦みがあり，有毒．

表 5.2　代表的なアルカロイドとその性質

名　前　　構　造	性質と用途
コニイン	● 毒草ドクニンジン(*Conium maculatum*)から単離された. ● ヒトおよびすべての家畜類に有毒. ● 致死量は 0.1 g 以下. 呼吸麻痺により死に至る. ● 古代ギリシャにおいて死刑に用いられた(もっとも有名なのはソクラテス).
アトロピン	● **セイヨウハシリドコロ**あるいは**ベラドンナ**(*Atropa belladonna*)として知られる植物の葉の有毒成分. ● 中枢神経系に作用する. ● 低容量適切な量を用いることにより, 消化管の痙攣抑制や徐脈の治療に用いられる. ● サリンのような神経ガスの解毒に用いられる.
ソラニン R = 三糖の残基	● アトロピンよりも強い毒性. ● ジャガイモの表皮直下にもごく少量含まれており, 独特な臭いの正体. ● ジャガイモを日にさらすと量が増えるので, 緑色になったジャガイモの皮は深く剥かなければいけない(緑色はクロロフィルによるもので毒性はなく警告として働いている). ● 抗真菌および殺虫作用を示す. ● 鎮静および鎮痙作用があり, 効果には疑問があるが喘息の治療に用いられてきた.
レセルピン	● インド蛇木(*Rauwolfia serpentina*)の乾燥した根より単離されたインドールアルカロイド. ● インドで何百年も前から精神異常や発熱, ヘビに噛まれたときの治療に用いられた. ● 歴史的には医学的に高血圧の制御に用いられ, 以前には治療法がなく生死に関わる状態の治療に革命をもたらした. ● 今日では高血圧に効くもっと良い薬物が開発されたのでほとんど用いられない. ● 興奮しやすいあるいは気難しい馬を鎮めるための持続性トランキライザー(tranquilizer)*として用いられる. *(訳注):精神的な興奮や不安を静める薬のこと.

よう防衛するために進化した結果と考えられる. すべてのアルカロイドが毒性を示すわけではないが, ほとんどの人は興奮薬の二つのアルカロイドであるカフェインとニコチン(p.168)の生理作用にはなじみがある. キニーネ(p.168)は, 長いあいだ寄生原虫によるマラリアの唯一の治療薬であった. いまでもマイクロモル濃度(μM:1×10^{-6} mol/L)溶液でも苦味を呈することから, 苦味の標準物質として用いられている.

　ほかのアルカロイドのなかには**痛み止め**(analgesics)や睡眠誘導薬として, また幸福感(ユーフォリア状態)を生む重要なものもある. アヘン(opiate)はケシ(opium poppy [*Papaver somniferum*])から発見された天然アルカロイドであることから名づけられ, 古代から知られていた. モルヒネやコデインを含む約 20 種類のアルカロイドがケシには含まれている. 遊離のアルカロイド自体は油状の液体で水に難溶性であるが, アンモニウム塩は結晶性で水に溶けやすい. 表 5.2 にいくつかの歴史的にも一般的なアルカロイドとその性質, 用途を示す.

名　前　　構　造	性質と用途

モルヒネ

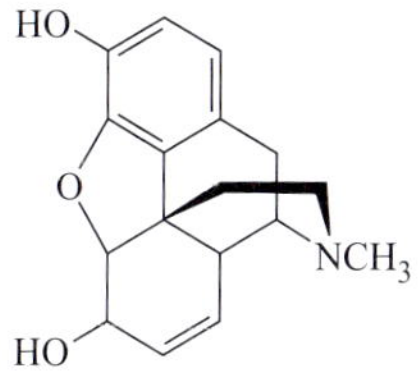

- ケシに含まれるもっとも豊富なアヘンアルカロイドで，歴史的に植物アルカロイドとして単離された最初の有効成分と考えられている．
- 睡眠を引きおこすことからギリシャ神話の夢の神，モルフェウスから命名された．
- 中枢神経系（CNS）に直接作用して痛みを取り除くことから，医学的には急性および慢性の痛みの治療に用いられる．
- 鎮痛効果に対する耐性および精神的依存性がすばやく形成されることから強い習慣性を有する．

コデイン（3-メチルモルヒネ）

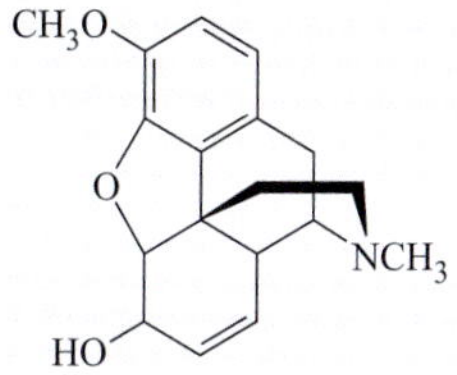

- 2番目にもっとも豊富なアヘンアルカロイドで，モルヒネが自然界でメチル化されたもの．
- 緩和な鎮痛薬および咳止めとして用いられ，分娩時の早すぎる子宮収縮を抑制するのにも用いられる．
- アセトアミノフェン，アスピリンあるいはイブプロフェンのような他の鎮痛薬との組み合わせでもしばしば用いられ，単独の場合より高い鎮痛効果が得られる．

ヘロイン（ジアセチルモルヒネ）

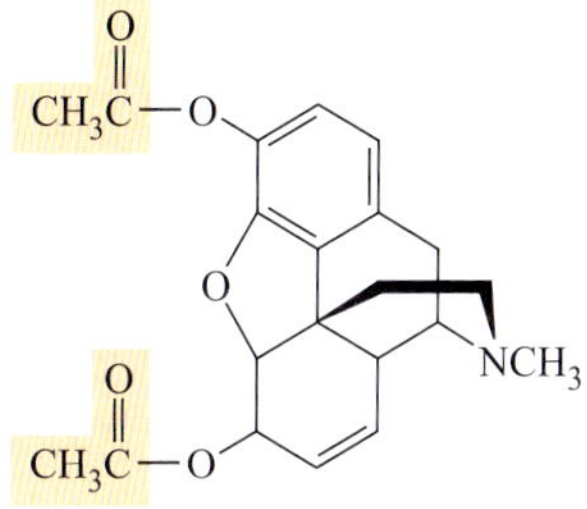

- 合成アヘンアルカロイドであり，モルヒネの −OH 基（オレンジ色で示した）をアセチル化することにより得られる．
- 間違っていることが証明されるまで，主に非常用性のモルヒネ代用品として咳止めとして開発された．
- 注射した場合，その作用はモルヒネの2〜4倍強く，また早く現れる．
- 強い作用と即効性は血液脳関門を非常にすばやく通過するからであり（アセチル基はモルヒネよりも脂溶性に変える），最終的に脱アセチル化されモルヒネになる．
- 痛みの合法的な処方薬として，咳止めや下痢止めとしても用いられる．
- 非常に習慣性が高いため，非合法的な快楽のための使用は大きな社会問題になっている．

CHEMISTRY IN ACTION

荒れる心を静める： 抗不安薬としてのアミン

　不安．約束を取りつけるとき，試験を受けるとき，就職の面接のときあるいは初めてのデートのときなど，日常生活において誰もが 1 回以上経験したことがある．ほとんどの人にとって，つかの間のことであり，私たちはうまくつき合って日々を過ごしている．大学院の受験あるいは育児や家族の養育のように日常生活のストレスがもっと深刻になると，多くの人は運動，瞑想あるいはほかのストレスを和らげる方法を通じて，不安から受ける影響を小さくする方法を見つけている．しかし，もし不安とうまくつき合う方法を見つけられなかったらどうなるだろうか．2015 年，米国だけで 4000 万人が不安に悩んでおり，その多くは不安がひどく，食欲不振，不眠，勤労意欲の低下，体調不良を引きおこしている．不安が長く続くとうつ病になる可能性があるので，実際に医学的な問題となっている．

　不安の治療薬（不安緩解薬）としては，アルプラゾラム（Xanax），クロミプラミン（Anafranil），フルオキセチン（Prozac），セルトラリン（Zoloft）があるが，強迫性障害（obsessive-compulsive disorder，OCD），社交不安障害やパニック発作の治療にも処方される不安緩解薬である．これら薬物の共通点は複素環アミンであることと，ハロゲンが置換した芳香環があることである．

アルプラゾラム

クロミプラミン

フルオキセチン

セルトラリン

　これら抗不安薬の作用機序は，標的とする脳の受容体に依存する．たとえば，アルプラゾラムとクロミプ

ラミンは脳内の γ-アミノ酪酸（GABA）受容体を標的とし，安心感の増大をもたらす．これら 2 種類の薬はベンゾジアゼピン（BZD）に属し，その名前はすべての BZD にみられる核となる構造に由来している．

　ベンゾジアゼピンは，不安を少なくするためのもっとも効果のある薬の一つであり，多くの場合 "要時使用" を基本としている．なかでも，もっとも有名なものはジアゼパム（バリウム）である．短期間の使用においては選択肢となるが，有効性を得るためには耐性（長期使用に当たって同じ効果を得るためにはより多い用量が必要になる）と習慣性，両方のリスクを伴っている．長期にわたる定期的な服用は，痴呆の発生と永久的な記憶障害のリスクも伴う．これら副作用をなくすため，新種の不安緩解薬が望まれていた．

ベンゾジアゼピン骨格

　2 番目の抗不安薬は，選択的セロトニン再取り込み阻害剤（selective serotonin reuptake inhibitor，SSRI）に属する．この種類の不安緩解薬の例としてはフルオキセチンとセルトラリンがある．

セロトニン

　SSRI は，神経伝達物質であるセロトニンの濃度を，再取り込みを阻害することにより高め，この重要な神経伝達物質をさらに利用できるようにする．脳内のセロトニンは，睡眠，食欲や気分のような多くの行為において重要な役割を果たしている．セロトニンは，安心感や幸福感にかかわっていると考えられている．したがって，そのレベルが低下すると，気持ちが不安定になると考えられる．SSRI はこれを軽減する．しかし，BZD と違い要時使用というわけにはいかず，有効なレベルに達するまで時間がかかり，場合によっては効果がみられるまで 2 〜 8 週間の服用が必要となる．習慣性は認められておらず，耐性発現もゆっくりであることから，長期にわたる投薬ではより有効な選択肢となる．加えて，SSRI はほかのほとんどすべての薬物，長期服用が必要なほかの重要な疾患の薬物と併用しても安全であることがわかっている．しかし，SSRI でさえすべての解答ではない．多くの患者で弱

い耐性がみられるだけでなく，体重増加，眠けあるいは不眠症，頭痛のような望ましくない重篤な副作用がみられる．しかし，ほとんどすべてにおいて，このすばらしいアミン類の長所は短所を上回っている．現在，この分野の研究はフルスピードで進められており，不安やうつ病に関する生化学的な作用機序についてより理解が深められている．これら治療のためのより新しい，より安全で有効な薬物が開発されるのは間違いないだろう．

CIA 問題 5.1 不安を治療する薬物は一般的に何と呼ばれるか．

CIA 問題 5.2 ベンゾジアゼピン類の長所はなにか．副作用はなにか．

CIA 問題 5.3 ベンゾジアゼピンと比べて SSRI の長所はなにか．副作用はなにか．

概念図：有機化学のファミリー

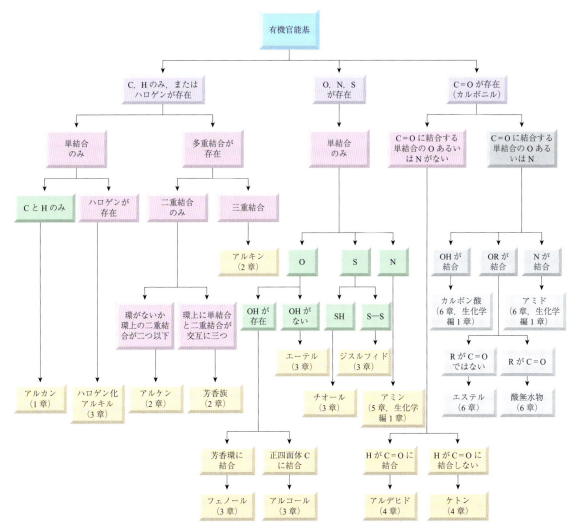

▲ **図 5.2　官能基概念図**

この図は 1 〜 4 章の最後に掲載したものとおなじ概念図であるが，本章で解説した官能基であるアミンを新たに着色した．

要　約　章の学習目標の復習

- **アミンを見つけ第一級，第二級，第三級に分類できる**

　アミンは，窒素原子に結合する有機基の数によって，**第一級，第二級**あるいは**第三級**に分類される．いずれのアミンも，窒素原子は水素イオン(H^+)と結合して四つの結合と一つの正電荷をもつ**アンモニウムイオン**を形成することができる．窒素に四つの有機基が結合したイオンは**第四級アンモニウムイオン**と呼ばれる(問題 23，31，32，35，36)．

- **簡単なアミンの構造式から命名できるあるいは名称から構造式が描ける**

　第一級アミンの名前は，アルキル基の名前に**アミン**(-amine)をつける．おなじ R 基をもつ第二級と第三級アミンには，それぞれ**ジ-**(di-)や**トリ-**(tri-)を接頭語として用いる．R 基が異なる場合，炭素鎖のもっとも長い R 基のアミンの **N-置換誘導体**にする．アミンのイオンは **-アミン**(-amine)を **-アンモニウム**(-ammonium)に置き換える．単純なアミンの構造式は窒素から描きはじめ，必要なアルキル基をつける．分子中の置換基としての NH_2 基は**アミノ基**にする(問題 29〜32，35，36，45，46，52，58)．

- **水素結合，溶解性，沸点および塩基性のようなアミンの性質を説明できる**

　アミンは，窒素原子に水素イオンを受け取ったり，水素結合するための非共有電子対をもっている．第一級と第二級アミン分子は互いに水素結合するが，第三級アミン分子はできない．おなじ炭素数の分子の沸点を比較するとつぎのようになる．

　炭化水素 ＜ 第三級アミン ＜ 第一級アミンおよび
　第二級アミン ＜ アルコール

アミンは -OH 基や -NH 基をもつほかの分子と水素結合することができるため，小さなアミン分子は水に溶ける．多くのアミンは生理活性を示す．揮発性のアミンは強い悪臭を放つ(問題 23〜25，27，33，34，49，50，54，57 参照)．

- **複素環アミンを見つけることができる**

　複素環アミンにおいてはアミノ基の窒素は，環構造の一部となっている 2 個の炭素原子に結合している．環構造は芳香族の場合もあれば非芳香族の場合もある．非芳香族の複素環アミンは普通のアミンとおなじくらいの塩基性を示す．窒素が芳香環の一部である場合，窒素の非共有電子対が芳香族系に関与していると非芳香族のアミンより塩基性は弱くなる．複素環アミンは歴史的要因に基づく名前をもつことが多い(問題 48，55〜57)．

- **アミンが酸と反応して生じる生成物を見つけその構造式を描ける**

　アミンは弱塩基なので，H^+ と結合してアンモニウムイオン(RNH_3^+，$R_2NH_2^+$，R_3NH^+)と水酸化物イオン(OH^-)を生成し，水とのあいだで平衡状態になる．アミンは直接酸と反応して水溶性のアンモニウムイオンになる．塩基が存在すると，アンモニウムイオンは酸(プロトン供与体)として作用する．ヒドロキシイオンと反応して水とアミンを再生する(問題 28，39〜42，44，53 参照)．

- **第四級アンモニウムイオン構造を見つけその性質を説明できる**

　第四級アンモニウムイオン(R_4N^+)は窒素に結合する 4 個の結合すべてが炭素原子であるとき生じるイオンである．第四級アンモニウムイオンは非共有電子対をもたないのでつねに正電荷をもっている．このため塩基性を示さないだけでなく水素結合も形成しない．窒素からのすべての結合は水素ではなく炭素に結合しているので酸ではない．つねに正電荷をもっているので水溶性である(問題 28，35，36，39，40，43〜45，49)．

- **いくつかの代表的なアルカロイドの起源，名称をいえる．また，アミンの典型的な性質としてその性質を説明できる**

　アルカロイドは植物に含まれる天然の含窒素化合物である．キニーネ，モルヒネ，アトロピンはアルカロイドの例である．すべてのアルカロイドはアミンであり，したがって塩基である．多くは苦味を呈する．ほかのアミンと同様，多くが生理活性作用，とくに毒あるいは鎮痛作用をもっている(問題 38，48，51，55)．

KEY WORDS

アミノ基，p.162
アミン(第一級，第二級，第三級)，p.161
アルカロイド，p.173

アンモニウムイオン，p.169
アンモニウム塩，p.171
第四級アンモニウムイオン，p.161
第四級アンモニウム塩，p.172

複素環，p.167
ルイス塩基，p.165

鍵反応の要約

1. アミンの反応(5.5節)

(a) 水との酸–塩基反応

$$CH_3CH_2NH_2 + H_2O \rightleftharpoons CH_3CH_2\overset{+}{N}H_3 + OH^-$$

(b) アンモニウム塩を生成する強酸との反応

$$CH_3CH_2NH_2 + H_3O^+ \longrightarrow CH_3CH_2\overset{+}{N}H_3 + H_2O$$

2. アンモニウムイオン(5.5節)**あるいはアミン塩の反応**(5.6節)

アミンを生成する第一級，第二級，第三級アミン塩(あるいはイオン)と塩基と酸–塩基の反応

$$CH_3CH_2\overset{+}{N}H_3Cl^- + NaOH \longrightarrow$$
$$CH_3CH_2NH_2 + NaCl + H_2O$$

🔑 基本概念を理解するために

5.23

(a) 上の化合物の窒素原子部分を第一級，第二級，第三級，第四級，芳香族アミンに区別せよ．

(b) その中で水素結合するアミン官能基はどれか．また，水素結合の電子を受け取れるのはどれか．

5.24 アミノ酸の一つ，リシンの構造を下に示す．

(a) 水素結合するアミン官能基はどれか．

(b) リシンは水溶性か，説明せよ．

5.25 つぎの化合物間の水素結合を説明する構造式を描け(図5.1を参照)．

(a) ⬡—NH₂　4分子

(b) ⤙—NH₂　2分子　と　H₂O　2分子

(c) CH₃NH₂　2分子　と　⬠N—H　2分子

5.26 図5.1のように，水が水素結合している二つのアミンと反応してアミン，アンモニウムイオンおよびOH⁻を生成するとき，どの結合が形成し，または切断するか．そして電子はどのように移動するかを説明せよ．

5.27 つぎのアミンのうちもっとも塩基性が強いのと弱いのはどれか(5.5節参照)．

NH₃　　⬡—NH₂　　(CH₃)₂NH

5.28 つぎの反応式を完成せよ．

(a) ⬡⁺N—H　+　OH⁻　⟶

(b) ⤙—NH₂　+　H₂O　⇌

(c) (CH₃CH₂)₃N　+　HBr　⟶

(d) ⬠NH　+　HCl　⟶

補 充 問 題

アミンとアンモニウム塩(5.1〜5.3節)

5.29 つぎの化合物名の構造式を描け．

(a) N-メチルシクロヘキシルアミン

(b) ジプロピルアミン

(c) ペンチルアミン

5.30 つぎの化合物名の構造式を描け．

(a) N-メチルペンチルアミン

(b) N-エチルシクロブチルアミン

(c) p-プロピルアニリン

5.31 つぎのアミンを命名し，それぞれを第一級，第二級，第三級に区別せよ．

(a) 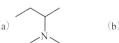　　　　(b)

5.32 つぎのアミンを命名し，それぞれを第一級，第二級，第三級に区別せよ．

(a) 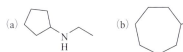　　　　(b)

5.33 水はアンモニアよりも塩基性は強いか弱いか．

5.34 ジエチルエーテルとジエチルアミンのうち，より強い塩基はどちらか．

5.35 つぎのアンモニウム塩の化合物名あるいは構造を記せ. それぞれのアンモニウム塩を第一級, 第二級, 第三級に分類せよ.

(a) $CH_3CH_2CH_2-\overset{+}{\underset{|}{N}H_2}$　Br^-
　　　　　　　　　CH_3

(b) $(CH_3)_2\overset{CH_3}{\underset{|}{\overset{|}{\underset{|}{N}H}}}$　Cl^-
　　　　　CH_3

(c) 臭化 N-プロピルブチルアンモニウム

5.36 つぎのアンモニウム塩の化合物名あるいは構造を示せ. それぞれのアンモニウム塩を第一級, 第二級, 第三級に分類せよ.

(a) $CH_3CH_2\overset{CH_3}{\underset{\underset{NH_2CH_3}{+}}{CH}}$　NO_3^-

(b) 塩化ピリジニウム

(c) 塩化 N-ブチル-N-イソプロピルヘキシルアンモニウム

5.37 リドカインは, 医学的には局所麻酔薬として使われる. リドカインに存在する官能基を示せ(1.2 節参照).

リドカイン

5.38 コカインの官能基を示せ(1.2 節参照).

コカイン

5.39 問題 5.29 のアミンを酸で処理したときに生成するアンモニウムイオンの構造式を描け.

5.40 問題 5.30 のアミンを酸で処理したときに生成するアンモニウムイオンの構造式を描け.

アミンの反応(5.3, 5.5, 5.6 節)

5.41 つぎの反応式を完成せよ(ヒント:三置換窒素は非共有電子対をもつが四置換窒素はもたない. 例題 5.4 と 5.5 参照).

(a) ⬡—$NHCH_2CH_3$　+　HBr　⟶　?

(b) ⬡—$NH_3^+Br^-$　+　OH^-　⟶　?

(c) $CH_3CH_2\underset{\underset{CH_3}{|}}{NH}$　+　H_3O^+　⟶　?

5.42 つぎの反応式を完成せよ(ヒント:三置換窒素は非共有電子対をもつが四置換窒素はもたない. 例題 5.4 と 5.5 参照).

(a) ☐—NH_2　+　HCl　⟶　?

(b) $CH_3CH_2CH_2\overset{H}{\underset{}{N}}CH_3$　+　H_2O　⇌　?

(c) ⬡—$\overset{H}{\underset{H}{N^+}}$—⬡　Br^-　+　$NaOH$　⟶　?

5.43 ヘアコンディショナーには“寝ぐせ”を防ぐためつぎに示すようなアンモニウム塩を含んでいるものが多い. この塩は酸とも塩基とも反応しない. 理由を説明せよ.

$$CH_3(CH_2)_{15}\overset{CH_3}{\underset{\underset{CH_3(CH_2)_{15}}{\overset{+}{N}}}{}}CH_3\quad Cl^-$$

5.44 コリンはつぎに示す構造をもっている. この化合物は塩酸と反応するだろうか. 反応するなら生成物を, 反応しないならなぜか, その理由を示せ.

$$HO\overset{CH_2}{\underset{CH_2}{}}\overset{+}{N}(CH_3)_3$$

全般的な問題

5.45 つぎの記述に合うアミンの構造を予測せよ.

(a) 分子式 $C_5H_{13}N$ の第二級アミン

(b) 分子式 $C_6H_{15}N$ の第三級アミン

(c) 分子式 $C_6H_{14}N^+$ の第四級環状アミン

5.46 p-アミノ安息香酸(PABA)は日焼け止め薬の一般的な成分である. PABA の構造式を描け(表2.2 参照).

5.47 問題 5.46 の PABA は, ある種の細菌が葉酸(必須ビタミン, 生化学編 2 章)をつくる原料として利用している. スルファニルアミドナトリウムのようなサルファ剤は, PABA と構造が類似していることでその機能を示す. 細菌は, サルファ剤を代謝しようと試みるが失敗して葉酸の欠乏により死に至る.

スルファニルアミドナトリウム

(a) 構造が PABA と類似している点を述べよ.

(b) 中性化合物としてではなくナトリウム塩として薬に用いられているのはなぜか.

5.48 アシクロビルはヘルペス感染を治療する抗ウイルス剤で，つぎの構造をもっている.

アシクロビル

(a) この化合物の母体となる複素環塩基(表5.1)はなにか.

(b) この化合物中のほかの官能基を示せ.

5.49 トリメチルアミンとアンモニアのうち，塩基性が強いのはどちらか．つぎの反応はどちらの方向に進行するか.

5.50 アミンは，おなじ炭素数のアルコールと比較して，(a) 臭い，(b) 塩基性，(c) 沸点はどう異なっているか.

5.51 アルカロイドの少くとも二つの望ましくない性質とはなにか.

5.52 つぎの化合物を命名せよ.

(a)

(b)

(c) $(CH_3CH_2CH_2CH_2)_2NH$

5.53 つぎの反応式を完成せよ(ヒント：解答にはこれまでに学習した有機化学の知識が必要).

(a)

(b) $CH_3CH_2CHCH(CH_3)_2 + H_2SO_4 \longrightarrow$? （OH付き）

(c) $2\,CH_3CH_2SH \xrightarrow{[O]}$?

(d)

(e) $(CH_3)_3N + H_2O \rightleftharpoons$?

(f) $(CH_3)_3N + HCl \longrightarrow$?

(g) $(CH_3)_3NH^+ + OH^- \longrightarrow$?

5.54 ヘキシルアミンとトリエチルアミンは同一分子量である．ヘキシルアミンの沸点は129℃なのに，トリエチルアミンの沸点は89℃でしかない．これらの結果について説明せよ.

5.55 バエオシスチン(baeocystine)はキノコ(*Psilocybe baeocystis*)から単離される幻覚剤で，その構造は下に示す構造をもっている．この化合物の母体となる複素環塩基(表5.1)はなにか.

バエオシスチン

5.56 なぜシクロヘキシルアミンは含窒素複素環化合物とみなされないか.

5.57 ベンゼンとピリジンはともに単環性の芳香族化合物である．ベンゼンは水に不溶の中性化合物である．おなじような分子量のピリジンは塩基性で水とは完全に混和する．これらの現象について説明せよ.

5.58 問題5.41のそれぞれの出発原料を命名せよ.

グループ問題

5.59 1-プロピルアミン，1-プロパノール，酢酸，ブタンはほとんど同じ分子量である．その中で，(a) 沸点がもっとも高い，(b) 沸点がもっとも低い，(c) 水溶性がもっとも低い，(d) 反応性がもっとも低いのはどれか．グループメンバーで問題の解答を分担し，それから解答の理由について議論せよ.

5.60 デシルアミンとエチルアミンではどちらが水により溶けるか．その理由を述べよ.

5.61 クエン酸を含んでいるレモン汁は，魚の臭いを除去するのに昔から用いられている．どの官能基が"魚の"臭いに関係しているのか，またどのように作用してレモン汁がその臭いを除去しているか？可能なら自宅で魚を使って試してみよ.

6

カルボン酸と
誘導体

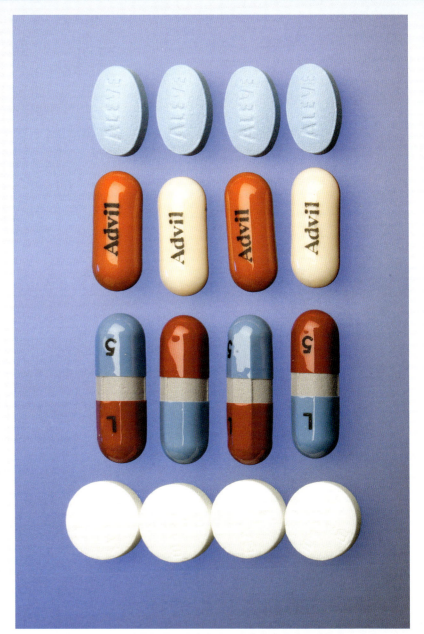

▲ 多くの鎮痛薬はカルボキシ基を溶解性スイッチとしてもっており，それにより効果的な鎮痛薬として作用する.

　私たち人間は約 60〜65％の水で構成されているので，生化学的には水性環境で生き，機能しているといっても過言ではない. しかし，今日までに目にした有機分子の大部分は水にほとんど溶解しない. では，水に溶けない分子はどのようにして水性環境で用いられるのであろうか. 医薬品の場合，これはとくに重要な問題となる. 水に溶けない薬をヒトの体が使うために，自然は，生体分子の多くに"溶解性スイッチ"という仕掛けを組み込んでいる. 溶解性スイッチは，要するに不溶性から可溶性に変えることができ，必要に応じて再び戻すことができる，分子中に存在する官能基のことである. これを可能にするもっとも一般的な二つの官能基は，アミン（5 章）と本章で説明するカルボン酸である. 塩基性条件下では，カルボン酸はカルボン酸イオンに変換されて可溶性になる. 化学者が体液に可溶な医薬品をつくるためにもこの戦略が使用されており，化合物は体内の入り口から作用部位まで輸送される. 一般的なナプロキセン（Aleve）のようなカルボン酸含有薬

は，この戦略を利用している．章末の Chemistry in Action "薬物療法，体液と'溶解性スイッチ'" では，溶解度の切り替えの考え方について検討する．

　本書の最後に議論するのはカルボニル化合物の第2のグループ（4章参照）の**カルボン酸**とその**誘導体**の**エステル**および**アミド**である．さらに，生化学で重要な役割をし，化学的にみてもカルボン酸とそのエステルに類似するリン酸エステルについても述べる．

6.1　カルボン酸とその誘導体：性質と名称

学習目標：
- カルボン酸，エステル，アミドの構造，反応，水素結合，水への溶解度，沸点，酸性，塩基性について比較する．
- 単純なカルボン酸，エステル，アミドの命名，それらの構造式を描ける．

　カルボン酸は，カルボニル炭素原子に結合した $-OH$ 基をもっている．その誘導体では，$-OH$ 基はほかの官能基によって置換されている．たとえば，**エステル**はカルボニル炭素原子に結合した $-OR'$ 基をもっており，**アミド**では $-NH_2$，$-NHR'$ または $-NR'_2$ 基がカルボニル炭素原子に結合している．また，リン酸のエステルも存在し，これらはとくにデオキシリボ核酸（DNA）のような生体分子の化学で重要になる（生化学編 11 章）．

カルボン酸（carboxylic acid）　一つの $-OH$ 基に結合したカルボニル基をもつ化合物，RCOOH．

エステル（ester）　一つの $-OR'$ 基に結合したカルボニル基をもつ化合物，RCOOR'．

アミド（amide）　窒素 1 原子に結合したカルボニル基をもつ化合物，一般式 RCONR'_2．R' 基はアルキル基でも水素原子でもよい．

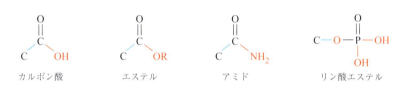

カルボン酸　　　エステル　　　アミド　　　リン酸エステル

　カルボン酸，エステルおよびアミドにはすべてカルボニル炭素原子（C=O）に酸素または窒素原子が結合しているため，これらの官能基は極性をもつ．これらの構造的な類似性により，化合物の性質がきわめてよく似ていることが説明できる．その結果，対応するアルカンよりも沸点は高温になる．カルボン酸と窒素原子に一つの H をもつアミドは水素結合の一部になり，化学的，物理的，生化学的特性に重要な役割を果たしている．

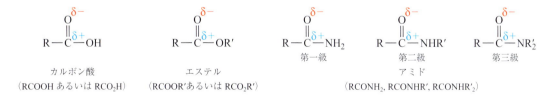

カルボン酸　　　　　　エステル　　　　　　　　　　　　　アミド
（RCOOH あるいは RCO_2H）　（RCOOR'あるいは RCO_2R'）　　（RCONH_2, RCONHR', RCONHR'_2）

第一級　　　　　第二級　　　　第三級

　カルボン酸は，植物や動物界全体に存在する．その中で定期的に出くわすもっとも一般的な二つは，酢酸とクエン酸である．酢酸は酢の主な有機成分であり，これは 4〜8% の酢酸を含む水溶液である（さまざまな香料などを含む）．過剰な酸素のもとでブドウの発酵によって得られる，さまざまなワインビネガーの生産は大きな市場となっている．柑橘類の果実の酸味はクエン酸による．たとえば，レモン汁は 4〜8%，オレンジジュースは約 1% のクエン酸を含んでいる．クエン酸は，三つのカルボキシ基を有するので，トリカルボン酸として知られている．ほとんどすべての植物や動物が代謝中に生産するが，ヒト血液中のその正常な濃度は約 2 mg/100 mL である．クエン酸とその塩の混合物をあらわすクエン酸塩（citrate）は，酸味を加えるためにキャンディーやソフト

クエン酸

さらに先へ ▶▶ クエン酸は，エネルギーを直接発生する主要な生化学経路の一部，**クエン酸回路**の名前のもとになっている．クエン酸は 8 段階の反応からなる回路の最初の反応生成物である．これについては，生化学編 4.7 節で述べる．

カルボニル基置換反応（carbonyl-group substitution reaction） カルボニル基の炭素に結合する官能基を新しい官能基に置き換える（置換する）反応．

ドリンクに一般的に使われている．炭酸水素イオンと反応して，Alka-Seltzer の泡をつくるなど医薬品や化粧品にも広く使われる．

　ケトンおよびアルデヒドとは異なり，電気陰性な原子が結合したカルボニル基を含むので，カルボン酸とその誘導体はすべて，カルボニル炭素で置換反応する．カルボン酸とその誘導体では，**カルボニル基置換反応**がおこる点が共通している．この反応では，$-Z$ であらわした官能基がカルボニル炭素原子に結合した基と置き換わる（置換する）．

$$R-\overset{\overset{\text{O}}{\|}}{C}-OH \ + \ H-Z \ \rightleftharpoons \ R-\overset{\overset{\text{O}}{\|}}{C}-Z \ + \ H-OH$$

$$\begin{array}{ll} -OR' & -OR' \quad （エステル）\\ -NH_2 & -NH_2 \quad （第一級アミド）\\ -NHR' & -NHR' \quad （第二級アミド）\\ -NR'_2 & -NR'_2 \quad （第三級アミド）\end{array}$$

たとえばエステルは，下のような置換反応で合成するのが常法である．

$$CH_3-\overset{\overset{\text{O}}{\|}}{C}-OH \ + \ H-OCH_2CH_3 \ \rightleftharpoons \ CH_3-\overset{\overset{\text{O}}{\|}}{C}-OCH_2CH_3 \ + \ H-OH$$
　　　　酢酸　　　　　　エタノール　　　　　　　酢酸エチル　　　　　　　水
　　（カルボン酸）　　　　　　　　　　　　　　　（エステル）

また，エステルは下のような逆反応でカルボン酸に再変換される（加水分解）．

$$CH_3-\overset{\overset{\text{O}}{\|}}{C}-OCH_2CH_3 \ + \ H-OH \ \rightleftharpoons \ CH_3-\overset{\overset{\text{O}}{\|}}{C}-OH \ + \ H-OCH_2CH_3$$
　　酢酸エチル　　　　　　　水　　　　　　　酢酸　　　　　エタノール

アシル基（acyl group）　$R\overset{}{C}{=}O$ 基

$$R-\overset{\overset{\text{O}}{\|}}{C}-$$

$$CH_3\overset{\overset{\text{O}}{\|}}{C}- \qquad Ph\overset{\overset{\text{O}}{\|}}{C}-$$
　アセチル（Ac）　　ベンゾイル（Bz）

カルボニル基置換反応によって変化しないカルボン酸の部位は，**アシル基**と呼ばれる．

　生化学では，カルボニル基置換反応は**アシル基転移反応**（acyl transfer reaction）と呼ばれ，多様な生体分子の代謝において重要な役割を果たしている．

問題 6.1
つぎの構造式はそれぞれ，カルボン酸，アミド，エステル，いずれでもないのどれになるか．

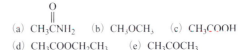

(a) $CH_3\overset{\overset{\text{O}}{\|}}{C}NH_2$　　(b) CH_3OCH_3　　(c) CH_3COOH

(d) $CH_3COOCH_2CH_3$　　(e) CH_3COCH_3

(f) $CH_3CH_2CONHCH_3$

(g) $CH_3CH_2NH_2$　　(h) $CH_3CH_2\overset{\overset{\text{O}}{\|}}{C}NH_2$

カルボキシ基（carboxy group）
$-COOH$ 基．

◀◀ **復習事項** 酸塩基平衡については基礎化学編 10.1 ～ 10.3 節で学んだ．

カルボン酸

　カルボン酸のもっとも重要な性質は弱酸性を示すことである．カルボン酸は**カルボキシ基**の水素を塩基に渡し，水溶液中で酸–塩基の平衡状態になる（この性質については 6.2 節で述べる）．通常のカルボン酸は，すべての酸と同様に

濃度に依存して腐食性を示すが，一般にヒトに対して有害ではない．

　アルコールと同様に，カルボン酸はおなじ分子間で水素結合を形成する．その結果，もっとも単純なカルボン酸のギ酸（HCOOH）ですら室温では液体であり，その沸点は101℃である．

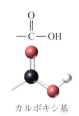

カルボキシ基

カルボン酸は水素結合により二量体を形成する．ここではギ酸の例を示す．

　炭素数9以下の飽和の直鎖状R基をもつ酸は，強い，刺激的で，不快な臭気を放つ揮発性の液体であり，そのうち炭素数4以下のものは水溶性である．炭素数9より大きな飽和のR基をもつものはろう状の無臭固体である．一般に，炭素鎖が長くなるにつれ，融点と沸点は高くなる．とくに沸点では1炭素増えると20〜25℃ずつ高くなる．水に対する溶解度は，水溶性の−COOH部に対してアルカン様の疎水性部分の大きさが増すにつれて低下する．

◀◀◀　有機分子の疎水性基の大きさと溶解性の関係については3.3節で学んだ．

命名法

　有機化学でみられる主要な官能基をすべて説明したので，ここで複数の官能基を含む化合物の名前をつける方法を学ぶ．国際純正・応用化学連合（IUPAC）命名法では，複数の官能基が存在する場合，すなわち官能基の優先順位によって化合物がどのように命名されるかが決定される．もっとも優先なものからの順位はつぎのとおりである．

> カルボン酸＞エステル＞アミド＞アルデヒド＞ケトン＞アルコール＞チオール＞アミン＞エーテル＞アルキン＞アルケン＞ハロゲン化アルキル＞アルカン

　したがって，アルコールとカルボン酸の両方を含む分子はカルボン酸として命名し，アミンとアルコールとを含む分子はアルコールとして命名される．番号つけは，官能基に結合しているかまたは官能基の一部である炭素から開始する．シンプルな多官能性化合物の命名法を知る必要がでてくるまで，この優先順位を認識しておくことが重要となる．なぜなら生化学の後半で，ある分子がどのように名づけられ，分類されているのかを理解するのに役立つからである．

　カルボン酸は，IUPAC命名法では対応するアルカンの語尾に–酸をつけて命名する（英語名では–eを–oic acidに置換することで命名される）．たとえば炭素数3の酸はプロパン酸（propanoic acid），直鎖状で炭素数4の酸はブタン酸（butanoic acid）といった具合である．アルキル置換基が存在する場合には，鎖は−COOH末端から番号をつけはじめて3-メチルブタン酸，そのほかの優先順位が低い官能基が存在する場合は2-ヒドロキシプロパン酸のようにする（2-ヒドロキシプロパン酸は乳酸という名前のほうが有名で，サワーミルクに入っている）．

プロパン酸

3-メチルブタン酸

乳　酸
（2-ヒドロキシプロパン酸）

表6.1　一般的なカルボン酸

構　造	慣用名	構　造	慣用名
カルボン酸		**不飽和酸**	
HCOOH	ギ　酸	$H_2C=CHCOOH$	アクリル酸
CH_3COOH	酢　酸	$CH_3CH=CHCOOH$	クロトン酸
CH_3CH_2COOH	プロピオン酸	**芳香族酸**	
$CH_3CH_2CH_2COOH$	酪　酸	（ベンゼン環-COOH）	安息香酸
$CH_3CH_2CH_2CH_2COOH$	吉草酸		
$CH_3(CH_2)_{16}COOH$	ステアリン酸	（ベンゼン環-COOH, -OH）	サリチル酸
ジカルボン酸			
HOOCCOOH	シュウ酸		
$HOOCCH_2COOH$	マロン酸		
$HOOCCH_2CH_2COOH$	コハク酸		
$HOOCCH_2CH_2CH_2COOH$	グルタル酸		

$$\overset{\varepsilon}{C}-\overset{\delta}{C}-\overset{\gamma}{C}-\overset{\beta}{C}-\overset{\alpha}{C}-FG$$

ギリシャ文字による表記法は慣用名に用いられた．官能基（FG）に結合した最初の C は α 炭素である．

　カルボン酸は歴史上最初に分離・精製された有機化合物のため，IUPAC 命名法による名前よりも慣用名のほうがよく用いられる．**ギ酸**（formic acid，ラテン語 *formica* で"アリ"の意），**酢酸**（acetic acid，ラテン語 *acetum* で"酸味のある"の意），**乳酸**（lactic acid，ラテン語 *lactis* で"乳"の意）が代表例である．また慣用名は，多くのこれらの酸の誘導体に使われるので，表 6.1 に示す慣用名を覚えておくことは重要である．慣用名では，-COOH 基に結合する炭素原子は番号よりも α, β, γ などとギリシャ文字で表記される．たとえば，左下の構造に命名する場合，3 炭素のものは**プロピオン酸**（propionic acid）であり，-COOH 基の隣りの第 2 の C=O 基（慣用名では**ケト基**）は α-ケト基であり，この化合物は α-ケト酸と呼ばれる．

$$CH_3-\overset{O}{\overset{\|}{C}}-\overset{O}{\overset{\|}{C}}-OH$$
　　　β　　α

α-ケトプロピオン酸
（ピルビン酸, 生化学における鍵中間体）

$$CH_3-\overset{\alpha}{CH}-\overset{O}{\overset{\|}{C}}-OH$$
　　β　　|
　　　　NH₂

α-アミノプロピオン酸
（アラニン）

アラニンでは，一般的なすべてのアミノ酸の場合と同様に，-NH₂ 基が α 炭素原子（-COOH 基のつぎの炭素）に結合している．

　カルボン酸から -OH 基を欠いたアシル基は，酸の名前の語尾 **-ン**（-ic acid）を **-（オ）イル**（-oyl）に置換することで命名する．非常に重要な例外は酢酸に由来するアシル基で，伝統的に**アセチル基**と呼ばれ，Ac と略す．

アセチル基（acetyl group）
$CH_3C=O$ 基．

▶ 生化学は食物分子を連続的に分解することによって成り立っている．この過程では，しばしばアセチル基が一つの分子から別の分子に転移する必要がある．たとえば，生命を維持するためのエネルギー生産の中心であるクエン酸回路のはじめの部分でアセチル基の転移が起こっている（生化学編 4.7 節）．

$$CH_3-\overset{O}{\overset{\|}{C}}-$$
アセチル基

$$CH_3CH_2-\overset{O}{\overset{\|}{C}}-$$
プロパノイル基

$$\text{（ベンゼン環）}-\overset{O}{\overset{\|}{C}}-$$
ベンゾイル基

　ジカルボン酸（dicarboxylic acid）はカルボキシ基を 2 個もつ酸であり，系統的にはアルカンの名前（-e は残す）の語尾に二酸（英語名では -dioic acid）を加える．この場合も，単純なジカルボン酸は通常，慣用名で呼ばれる．シュウ酸

（oxalic acid，IUPAC 命名法：ethanedioic acid）はダイオウ（タデ科の植物）やホウレンソウなどの *Oxalis* 属の植物に含まれる．生化学的なエネルギーの発生とクエン酸回路（生化学編 4.7 節参照）について述べる際に，コハク酸，グルタル酸など，ほかにもいくつかのジカルボン酸を目にすることになる．

$$
\underset{\text{シュウ酸（エタン二酸）}}{HO-\overset{\overset{\displaystyle O}{\|}}{C}-\overset{\overset{\displaystyle O}{\|}}{C}-OH}
\qquad
\underset{\text{コハク酸（ブタン二酸）}}{HO-\overset{\overset{\displaystyle O}{\|}}{C}-CH_2CH_2-\overset{\overset{\displaystyle O}{\|}}{C}-OH}
\qquad
\underset{\text{グルタル酸（ペンタン二酸）}}{HO-\overset{\overset{\displaystyle O}{\|}}{C}-(CH_2)_3-\overset{\overset{\displaystyle O}{\|}}{C}-OH}
$$

　不飽和酸（一つあるいはそれ以上の炭素-炭素二重結合をもつカルボン酸）は系統的には語尾を **-エン酸**（-enoic acid）として命名する．たとえば，単純な不飽和酸である $H_2C=CHCOOH$ はプロペン酸（propenoic acid）である．しかしアクリル酸という名前がもっともよく知られており，アクリル樹脂の原料となる．

例題 6.1　カルボン酸の命名

（a）つぎの化合物の系統名と慣用名を答えよ．

$$
\underset{\underset{\displaystyle HO\ \ CH_3}{|\ \ \ \ \ |}}{CH_3CHCH}-\overset{\overset{\displaystyle O}{\|}}{C}-OH
$$

解　説　この分子はアルコールでもカルボン酸でもあるが，カルボン酸のほうが優先順位が高いので，カルボン酸として命名する．最初に -COOH 基を含むもっとも長い炭素鎖を探し，カルボキシ基の炭素から番号をつける．

$$
\underset{\underset{\displaystyle HO\ \ CH_3}{|\ \ \ \ \ |}}{\overset{4\ \ \ 3\ \ \ 2\ \ \ \ 1}{CH_3CHCH}}-\overset{\overset{\displaystyle O}{\|}}{C}-OH
$$

親化合物は，炭素 4 原子の酸，ブタン酸である．C2 にはメチル基，C3 にはヒドロキシ基が結合している．表 6.1 から炭素 4 原子の酸の慣用名は酪酸（butyric acid）である．慣用名では置換基の位置は番号よりも，ギリシャ文字であらわされる．

$$
\underset{\underset{\displaystyle HO\ \ CH_3}{|\ \ \ \ \ |}}{\overset{\beta\ \ \alpha}{CH_3CHCH}}-\overset{\overset{\displaystyle O}{\|}}{C}-OH
$$

解　答

　IUPAC 命名法は 3-ヒドロキシ-2-メチルブタン酸である．慣用名は β-ヒドロキシ-α-メチル酪酸である．

（b）つぎの化合物の系統名と慣用名を答えよ．

$$
\underset{\underset{\displaystyle NH_2}{|}}{\underset{H_3C}{\overset{\overset{\displaystyle OH}{|}}{CH}}\ \underset{}{\overset{}{CH}}\ \overset{\overset{\displaystyle O}{\|}}{C}-OH}
$$

解　説　この分子はアルコール，アミン，カルボン酸を含んでいるが，カルボン酸がもっとも優先順位が高いので，カルボン酸として命名する．ここでも -COOH

基を含むもっとも長い炭素鎖を探す.

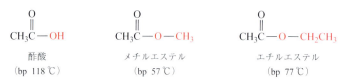

親化合物は炭素 4 原子のカルボン酸であるブタン酸である. 一つの $-NH_2$ 基(アミノ)を 2 番の炭素に, 一つのヒドロキシ基を 3 番の炭素にもっている. 4 炭素のカルボン酸の慣用名は酪酸である.

解　答

　IUPAC 命名法は 2-アミノ-3-ヒドロキシブタン酸, 慣用名は α-アミノ-β-ヒドロキシ酪酸である. これは一般にトレオニンとして知られているアミノ酸である(生化学編 1 章参照).

問題 6.2
つぎの化合物の構造を描け.
　(a) 2-エチル-3-ヒドロキシヘキサン酸　　(b) m-ニトロ安息香酸

問題 6.3
コハク酸(表 6.1)の, すべての結合を表記した構造式と, 線構造式を描け.

問題 6.4
アクリル酸の二重結合に Br_2 を付加させた酸の構造と, 系統名を書け(表 6.1 および 2.6 節参照).

エステル

　カルボキシ基の $-OH$ がエステル基($-COOR'$)の $-OR'$ に変換されると, 分子間で水素結合を形成する能力は失われる(ただし, 水との水素結合は可能である). したがって単純なエステルの沸点は, もとの酸にくらべ低い.

エステル
（ester）

CH_3C-OH	$CH_3C-O-CH_3$	$CH_3C-O-CH_2CH_3$
酢酸	メチルエステル	エチルエステル
（bp 118 ℃）	（bp 57 ℃）	（bp 77 ℃）

　単純なエステルは良い香りのする無色揮発性の液体であり, これらの多くは花や熟した果実の天然の香りのもとである. 低分子量のエステルはある程度水溶性であり, かつ非常に燃えやすい. エステルは水溶液中で酸としても塩基としても作用しない.

命名法

　エステルの名前は二つの言葉からなっている. 一つはカルボン酸の名前であり, この後にアルコールに由来するアルキル基の名前がついている. また, 英語名では一つは $-COOR'$ 中のアルキル基 R' の名称であり, もう一つはもとになる酸の名前の語尾 **-ic acid** を **-ate** に変換したものである(この命名法では, エステルの構造式を書くときの二つの部分の並べ方の順番と名前の並べ方が逆になっている).

エステルの命名

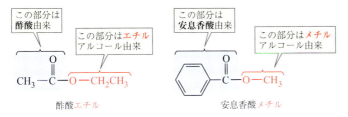

　慣用名ならびに系統名はこのようにしてつけられる．たとえば，直鎖の炭素数 4 のカルボン酸エステルの系統名は英語では butanoate（butanoic acid からの命名）あるいは butyrate（butyric acid からの命名）となる．

$$CH_3CH_2CH_2\overset{\overset{\textstyle O}{\|}}{C}OCH_2CH_3$$

酪酸エチル（ブタン酸エチル）

このエステルは食用の香料としてパイナップルの味と香りをつけるために用いられる．

例題 6.2　名前からエステルの構造を描く

酢酸ブチル（butyl acetate）の構造を示せ．

解　説　酸の名前とその後ろについたアルキル基の名前から，これは酢酸とブチルアルコールのエステルであることがわかる．また，英語名ではアルキル基の名前とその後の語尾が –ate となった酸の名前の二つの言葉からなる名称は，この化合物がエステルであることを示している．"acetate" という部分は，この分子の RCO– 部分が酢酸（CH₃COOH）由来であることを示している．また "butyl" という部分は，カルボキシ基の –H がブチル基で置換されていることを示している．

解　答

　酢酸ブチルの構造は，

例題 6.3　構造からエステルの命名をする

この化合物の名前はなにか．

$$CH_3(CH_2)_{16}\overset{\overset{\textstyle O}{\|}}{C}OCH_2CH_2CH_3$$

解　説　この化合物は一般式 RCOOR′ で示されるため，エステルである．分子のアシル部分（RCO–）はステアリン酸由来である（表 6.1）．また R′ 基の炭素数は 3 であり，したがってプロピル基である．

$$CH_3(CH_2)_{16} \underset{\text{ステアリン酸由来}}{\underbrace{\phantom{CH_3(CH_2)_{16}}}} - \overset{\overset{\displaystyle O}{\|}}{C} - O - \underset{\text{プロピル基}}{\underbrace{CH_2CH_2CH_3}}$$

プロピルアルコール由来

解 答

この化合物はステアリン酸プロピルである.

問題 6.5

つぎの化合物の構造を描け.

(a) 安息香酸ヘキシル   (b) ギ酸メチル   (c) アクリル酸エチル(表 6.1 参照)

問題 6.6

つぎの化合物のうち沸点がもっとも高いものと,もっとも低いものはどれか. 理由も説明せよ.

(a) CH_3OCH_3 (b) CH_3COOH (c) $CH_3CH_2CH_3$

問題 6.7

つぎの化合物のうち,より水溶性の高いのはどちらか.その理由も示せ.

(a) $C_8H_{17}COOH$ または $CH_3CH_2CH_2COOH$

(b)   または $CH_3CH_2COOCHCH_3$

アミド

アミド
(amide)

　カルボニル炭素に窒素が直接結合している化合物は**アミド**である.アミドは $-NH_2$ 基,あるいは窒素原子に結合する一つまたは二つの R′ 基をもっている. **無置換**(あるいは**第一級**)**アミド**(unsubstituted(または primary)amide, $RCONH_2$) はほかのアミド分子と複数の強い水素結合を形成するため,もとの酸にくらべ て融点,沸点ともに高い.

$$\overset{\overset{\displaystyle O}{\|}}{RCNH_2}\text{ の水素結合}$$

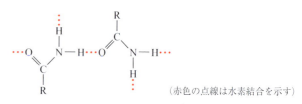

(赤色の点線は水素結合を示す)

　低分子量の無置換アミドは固体であり(もっとも単純なアミドのホルムア ミド $HCONH_2$ は液体),水と(水とは水素結合する)有機溶媒の両方に溶ける. **一置換**(あるいは**第二級**)**アミド**(monosubstituted(または secondary)amide, $RCONHR'$)も水素結合を形成できるが,**二置換**(あるいは**第三級**)**アミド** (disubstituted(または tertiary)amide, $RCONR_2'$)は水素結合を形成することができ ない.このため沸点は低い.

$$\underset{\substack{\text{酢 酸}\\(\text{bp }118\,^\circ\text{C})}}{CH_3C-OH} \qquad \underset{\substack{\text{アセトアミド}\\(\text{bp }222\,^\circ\text{C})\\\text{第一級アミド}}}{CH_3C-NH_2} \qquad \underset{\substack{\textit{N}\text{-メチルアセトアミド}\\(\text{bp }206\,^\circ\text{C})\\\text{第二級アミド}}}{CH_3C-NHCH_3} \qquad \underset{\substack{\textit{N,N}\text{-ジメチルアセトアミド}\\(\text{bp }165\,^\circ\text{C})\\\text{第三級アミド}}}{CH_3C-N(CH_3)_2}$$

アミン(5 章)とアミドの違いに注意する．アミドの窒素原子はカルボニル基の炭素に結合しているが，アミンはそうではない．

アミド (RCONH$_2$)　　　　　アミン (RNH$_2$)

カルボニル基の正に荷電した炭素原子は窒素原子の非共有電子対を強く引き寄せ，このため塩基として水素原子を受容することが妨げられる．結果として，アミンは塩基性を示すが**アミドは塩基性を示さない**．

命名法

第一級(無置換の −NH$_2$ 基をもつ)アミドは，もとになるカルボン酸の名前の語尾 **−酸**(−ic acid または −oic acid)を **−アミド**(amide)に置き換えて命名する．たとえば，酢酸から得られるアミドはアセトアミドである．窒素原子にアルキル置換基が存在する場合には，最初にアルキル基名を書いた後に母体になるアミドの名前が続く形で命名される．またアルキル置換基は，窒素原子に直接結合することを示す斜体文字 *N* の後につける．

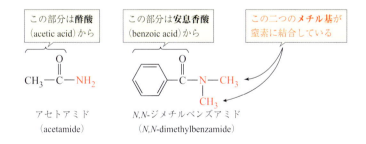

復習のために，酢酸誘導体の例をつぎに示す．

酢酸のカルボニル誘導体

まとめ：カルボン酸，エステル，アミドの性質

- すべてカルボニル基置換反応をおこす.
- エステルとアミドはカルボン酸から得られる.
- エステルとアミドは再びカルボン酸に戻すことができる.
- カルボン酸と第一級および第二級アミドは互いに強く水素結合する. 第三級アミドやエステルは互いに水素結合を形成することができない. しかし，これらすべてのカルボン酸とその誘導体は水分子とは水素結合をする.
- 単純なカルボン酸やエステルは液体. ホルムアミド以外の第一級アミドはすべて固体.
- カルボン酸は弱酸であり，水溶液は酸性を示す.
- エステルとアミドは酸でも塩基でもない(pH は中性).
- 小さい(低分子量の)アミドは水溶性であり，一方，小さいエステルはわずかに水溶性である.
- 揮発性のカルボン酸は強い刺激臭を有する. 一方，揮発性のエステルは果物のような良い香りがする. アミドは一般的に無臭である.

▶▶ 後の章で，タンパク質の基本的な結合はアミド結合であり(生化学編 1.2 節)，脂質ではエステル結合である(生化学編 6.2 節)ことを学ぶ.

HANDS-ON CHEMISTRY 6.1

　カルボン酸およびその誘導体は，多くの人々が毎日使用する多くの医薬品の重要な位置を占めている. Hands-on Chemistry 5.1 の課題と同様に，一般的な医薬品の上位 200(2015 年)にどんな官能基があるか見てみよう. この調査を十分に行うにはインターネットが必要となる.

a. 聞いたことが必ずあるであろう抗生物質のペニシリンからはじめよう. ペニシリン G とペニシリン V の二つがあることを確認する. これらの構造をみて，その線構造式を描き，カルボン酸誘導体にあたる官能基を示せ. 二つのペニシリンの違いはなにか. どこが共通しているか. 臨床では，どのように使い分けられているか説明せよ.

b. 2015 年の医薬品リストによれば，上位 10 位の処方薬の製品名はつぎの順である.

1. Crestor　2. Synthroid　3. Nexium
4. Ventolin　5. Advair　6. Lantus
7. Vyvanse　8. Lyrica　9. Spiriva
10. Diovan

これらの構造をみて，つぎの問に答えよ.

1. カルボン酸を含むか.
2. アミドを含むか.
3. アミドを含む場合は第一級，第二級，第三級のどれか.

c. 最後にパクリタキセル(4 章，Chemistry in Action "毒が有益なことはあるか？" 参照)の構造をみて，分子内に存在するエステル基をすべて示せ.

問題 6.8

(a)～(c)の化合物の短縮構造式と線構造式を描け.

(a) 酪酸とシクロペンタノールから生成するエステル
(b) 酪酸とイソプロピルアミンから生成するアミド
(c) 酪酸とジエチルアミンから生成するアミド
(d) (a)～(c)で描いた化合物を命名せよ.

問題 6.9

つぎの化合物を命名せよ.

(b)

(c)

問題 **6.10**

つぎの名前に対応する構造を描け.

(a) 4-メチルペンタンアミド (b) *N*-エチル-*N*-メチルプロパンアミド

問題 **6.11**

多くの重要な生体分子は多官能性である. つぎに示す化合物について (i) α-アミノ基, (ii) 一置換アミド, (iii) メチルエステル, (iv) カルボン酸, (v) 二置換アミドに対応する部位を示せ.

問題 **6.12**

化合物 (a)～(f) を (i) アミド, (ii) エステル, (iii) カルボン酸に分類せよ.

(a) CH_3COOCH_3 (b) $RCONHR$

(c) C_6H_5COOH (d) $CH_3CH_2\overset{\displaystyle O}{\overset{\|}{C}}{-}N(CH_3)_2$

(e) $CH_3CH_2CH_2CONH_2$ (f) $HOOCCH_2{-}\underset{\displaystyle CH_3}{\overset{\displaystyle}{C}H}{-}CH_3$

基礎問題 **6.13**

つぎの分子模型をエステル, カルボン酸およびアミドに分類し, おのおのの短縮構造式および線構造式を描け.

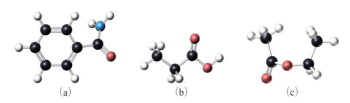

(a) (b) (c)

6.2　カルボン酸の酸性度

学習目標：

- 異なるカルボン酸の酸性度を述べ，強塩基との反応を予測できる.

カルボン酸アニオン（carboxylate anion）　カルボン酸のイオン化によって生じるアニオン，RCOO⁻.

　カルボン酸は弱い酸であり，水溶液中では**カルボン酸アニオン**（カルボン酸陰イオン，RCOO⁻）とのあいだで平衡状態になる．カルボン酸アニオンは，カルボン酸名の語尾につく**ン**(–ic)を**-（ア）ート**(–ate)に置換して命名する（エステルの命名の際とおなじ名前と語尾である）．体液の pH 7.4 では，カルボン酸は主としてカルボン酸アニオンで存在する．

$$CH_3C{-}OH + H_2O \rightleftarrows CH_3C{-}O^- + H_3O^+$$
酢　酸　　　　　　　　　　　　　　酢酸イオン

$$CH_3C{-}C{-}OH + H_2O \rightleftarrows CH_3C{-}C{-}O^- + H_3O^+$$
ピルビン酸　　　　　　　　　　　　ピルビン酸イオン

◀◀◀ これは pH でみられたのと同じ関係であることを思い出すこと（基礎化学編 10.7 節参照）

　酸の相対的な強さは酸解離定数(K_a)で測定され，K_a が小さいことは弱い酸であることを意味する（基礎化学編 10.5 節）．化学者や生化学者は，有機化合物の酸性度を議論する際に pK_a を用いる．p$K_a = -\log K_a$ と定義される．pK_a が**大きいほど弱い酸**であり，pK_a が 1 違うということは，10 倍の酸性度の差があることを意味している．

　科学的な記号を含まないため，酸性度の比較をすばやく行えることが pK_a を用いることの利点の一つである．表 6.2 に示す値からわかるように，多くのカルボン酸は酢酸とおなじくらいの酸性度をもつ．しかしいくつかの例外もある．顕微鏡のプレパラートをつくるとき，皮膚のケミカルピーリングをするときや，体液からタンパク質を沈殿させるときに使用するトリクロロ酢酸（TCA）は非常に強い酸であり，硫酸とおなじくらい注意して取り扱わなければならない．シュウ酸やグルタル酸のようなジカルボン酸は二つの K_a と pK_a をもつ．最初の酸性 H の引き抜きによるもの(K_{a1} と pK_{a1})と，ジアニオンの形成に対応する二つめのもの(K_{a2} と pK_{a2})である．最初の水素引抜きの後，つぎの水素引抜きは 10 から 1000 倍困難なので，実質 K_{a1} と pK_{a1} のみが重要である．

カルボン酸塩（carboxylic acid salt）カルボン酸アニオンとカチオンからなるイオン性化合物.

　カルボン酸は，ほかの酸とおなじように塩基と中和反応をする．カルボン酸は水酸化ナトリウムのような強塩基と反応すると，つぎに示す酢酸ナトリウムの生成のように水と**カルボン酸塩**になる（水溶液中でのすべての酸と強塩基の反応と同様，この反応は逆反応よりも矢印の方向の反応がはるかに有利なので，1 本の矢印で示してあることに注意）．カルボン酸塩はほかの塩とおなじように，カチオン（陽イオン）とアニオン（陰イオン）の名前で命名する．しかし，生体内ではどのカチオンなのかがはっきりしない，あるいは不明なので，イオン化したカルボン酸はアニオンの名前のみで呼ばれる*.たとえば，クエン酸(citric acid)のイオン化した形は単純に citrate と呼ばれている（これは，生化学編 5，7，8 章の代謝の解説でも学ぶ）．

❋（訳注）：日本語では生体内でイオン化したカルボン酸であっても，便宜上カルボン酸のままの名称を用いることが多い.

$$CH_3{-}C{-}O{-}H（水） + Na^+OH^-（水） \longrightarrow CH_3{-}C{-}O^-Na^+（水） + H{-}OH$$
酢酸（弱酸）　　　　　　水酸化ナトリウム　　　　　　酢酸ナトリウム

　カルボン酸のナトリウムやカリウム塩はイオン性の固体であり，カルボン酸

表 6.2　カルボン酸の酸解離定数 K_a と pK_a *

名　前	構　造	K_a	pK_a
トリクロロ酢酸 （trichloroacetic acid）	Cl_3CCOOH	2.3×10^{-1}	0.64
クロロ酢酸 （chloroacetic acid）	$ClCH_2COOH$	1.4×10^{-3}	2.85
ギ　酸 （formic acid）	$HCOOH$	1.8×10^{-4}	3.74
酢　酸 （acetic acid）	CH_3COOH	1.8×10^{-5}	4.74
プロピオン酸 （propionic acid）	CH_3CH_2COOH	1.3×10^{-5}	4.89
ヘキサン酸 （hexanoic acid）	$CH_3(CH_2)_4COOH$	1.3×10^{-5}	4.89
安息香酸 （benzoic acid）	C_6H_5COOH	6.5×10^{-5}	4.19
アクリル酸 （acrylic acid）	$H_2C{=}CHCOOH$	5.6×10^{-5}	4.25
シュウ酸 （oxalic acid）	$HOOCCOOH$ $^-OOCCOOH$	5.4×10^{-2} 5.2×10^{-5}	1.27 4.28
グルタル酸 （glutaric acid）	$HOOC(CH_2)_3COOH$ $^-OOC(CH_2)_3COOH$	4.5×10^{-5} 3.8×10^{-6}	4.35 5.42

* 酸解離定数 K_a は酸のイオン化に関する平衡定数である．この値が小さいほど弱い酸である．

$$RCOOH + H_2O \rightleftarrows RCOO^- + H_3O^+ \qquad K_a = \frac{[RCOO^-][H_3O^+]}{[RCOOH]}$$

pK_a が大きくなると酸は弱くなる．

自身よりもはるかに水に溶けやすい．たとえば，安息香酸よりも，安息香酸ナトリウムの水への溶解度は 150 倍高い．カルボン酸塩やアミン塩の形成は薬剤の水溶性の誘導体をつくり出すのに有用である（章末の Chemistry in Action，"薬物療法，体液と'溶解性スイッチ'"参照）．

例題 6.4　カルボン酸の酸性度への構造の影響

トリクロロ酢酸と酢酸の構造式を描き，二つのうちでトリクロロ酢酸がより強い酸である理由を説明せよ．

解　説

構造的な違いは，α 炭素原子の水素原子が三つとも塩素原子に置換されている点である．塩素は水素よりもはるかに電気陰性度が大きく，このためトリクロロ酢酸分子の残りの部分から電子を引っ張る（次ページに矢印で示す）．この結果，酢酸の対応する水素原子とくらべ，トリクロロ酢酸の −COOH 基中の水素原子はより弱く保持され，より解離しやすくなる．

CHEMISTRY IN ACTION

医薬品として重要なカルボン酸とその誘導体

カルボン酸，エステル，およびアミドは，医薬品および生体系において幅広く用いられている．ほぼすべ ての人がアスピリンのことを知っているが，多くの店頭薬には一つ以上のカルボキシ基を含む化合物である事実に驚くかもしれない．つぎの表に，カルボン酸またはその誘導体によるよく知られた店頭薬の例を示す．

いくつかの医薬品として重要なカルボン酸とその誘導体

名 前　構 造	性質と用途
サリチル酸	● 柳 (*Salix alba*) の樹皮に存在. ● アミノ酸のフェニルアラニン (生化学編 表1.3) から生合成される ● 植物に含まれ，植物の生長，光合成，イオン輸送に重要な役割を果たす. ● チェロキー族の人々は，熱，痛み，および他の薬用目的のために，ヤナギ樹皮の輸液を使用していた. ● 水への溶解性がきわめて悪く広範囲に使用すると胃を刺激する.
アスピリン	● サリチル酸塩として知られている薬剤群の一つで，サリチル酸の化学修飾によって発見. ● 胃でエステルの加水分解によりサリチル酸になる. ● 痛みを和らげる (鎮痛薬)，発熱を抑える (解熱薬)，および炎症を減少させる (抗炎症剤) ものとしてよく知られている. ● 近年，アスピリンは血小板の凝集を抑制し，血栓によって引きおこされる心臓発作を抑制することが判明している．よって心臓発作の危険性がある一部の人には，アスピリンを少量定期的に投与することが推奨される (アスピリンの化学，生化学編 6.7節参照). ● 望ましくない副作用は，胃出血および胃痛である．それはまた，血液細胞の凝固に必要な酵素の作用を阻害し，それにより数日間出血が止まるのに倍の時間がかかるようになることの原因となる. ● WHO 必須医薬品モデルリストに掲載されている*.
サリチル酸メチル (冬緑油)	● 経口薬としてはいかなる用量でも毒性が強い. ● 低濃度では食品，飲料中の香料として使用される. ● うがい薬では消毒成分として使用される. ● 治療に役立つ対向刺激薬として，皮膚の神経末端を刺激して痛みを和らげる. ● 湿布の有効成分.
アセトアミノフェン	● アスピリンの代替鎮痛薬. ● Tylenol という商品名でよく知られる. ● 解熱作用があるが，抗炎症薬ではない. ● 子どもにはアスピリンの代わりに推奨される. ● 主な利点は，内出血を引きおこさないことである．出血しやすい患者，または外科手術あるいは創傷から回復中の患者のための鎮痛薬として選択される. ● 多量に服用すると腎臓，肝臓に障害. ● WHO 必須医薬品モデルリストに掲載されている*.

解 答
トリクロロ酢酸の−COOH 基の水素はより弱く結合しているので，より強い酸である.

CIA 問題 6.1　2分子のサリチル酸の反応によって形成されるエステルであるサルサラートは，アスピリン過敏症の人のためのアスピリン代替物として使用されるサリチル酸塩である．サリチル酸とサルサラートの構造を描け．

CIA 問題 6.2　NSAID とは何をあらわしているか．

CIA 問題 6.3　アスピリン，アセトアミノフェン，ベンゾカイン，リドカインの構造を調べ，それらが酸性，塩基性，またはどちらでもないか，示せ．

名　前　　構　造	性質と用途
イブプロフェン	● 非ステロイド系抗炎症薬（nonsteroidal anti-inflammatory drug, NSAID）． ● さまざまな市販薬． ● 関節炎，腹部痙攣，発熱の症状を緩和するため，鎮痛薬として，とくに炎症がある場合に使用． ● 血液凝固時間に影響を及ぼすことが知られているが，この効果は比較的軽く，アスピリンと比較して短い． ● 一般的な処方量では，すべての一般的な NSAID の有害な胃腸副作用の発生率がもっとも低い． ● WHO 必須医薬品モデルリストに掲載されている*．
ナプロキセン	● イブプロフェンと同様に NSAID である． ● さまざまな市販薬． ● さまざまな痛み，発熱，腫れ，および硬直の軽減に一般的に使用． ● 合併症を発症するリスクが比較的低いため，心臓発作または脳卒中のリスクが高い人に長期間使用するのに好ましい NSAID． ● 近年の研究でインフルエンザウイルスに対する抗ウイルス活性が示唆された．
ベンゾカイン	● 多くの店頭販売される局所製剤（皮膚表面に適用されるもの）に使用される局所麻酔薬． ● 凍傷，かぶれ，喉の痛み，および痔に伴う痛みの緩和に使用． ● 感覚神経による刺激の伝達を遮断することによって作用．
リドカイン	● ベンゾカインの構造類縁体． ● ベンゾカインよりも水溶性が高いので，注射に用いる． ● 歯科治療中の痛みを防ぐために，注射によってもっとも一般的に投与される局所麻酔薬．

* 世界保健機関（The World Health Organization, WHO）必須医薬品モデルリストは，基本的な健康管理システムに必要なもっとも効果的で，安全で，コスト効率のよい医薬品のリスト（2015 年 4 月の更新）である．

問題 6.14

つぎの反応の生成物はなにか．

　（a）$CH_3CH_2CH(CH_3)COOH + NaOH \longrightarrow$　　?
　（b）2,2-ジメチルペンタン酸 + KOH $\longrightarrow$　　?

問題 6.15

（a）サリチル酸カリウムおよび（b）シュウ酸二ナトリウムの構造を描け（表 6.1）．

問題 6.16
酢酸カリウムとグルタル酸二ナトリウムを水に溶かしたとする. この溶液中に存在する有機イオン種の構造を描け(表6.1).

6.3 カルボン酸の反応：エステルとアミドの形成

学習目標：

● カルボン酸からどのようにしてエステルとアミドが形成されるかを記述できる.

アルコールとアミンはおなじ反応様式でカルボン酸と反応する. どちらもほかの官能基によるカルボン酸の −OH 基の置換反応であり, 副生成物として水が生じる. アルコールの場合はカルボン酸の −OH 基はアルコールの −OR′ 基で置換され(エステル化), アミンの場合にはカルボン酸の −OH 基はアミンの −NH$_2$, −NHR′, −NR$_2'$ 基で置換される(アミド化).

エステル化反応

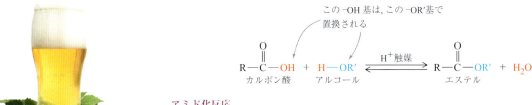

アミド化反応

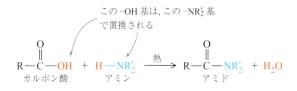

▲ さまざまなビールの独特の風味と香りの一部は, 醸酵に使われる酵母によってつくられるエステルに由来する.

エステル化(esterification)　アルコールとカルボン酸が反応してエステルと水を生成する反応.

エステル化

実験室では, **エステル化**は硫酸のような強酸触媒の存在下, カルボン酸とアルコールを加熱することで行われる. 一例をあげると,

$$CH_3CH_2CH_2-\overset{\displaystyle O}{\overset{\|}{C}}-OH \ + \ H-OCH_2CH_3 \ \underset{\text{H}^+\text{触媒}}{\rightleftharpoons}$$
酪酸　　　　　　　　エタノール

$$CH_3CH_2CH_2-\overset{\displaystyle O}{\overset{\|}{C}}-OCH_2CH_3 \ + \ H_2O$$
酪酸エチル
(パイナップル油に含まれる)

エステル化は可逆反応であり, 反応物と生成物の両方がほぼ当量に存在する平衡に達することが多い. エステル化を進行させるためには大過剰のアルコールを用いるか, あるいは生成物の片方を連続的に除去すること(たとえば, 低沸点のエステルを留去する, あるいは同様の方法で水を除くなど)が望ましい. どちらの方法も Le Chatelier(ルシャトリエ)の法則の応用になる(基礎化学編 7.9 節参照).

例題 6.5 エステル化反応の生成物を描く

冬緑油の香気成分は，*o*-ヒドロキシ安息香酸(サリチル酸)とメタノールの反応によってつくられるエステルである．生成物の構造を示せ．

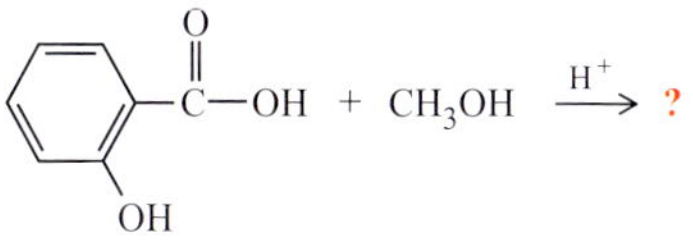

解　説　最初に，カルボン酸の -COOH 基とアルコールの -OH 基が互いに向かい合うように両反応物を描く．

つぎに，カルボン酸からの -OH 基とアルコールからの -H を水として取り除き，残りの二つの有機化合物部分を単結合で結合させる．

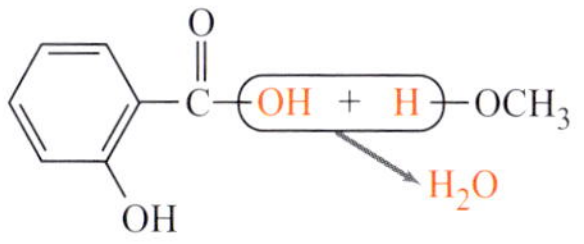

解　答

生成するエステルの構造

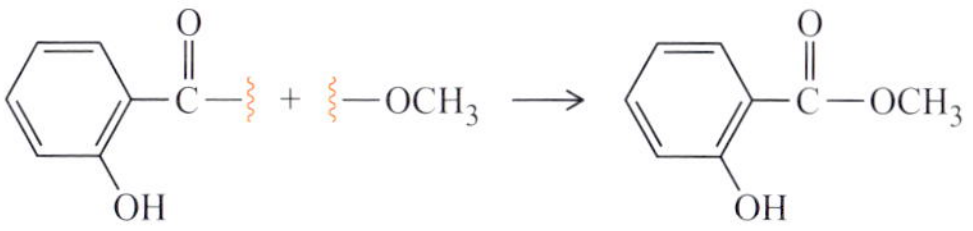

o-ヒドロキシ安息香酸メチル
(サリチル酸メチル)

問題 6.17
オレンジ油に特徴的な香りを与える化合物の一つは，酢酸と 1-オクタノールの反応によって形成されるものである．このエステルの構造式を描き，命名せよ．

問題 6.18
ラズベリーの油はギ酸と 2-メチル-1-プロパノールとからできるエステルを含んでいる．その構造を示せ．

$$HCOOH + (CH_3)_2CHCH_2OH \longrightarrow \ ?$$

問題 6.19
つぎのエステルを合成するにはどのようなカルボン酸とアルコールが必要か．

(a) 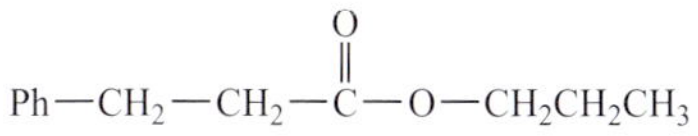 $Ph-CH_2-CH_2-\overset{\overset{\displaystyle O}{\|}}{C}-O-CH_2CH_2CH_3$

(b)

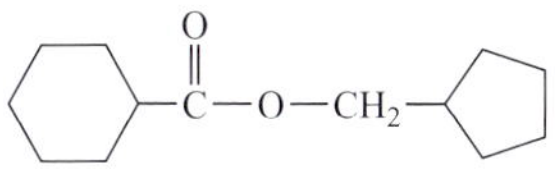

アミド化

カルボン酸とアンモニア(NH_3)から第一級アミドが生成する.

$$\underset{\text{酢 酸}}{CH_3C\overset{O}{-}OH} + NH_3 \longrightarrow \underset{\substack{\text{アセトアミド}\\\text{(第一級アミド)}}}{CH_3C\overset{O}{-}NH_2} + HOH$$

第二級もしくは第三級アミドはそれぞれ第一級または第二級アミンとカルボン酸から生成する.

$$\underset{\text{酢 酸}}{CH_3C\overset{O}{-}OH} + \underset{\substack{\text{メチルアミン}\\\text{(第一級アミン)}}}{CH_3\overset{H}{\underset{H}{N}}} \overset{\text{熱}}{\longrightarrow} \underset{\substack{\text{N-メチルアセトアミド}\\\text{(第二級アミド)}}}{CH_3C\overset{O}{-}NHCH_3} + HOH$$

$$\underset{\text{安息香酸}}{\text{（ベンゼン環）}\overset{O}{\underset{OH}{C}}} + \underset{\substack{\text{ジメチルアミン}\\\text{(第二級アミン)}}}{(CH_3)_2N-H} \overset{\text{熱}}{\longrightarrow} \underset{\substack{\text{N,N-ジメチルベンズアミド}\\\text{(第三級アミド)}}}{\text{（ベンゼン環）}\overset{O}{\underset{N(CH_3)_2}{C}}} + H-OH$$

▶▶ タンパク質は,アミノ酸がアミド結合によって長い鎖を形成している.タンパク質の生合成については生化学編 9.10 節に述べられているように,細胞の DNA 配列によって決定される順序どおりに,異なった R 基をもったアミノ酸が構築されるよう厳密に制御されている.

$$-N-CH-\underset{\substack{|\\R_1}}{\overset{\substack{O\\||}}{C}}-NH-CH-\overset{\substack{O\\||}}{C}-$$
$$\quad\; \underset{H}{|}\;\;\;\; \underset{R_2}{|}$$

すべてにおいて,反応の第1段階はアンモニウム塩の生成であり,示したようにアミド生成反応は加熱する必要がある.アミドが形成する反応は,どの場合もカルボン酸の $-OH$ 基とアンモニアまたはアミンの H 原子とから水が生成する反応を伴う.化学者は実験室でこの反応を容易に行うことができるように縮合剤として知られる試薬を開発してきた.生体内では,アシル転位酵素によってこの反応が行われている.トリエチルアミンのような第三級アミンの窒素には水素がないため,アミドをつくらず,アンモニウム塩にしかならない.

$$\underset{\text{プロピオン酸}}{CH_3CH_2C\overset{O}{-}OH} + \underset{\text{トリエチルアミン}}{(CH_3CH_2)_3N} \longrightarrow \underset{\text{プロピオン酸トリエチルアミン塩}}{CH_3CH_2C\overset{O}{-}O^-} \underset{}{(CH_3CH_2)_3NH^+}$$

例題 6.6 アミド化の生成物を描く

蚊やダニの忌避物質であるジエチルトルアミド(diethyltoluamide, DEET)は,ジエチルアミンと m-メチル安息香酸(m-トルイル酸)から合成できる.DEET の構造を示せ.

$$\underset{H_3C}{\text{（ベンゼン環）}}\overset{O}{\underset{}{C}}-OH + (CH_3CH_2)_2NH \longrightarrow \;?$$

解 説 最初に,カルボン酸の $-OH$ 基とアミンの $-H$ が互いに向き合うように反応式を書き直す.

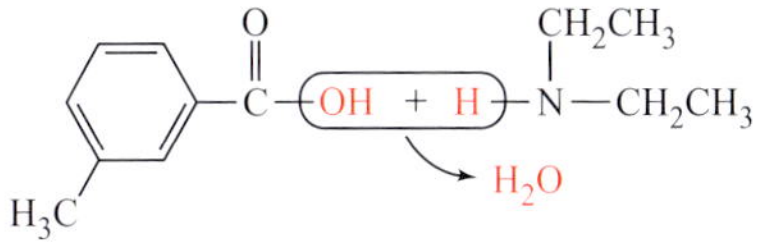

つぎに，カルボン酸の−OH とアミンの窒素原子上の−H が結合して水になるようにこれらを取り除く．さらに残った二つの部分構造を結合させると目的のアミドができる．

解　答

DEET の構造

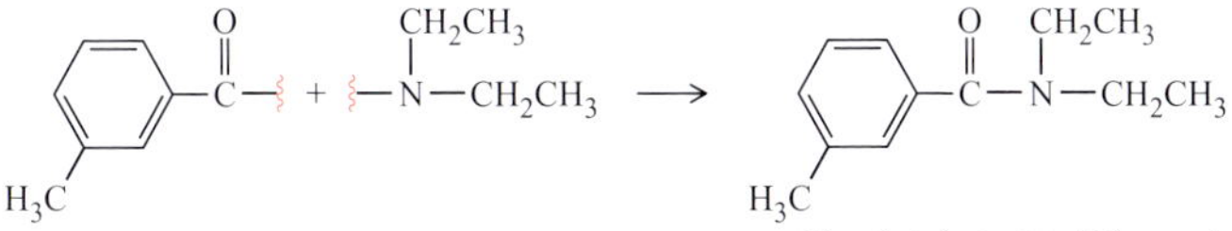

N,N-ジエチルトルアミド（DEET）

問題 6.20

つぎの反応物から生成するアミドの構造式を描け．

(a) CH_3NH_2 + $(CH_3)_2CHCOOH$ ⟶ ?

(b) 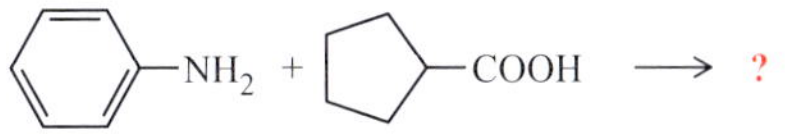 ―NH₂ + ―COOH ⟶ ?

問題 6.21

フェナセチンは，かつて頭痛薬として用いられたが，現在では腎臓にダメージを与える可能性があるため使用が禁止されている．

(a) フェナセチンにあるすべての官能基を書け．
(b) フェナセチンを合成するためには，どのようなカルボン酸とアミンを用いればよいか．

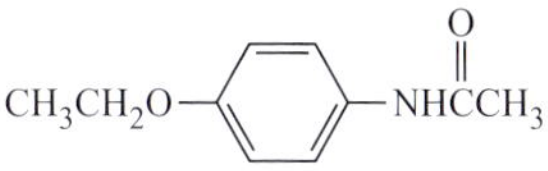

フェナセチン

6.4　エステルとアミドの加水分解

学習目標：

● エステルとアミドの加水分解による生成物を予測できる．

　加水分解反応では，一つあるいは複数の結合が切れ，水分子の−H および−OH が結合の切れた部分に結合することを思い出そう．エステルやアミドは，カルボニル基置換形式の反応（6.1 節）である加水分解によってカルボン酸とアルコールまたはアミンに戻る．

　エステルの場合，加水分解反応によって−OR′ 基が−OH 基に置換されることになる．

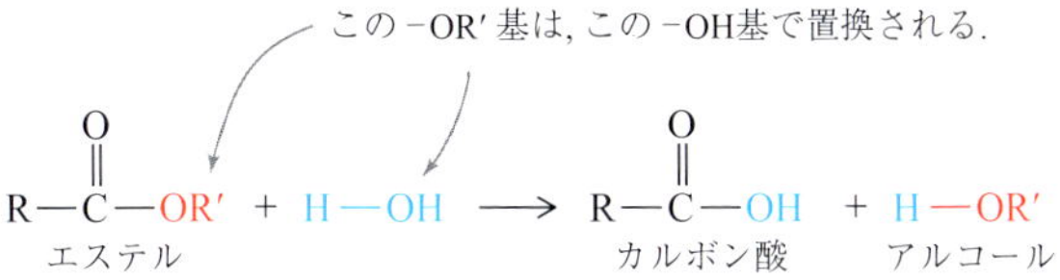

この−OR′ 基は，この−OH基で置換される．

アミドの場合には，加水分解反応によって $-NH_2$ 基，$-NHR'$ 基，$-NR'R''$ 基が $-OH$ 基に置き換わる.

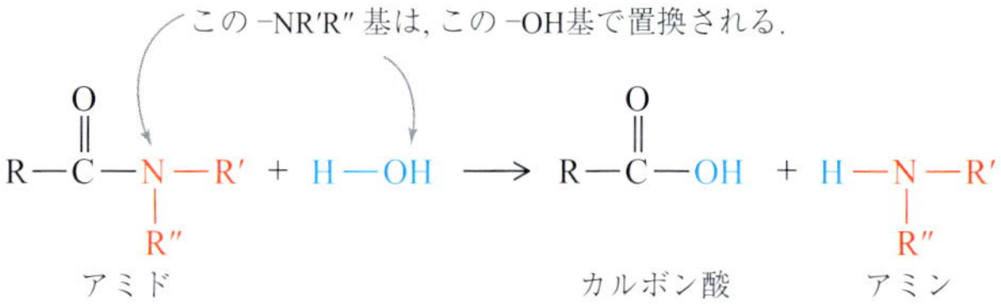

この $-NR'R''$ 基は，この $-OH$ 基で置換される.

$$R-C(=O)-N(R')(R'') + H-OH \longrightarrow R-C(=O)-OH + H-N(R')(R'')$$

アミド　　　　　　　　　　　　　　　　　カルボン酸　　アミン

エステルの加水分解

　エステルの加水分解反応は，酸あるいは塩基によっておこる．酸触媒による加水分解は，エステル化のたんなる逆反応である．硫酸などの強酸触媒が存在するとき，エステルを水で処理すると加水分解がおこる.

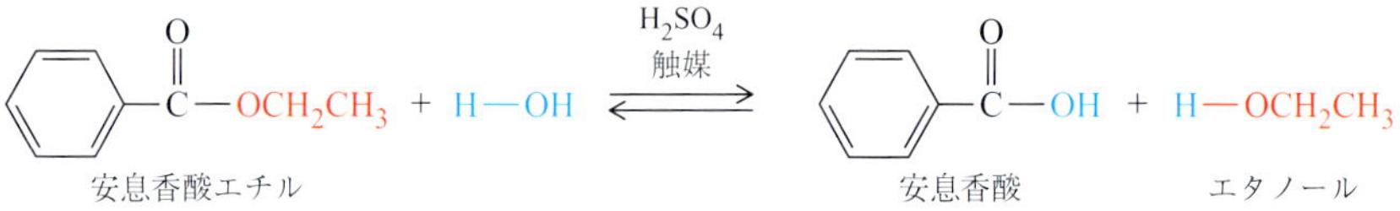

$$\text{Ph}-C(=O)-OCH_2CH_3 + H-OH \underset{\text{触媒}}{\overset{H_2SO_4}{\rightleftharpoons}} \text{Ph}-C(=O)-OH + H-OCH_2CH_3$$

安息香酸エチル　　　　　　　　　　　　　　　　　安息香酸　　　エタノール

過剰に存在する水によって平衡は右側へ進む.

　NaOH や KOH などの塩基によるエステルの加水分解は，**けん化**（ラテン語でセッケンを意味する *sapo* に由来する）として知られる．けん化の生成物は遊離のカルボン酸ではなく，カルボン酸アニオンであり，最初に生成したカルボン酸が塩基と反応することで反応が完結する（セッケンをつくる際のけん化については生化学編 6.5 節で述べる）.

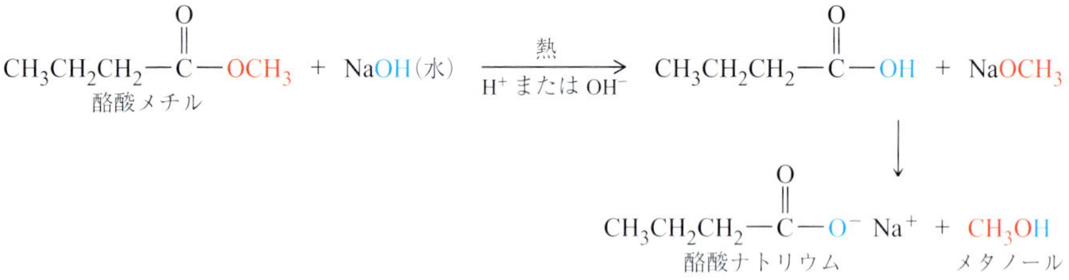

$$CH_3CH_2CH_2-C(=O)-OCH_3 + NaOH(\text{水}) \xrightarrow[H^+\text{または}OH^-]{\text{熱}} CH_3CH_2CH_2-C(=O)-OH + NaOCH_3$$

酪酸メチル

$$\downarrow$$

$$CH_3CH_2CH_2-C(=O)-O^- Na^+ + CH_3OH$$

酪酸ナトリウム　　　メタノール

例題 6.7　エステルの加水分解生成物を描く

ラム酒の香気成分のギ酸エチルを酸加水分解したときの生成物はなにか.

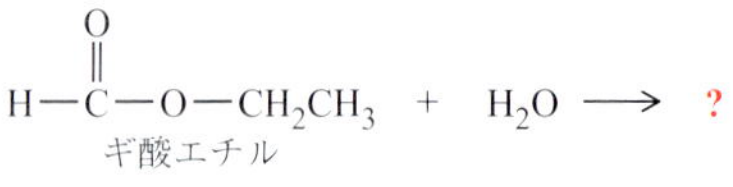

$$H-C(=O)-O-CH_2CH_3 + H_2O \longrightarrow \quad ?$$

ギ酸エチル

解　説　まず，原料のエステルの名前に注目する．通常，エステルの名前は二つの生成物についてよいヒントを与えてくれる．この例では，ギ酸エチルから生じるのはギ酸とエタノールであることがわかる．もっと系統的に生成物の構造を検討するには，エステルの構造を描き，カルボニル基炭素と $-OR$ 基間の結合に注目する.

この結合が切れる

$$H-\overset{O}{\overset{\|}{C}}-OCH_2CH_3 \longrightarrow H-\overset{O}{\overset{\|}{C}}-\ \ +\ \ -OCH_2CH_3$$

解 答

　紙の上で加水分解反応を行う．まずカルボニル基の炭素に –OH 基を結合させることでカルボン酸の生成物をつくる．さらに，–OCH₂CH₃ 基に –H を結合させてアルコールの生成物をつくる．

ここに –OH を結合させる
ここに –H を結合させる

$$H-\overset{O}{\overset{\|}{C}}-\ +\ -OCH_2CH_3 \xrightarrow{H_2O} H-\overset{O}{\overset{\|}{C}}-OH\ +\ H-OCH_2CH_3$$

ギ酸　　　エタノール

問題 6.22

アスピリン錠剤の瓶から酢の臭いがするようになったら，錠剤の捨てどきである．この理由を化学反応式を交えて説明せよ．

問題 6.23

つぎのエステルの酸加水分解反応の生成物を書け．

（a）安息香酸イソプロピル

（b）

（c）$CH_3-CH_2-\overset{O}{\overset{\|}{C}}-OCH_2CH_3$

アミドの加水分解

　アミドは水の中では非常に安定であるが，酸または塩基の存在下，長時間加熱すると加水分解する．生成物はアミドを合成したもとのカルボン酸とアミンになる．

$$R\overset{O}{\overset{\|}{C}}-NHR\ +\ H-OH \longrightarrow R\overset{O}{\overset{\|}{C}}-OH\ +\ HN\overset{R}{\underset{H}{}}$$

　実際には酸と塩基のどちらを使ったかによって生成物は異なる．酸性条件下ではカルボン酸とアミンの塩が得られる．塩基を使うと，遊離のアミンとカルボン酸アニオンが生成する．たとえば N-メチルアセトアミドの加水分解は，以下のように反応する．

N-メチルアセトアミドの加水分解による生成物

$$CH_3\overset{O}{\overset{\|}{C}}-NHCH_3\ +\ H_3O^+ \longrightarrow CH_3\overset{O}{\overset{\|}{C}}-OH\ +\ CH_3NH_3^+ \quad 酸加水分解$$

$$CH_3\overset{O}{\overset{\|}{C}}-NHCH_3\ +\ OH^- \longrightarrow CH_3\overset{O}{\overset{\|}{C}}-O^-\ +\ CH_3NH_2 \quad 塩基加水分解$$

▶▶ 生化学編 8章では，加水分解によるアミド結合の開裂が胃でのタンパク質の消化の重要な反応になることを学ぶ．

例題 6.8　アミドの加水分解生成物の構造を描く

N-エチルブタンアミドを加水分解したときに生成するカルボン酸とアミンはなにか.

$$\underset{\text{N-エチルブタンアミド}}{CH_3CH_2CH_2C(=O)-NHCH_2CH_3} + H_2O \longrightarrow \color{red}{?}$$

解 説　まず最初に, 反応物のアミドの名前に注目する. アミドの名前はしばしば二つの生成物の名前のヒントを与える. したがって, N-エチルブタンアミドはエチルアミンとブタン酸を生成すると推定できる. もっと系統的に生成物の構造を検討するには, アミドの構造を描き, カルボニル基の炭素と窒素原子の結合に注目する. つぎに, この結合を開裂させ二つの断片を描く.

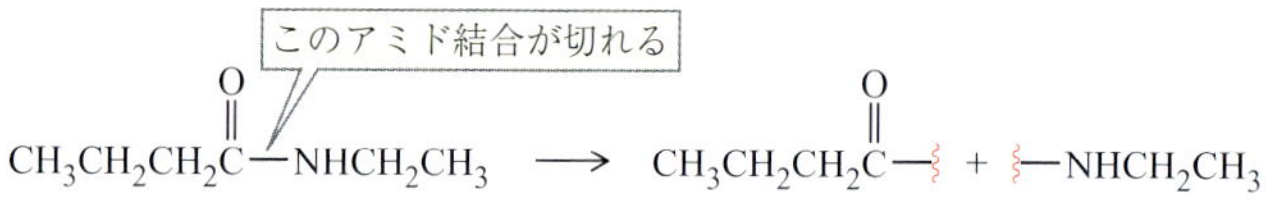

このアミド結合が切れる

$$CH_3CH_2CH_2C(=O)-NHCH_2CH_3 \longrightarrow CH_3CH_2CH_2C(=O) + -NHCH_2CH_3$$

解 答

紙の上で加水分解反応を行い, カルボニル基の炭素原子に –OH 基を, 窒素原子に –H をおのおの結合させることで生成物をつくる.

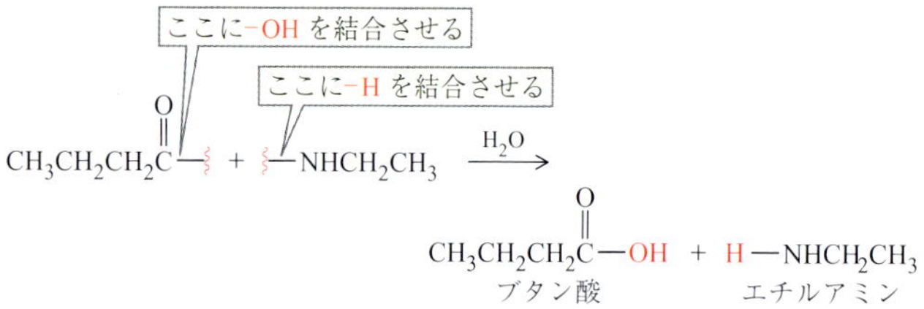

ここに –OH を結合させる
ここに –H を結合させる

$$CH_3CH_2CH_2C(=O) + -NHCH_2CH_3 \xrightarrow{H_2O}$$

$$\underset{\text{ブタン酸}}{CH_3CH_2CH_2C(=O)-OH} + \underset{\text{エチルアミン}}{H-NHCH_2CH_3}$$

問題 6.24

つぎのアミドの加水分解反応で生成するカルボン酸とアミンはなにか.

(a) 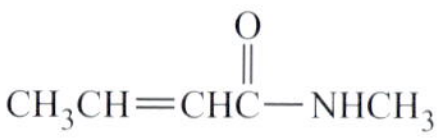 $CH_3CH=CHC(=O)-NHCH_3$ 　　　(b) N,N-ジメチル-p-ニトロベンズアミド

6.5　ポリアミドとポリエステル

学習目標:

● ポリエステルとポリアミドの形成と用途について述べることができる.

　二つのカルボキシ基をもつ分子と, 二つのアミノ基をもつ分子が反応するとなにがおこるか想像してみよう. アミド結合によって二つの分子が結合するが, さらにもっと多くの分子が連結すると巨大な鎖ができるだろう. ある種の合成ポリマーができるときには, まさにこのようなことがおきている.

　ナイロンは, ジアミンとジカルボン酸が反応してできる**ポリアミド**(polyamide)である. そのようなナイロンの一つであるナイロン6,6(ナイロンロク-ロクと発音する)は原料の構造に由来しており, アジピン酸(ヘキサン二酸, 炭素6

原子のジカルボン酸)とヘキサメチレンジアミン(1,6-ヘキサンジアミン，炭素
6原子のジアミン)を280℃で反応させて合成される.

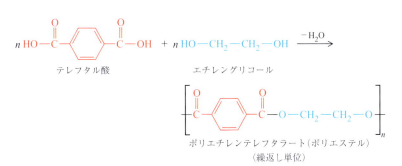

n HOOC―(CH$_2$)$_4$―COOH
アジピン酸

+

n H$_2$N―(CH$_2$)$_6$―NH$_2$
ヘキサメチレンジアミン

$\xrightarrow[-\text{H}_2\text{O}]{280℃}$

ナイロン 6,6(ポリアミドの一種)
(繰返し単位)

▲ アジピン酸とヘキサメチレンジア
ミンの界面からナイロンが引き出さ
れている.

　ポリマー分子は，[　]に示したような単位の何千もの繰返しからなっている
(生化学編1章では，タンパク質もまたポリアミドであることを学ぶ．タンパ
ク質はナイロンと異なり，通常同じ繰返し単位をもつことはない).

　ナイロンの性質はさまざまな応用に適している．ナイロンの高い衝撃強度と
耐摩耗性，さらに表面がつるつるとよく滑る性質は，ベアリングやギアの優れ
た素材となる．また非常に丈夫な繊維に成形できることから，ナイロンストッ
キング，洋服，登山用ロープ，カーペットなど広く利用される価値がある．縫
合糸や代替動脈(人工血管)もナイロン製であり，これらは体液中でも劣化しに
くい.

　ジカルボン酸とジアミンが反応してナイロンができるように，ジカルボン酸
とジオールが反応して**ポリエステル**(polyester)が生成する．もっとも広く用い
られるポリエステルは，テレフタル酸(1,4-ベンゼンジカルボン酸)とエチレン
グリコールの反応で生成する.

n HO―C―〈benzene〉―C―OH　+　n HO―CH$_2$―CH$_2$―OH　$\xrightarrow{-\text{H}_2\text{O}}$
テレフタル酸　　　　　　　　　　　エチレングリコール

ポリエチレンテレフタラート(ポリエステル)
(繰返し単位)

　このポリエステルは衣類の繊維としてもっともよく目にするもので，Dacron
として知られている．これはまた，Mylarという名前でプラスチックフィルム
や記録用テープとして使用されている．その化学名はポリエチレンテレフタ
ラートまたはPETといい，透明で弾力性のあるソフトドリンクのボトルに使
用されている.

問題 6.25
ポリアラミドの中で最初に発見されたものの一つはNomexであり，優れた耐熱
性，耐薬品性，放射線耐性を有する．つぎの化合物からつくられるNomexの繰
返し単位の構造を描け.

🔑 基礎問題 6.26

つぎの化合物が反応してできるポリマーの繰返し単位の構造を描け.

(a) 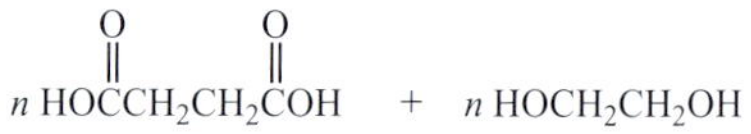 n HOCCH$_2$CH$_2$COH + n HOCH$_2$CH$_2$OH

(b) 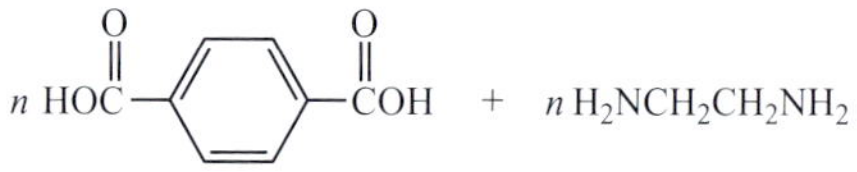 n HOC—⬡—COH + n H$_2$NCH$_2$CH$_2$NH$_2$

6.6 リン酸誘導体

学習目標:
- リン酸エステルとそのイオン化した形を理解し,描くことができる.

リン酸はカルボン酸とよく似ており,三つの酸性水素原子(赤色)をもつ無機酸であり,3種類の異なるアニオンを形成できる.

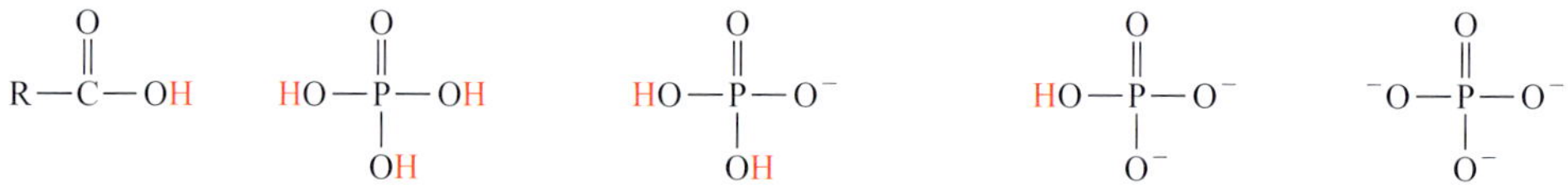

カルボン酸	リン酸 (H$_3$PO$_4$)	リン酸二水素イオン (H$_2$PO$_4^-$)	リン酸水素イオン (HPO$_4^{2-}$)	リン酸イオン (PO$_4^{3-}$)

リン酸エステル(phosphate ester)
アルコールとリン酸の反応で生じる化合物. モノエステル ROPO$_3$H$_2$, ジエステル (RO)$_2$PO$_2$H, トリエステル (RO)$_3$PO があり,また,二リン酸エステル,三リン酸エステルなどもある.

カルボン酸と同様に,リン酸もアルコールと反応して**リン酸エステル**を生成する. リン酸は1個,2個,さらに3個すべての –OH 基でアルコールと反応し,エステル化され得る. 1分子のメタノールとの反応ではモノエステルが生じる.

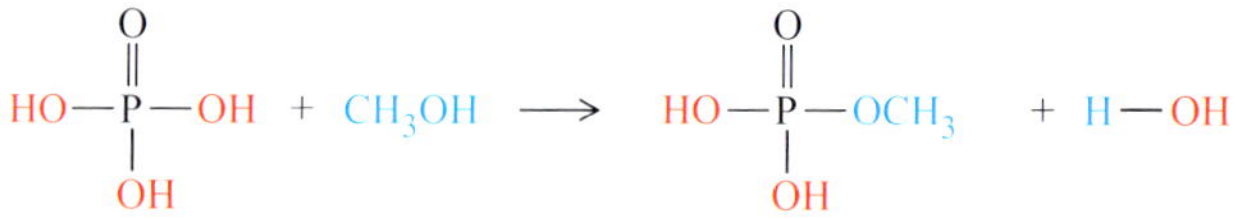

リン酸メチル
(リン酸モノエステル)

これに対応するジエステル,トリエステルも可能である.

リン酸モノエステルとジエステルには,まだ酸性の水素原子が残っているので酸性であり,ほとんどの体液中では,これらはイオンとして存在する. よって構造や反応式を描くときには,これらは通常イオンとして描かれる. たとえば,生化学編でたびたび出てくるグルコース代謝の重要中間体(生化学編 5.3節)のグリセルアルデヒド 3-リン酸の構造は,つぎの二つのうちどちらかのイオンとして描かれる.

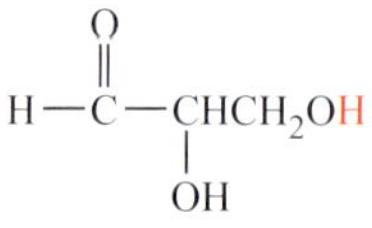

グリセルアルデヒド 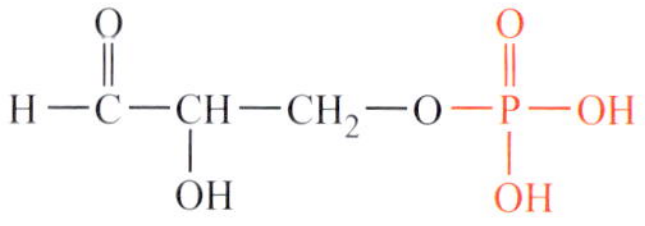   グリセルアルデヒド 3-リン酸

グリセルアルデヒド 3-リン酸のイオン化型

分子中にある $-PO_3^{2-}$ 基は，**ホスホリル基**と呼ばれる．

カルボン酸誘導体のうち，2分子のカルボン酸から水分子を取り除いて形成される酸無水物は取り上げなかった．

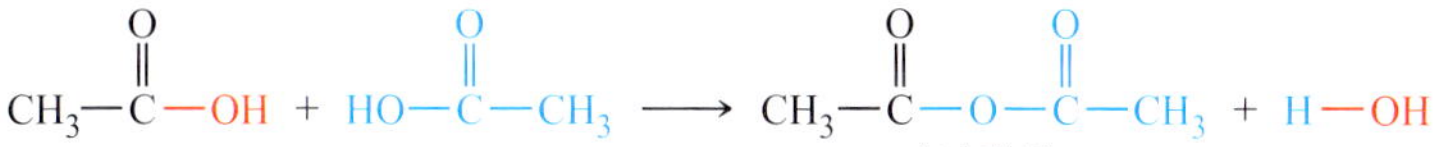

ホスホリル基（phosphoryl group）
有機リン酸エステル中の $-PO_3^{2-}$ 基．

無水酢酸

有機化学の実験室では酸無水物は重要であるが，生化学ではあまり重要ではない．しかし，リン酸無水物は生化学で非常に重要な役割を演じている．もし2分子のリン酸が1分子の水を失って結合すると，リン酸無水物になる．生成した酸（**ピロリン酸** pyrophosphoric acid または**二リン酸** diphosphoric acid）は，さらにもう1分子のリン酸と反応して**三リン酸**（triphosphoric acid）を生成する．

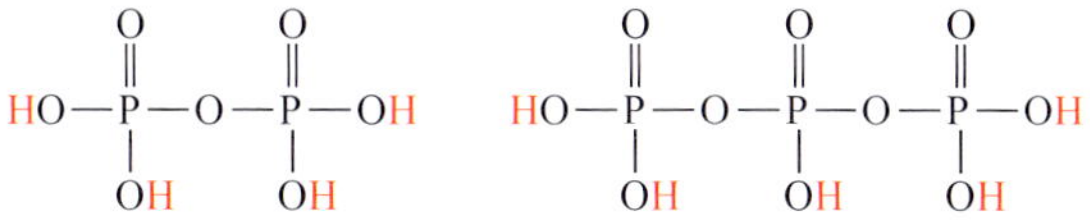

ピロリン酸　　　　三リン酸

これらの酸無水物を含む酸は二リン酸エステル，三リン酸エステルと呼ばれるエステルをつくることができる．

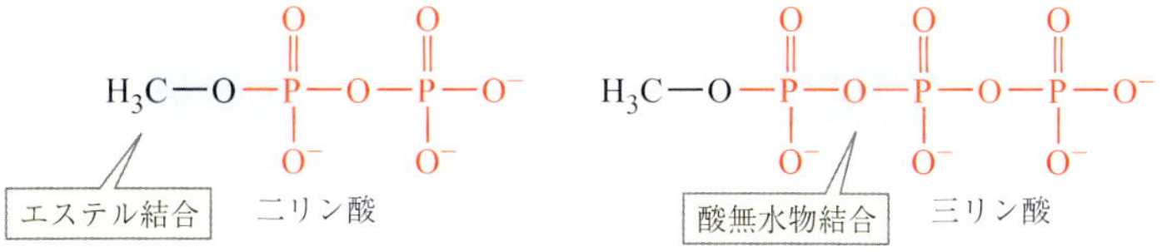

エステル結合　二リン酸　　　酸無水物結合　三リン酸

ある分子からほかの分子へのリン酸基の転移は，**リン酸化**として知られる．生化学反応では，ホスホリル基はしばしば三リン酸（アデノシン三リン酸，ATP）から供給される．ATPは，エネルギーの放出に伴う反応で二リン酸（アデノシン二リン酸，ADP）に変換される．ホスホリル基の付加と脱離は，生体分子の活性調節に共通する機構である（生化学編 2.8 節参照）．

リン酸化（phosphorylation）　有機化合物間のホスホリル基 $-PO_3^{2-}$ の転移反応．

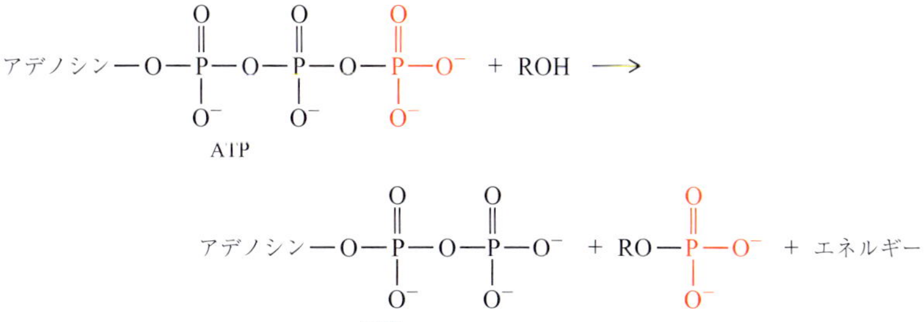

ATP

ADP

まとめ：有機リン酸エステル

- 有機リン酸エステルは，C–O–P の結合をもつ．これは 1 個，2 個，あるいは 3 個の R 基を有しており，一般式 $ROPO_3H_2$，$(RO)_2PO_2H$，$(RO)_3PO$ で示される．
- 一つあるいは二つの R 基をもつ有機リン酸エステル（モノエステル $ROPO_3^{2-}$，あるいはジエステル $(RO)_2PO_2^-$）は酸であり，体液中でイオン化している．
- リン酸ジエステル基とリン酸トリエステル基は生体分子ではとくに重要であり，おのおの一つまたは二つの P–O–P の酸無水物結合を有している．
- リン酸化は，分子間のホスホリル基（$-PO_3^{2-}$）の移動である．

問題 6.27
2-プロパノールとリン酸から生じるリン酸モノエステルの構造式を描け．

問題 6.28
つぎの各化合物中の官能基の名を書き，これらを加水分解した際の生成物の構造を描け．

(a) $CH_3\overset{O}{\overset{\|}{C}}NH_2$　　(b) $CH_3CH_2OPO_3^{2-}$　　(c) $CH_3CH_2\overset{O}{\overset{\|}{C}}OCH_3$

問題 6.29
つぎに示すアセチル-CoA の構造中で，リン酸モノエステル基，リン酸無水物結合，二つのアミド結合，アセチル基を示せ．

アセチル-CoA
（AcCoA）

CHEMISTRY IN ACTION

薬物療法，体液と"溶解性スイッチ"

　私たちの生命を維持し機能させるための化学反応は，**体液**―血液，消化液，細胞液―という水溶液中でおきており，これらの代謝反応からの廃棄物は尿中に排出される（生化学編 12 章）．さらに，私たちを健康に保つために頼りになる薬は，しばしば大きく複雑な有機分子であるが，この水性環境でも機能しなければならない．すべての有機化合物は，分子の疎水性部分が大きくなり，分子量が増加するにつれて水溶性は低下する．では，基本的に疎水性である薬物が水性環境でどのように働くことができるのだろうか．

　幸いにも，多くの生物活性物質は，酸性や塩基性の官能基をもっている．体液のpH（たとえば，血液は約7.4）では，これらの官能基の多くはイオン化しているので水溶性となり，いわゆる溶解性スイッチを形成する．生体分子にみられるもっとも一般的なイオン化した官能基には，カルボキシ基（カルボン酸から生成（-COOH），6.1 節），リン酸基（二リン酸や三リン酸も含む，6.6 節）およびアンモニウム基などがある．これらの同じ官能基は，私たちが使用する多くの医薬品にも含まれている．

イオン型の溶解性スイッチ

カルボキシレート基（-COO⁻）　リン酸基（-OPO₃²⁻）　アンモニウム基（-NR₃⁺）

　薬物が胃や腸で吸収される，あるいは注射するには，まず水に溶解しなければならない．体の入口から作用部位に輸送するには，体液に可溶でなければならない．多くの薬物は弱酸または塩基なので，体液中でイオンとして存在する．例としては，アスピリンとナプロキセン（両方のカルボン酸については Chemistry in Action "医薬品として重要なカルボン酸とその誘導体"，p.196），モルヒネとコデイン（両者の弱塩基については表 5.2 参照）があげられる．

　薬物のイオン化の度合は，それが体内でどのように分布しているかを決定することに役立つ．アスピリンやナプロキセンのような弱酸は，酸性の胃の中では全くイオン化していないので，速やかに吸収される．

　一方，鼻づまり薬のフェニレフリンや，5 章，Chemistry in Action "荒れる心を静める：抗不安薬としての

アミン"で記載した抗不安薬などの弱塩基は，胃の中では完全にイオン化しているため，ほとんど吸収されない．より塩基性環境である小腸に達したとき，これらの弱塩基は中性の形態に戻り吸収される．処方上の理由から，多くの経口医薬品はより水溶性である塩の形態で投与されなければならない．一般的に，アミンはアンモニウム塩に，カルボン酸はカルボン酸塩に変換される．たとえばフェニレフリンは塩酸アンモニウムに，ナプロキセンはそのナトリウム塩に変換される．

フェニレフリン塩酸塩（消炎剤）

ナプロキセンナトリウム（NSAID）

　モルヒネのように注射薬として用いるには，より水溶性の形態で投与することが重要である．したがって，モルヒネをその硫酸塩に変換することは，溶液として投与が可能なところまで溶解度を増加させるための一般的な戦略である．しかし，がんとの闘いにおける有望な候補のパクリタキセル（Taxol．4 章，Chemistry in Action "毒が有益なことはあるか？" 参照）は，溶解性スイッチがないため溶解性に乏しいという問題がある．先述したような戦略は，この重要な薬剤の修飾体の合成につながり，いつか近いうちに，化学療法薬として使用することができるようになるかもしれない．

CIA 問題 6.4 強力な抗精神病鎮静薬であるクロルプロマジンは塩酸塩として投与される．塩の構造式を描け（塩には一つの HCl のみを含む）．

クロルプロマジン

CIA 問題 6.5 投与前にナプロキセンをナトリウム塩に変換するのはなぜか．

要　約　章の学習目標の復習

● **カルボン酸，エステル，アミドの構造，反応，水素結合，水への溶解度，沸点，酸性，塩基性について，詳しく述べ，比較する**

カルボン酸，アミド，エステルは，つぎのような構造を有している．

$$
\begin{array}{ccc}
\overset{\displaystyle O}{\underset{\displaystyle R-C-OH}{\|}} & \overset{\displaystyle O}{\underset{\displaystyle R-C-NH_2}{\|}} & \overset{\displaystyle O}{\underset{\displaystyle R-C-OR'}{\|}} \\
\text{カルボン酸} & \text{アミド} & \text{エステル}
\end{array}
$$

これらは**カルボニル基置換反応**をする．大部分のカルボン酸は弱い酸（ごく一部は強酸）であるが，エステルとアミドは酸でも塩基でもなく，pH は中性である．カルボン酸と無置換（第一級）または一置換（第二級）アミドは互いに水素結合を形成するが，エステルと二置換（第三級）アミドは水素結合を形成できない．単純なカルボン酸とエステルは液体であり，ホルムアミド以外の無置換アミドは固体である．カルボン酸，アミド，エステルの三つの簡単な化合物は，水溶性あるいはわずかに水溶性である（問題 30, 32, 35, 62, 63, 66, 67, 76, 78, 79）．

● **単純なカルボン酸，エステル，アミドの命名，それらの構造式を書く**

多くのカルボン酸は慣用名で呼ばれる（表 6.1）．またこれらは，エステルやアミドの慣用名の基礎となる．エステルは二つの名前をつなげて命名される．最初の部分は −COOH 基の −H を置換したアルコールに由来するアルキル基の名前であり，2 番目の部分はもとになる酸の語尾，**−ン酸**（−ic acid）は**−（ア）ート**（−ate）とする（例，methyl acetate）．アミドでは，**−アミド**（−amide）という語尾を用いる．窒素上に有機置換基をもつ場合には，これらは N という文字の後ろにつけて名前の頭に置く（例，N-methylacetamide）（問題 33, 35, 37, 40〜55, 58, 77, 81, 83）．

● **異なるカルボン酸の酸性度を述べ，強塩基との反応を予測する**

カルボン酸は通常，酸解離度定数 $10^{-4} \sim 10^{-5}$（pK_a 4〜5）の弱酸である．水酸化ナトリウムやカリウムと中和反応し，ナトリウム塩やカリウム塩（RCOO$^-$Na$^+$ や RCOO$^-$K$^+$）となる．これらの塩はカルボン酸その

ものよりもかなり水溶性が高く，この性質は水溶性の医薬品へ応用されている（問題 31, 33, 38, 39, 50, 51, 79）．

● **カルボン酸からエステルとアミドがどのように形成されるか説明する**

エステル化反応では，カルボキシ基の −OH がアルコールの −OR′ で置換される．アミド結合の形成では，カルボン酸の −OH がアンモニアの −NH$_2$ で置換されると第一級アミドが，アミンの −NHR′，−NR$_2'$ で置換されるとそれぞれ第二級，および第三級アミドが得られる（問題 32, 34, 56, 57, 60, 62, 63）．

● **エステルとアミドの加水分解による生成物を予測する**

エステルの酸もしくは塩基による加水分解では，C（=O）−OR′ 結合が開裂し，−OR′ 基に −H が，C=O 基に −OH が結合して，カルボン酸とアルコールが再生する．アミドの酸もしくは塩基による加水分解では，−N 基に −H が，C=O 基に −OH が結合してカルボン酸とアンモニアもしくはアミド形成に用いたアミンが再生する（問題 31, 36, 61〜67）．

● **ポリエステルとポリアミドの形成と利用について述べる**

ポリエステルとポリアミドはジカルボン酸とジオールあるいはジアミンとの反応によってそれぞれ生成する．Dacron はポリエステルの例で，ナイロンはポリアミドの例である．これらのポリマーはプラスチック瓶，記録用テープ，布，ロープ，縫合糸や動脈の代替としても用いられている（問題 34, 68, 69）．

● **リン酸エステルとそれらのイオン化型の構造を理解し，これを描くことができる**

リン酸はモノ，ジ，トリエステル（ROPO$_3$H$_2$，（RO）$_2$PO$_2$H，（RO）$_3$PO）を形成する．ピロリン酸や三リン酸由来の二リン酸エステル基，三リン酸エステル基をもつエステルもある（p.207）．これらのエステルで水素原子があるものは，体液中では ROPO$_3$$^{2-}$，（RO）$_2PO_2$$^-$ のようにイオン化している．**リン酸化**は分子間における**ホスホリル基**の移動である．生化学反応では，ホスホリル基は ATP などの三リン酸からエネルギーの放出とともに受け渡される（問題 70〜75）．

概念図：有機化学のファミリー

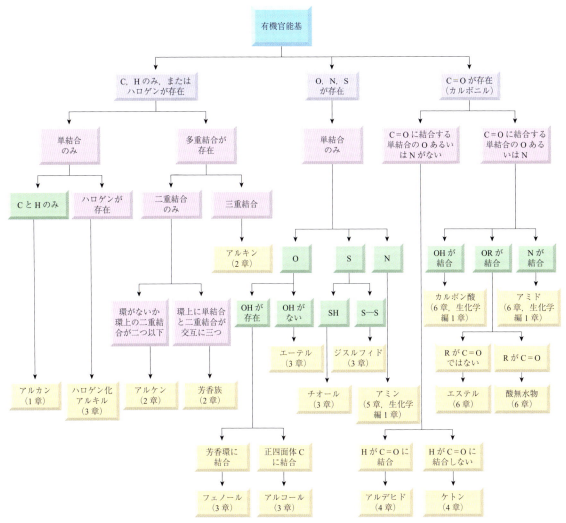

▲図 6.1　官能基概念図

この図は 1〜5 章の最後に掲載したものと同じ概念図であるが，本章で解説した官能基であるカルボン酸，エステル，そしてアミドを新たに着色した．

KEY WORDS

鍵 反 応 の 要 約

1. カルボン酸の反応

（a）水との酸塩基反応（6.2節）

$$CH_3COH + H_2O \rightleftarrows CH_3CO^- + H_3O^+$$

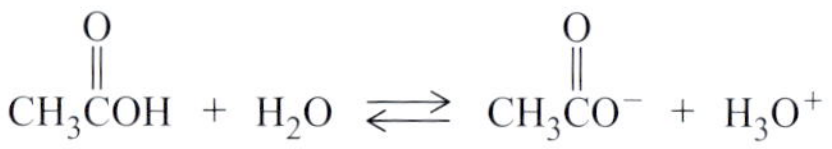

（b）カルボン酸塩を生成する強塩基との酸塩基反応（6.2節）

$$CH_3COH(水) + NaOH(水) \longrightarrow CH_3CO^-Na^+(水) + H_2O$$

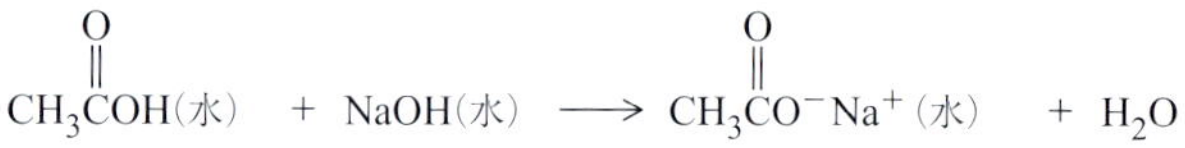

（c）エステルを生成するアルコールとの置換反応（6.3節） 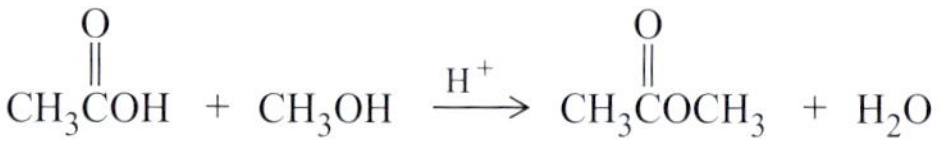　　　（d）アミドを生成するアミンとの置換反応（6.3節）

$$CH_3COH + CH_3OH \xrightarrow{H^+} CH_3COCH_3 + H_2O \qquad CH_3COH + CH_3NH_2 \xrightarrow{熱} CH_3CNHCH_3 + H_2O$$

2. エステルの反応（6.4節）

（a）カルボン酸とアルコールを生成する加水分解反応

$$CH_3COCH_3 \xrightarrow[H_2O]{H^+} CH_3COH + CH_3OH$$

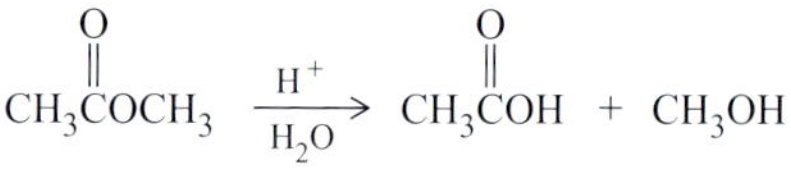

（b）カルボン酸アニオンとアルコールを生成する強塩基による加水分解反応（けん化）

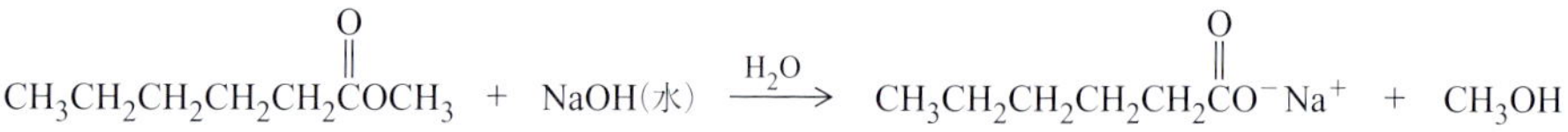

$$CH_3CH_2CH_2CH_2CH_2COCH_3 + NaOH(水) \xrightarrow{H_2O} CH_3CH_2CH_2CH_2CH_2CO^-Na^+ + CH_3OH$$

3. アミドの反応（6.4節）

（a）酸とアミンを生成する加水分解反応

$$CH_3CNHCH_3 \xrightarrow[H_2O]{H^+ または OH^-} CH_3COH + CH_3NH_2$$

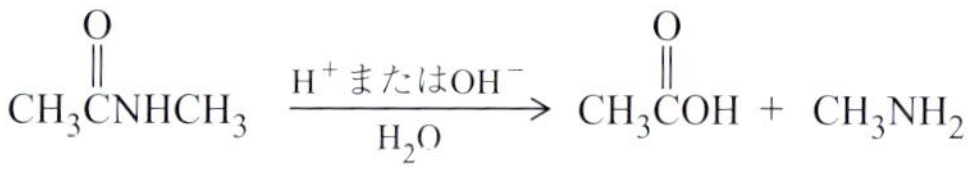

4. リン酸の反応（6.6節）

（a）リン酸エステルの形成

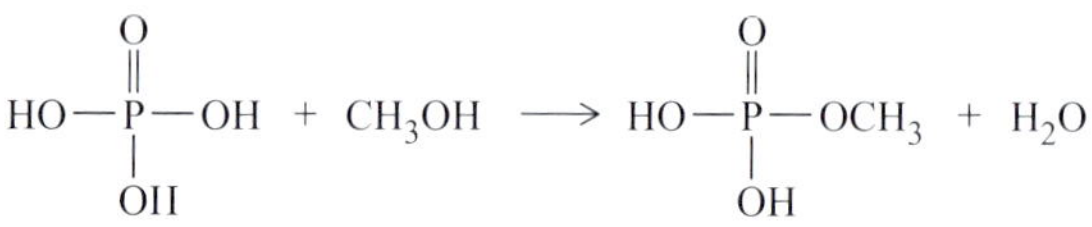

$$HO-\overset{O}{\underset{OH}{P}}-OH + CH_3OH \longrightarrow HO-\overset{O}{\underset{OH}{P}}-OCH_3 + H_2O$$

（b）リン酸化

$$アデノシン-O-\overset{O}{\underset{O^-}{P}}-O-\overset{O}{\underset{O^-}{P}}-O-\overset{O}{\underset{O^-}{P}}-O^- + ROH \longrightarrow$$

$$アデノシン-O-\overset{O}{\underset{O^-}{P}}-O-\overset{O}{\underset{O^-}{P}}-O^- + RO-\overset{O}{\underset{O^-}{P}}-O^- + エネルギー$$

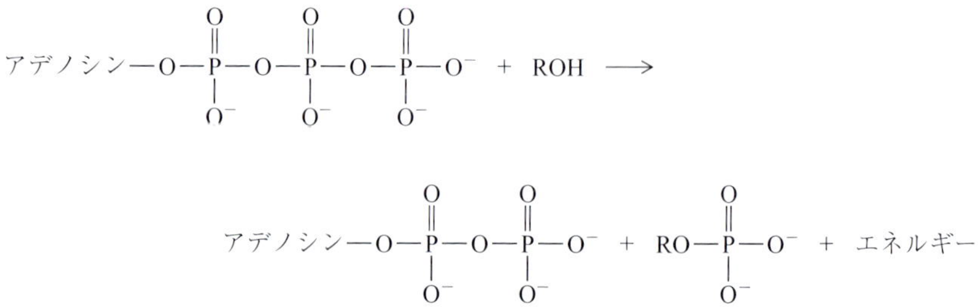

🔑 基本概念を理解するために

6.30 筋肉細胞は，酸素不足になると細胞内の pH（約7.4)でピルビン酸イオン(代謝中間体の一つ)を乳酸イオンに還元する.

$$CH_3-\overset{\overset{\displaystyle O}{\|}}{C}-COO^- \xrightarrow{[H]} CH_3-\overset{\overset{\displaystyle OH}{|}}{CH}-COO^-$$

ピルビン酸イオン　　　　　乳酸イオン

(a) ピルビン酸，乳酸ではなく，ピルビン酸イオン，乳酸イオンという呼び方をするのはなぜか.

(b) 上の構造をピルビン酸と乳酸に変えて示せ.

(c) ピルビン酸イオンと乳酸イオンの両方について，水との水素結合を示せ. ピルビン酸イオンと乳酸イオンの水への溶解度に差があるかどうか予測せよ.

6.31 N-アセチルグルコサミン(NAG)は細胞表面の重要な構成成分である.

(a) 細胞表面の物質の性質を変化させる脱アセチル化を行うためには，どのような化学的条件を用いればよいか.

(b) 酸加水分解生成物の構造を描け.

*N-*アセチルグルコサミン

6.32 リン酸化グリセリン酸の一例として，3-ホスホグリセリン酸(解糖系中間体の一つ，生化学編 5.3 節)がある.

(a) グリセリン酸部とリン酸部の結合はなにか.

(b) 1,3-ビスホスホグリセリン酸(グリセリン酸に2分子のリン酸が結合したもの)は，グリセリン酸の C1 位のカルボニル基とリン酸とのあいだに酸無水物結合をもっている. 1,3-ビスホスホ

グリセリン酸(もう一つの代謝中間体)の構造を描け.

6.33 ジカルボン酸のうち最初の9個の名前は，各語の最初の文字を用いた言い回しで記憶することができる. "*O*h, *m*y such *g*ood *a*pple *p*ie! *S*weet *a*s *s*ugar!"は，*o*xalate, *m*alonate, *s*uccinate, *g*lutarate, *a*dipate, *p*imelate, *s*uberate, *a*zelate, *s*ebacate を連想させる(これらの酸は生理的 pH でジアニオンをつくる). 最初の六つのジカルボン酸アニオンの構造を描け.

6.34 つぎの非天然アミノ酸について，以下の問題に答えよ.

(a) 2分子が反応して生成するエステルの構造を描け.

(b) 2分子が反応して生成するアミドの構造を描け.

(c) このアミノ酸のヒドロキシ基とカルボキシ基が分子内で反応して生成する環状エステルの構造を描け(環状エステルをラクトン(lactone)と呼ぶ).

6.35 (a) つぎの化合物の構造を描き，おなじ種類のほかの分子と水素結合している場所を点線で示せ.
　　(i) ギ酸　　(ii) ギ酸メチル
　　(iii) ホルムアミド

(b) 上の分子を沸点の低いものから並べ，その理由を説明せよ.

6.36 植物は外因性因子(エリシター)のストレスに応答して生体防御反応をおこす. シロイチモンジョトウの幼虫に食害されたトウモロコシの葉は，損傷部に幼虫の唾液に含まれるボリシチンが付着すると揮発性物質を生成し，幼虫の天敵である寄生バチを誘引することによって食害に対抗する. つぎの慣用名をもつボリシチンの三つの加水分解生成物の構造を描け.

(a) グルタミン酸(α-アミノグルタル酸)

(b) アンモニア

(c) 17-ヒドロキシリノレン酸

ボリシチン

6.37 つぎの化合物の系統名を書け.

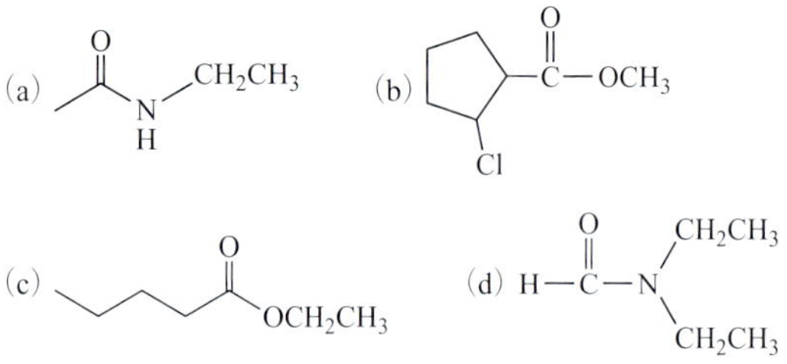

(a)   (b)

(c)   (d)

補 充 問 題

カルボン酸(6.1, 6.2 節)

6.38 ヘキサン酸が pH 7.4 の水中でイオン化する際の平衡反応式を書け(ヒント:6.2 節参照).

6.39 安息香酸が溶解した水溶液試料があるとする.
　(a) 安息香酸の構造を描け.
　(b) つぎに,この安息香酸溶液に pH が 12 になるまで NaOH 水溶液を加えたとしよう. この際の主な有機化学種の構造を描け.
　(c) 最後に,(b)の安息香酸溶液に pH が 2 になるまで HCl 水溶液を加えたとしよう. この際の主な有機化学種の構造を描け.

6.40 $C_4H_8O_2$ の化学式をもつ二つのカルボン酸の構造式と名称を示せ.

6.41 $C_5H_{10}O_2$ の化学式をもつ酪酸の構造と名前を三つ示せ.

6.42 つぎのカルボン酸の系統名を書け.

(a)

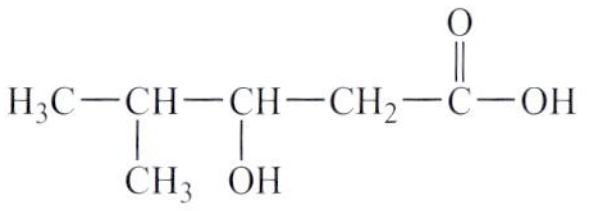

(b) $CH_3 - (CH_2)_7 - COOH$

(c)

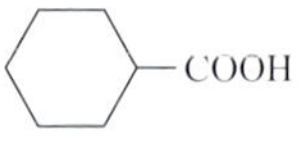

(d)

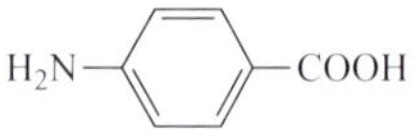

6.43 つぎのカルボン酸の系統名を書け.

(a)   (b)

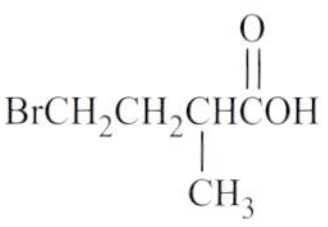

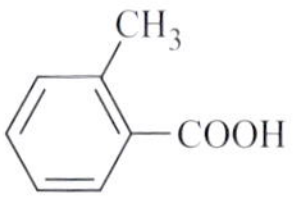

(c) $(CH_3CH_2)_3CCOOH$ (d) $CH_3(CH_2)_5COOH$

6.44 つぎのカルボン酸塩の系統名を書け.

(a)

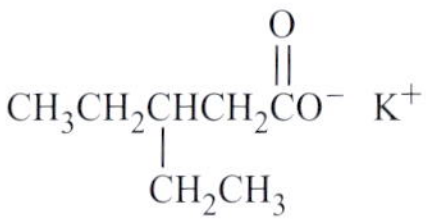

(b)

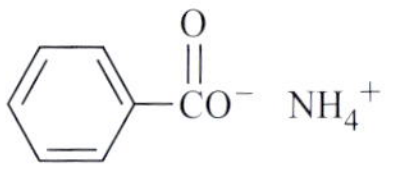

(c)

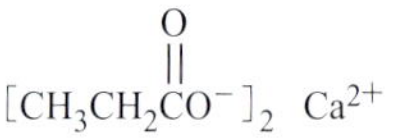

6.45 つぎのカルボン酸塩の系統名と慣用名を書け.

(a)

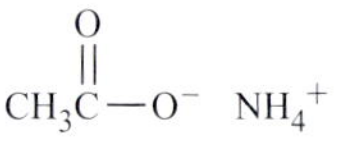

(b)

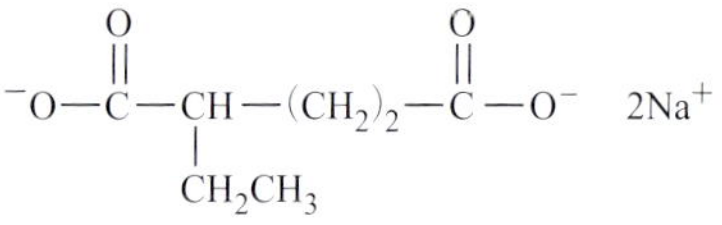

(c)

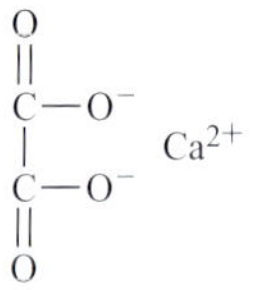

6.46 つぎの名前の化合物の構造を描け.
　(a) 3,4-ジメチルヘキサン酸
　(b) フェニル酢酸
　(c) 3,4-ジニトロ安息香酸
　(d) 酪酸トリエチルアンモニウム

6.47 つぎの名前のカルボン酸の構造を描け.
　(a) 2,2,3-トリフルオロブタン酸
　(b) 3-ヒドロキシブタン酸
　(c) 3,3-ジメチル-4-フェニル吉草酸

6.48 リンゴに含まれるジカルボン酸のリンゴ酸は,系統名がヒドロキシブタンジカルボン酸である. その構造を描け.

6.49 フマル酸は, *trans*-2-ブテンジカルボン酸という系統名をもつ代謝中間体である. その構造を描け.

6.50 フマル酸の二アンモニウム塩の構造を描け(問題 6.49 参照).

6.51 酢酸アルミニウムは, 防腐剤として吹き出物用の軟膏に入っている. その構造を描け.

エステルとアミド(6.3, 6.4 節)

6.52 つぎの記述に合う化合物の構造と名前を書け.
(a) $C_5H_{11}NO$ の分子式をもつ 3 種類のアミド
(b) $C_6H_{12}O_2$ の分子式をもつ 3 種類のエステル

6.53 つぎの記述に合う化合物の構造と名前を書け.
(a) $C_6H_{13}NO$ の分子式をもつ 3 種類のアミド
(b) $C_5H_{10}O_2$ の分子式をもつ 3 種類のエステル

6.54 つぎの構造に対応する系統名, または名前に対応する構造を描け.

(a) $CH_3COCH_2CH_2CHCH_3$

(b) $CH_3CHCH_2CH_2COCH_3$

(c) 酢酸シクロヘキシル

(d) *o*-ヒドロキシ安息香酸フェニル

6.55 つぎの構造に対応する系統名, または名前に対応する構造を描け.

(a) シクロペンチル シクロヘキシル エステル

(b) 2-ヒドロキシプロピオン酸エチル

(c) C—OCH₂CH₂CH₃

(d) 3,3-ジメチルヘキサン酸ブチル

(e) $(CH_3)_2CHCOC(CH_3)_3$

6.56 問題 6.54 の各エステルを合成するために必要なカルボン酸とアルコールの構造を描け.

6.57 問題 6.55 の各エステルを合成するために必要なカルボン酸とアルコールの構造を描け.

6.58 つぎの構造に対応する系統名, または名前に対応する構造を描け.

(a) $CH_3CH_2CH—C—NH_2$

(b) ベンズアニリド構造

(c) *N*-エチル-*N*-メチルベンズアミド

(d) 2,3-ジブロモヘキサンアミド

6.59 つぎの構造に対応する系統名, または名前に対応する構造を描け.
(a) 3-メチルペンタンアミド
(b) *N*-フェニルアセトアミド
(c) $HCN(CH_3)_2$
(d) $CH_3CH_2CNHCHCH_3$

6.60 問題 6.58 の各アミドの合成に適したカルボン酸とアミンを示せ.

6.61 問題 6.59 の各アミドの加水分解によってどのような化合物が生成するか.

カルボン酸とその誘導体の反応(6.3, 6.4 節)

6.62 つぎに示すプロカインは局所麻酔薬であり, その塩酸塩がノボカインである. 存在する官能基をあげ, プロカインを合成するために必要なカルボン酸とアルコールを示せ.

H_2N—C—OCH₂CH₂N—CH₂CH₃

プロカイン

6.63 リドカイン(商品名 Xylocaine)は局所麻酔薬であり, プロカインの類縁体である. リドカインの官能基を示し, これをカルボン酸とアミンから合成するための方法を示せ.

リドカイン

6.64 ラクトンは環状エステルであり, カルボン酸部分とアルコール部分が結合して環を形成している. もっとも有名なラクトンの一つに γ-ブチロラクトン(GBL)がある. その加水分解により, 記憶喪失を引きおこす麻薬である GHB が生成するが, その構造を描け.

GBL

6.65 同一分子中のカルボン酸とアミンからアミドを形成すると**ラクタム**となる. ラクタムは環状アミドであり, アミド基は環の一部となっている. ラクタムの

酸加水分解生成物の構造を描け.

(a) ε-ラクタム

(b) β-ラクタム

6.66 リゼルグ酸ジエチルアミド(LSD)は半合成幻覚剤の一種で,つぎのような構造をしている.分子内の官能基を示し,LSD の加水分解生成物の構造を描け.

LSD

6.67 家庭用セッケンは長鎖カルボン酸のナトリウム塩やカリウム塩の混合物であり,動物性脂肪の加水分解によって得られる.
(a) 以下の反応に示された脂肪分子に存在する官能基を示せ.
(b) 以下の反応で合成されるセッケン分子の構造を示せ.

$$CH_2-O-\overset{O}{\overset{\|}{C}}(CH_2)_{14}CH_3$$
$$CH-O-\overset{O}{\overset{\|}{C}}(CH_2)_7CH=CH(CH_2)_7CH_3 \xrightarrow{3\ KOH} ?$$
$$CH_2-O-\overset{O}{\overset{\|}{C}}(CH_2)_{16}CH_3$$

脂　肪

ポリアミドとポリエステル(6.5 節)

6.68 テレフタル酸とグリセロール(次図)などから合成されるアルキド(alkyd)は,自動車や多くの機械の焼付け塗装によく用いられる.グリセロール 2 分子がテレフタル酸 2 分子と反応し,グリセロールの第 1 および第 3 番の炭素にある −OH で反応した際に生成するポリエステル系ポリマーの単位構造を描け.グリセロールの三つのヒドロキシ基はいずれもエステル化され,強固な表面を形成する架橋(crosslinking)をつくることに注意せよ.

グリセロール　＋　テレフタル酸

6.69 単純なポリアミドはエチレンジアミンとシュウ酸(表 6.1)からつくられる.エチレンジアミン 3 分子

とシュウ酸 2 分子が反応するときのポリマーを描け.

$$H_2N-CH_2-CH_2-NH_2$$
エチレンジアミン

リン酸エステルと無水物(6.6 節)

6.70 つぎのリン酸エステルは,炭水化物代謝の重要中間体である.このリン酸エステルの加水分解生成物を二つ示せ.

$$\begin{array}{c}CH_2OH\\|\\C=O\\|\\CH_2-O-P-O^-\\|\\O^-\end{array}$$

6.71 つぎの化合物について以下の問題に答えよ.

(a) リン酸エステル結合を示せ.
(b) リン酸無水物結合を示せ.
(c) この分子を酸と水で処理すると三つの生成物が得られる.それらの構造を描け(ヒント:生成する二つの化合物は同一である).

6.72 代謝中間体のアセチルリン酸(acetyl phosphate)は酢酸とリン酸の混合酸無水物である.アセチルリン酸の構造を示せ.

6.73 アセチルリン酸(問題 6.74 参照)は,いわゆる "高リン酸基転移能" をもっている.アセチルリン酸からエタノールへのリン酸基の転移によってリン酸エステルを生じる反応式を書け.

6.74 生細胞の重要なシグナル分子の環状 AMP(cAMP)のようなヌクレオチドリン酸の中の環状リボースは,一般につぎのような構造をもつ.矢印で示したリン酸とリボースの結合はどのような結合か説明せよ(リボースは青色で示した部分である).

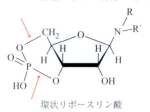

環状リボースリン酸

6.75 リン酸ジエステルとピロリン酸エステルの違いはなにか.またおのおのの例を示せ.

全般的な問題

6.76 三つのアミド異性体 *N,N*-ジメチルホルムアミド,*N*-メチルアセトアミド,プロパンアミドの沸点はそれぞれ,153 ℃,202 ℃,213 ℃ である.構造式から考えてこれらの沸点の差を説明せよ.

6.77 ザロール(salol)はサリチル酸のフェニルエステルであり,腸の殺菌剤として用いられる.サリチル酸

フェニルの構造を描け.

6.78 プロパンアミド(プロピオンアミド)と酢酸メチルは ほぼおなじ分子量であり, 両方とも水によく溶け る. しかし, プロパンアミドの沸点は213℃なのに 対して, 酢酸メチルの沸点は57℃である. 説明せ よ.

6.79 ベンズアルデヒドと安息香酸を区別することができ る化学的な試験法を二つ以上あげよ.

6.80 グリセロールとステアリン酸(表6.1)からなるトリ エステルの構造を描け.

6.81 つぎの化合物を命名せよ.

(a)　$CH_3CH_2C=CCHCH_3$ （構造式: H_3C, Cl, CH_3 置換基付き）

(b)　$CH_3CH_2CNCH_3$ （C=O, フェニル基付き）

(c)　$(CH_3CH_2)_3CCO$ （C=O, フェニル基付き）

(d)　$CNHCH_2CH_3$ （C=O, ベンゼン環, NO_2 付き）

グループ問題

6.82 以下はその香りに重要な成分としてエステルを含 む. インターネットで検索し, そのエステルはなに かを調べ, 構造を描け. またそれらのエステルを形 成するために必要なカルボン酸とアルコールはなに か.
　(a) フルーツガムの香料
　(b) モモの香り
　(c) リンゴの香り
　(d) ラムの香り

6.83 分子式 $C_5H_{10}O_2$ で表される可能なカルボン酸の構造 をすべて描け.

6.84 カルボン酸誘導体の一種でもっともよく知られた抗 生物質に β-ラクタムがある. インターネットを検 索し, この分類に属する少なくとも四つの化合物を 調べよ. 構造式を描き, 含まれる官能基を示せ. β- ラクタムの存在以外で, 共通するそのほかの構造的 特徴や存在する官能基について述べよ.

科学的記数法

科学的記数法とは？

化学で扱う数値は，一般的に非常に大きいか非常に小さい．たとえば水 1.0 mL 中には，約 33 000 000 000 000 000 000 000 の H_2O 分子があり，H_2O 分子の H と O の距離は，0.000 000 000 095 7 m になる．記数法を使うと，このような数値を 3.3×10^{22} 分子および 9.57×10^{-11} m のように簡単にあらわすことができる．**科学的記数法**(scientific notation または**指数的記数法** exponential notation)では，1 から 10 の数字に 10 の累乗(冪)を掛けて数をあらわす．この方法では，指数を 10 の右上の小さい数字であらわす．

数	累 乗	指 数
1 000 000	1×10^6	6
100 000	1×10^5	5
10 000	1×10^4	4
1000	1×10^3	3
100	1×10^2	2
10	1×10^1	1
1		
0.1	1×10^{-1}	-1
0.01	1×10^{-2}	-2
0.001	1×10^{-3}	-3
0.0001	1×10^{-4}	-4
0.000 01	1×10^{-5}	-5
0.000 001	1×10^{-6}	-6
0.000 000 1	1×10^{-7}	-7

1 より大きい数値は**正の指数**(positive exponent)をもち，何回 10 を掛けると実際の数値になるかを示している．たとえば 5.2×10^3 は，5.2 に 10 を 3 回掛けることを意味している．

$$5.2 \times 10^3 = 5.2 \times 10 \times 10 \times 10 = 5.2 \times 1000 = 5200$$

ここでは，小数点を 3 回右に移動させることに注意する．

$$5200.$$
$$1\ 2\ 3$$

正の指数の数字は，小数点を**何回右に移動させなければならないか**を示している．

1 より小さい数値は**負の指数**(negative exponent)をもち，何回 10 で割ると(あるいは 0.1 を掛けると)実際の数値になるかを示している．たとえば 3.7×10^{-2} は，3.7 を 10 で 2 回割ることを意味している．

$$3.7 \times 10^{-2} = \frac{3.7}{10 \times 10} = \frac{3.7}{100} = 0.037$$

ここでは，小数点を 2 回左に移動させることに注意する．

$$0.037$$
$$2\ 1$$

負の指数の数字は，小数点を**何回左に移動させなければならないか**を示している．

科学的記数法での数字のあらわしかた

　普通の数値を科学的記数法に換算するには，どうすればよいだろうか．数値が 10 以上のときは，1 から 10 のあいだの数字になるまで小数点を**左**に n 回移す．つぎに，その数字に 10^n を掛ける．たとえば，8137.6 は 8.1376×10^3 になる．

小数点を左に移した回数

$$8137.6 = 8.1376 \times 10^3$$

1 から 10 のあいだの数字になるように，小数点を左に 3 回移す

小数点を左に 3 回移すことは，$10 \times 10 \times 10 = 1000 = 10^3$ で割ったことになる．そこで，10^3 を掛ければもとの数値とおなじになる．

　1 以下の数値を変換するには，1 から 10 のあいだの数字になるまで小数点を**右**に n 回移す．つぎに，その数字に 10^{-n} を掛ける．たとえば，0.012 は 1.2×10^{-2} になる．

小数点を右に移した回数

$$0.012 = 1.2 \times 10^{-2}$$

1 から 10 のあいだの数字になるように，小数点を右に 2 回移す

小数点を右に 2 回移すことは，$10 \times 10 = 100$ を掛けたことになる．そこで，10^{-2} を掛ければもとの数値とおなじになる（$10^2 \times 10^{-2} = 10^0 = 1$）．

　つぎの表にいくつかの例を示す．科学的記数法を普通の記数法に変換するには，上と反対のやり方をすればよい．つまり，5.84×10^4 は小数点を 4 回右に移す（$5.84 \times 10^4 = 58\,400$）．$3.5 \times 10^{-1}$ は小数点を左に 1 回移す（$3.5 \times 10^{-1} = 0.35$）．1 から 10 のあいだの数字では，$10^0 = 1$ なので科学的記数法を使用しない．

数	科学的記数法
58 400	5.84×10^4
0.35	3.5×10^{-1}
7.296	$7.296 \times 10^0 = 7.296 \times 1$

科学的記数法を使う演算

加算減算

　科学的記数法で加算と減算をするには，指数が一致していなければならない．つまり 7.16×10^3 と 1.32×10^2 を足すには，まず後ろの数字を 0.132×10^3 と書き直してから計算する．

$$
\begin{array}{r}
7.16 \ \times 10^3 \\
+\,0.132 \times 10^3 \\
\hline
7.29 \ \times 10^3
\end{array}
$$

答えは，3 桁の有効数字になる（有効数字については，基礎化学編 1.9 節参照）．もう一つの方法は，最初の数字を 71.6×10^2 と書き直して計算する．

$$
\begin{array}{r}
71.6 \ \times 10^2 \\
+\ \ 1.32 \times 10^2 \\
\hline
72.9 \ \times 10^2 = 7.29 \times 10^3
\end{array}
$$

減算もおなじような方法で計算する.

$$
\begin{array}{r}
7.16 \ \times 10^3 \\
-0.132 \times 10^3 \\
\hline
7.03 \ \times 10^3
\end{array}
\quad \text{または} \quad
\begin{array}{r}
71.6 \ \times 10^2 \\
-1.32 \times 10^2 \\
\hline
70.3 \ \times 10^2 = 7.03 \times 10^3
\end{array}
$$

乗　算

科学的記数法で乗算をするには，まず指数の前の数字の掛け算をして，つぎに指数を計算する.たとえば,

$$
(2.5\times10^4)(4.7\times10^7) = (2.5)(4.7)\times10^{4+7} = 12\times10^{11} = 1.2\times10^{12}
$$

$$
(3.46\times10^5)(2.2\times10^{-2}) = (3.46)(2.2)\times10^{5+(-2)} = 7.6\times10^3
$$

両方とも答えを有効数字にする.

除　算

科学的記数法で除算するには，指数の前の数字の割り算をして，つぎに指数を計算する.たとえば,

$$
\frac{3\times10^6}{7.2\times10^2} = \frac{3}{7.2}\times10^{6-2} = 0.4\times10^4 = 4\times10^3 \text{(有効数字 1 桁)}
$$

$$
\frac{7.50\times10^{-5}}{2.5\times10^{-7}} = \frac{7.50}{2.5}\times10^{-5-(-7)} = 3.0\times10^2 \text{(有効数字 2 桁)}
$$

両方とも答えを有効数字にする.

科学的記述法と計算機

関数電子計算機で科学的記数法の計算ができる.指数関数の扱い方は，計算機の取扱い説明書を参照するとよい.一般的な計算機で $A\times10^n$ を入れるには，(i) A の数値を入れる，(ii) EXP, EE または E のキーを押す，(iii) 指数の n を入れる.指数が負のときは，n を入れる前に＋/－のキーを押す(10 の数字を入れる必要はないことに注意する).計算機には E の左側に A が，右側に指数の n が $A\times10^n$ の数値として表示される.たとえば，4.625×10^2 は，4.625E02 のように表示される.

指数を加減乗除するには，普通に計算機を使えばよい.指数を合わせることは，計算機で加減するためには必要はない.計算機は自動的に指数を合わせてくれる.しかし計算機は，計算結果の有効数字を合わせてくれないことに注意する.有効数字を絶えず注意するのに役立つことが往々にしてあるので，計算の途中経過を紙に書き残すのがよい.

問題 A.1
計算機を使わずに以下を計算せよ.有効数字を合わせた科学的記数法で答える.

(a)　$(1.50\times10^4) + (5.04\times10^3)$

(b)　$(2.5\times10^{-2}) - (5.0\times10^{-3})$

(c)　$(6.3\times10^{15}) \times (10.1\times10^3)$

(d)　$(2.5\times10^{-3}) \times (3.2\times10^{-4})$

(e)　$(8.4\times10^4) \div (3.0\times10^6)$

(f)　$(5.530\times10^{-2}) \div (2.5\times10^{-5})$

解　答
(a)　2.00×10^4　　(b)　2.0×10^{-2}　　(c)　6.4×10^{19}

(d)　8.0×10^{-7}　　(e)　2.8×10^{-2}　　(f)　2.2×10^3

問題 A.2

計算機を使って以下を計算せよ．正確に有効数字を合わせて結果を科学的記数法で答える．

(a) $(9.72 \times 10^{-1}) + (3.4823 \times 10^{2})$

(b) $(3.772 \times 10^{3}) - (2.891 \times 10^{4})$

(c) $(1.956 \times 10^{3}) \div (6.02 \times 10^{23})$

(d) $3.2811 \times (9.45 \times 10^{21})$

(e) $(1.0015 \times 10^{3}) \div (5.202 \times 10^{-9})$

(f) $(6.56 \times 10^{-6}) \times (9.238 \times 10^{-4})$

解　答

(a) 3.4920×10^{2}　　(b) -2.514×10^{4}　　(c) 3.25×10^{-21}

(d) 3.10×10^{22}　　(e) 1.925×10^{11}　　(f) 6.06×10^{-9}

電 気 陰 性 度

　原子の電気的陽性と陰性の程度を示すパラメーターとして電気陰性度がある．おもな原子の電気陰性度を以下に示す．

原子	電気陰性度	原子	電気陰性度
H	2.2		
Li	1.0	Na	0.9
Be	1.5	Mg	1.2
B	2.0	Al	1.5
C	2.5	Si	1.8
N	3.0	P	2.1
O	3.5	S	2.5
F	4.0	Cl	3.0

［L.Pauling："The Nature of the Chemical Bond"（1939）］

換　算　表

長　さ　　SI 単位：メートル（m）

1 メートル＝0.001 キロメートル（km）

　　　　　＝100 センチメートル（cm）

　　　　　＝1.0936 ヤード（yd）

1 センチメートル＝10 ミリメートル（mm）

　　　　　　　　＝0.3937 インチ（in.）

1 ナノメートル＝1×10^{-9} メートル

1 オングストローム（Å）＝1×10^{-10} メートル

1 インチ＝2.54 センチメートル

1 マイル＝1.6094 キロメートル

量　　SI 単位：立方メートル（m3）

1 立方メートル＝1000 リットル（L）

1 リットル＝1000 立方センチメートル（cm³）

　　　　　＝1000 ミリリットル（mL）

　　　　　＝1.056710 クォーツ（qt）

1 立方インチ＝16.4 立方センチメートル

温　度　　SI 単位：ケルビン（K）

0 K ＝ −273.15 ℃

　　 ＝ −459.67 °F

F ＝ (9/5) ℃ + 32°，　°F＝ (1.8 × ℃) + 32

℃ ＝ (5/9) (°F− 32°)，　℃ ＝ $\dfrac{(\text{°F} - 32°)}{1.8}$

K ＝ ℃ + 273.15°

（訳注：ケルビンの記号には° をつけない）

質　量　　SI 単位：キログラム（kg）

1 キログラム＝1000 グラム（g）

　　　　　　＝2.205 ポンド（lb）

1 グラム＝1000 ミリグラム（mg）

　　　　＝0.03527 オンス（oz）

1 ポンド＝453.6 グラム

1 原子質量単位＝1.66054×10^{-24} グラム

圧　力　　SI 単位：パスカル（Pa）

1 パスカル＝9.869×10^{-6} 気圧

1 気圧＝101325 パスカル

　　　 ＝760 mmHg（トール Torr）

　　　 ＝14.70 lb/in²

エネルギー　　SI 単位：ジュール（J）

1 ジュール＝0.23901 カロリー（cal）

1 カロリー＝4.184 ジュール

（訳注 1）SI 単位とは，1960 年の第 11 回国際度量衡総会で決議された国際統一単位．定義："メートルは 1 秒の 2 億 9979 万 2458 分の 1 の時間に光が真空中を伝わる行程の長さ"である．

（訳注 2）量の値の規制：量の値は数と単位の積としてあらわす．数値はつねに単位の前に置き，あいだには積の印とみなす空白を入れる．セルシウス度（℃）は通常の扱いとして空白を入れるが，平面角の度，分，秒（°，′，″）については空白を入れない（例外とする）．％は慣例として空白を入れない場合が多い．

（訳注 3）：10 の整数倍をあらわす接頭語

倍　数	接頭語		記　号	倍　数	接頭語		記　号
10^{-18}	atto	アト	a	10	deca	デカ	da
10^{-15}	femto	フェムト	f	10^2	hecto	ヘクト	h
10^{-12}	pico	ピコ	p	10^3	kilo	キロ	k
10^{-9}	nano	ナノ	n	10^6	mega	メガ	M
10^{-6}	micro	マイクロ	μ	10^9	giga	ギガ	G
10^{-3}	milli	ミリ	m	10^{12}	tera	テラ	T
10^{-2}	centi	センチ	c	10^{15}	peta	ペタ	P
10^{-1}	deci	デシ	d	10^{18}	exa	エクサ	E

用語解説

アキラル（achiral） キラルの反対. 対称性がなく, 鏡像体がない.

亜原子粒子（subatomic particle） 原子の基本的な 3 要素. 陽子, 中性子, 電子.

アゴニスト（作用薬）（agonist） 受容体と結合して, 受容体の正常な生化学反応を惹起または遅延する物質.

アシドーシス（酸性症）（acidosis） 血漿の pH が 7.35 以下になったためにおこる, 呼吸や代謝の異常状態.

アシル基（acyl group） 官能基, RC=O.

アセタール（acetal） かつてはアルデヒドのおなじ炭素原子に結合する二つの-OR 基をもつ化合物.

アセチル基（acetyl group） 官能基, $CH_3C=O$.

アセチル-CoA（acetyl coenzyme A, acetyl-CoA） アセチル置換した補酵素 A. アセチル基をクエン酸回路に運ぶ一般的な中間体.

アセチルコリン（acetylcholine） 筋肉と神経にもっとも一般的にみられる脊椎動物の神経伝達物質.

圧力（*P*）（pressure） 表面を押す単位面積あたりの力.

アデノシン三リン酸（ATP）（adenosine triphosphate） エネルギーを運ぶ主要な分子. 1 リン酸基を脱離して ADP になり自由エネルギーを放出する.

アニオン（anion） 陰イオン. 負に荷電したイオン.

アノマー（anomer） ヘミアセタール炭素（アノメリック炭素）の置換基の立体が異なるだけの環状の糖. α 体は -OH 基が $-CH_2OH$ 基の反対側にある. β 体は -OH 基が $-CH_2OH$ 基とおなじ側にある.

アノマー炭素（anomeric carbon atom） 環状糖のヘミアセタールの炭素原子. -OH 基と環内の O に結合する C 原子.

油（oil） 不飽和脂肪酸を多く含むトリアシルグリセロールの液体の混合物.

アボガドロ定数（N_A）（Avogadro's number） 1 モルの物質中の分子の数, 6.02×10^{23}.

アボガドロの法則（Avogadro's law） おなじ温度と圧力下では, 気体の体積は, そのモル量に正比例する. （$V/n =$ 定数, または $V_1/n_1 = V_2/n_2$）.

アミド（amide） 炭素原子や窒素原子に結合したカルボニル基をもつ化合物 $RCONR'_2$; R' 基はアルキル基または水素原子.

アミノ基（amino group） 官能基, $-NH_2$.

アミノ基転移（transamination） アミノ酸のアミノ基と α-ケト酸のケト基との交換.

アミノ酸（amino acid） アミノ基とカルボキシ基を含む分子.

アミノ酸プール（amino acid pool） 体内の遊離アミノ酸の総量.

アミノ末端（N 末端）アミノ酸（amino-terminal（N-terminal）amino acid） タンパク質の末端で, 遊離の $-NH_3^+$ 基をもつアミノ酸.

アミン（amine） 窒素に結合する一つ以上の有機基をもつ化合物. 第一級 RNH_2, 第二級 R_2NH, 第三級 R_3N.

アルカリ金属（alkali metal） 周期表の 1 族の元素.

アルカリ土類金属（alkaline earth metal） 周期表の 2 族の元素.

アルカロイド（alkaloid） 窒素を包含する天然の植物成分で, 通常塩基性を示し, 苦味があり毒性がある.

アルカロシス（alkalosis） 血漿の pH が 7.45 以上になる, 呼吸や代謝の異常状態.

アルカン（alkane） 単結合だけもつ炭化水素化合物.

アルキル基（alkyl group） 水素 1 原子が除去されたアルカンの残りの部分.

アルキン（alkyne） 炭素–炭素間に三重結合を含む炭化水素.

アルケン（alkene） 炭素–炭素間に二重結合を含む炭化水素.

アルコキシ基（alkoxy group） 官能基, -OR.

アルコキシドイオン（alkoxide ion） アルコールから脱水素してできるアニオン, RO^-.

アルコール（alcohol） 飽和アルカンのような炭素原子に結合した -OH 基をもつ化合物, R-OH.

アルコール発酵（alcohol fermentation） 嫌気的にグルコースを分解してエタノールと二酸化炭素にする酵母の酵素による作用.

アルデヒド（aldehyde） 少なくとも水素 1 原子に結合したカルボニル基をもつ化合物, RCHO.

アルドース（aldose） アルデヒドのカルボニル基を含む単糖.

α-アミノ酸（alpha（α-）amino acid） アミノ基が-COOH 基の隣りの炭素原子に結合するアミノ酸.

α-ヘリックス（alpha（α-）helix） タンパク質の鎖が, 骨格に沿ったペプチド基のあいだの水素結合によって安定化される右巻きのコイルをつくる, タンパク質の二次構造.

α粒子（alpha（α）particle） α線として放射されるヘリウム核, He^{2+}.

アロステリック酵素（allosteric enzyme） 活性部位以外の場所に活性化物質や阻害剤が結合すると, その活性が制御される酵素.

アロステリック制御（allosteric control） タンパク質のある場所に制御因子が結合することにより, おなじタンパク質がほかの場所で別の化合物と結合する能力に影響を及ぼす相互作用.

アンタゴニスト（antagonist） 受容体の正常な生化学的反応を遮断または阻害する物質.

アンチコドン（anticodon） mRNA 上の相補的な配列（コドン）を認識する tRNA 上の三つの核酸の配列.

アンモニウムイオン（ammonium ion） 水素がアンモニアかアミン（第一級, 第二級または第三級）に付加してできるカチオン.

アンモニウム塩（ammonium salt） アンモニアのカチオンとアニオンからできているイオン性化合物. アミン塩.

イオン（ion） 電気的に荷電した原子または基.

イオン化エネルギー（ionization energy） 気体状態の 1 原子から 1 電子を除去

するために必要なエネルギー.

イオン化合物（ionic compound）　イオン結合を含む化合物.

イオン結合（ionic bond）　イオン化合物中の反対荷電のイオン間の電気的引力.

イオン性固体（ionic solid）　イオン結合で集合した結晶性固体.

イオン体積定数（K_w）（水の）（ion-product constant of water）　水およびある溶液中の H_3O^+ と OH^- のモル濃度の積（$K_w = [H_3O^+][OH^-]$）.

イオン反応式（ionic equation）　イオンがよくわかるように示した反応式.

異化，異化作用（catabolism）　食物分子を分解し，生化学的なエネルギーを発生させる代謝の反応経路.

イコサノイド（icosanoid）　炭素数20の不飽和カルボン酸から誘導される脂質.

異性体（isomer）　同一の分子式をもつ異なる構造の化合物.

イソプロピル基（isopropyl group）　分枝アルキル基，$-CH(CH_3)_2$.

一塩基多型（SNP）（single-nucleotide polymorphism）　DNAにおける一般的な一塩基対の変異.

1,4 結合（1,4 link）　ある糖のC1位のヘミアセタールのヒドロキシ基と，ほかの糖のC4位のヒドロキシ基が結合するグリコシド結合.

遺伝子（gene）　一本鎖ポリペプチドの合成を指図するDNAの部分.

遺伝子暗号（genetic code）　タンパク質合成でアミノ酸配列を決定する，mRNAの三文字暗号（コドン）のヌクレオチド配列.

遺伝子（酵素）制御（genetic (enzyme) control）　酵素の合成を制御する酵素活性の制御.

イントロン（intron）　タンパク質の一部をコードしないmRNAのヌクレオチド配列. mRNAがタンパク質合成に進む前に除去される. イオン電荷を有する原子または結合した原子群.

宇宙線（cosmic ray）　宇宙から地球に降り注ぐ，高エネルギー粒子（プロトンや種々の原子核）の混合物.

運動エネルギー（kinetic energy）　物体が動くときのエネルギー.

液体（liquid）　容器を満たすように形を変える，明確な体積をもつ物質.

エクソン（exon）　遺伝子の一部で，タンパク質部分をコードするヌクレオチド配列.

SI 単位（SI unit）　国際単位で規定された測定値の単位. たとえば，キログラム（kg），メートル（m），温度（K，℃）など.

エステル（ester）　RCOOR'. $-OR$ 基に結合したカルボニル基をもつ化合物.

エステル化（esterification）　アルコールとカルボン酸が結合してエステルと水を生成する反応.

s ブロック元素（s-block element）　1族元素（水素，アルカリ金属），2族元素（ベリリウム，マグネシウム，アルカリ土類金属）およびヘリウムのこと. 周期ごとに二つの電子がs軌道に満たされる.

エチル基（ethyl group）　アルキル基，$-C_2H_5$.

X 線（X ray）　γ線より弱いエネルギーを伴う電磁放射.

ATP シンターゼ（ATP synthase）　水素イオンが通過するミトコンドリア内膜にある酵素の複合体で，ADPからATPが合成される.

エーテル（ether）　$R-O-R'$. 二つの有機基に結合した酸素原子をもつ化合物.

エナンチオマー，光学異性体（enantiomer, optical isomer）　鏡像異性体ともいう. キラル分子の二つの鏡像体.

エネルギー（energy）　仕事をする，または熱を供給する能力.

エネルギー保存の法則（law of conversion of energy）　物理的または化学的変化のあいだ，エネルギーは生産も分解もされない.

f ブロック元素（f-block element）　ランタノイドおよびアクチノイドなどの内部遷移元素のこと. f軌道を電子が満たす.

L 糖（L-sugar）　カルボニル基からもっとも遠いキラル炭素原子上の $-OH$ 基が，Fischer投影法で左側に位置する単糖.

塩（salt）　酸と塩基の反応で形成されるイオン化合物.

塩基（base）　水中で OH^- を供給する物質.

塩基の対合（base pairing）　DNA二重らせんのような，水素結合で結合した塩基対（G-C と A-T）.

塩基の当量（equivalent of base）　1モルの OH^- を含む塩基の量.

炎症（inflammation）　炎症性応答の結果. 膨張，赤み，発熱，痛みなど.

炎症応答（inflammatory response）　抗原または組織の損傷でおこされる非特異的防御機構.

エンタルピー（H）（enthalpy）　物質の熱力学的性質を規定する関数の一つ，H. 物質が発熱して熱を出すとエンタルピーが下がり，吸熱して外部より熱を受け取るとエンタルピーが上がる.

エンタルピー変化（ΔH）（enthalpy change）　反応熱の別称.

エントロピー（S）　ある系における不確かさの数量的大きさ.

エントロピー変化（ΔS）　化学反応あるいは物理的変化がおきたときの不確かさの増加量（$\Delta S > 0$）あるいは減少（$\Delta S < 0$）量.

オクテット則（octet rule）　安定な中性分子では，原子は8個の電子によって取り囲まれている.

温度（temperature）　物質がどれほど温かいか，または冷たいかの尺度.

概数（rounding off）　有効数字以外の数字を削除する方法.

回転（turnover）　生体分子の継続的な更新あるいは置換. タンパク質では，タンパク質合成とタンパク質分解のあいだのバランスによって定義される.

解糖（glycolysis）　グルコース1分子が分解し，ピルビン酸2分子とエネルギーを生成する生化学経路.

壊変（nuclear decay）　不安定な核からの粒子の連続的な放出.

壊変系列（decay series）　重放射性同位体が非放射性元素に壊変する一連の系列.

解離（dissociation）　水中で H^+ とアニオンになる酸の分裂.

化学（chemistry）　物質の性質，特性，変換の科学.

化学式（chemical formula）　化合物を構成する元素記号に元素数を下付きに表記した式.

化学式単位（formula unit）　イオン化合物の最小単位を識別する式.

科学的記数法（scientific notation）　1から10までの数値と累乗を使う表記法.

科学的方法（scientific method）　知識

を広げ，洗練するための観察，仮説，実験の系統的な過程．

化学反応（chemical reaction）　一つ以上の物質の性質や要素が変化する過程．

化学反応式（chemical equation）　分子式や構造式で化学反応を表記した式．

化学平衡（chemical equilibrium）　可逆反応（forward and reverse reaction）の比がおなじ状態．

化学変化（chemical change）　物質の化学的性質の変化．

鍵と鍵穴モデル（lock-and-key model）　酵素を堅い鍵穴に例えて，基質を正確に合う鍵とする酵素反応のモデル．

可逆反応（reversible reaction）　正反応（反応物から生成物へ）と逆反応（生成物から反応物へ）がともにおこる反応．

殻（電子の）（shell（electron））　エネルギーに従う原子の中の電子のグループ．

核酸（nucleic acid）　ヌクレオチドのポリマー．

核子（nucleon）　陽子と中性子を示す用語．

核種（nuclide）　元素の特定の同位元素の核．

核反応（nuclear reaction）　ある元素からほかの元素に変化する原子核を変化させる反応．

核分裂（nuclear fission）　質量数の重い原子核が軽い原子核に分裂する現象．

核変換（transmutation）　ある元素が別の元素に変わること．

核融合（nuclear fusion）　質量数の軽い原子核が結合し，より大きいエネルギーを放出する核反応．

化合物（chemical compound）　化学反応で単純な物質に分解し得る純粋な物質．

加水分解（hydrolysis）　一つ以上の結合が切れ，水の H− と −OH が切れた結合の原子に付加する．

カチオン（cation）　陽イオン．正に荷電したイオン．

活性化（酵素の）（activation（of an enzyme））　酵素の作用を活性化あるいは増加させる過程．

活性化エネルギー（E_{act}）（activation energy）　反応物に必要なエネ

ギー量．反応速度を決定する．

活性タンパク質（native protein）　生物体に自然に存在する形（二次構造，三次構造，四次構造）のタンパク質．

活性部位（active site）　酵素の特別な形をしたポケットで，基質と結合するために必要な化学的構造．

価電子（valence electron）　原子の最外殻にある電子．

過飽和溶液（supersaturated solution）　溶解可能な量より多い溶質を含む溶液．非平衡状態．

カルボキシ末端（C 末端）アミノ酸（carboxyl-terminal（C-terminal）amino acid）　タンパク質の末端の遊離 −COO⁻ 基をもつアミノ酸．

カルボキシ基（carboxyl group）　官能基，−COOH．

カルボニル化合物（carbonyl compound）　C=O 基を含む化合物．

カルボニル基（carbonyl group）　炭素原子と酸素原子が二重結合している官能基，C=O．

カルボニル置換反応（carbonyl-group substitution reaction）　アシル基のカルボニル炭素に結合した官能基を，新しい官能基に置き換える（置換）反応．

カルボン酸（carboxylic acid）　炭素原子と−OH 基が結合したカルボニル基をもつ化合物，RCOOH．

カルボン酸アニオン（carboxylate anion）　カルボン酸がイオン化してできるアニオン，RCOO⁻．

カルボン酸塩（carboxylic acid salt）　カルボン酸アニオンとカチオンを含むイオン性化合物．

間隙液（interstitial fluid）　細胞を囲む液体．細胞外液．

還元（reduction）　原子による 1 電子以上の獲得．

還元剤（reducing agent）　電子を渡して，別の反応物の還元を引きおこす物質．

還元的アミノ化（reductive amination）　NH_4^+ との反応による α-ケト酸のアミノ酸への変換．

還元糖（reducing sugar）　塩基性溶液中で弱い酸化剤と反応する炭水化物．

緩衝液（buffer）　pH の急激な変化を抑制するように働く物質の組合せ．一般的に弱酸とその共役塩基．

官能基（functional group）　特徴的な

構造と化学的性質をもつ分子内の原子または原子の基．

官能基異性体（functional group isomer）　おなじ化学式をもちながら，結合の違いによって化学的に異なる族に属する異性体．エチルアルコールとエチルエーテルがその一例．

γ 線（gamma radiation）　高エネルギー電磁波の放射活性．

貴ガス（noble gas）　周期表 18 族の元素．

基質（substrate）　酵素触媒反応の反応物．

希釈率（dilution factor）　初めと終わりの溶液の体積比（V_1/V_2）．

気体（gas）　体積も形も決めることができない物質．

気体定数（R）（gas constant）　R であらわされる，理想気体法則における定数．$PV = nRT$．

気体の法則（gas law）　気体または気体の混合物の圧力（P），体積（V），温度（T）の影響を予測する一連の法則．

気体反応の法則（combined gas law）　気体の圧力と体積の積は温度に比例する（$PV/T = $ 定数．または $P_1V_1/T_1 = P_2V_2/T_2$）．

気体分子運動論（kinetic-molecular theory of gas）　気体の動きを説明する一群の仮定．

規定度（N）（normality）　溶液 1 L 中に酸（塩基）が何当量含まれているかをあらわす酸（塩基）の濃度の単位．

軌道（orbital）　原子や分子中における電子の状態をあらわす波動関数．

起動図（orbital diagram）　軌道への電子分布の描写．軌道は 1 本の線あるいは一つの箱で示され，各軌道の電子は矢印で表示される．

吸エルゴン的（endergonic）　非連続反応あるいは過程で，自由エネルギーを吸収し正の ΔG をもつ．

球状タンパク質（globular protein）　外側に親水性基が配置して密に折りたたまれた水溶性タンパク質．

吸熱的（endothermic）　熱を吸収して正の ΔG をもつ過程または反応．

強塩基（strong base）　H⁺ に親和性が高く，しっかり保持する塩基．

競合（酵素）阻害（competitive（enzyme）inhibition）　阻害剤が酵素の活性部位と結合して基質と競合する酵素の

制御.

強酸（strong acid）　容易に H^+ を引き渡す酸で，基本的に 100% 解離する.

強電解質（strong electrolyte）　水に溶解すると完全にイオン化する物質.

共鳴（resonance）　分子の真の構造が複数の普通の構造となる現象.

共役塩基（conjugate base）　酸から H^+ を放出した物質.

共役酸（conjugate acid）　塩基に H^+ が付加した物質.

共役酸塩基対（conjugate acid-base pair）　水素イオン H^+ だけが異なる分子式の 2 分子.

共有結合（covalent bond）　原子間で電子を共有して形成する結合.

極性共有結合（polar covalent bond）　電子が，他方の原子より一方の原子に強く引きつけられる結合.

キラル，キラリティー（chiral, chirality）　二つの異なる鏡像体（mirror image form）．右手と左手の関係をもつ.

キラル炭素，不斉炭素原子，キラル中心（chiral carbon atom, chiral center）　四つの異なる基に結合した炭素原子.

均一混合物（homogeneous mixture）　全体におなじ成分の均一な混合物.

金属（metal）　熱と電気をよく通す光沢のある可鍛性の元素.

クエン酸回路（citric acid cycle）　Kreb's 回路，TCA 回路，トリカルボン酸回路とも呼ばれる．還元補酵素と二酸化炭素で運搬されるエネルギーを，アセチル基を分解して生産する一連の生化学反応.

薬（drug）　体外から導入されると，体内の機能を変化させる物質.

組換え DNA（recombinant DNA）　異種の DNA を含有する DNA.

グリコーゲン形成（glycogenesis）　グリコーゲン合成の生化学経路．グルコースの分岐ポリマー.

グリコーゲン分解（glycogenolysis）　グリコーゲンを遊離グルコースに分解する生化学経路.

グリコシド（glycoside）　単糖がアルコールと反応して水分子を失って生成する環状アセタール.

グリコシド結合（glycoside bond）　単糖のアノマー炭素原子と −OR 基の結合.

グリコール（glycol）　隣り合う炭素に二つの −OH 基をもつジアルコールまたはジオール.

グリセロリン脂質（glycerophospholipid, phosphoglyceride）　グリセロールが二つの脂肪酸および一つのリン酸とエステル結合でつながる脂質で，リン酸基はさらにアミノアルコール（あるいはほかのアルコール）とエステル結合でつながる.

クローン（clone）　単一の祖先からの組織，細胞あるいは DNA 部分のおなじ複製.

係数（coefficient）　化学反応式を量的に一致させるため，分子式の前におく数値.

ゲイ–リュサックの法則（Gay-Lussac's law）　定容の気体では，圧力はケルビン値に比例する（$P/T =$ 定数，または $P_1/T_1 = P_2/T_2$）.

経路（pathway）　酵素触媒による一連の化学反応．すなわち，最初の反応の生成物はつぎの反応物になるなど，反応はそれらの中間体によって連結される.

ケタール（ketal）　もともとケトンであったおなじ炭素原子に結合する，二つの疑似エーテル基をもつ化合物.

血液凝固（blood clot）　血が傷ついた場所で形成する，フィブリン線維と閉じ込められた血球細胞の網状組織.

結合解離エネルギー（bond dissociation energy）　隔離された気体状態の分子の結合を切って，原子を分離するエネルギー量.

結合角（bond angle）　分子内の隣接する 3 原子による角度.

結合距離（bond length）　共有結合の核間の最適な距離.

血漿（blood plasma）　血液中から血球を除いた部分．細胞外液.

結晶性固体（crystalline solid）　原子，分子あるいはイオンが規則正しく配列する固体.

血清（blood serum）　凝固した後に残る血液の液体部分.

ケトアシドーシス（ketoacidosis）　ケトン体の蓄積による血中 pH の低下.

ケトース（ketose）　ケトンのカルボニル基を含む単糖.

ケトン（ketone）　おなじまたは異なる有機基の炭素 2 原子が結合したカルボニル基をもつ化合物，$R_2C=O$, RCOR'.

ケトン体（ketone body）　肝臓で生成する化合物で，筋肉および脳組織で燃料として利用される．3-ヒドロキシ酪酸，アセト酢酸，アセトン.

ケトン体生成（ketogenesis）　アセチル-CoA からのケトン体合成.

ゲノミクス（genomics）　全遺伝子と機能の科学.

ゲノム（genome）　生物の染色体の全遺伝子情報．その大きさは塩基対の数で決定される.

けん化（saponification）　水溶性水酸化物イオンにより，アルコールとカルボン酸の金属塩を生成するエステルの反応.

嫌気(性)（anaerobic）　無酸素状態.

原子（atom）　元素の最小かつもっとも単純な粒子.

原子価殻電子対反発モデル（VSEPR モデル）（valence shell electron pair repulsion model）　原子のまわりがどれだけの数の電子雲の荷電におおわれているかを知ることによって分子の形を予測し，電子雲が可能な限り互いに遠くになるように予想する方法.

原子価殻（valence shell）　原子のもっとも外側の電子殻.

原子核（nucleus）　陽子と中性子からなる，高密度の原子の中心.

原子質量単位（amu）（atomic mass unit）　原子質量をあらわす単位．1amu = 1/12 で，炭素 12 の質量を基準とする.

原子説（atomic theory）　英国人科学者 John Dalton によって提唱された，物質の化学反応を説明するための一連の仮定.

原子番号（Z）（atomic number）　与えられた要素の原子核中の陽子数.

原子量（atomic weight）　原子の平均質量（表紙裏表ページ参照）.

元素（element）　化学的にそれ以上分解できない最小単位の基本物質.

限定試薬（limiting reagent）　化学反応で最初に消費される試薬.

好気(性)（aerobic）　酸素が存在する状態.

高血糖（hyperglycemia）　正常より高濃度な血中グルコース.

抗原（antigen）　免疫反応を引きおこす体外の物質.

抗酸化物質（antioxidant）　酸化剤による酸化反応を止める物質.

酵素（enzyme）　生物反応に対して触

媒として働くタンパク質などの分子.

構造異性体（constitutional isomer または structural isomer）　おなじ分子式だが，原子の結合が異なる化合物.

構造式（structural formula）　共有結合をあらわす線を使って原子間の結合をあらわす分子の表記法.

抗体（イムノグロブリンまたは免疫グロブリン）（antibody（immunoglobulin））　抗原を認識する糖タンパク質.

高張（hypertonic）　血漿や細胞よりも浸透圧の高い状態.

固体（solid）　規定できる形態と体積をもつ物質.

コドン（codon）　mRNA 鎖のリボヌクレオチド 3 分子の配列で，特定のアミノ酸を暗号化する，あるいは翻訳を止めるヌクレオチド 3 分子の配列（停止コドン）.

コロイド（colloid）　直径 2〜500 nm の範囲の粒子を含む均一な混合物.

混合物（mixture）　それぞれの化学的性質を維持する 2 種以上の物質の混合物.

コンホーマー（conformer）　原子間の結合が等しい複数の分子構造は，炭素-炭素結合回転の相互変換が原子の異なる空間配置をもたらす.

コンホメーション，立体配座（conformation）　分子における原子の特定の三次元的な配置は，炭素-炭素結合のまわりの回転によって特異的に形成される.

混和性（miscible）　すべての割合で溶解する性質.

再吸収（腎臓の）（reabsorption（kidny））　腎細管で沪過された溶質の移動.

細胞外液（extracellular fluid）　細胞外の液体.

細胞質（cytoplasm）　真核細胞の細胞膜と核膜の間の部分.

細胞質ゾル（cytosol）　細胞内のオルガネラを囲む細胞質の液体. 溶解したタンパク質や栄養素を含む.

細胞質タンパク質（cellular protein）　細胞内に存在するタンパク質.

細胞内液（intracellular fluid）　細胞内の液体.

酸（acid）　水中で H^+ を供給する物質.

酸塩基 (pH) 指示薬（acid-base indicator）溶液の pH に応じて色が変化する色素.

酸化（oxidation）　原子から一つ以上の電子が失われること.

酸解離定数 (K_a)（acid dissociation constant）　酸（HA）が解離する平衡定数で ［H^+］［A^-］/［HA］に等しい.

酸化還元（レドックス）反応（oxidation-reduction（redox）reaction）　電子がある原子からほかの原子へ移動する反応.

酸化剤（oxidizing agent）　電子を得ることによって酸化をおこす，あるいはほかの反応物の酸化数を増す反応物.

酸化数（oxidation number）　原子が中性か，電子が多いか少ないかを示す数字.

酸化的脱アミノ化（oxidative deamination）　NH_4^+ の除去によるアミノ酸の$-NH_2$ の α-ケト基への変換.

酸化的リン酸化（oxidative phosphorylation）　電子伝達系から放出されるエネルギーを使う ADP からの ATP の合成.

残基（アミノ酸の）（residue（amino acid））　ポリペプチド鎖のアミノ酸.

三重結合（triple bond）　3 対の電子を共有する共有結合.

酸の当量（equivalent of acid）　1 モルの H^+ を含む酸の量.

ジアステレオマー（diastereomer）　互いに鏡像体とならない立体異性体.

糸球体沪液（glomerular filtrate）　糸球体（glomerulu）からネフロン（nephron）に入る液体. 血漿を沪過する.

式量（formula weight）　任意の化合物の式 1 分子に含まれる原子の原子量の総和.

シクロアルカン（cycloalkane）　環状炭素原子を含むアルカン.

シクロアルケン（cycloalkene）　環状炭素原子を含むアルケン.

止血（hemostasis）　血流の停止.

自己免疫疾患（autoimmune disease）正常な体内の物質を抗原として認識して抗体をつくる免疫系の異常.

脂質（lipid）　非極性有機溶媒に可溶な，植物または動物由来の天然有機化合物.

脂質二重層（lipid bilayer）　細胞膜の基本構造単位. 脂質分子の疎水性基が内側に向き合う膜脂質分子から構成される二重層.

シス-トランス異性体（cis-trans isomer）原子間の結合はおなじで，二重結合に結合する基の位置が異なるために三次元構造が異なるアルケン. シス体は，水素原子が二重結合のおなじ側，トランス体は反対側.

ジスルフィド（disulfide）　硫黄と硫黄の結合で構成される化合物，RS-SR.

ジスルフィド結合（disulfide bond）　2 分子のシステイン側鎖で形成されるS-S 結合. 二つのペプチド鎖を結合することができ，ペプチド鎖にループをつくる.

自然放射性同位体元素（natural radio-isotope）　自然に存在し，地殻に見出される放射性同位体元素.

実収量（actual yield）　反応で実際に生成した生成物の量.

質量（mass）　物体の量の測定単位.

質量パーセント濃度 〔(m/m)%〕　溶液の 100 g あたりの溶質のグラム数をあらわした濃度.

質量/体積パーセント濃度 〔(m/v)%〕　溶液 100 mL あたりの溶質のグラム数をあらわした濃度.

質量数 (A)（mass number）　原子中の陽子と中性子の総数.

質量保存の法則（law of conversion of mass）　物理的または化学的変化のあいだ，物質は生産も分解もされない.

GTP（guanosine triphosphate）　ATP とおなじくエネルギーを運搬する分子. リン酸基を失うとエネルギーを放出して GDP になる.

GDP（guanosine diphosphate）　リン酸基と結合する，あるいは解裂してエネルギーを運搬する分子.

シナプス（synapse）　ニューロンの先端と標的細胞が互いに接合する場所.

自発的な過程（spontaneous process）一度反応がはじまると，系外の影響を受けずに進む過程または反応.

脂肪（fat）　トリアシルグリセロールの混合物で，高い比率で飽和脂肪酸を多く含むため固体になる.

脂肪酸（fatty acid）　長鎖カルボン酸. 動物性脂肪や植物油の脂肪酸は，一般的に炭素原子数が 12〜22.

弱塩基（weak base）　H^+ との親和性が弱く，H^+ の保持力が弱い塩基.

弱酸（weak acid）　水中で H^+ を供給し

にくく, 解離度が 100％以下の酸.

弱電解質（weak electrolyte）　水中で部分的にしかイオン化しない物質.

シャルルの法則（Charles's law）　定圧の気体の体積は絶対温度（Kelvin temperature）に比例する（$V/T=$ 定数, または $V_1/T_1 = V_2/T_2$）.

自由エネルギー変化（ΔG）（free energy change）　化学反応あるいは物理変化に伴う自由エネルギーの変化量.

周期（period）　周期表の横 7 段.

周期表（periodic table）　各元素ごとに原子番号（上）, 元素記号（中）, 原子量（下）が示された元素表で, 化学的類似性に従って分類される（表紙裏参照）.

十億分率（ppb）（parts par billion）　溶液を 10 億（10^9）としたときの溶質の重量比あるいは体積比.

収率（percent yield）　化学反応の理論収量と実収量の百分率.

重量（weight）　地球またはほかの大きな物体から物体に作用する引力の尺度.

主殻（電子の）（shell (electron)）　エネルギーに従う原子内の電子の一群.

主族元素（main group element）　周期表の左側 2 族（1, 2 族）と右側 6 族（13～18 族）の元素. 典型元素のこと.

受動輸送（passive transport）　濃度の高い所から低い所へ, エネルギーを消費することなく細胞膜を横切る物質の移動.

純物質（pure substance）　隅から隅まで一律の化学的な組織をもつ物質.

消化（digestion）　食物を小さい分子に分解することを意味する一般的な用語.

蒸気（vapor）　液体と平衡状態にある気体分子.

蒸気圧（vapor pressure）　液体と平衡状態にある気体分子の分圧.

状態変化（change of state）　液体から気体のように, ある状態からほかの状態へ物質が変化すること.

蒸発熱（heat of vaporization）　沸点に到達した液体を完全に気化するのに必要な熱量.

触媒（catalyst）　化学反応の速度を増すが, それ自身は変化しない物質.

真イオン反応式（net ionic equation）

自らは変化しないイオンを除いた反応式.

神経伝達物質（neurotransmitter）　ニューロンとニューロンまたは神経刺激を伝達する標的細胞のあいだを動く化学物質.

人工核変換（artificial transmutation）　ある原子がほかの原子になる核分裂反応による変化.

人工放射性同位体（artificial radioisotope）　自然界には存在しない放射性同位体元素.

親水性（hydrophilic）　水を好む性質. 親水性物質は水に可溶.

浸透（osmosis）　異なる濃度の二つの溶液を隔離している浸透膜を横切る溶媒の通過.

浸透圧（osmotic pressure）　浸透膜を横切る溶媒分子の通過を停止させる, より高濃度の溶液にかかる外圧の総量.

水素化（hydrogenation）　多重結合に H_2 が付加して飽和化合物を生成する反応.

水素結合（hydrogen bond）　電気的に陰性な O, N, F などの原子に結合した水素原子と, ほかの電気的に陰性な O, N, F 原子が引き合うこと.

水和（hydration）　多重結合に水が付加してアルコールを生成する反応.

ステロール（sterol）　つぎのような縮合四環性炭素骨格に基づく構造の脂質.

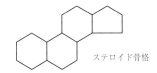

ステロイド骨格

スフィンゴ脂質（sphingolipid）　アミノアルコールスフィンゴシンから誘導される脂質.

正四面体（regular tetrahedron）　おなじ大きさの 4 個の正三角形の面をもつ立体.

生成物（product）　化学反応で形成される物質で, 化学反応式では矢印の右側に描く.

セカンドメッセンジャー（second messenger）　親水性のホルモンまたは神経伝達物質が, 細胞表面の受容体と結合したときに細胞内に放出される化学物質.

赤血球, エリスロサイト（erythrocyte）　血中の赤色細胞（RBC）. 血中の

気体を輸送する.

セッケン（soap）　動物性脂肪のけん化でつくられる脂肪酸の塩の混合物.

遷移金属元素（transition metal element）　周期表の中央付近の 10 族（3～12 族）の元素.

繊維状タンパク質（fibrous protein）　繊維状または板状のタンパク質を形成する硬い不溶性のタンパク質.

全血（whole blood）　血漿と血液細胞.

線構造（line structure）　原子を示さずに構造を描く簡便法. 炭素原子は線の始点, 終点および交点にあり, 水素は炭素が形成する四つの結合に充足していると考える.

染色体, クロモソーム（chromosome）　タンパク質と DNA の複合体. 細胞分裂期に見ることができる.

セントロメア（centromere）　染色体の中心領域.

双極子, ダイポール（dipole）　共有結合の一方の末端と反対側の末端, あるいは分子の末端と反対側の末端における電荷（＋あるいは－）の違い.

双極子−双極子相互作用（dipole-dipole force）　極性分子の正と負の末端が引き合う力.

阻害（酵素の）（inhibition (of an enzyme)）　酵素の活動を遅延または停止させる過程.

族（group）　周期表の元素の縦 18 列.

束一的性質（collogative property）　溶解する粒子の数に依存し, 化学的性質には依存しない溶液の性質.

側鎖（アミノ酸の）（side chain (amino acid)）　アミノ酸のカルボキシ基の隣りの炭素に結合する基. アミノ酸によって異なる.

促進拡散（facilitated diffusion）　形を変える輸送タンパク質の補助により細胞膜を横切る能動輸送.

束縛回転（restricted rotation）　ある結合のまわりを回転する分子の限られた能力.

疎水性（hydrophobic）　水を嫌う性質. 疎水性物質は水に不溶.

第一級炭素原子（1°）（primary carbon atom）　ほかの炭素 1 原子と結合した炭素原子.

第三級炭素原子（3°）（tertiary carbon atom）　ほかの炭素 3 原子と結合した炭素原子.

代謝（metabolism）　有機体でおこる全化学反応の総体.

体積パーセント濃度〔(v/v)%〕（volume/volume percent concentration）　溶液 100 mL 中に溶解している溶質の体積（ミリリットル）としてあらわされる濃度.

第二級炭素原子（2°）（secondary carbon atom）　ほかの炭素 2 原子と結合した炭素原子.

第四級アンモニウムイオン（quaternary ammonium ion）　窒素原子に四つの有機基が結合した正のイオン.

第四級アンモニウム塩（quaternary ammonium salt）　第四級アンモニウムイオンとアニオンで構成されるイオン化合物.

第四級炭素原子（4°）（quaternary carbon atom）　ほかの炭素 4 原子と結合した炭素原子.

多型（polymorphism）　集団内の DNA 配列における変異.

多原子イオン（polyatomic ion）　1 原子以上で構成されるイオン.

脱水（dehydration）　アルコールから水が脱離してアルケン生成する.

脱離反応（elimination reaction）　飽和反応物が隣り合った 2 原子から基を失い, 不飽和物質を生成する反応の一般的な型.

多糖（polysaccharide）　複雑な炭水化物. 単糖の重合体となる炭水化物.

多不飽和脂肪酸（polyunsaturated fatty acid）　二つ以上の C=C 二重結合をもつ長鎖脂肪酸.

単位（unit）　標準的な計量に用いられる定義された量.

ターンオーバー数（turnover number）　1 分子の酵素が単位時間あたりに作用する基質分子.

炭化水素（hydrocarbon）　炭素と水素のみを含む有機化合物.

単結合（single bond）　1 対の電子を共有して形成される共有結合.

胆汁（bile）　消化のあいだに肝臓から分泌され, 胆嚢から小腸へ放出される液体. 胆汁酸, コレステロール, リン脂質, 二酸化炭素イオンなどの電解質を含む.

胆汁酸（bile acid）　胆汁に分泌されるコレステロール類縁体の酸.

短縮構造（condensed structure）　C−C や C−H の結合を省略して構造を描く簡単な方法.

単純拡散（simple diffusion）　細胞膜を通る拡散の無作為な動きによる受動輸送.

単純タンパク質（simple protein）　アミノ酸のみで構成されるタンパク質.

炭水化物（carbohydrate）　天然のポリヒドロキシケトンとアルデヒドからなる非常に多くの糖質（糖類）の総称.

単糖（monosaccharide, simple sugar）　炭素 3〜7 原子の炭水化物.

タンパク質（protein）　アミド（ペプチド）結合で多くのアミノ酸がつながった大きい生体分子.

タンパク質の一次構造（primary protein structure）　タンパク質でアミノ酸がペプチド結合でつながる配列.

タンパク質の二次構造（secondary protein structure）　規則正しい繰返し構造（例：α-ヘリックス, β-シート）. 近接するタンパク質鎖の部分で, 骨格原子の間の水素結合でつくられる.

タンパク質の三次構造（tertiary protein structure）　全タンパク鎖がコイル状になり, 特異な三次元型に折りたたまれている構造.

タンパク質の四次構造（quaternary protein structure）　二つ以上のタンパク質が集合して形成する規則正しい大きな構造.

チオール（thiol）　−SH 基を含む化合物. R−SH.

置換基（substituent）　母体に結合する原子または基.

置換反応（substitution reaction）　分子の原子または基が, ほかの原子または基で置換される一般的な反応の型.

チモーゲン（zymogen）　化学的な変化を受けた後に活性酵素になる化合物.

中性子（neutron）　電気的に中性な原子より小さい粒子.

中和反応（neutralization reaction）　酸と塩基の反応.

直鎖アルカン（straight-chain alkane）　すべての炭素が直線に並んだアルカン.

沈殿（precipitate）　化学反応のあいだに溶液内に生成する不溶性の固体.

低血糖（hypoglycemia）　正常より低濃度の血中グルコース.

低張（hypotonic）　血漿や細胞の周よりも浸透圧が低い状態.

デオキシリボ核酸（DNA）（deoxyribonucleic acid）　遺伝情報を蓄積する核酸. デオキシリボ核酸の重合体.

デオキシリボヌクレオチド（deoxyribonucleotide）　2-デオキシ-D-リボースを含むヌクレオチド.

滴定（titration）　溶液の酸または塩基の全量を決定する方法.

D 糖（D-sugar）　Fischer 投影式でカルボニル基からもっとも遠いキラル炭素原子上の右側に, −OH 基をもつ単糖.

d ブロック元素（d-block element）　鉄族, 銅族などの遷移元素の総称. d 軌道に入る電子の配置で物性が決定される.

テロメア（telomere）　染色体の末端. ヒトでは, 反復する長いヌクレオチド鎖を含む領域.

転位反応（rearrangement reaction）　分子の結合が再配列して異性体が生成するような一般的な反応型.

電解質（electrolyte）　水に溶解するとイオンをつくり, 電気を通す物質.

電気陰性度（electronegativity）　共有結合で電子を引き寄せる原子の能力.

電子（electron）　負に荷電した粒子.

電子親和力（electron affinity）　気体状態で 1 電子が 1 原子と付加して放出されるエネルギー.

電子伝達系（electron-transport chain）　還元補酵素から酸素へ電子を渡し, ATP 形成へと続く一連の生化学反応.

電子配置（electron configuration）　原子殻と副殻における電子固有の配列.

電子捕獲（EC）（electron capture）　核が電子雲から内殻電子を捕提する過程. 陽子が中性子になる.

転写（transcription）　DNA 情報を読んで RNA を合成する過程.

点電子記号, ルイス構造（electron dot structure, Lewis structure）　価電子の数をあらわすために原子のまわりに点を置く原子の表記法.

電離放射線（ionizing radiation）　高エネルギー放射線の一般名.

同位体, アイソトープ（isotope）　おなじ原子番号で異なる質量数をもつ原子.

同化, 同化作用（anabolism）　小さい分子から大きい生体分子を構築する代謝反応.

等式の反応式（balanced equation）　原子の数と種類が矢印の両側で等しい化学反応式.

糖脂質（glycolipid）　スフィンゴシンの C2 位の $-NH_2$ に脂肪酸が結合し, 糖が C1 位の $-OH$ 基に結合したスフィンゴ脂質.

糖新生（gluconeogenesis）　乳酸, アミノ酸, またはグリセロールなどの非炭水化物からグルコースを合成する生化学的経路.

糖タンパク質（glycoprotein）　短い炭水化物鎖を含むタンパク質.

等張（isotonic）　同じ浸透圧をもつこと.

等電点（pI）（isoelectric point）　アミノ酸の試料が同数の＋と－の荷電をもつ pH.

糖尿病（diabetes mellitus）　インスリンの不足または, インスリンが細胞膜を横切るためのグルコースによる活性化ができないためにおこる症状.

当量（Eq）（equivalent）　イオンでは, 荷電 1 モルに等しい量.

特異性（酵素の）（specificity (enzyme)）　特定の基質, 特定の反応または特定の反応型に対する酵素活性の制限.

特性（property）　物質や物体を特定するのに有益な特性.

トランスファーRNA（tRNA）（transfer RNA）　タンパク質を合成する場所にアミノ酸を輸送する RNA.

トリアシルグリセロール, トリグリセリド（triacylglycerol, triglycerid）　脂肪酸 3 分子によるグリセロールのトリエステル.

ドルトンの法則（Dalton's law）　気体の混合物による全圧力は, 個々の気体の分圧の総量に等しい.

内遷移金属元素（inner transition metal element）　周期表の底辺に分離して並ぶ 14 族の元素.

内分泌系（endocrine system）　特別な細胞, 組織, 内分泌腺の系で, ホルモンを分泌し, 神経系とともに体内の恒常性を維持し環境の変化に対応する.

二元化合物（binary compound）　二つの異なる元素の組合せからなる化合物.

二重結合（double bond）　2 電子対を共有してできる共有結合.

二重らせん（double helix）　スクリュー型に互いにからみ合う二つのらせん. ほとんどの生物では, DNA の二つのポリヌクレオチド鎖は二重らせんを形成する.

二糖（disaccharide）　単糖 2 分子で構成される炭水化物.

ニトロ化（nitration）　芳香環上の水素がニトロ基（$-NO_2$）に置換する反応.

尿素回路（urea cycle）　尿素を生成して排出する生化学的な回路.

ヌクレオシド（nucleoside）　複素環式窒素塩基に結合した五炭糖. ヌクレオチドに似ているがリン酸基をもたない.

ヌクレオチド（nucleotide）　複素環式窒素塩基と一つのリン酸基が結合した五炭糖（ヌクレオシド一リン酸）. 核酸のモノマー.

熱（heat）　熱エネルギーの移動量.

燃焼（combustion）　炎をつくる化学反応で, 一般的に酸素との燃焼をいう.

濃度（concentration）　混合物のある物質の量の尺度.

能動輸送（active transport）　エネルギー（たとえば ATP）を使って細胞膜を横切る物質の移動.

濃度勾配（concentration gradient）　おなじ系内の濃度の差.

配位共有結合（coordinate covalent bond）　2 電子が同一原子から供出されて形成される共有結合.

発エルゴン的（exergonic）　自由エネルギーを放出し, 負の ΔG をもつ連続的な反応または過程.

白血球, ロイコサイト（leukocyte）　白血球細胞（WBC）.

発酵（fermentation）　嫌気条件下でのエネルギー生産.

発熱的（exothermic）　熱を放出し, 負の ΔH をもつ過程または反応.

ハロゲン（halogen）　周期表の 17 族の元素.

ハロゲン化（アルケンの）（halogenation (alkene)）　1,2-ジハロゲン化合物を生成する多重結合への Cl_2 あるいは Br_2 の付加.

ハロゲン化（芳香族の）（halogenation (aromatic)）　芳香環の水素原子がハロゲン原子（$-X$）で置換されること.

ハロゲン化アリール（aryl halide）　ハロゲン原子に結合する芳香族をもつ化合物, Ar$-$X.

ハロゲン化アルキル（alkyl halide）　アルキル基がハロゲン原子に結合した化合物, R$-$X.

ハロゲン化水素化（hydrohalogenation）　多重結合に HCl または HBr が付加してハロゲン化アルキルを生成する反応.

半減期（$t_{1/2}$）（half-time）　放射性物質が半分分解するのに要する時間.

反応機構（reaction mechanism）　古い結合が壊れて新しい結合ができる反応の各段階の記述法.

反応速度（reaction rate）　反応がどれだけ速くおこるかの尺度, E_{act}.

反応熱（ΔH）（heat of reaction）　反応物中で分解された結合エネルギーと, 生成物中で形成された結合エネルギーとの差.

反応物（reactant）　化学反応で変化する物質で, 化学反応式では矢印の左側に描く.

pH　溶液の酸性度の尺度. H_3O^+ 濃度の負の常用対数.

非拮抗（酵素）阻害（uncompetitive (enzyme) inhibition）　阻害剤が酵素に可逆的に結合し, つぎの基質の活性部位の結合を遮断する酵素.

非共有（孤立）電子対（lone pair）　結合に使われない電子対.

非共有力（noncovalent forces）　共有結合以外の, 分子間あるいは分子内の引力.

非金属（nonmetal）　熱と電気の伝導度が低い元素.

p 関数（p function）　若干の変数の負の常用対数. p$X = -(\log X)$.

ビシナル（vicinal）　隣接する炭素上の官能基を意味する.

比重（specific gravity）　同一温度の水の密度で物質の密度を割った値.

ビタミン（vitamin）　体内で合成されないので, 食餌から微量を摂取しなければならない必須の有機分子.

必須アミノ酸（essential amino acid）　体内で合成されないので, 食餌から摂取しなければならないアミノ酸.

非電解質（nonelectrolyte）　水に溶解したときにイオンを生成しない物質.

ヒドロニウムイオン（hydronium ion）
酸が水と反応したときに生成する
H_3O^+（IUPAC 名：オキソニウムイオン）．

比熱（specific heat）　物質 1 g の温度を 1 ℃上昇させるために必要な熱量．

非必須アミノ酸（nonessential amino acid）　体内で合成されるので食餌から摂取する必要のない 11 種類のアミノ酸の一つ．

百万分率（ppm）（parts per million）
溶液を 100 万（10^6）としたときの溶質の重量比あるいは体積比．

p ブロック元素（p-block element）
13〜18 族に属する元素．典型元素．p 軌道に元素が満たされる．

標準状態（STP）（standard temperature and pressure）　0 ℃（273 K），1 気圧（760 mmHg）として定義される気体の標準状態．

標準沸点（normal boiling point）　正確に 1 気圧のときの沸点．

標準モル体積（standard molar volume）
標準温度で理想気体 1 モルの体積（22.4 L）と圧力．

フィッシャー投影式（Fischer projection）　手前の結合をあらわす水平線と，後ろの結合をあらわす垂直線の 2 本の線を交点にキラル炭素原子を表記する構造式．糖類では，アルデヒドまたはケトンを上に置く．

フィードバック制御（feedback control）
経路後半の反応生成物による酵素活性の制御．

フィブリン（fibrin）　血液凝固の繊維質骨格を形成する不溶性タンパク質．

フェニル（基）（phenyl）　官能基，C_6H_5-．

フェノール（phenol）　芳香環に直接 -OH 基が結合している化合物，Ar-OH．

不可逆(酵素)阻害（irreversible(enzyme) inhibition）　阻害剤が活性部位と共有結合して永遠に防げる，酵素の不活性化．

付加反応（addition reaction）　物質 X-Y が不飽和結合に付加して，単結合の飽和化合物になる一般的な反応型．

付加反応（アルデヒドとケトンの）（addition reaction, aldehyde and ketone）　アルコールなどの化合物が炭素-酸素の二重結合に付加して炭素-酸素単結合になる付加反応．

不均一混合物（heterogeneous mixture）
異種物質の不均一な混合物．

副殻（電子の）（subshell（electron））
電子が占有する空間域の形に従う殻内の電子群．

複合タンパク質（conjugated protein）
一つ以上の非アミノ酸を構造に含むタンパク質．

複製（replication）　細胞分裂の際につくられる DNA 複製の過程．

複素環（heterocycle）　炭素に加え，窒素またはほかの原子で構成される環．

物質（matter）　宇宙をつくる物理的物質．質量をもち空間を占有するもの．

物質の三態（state of matter）　物質の物理的状態で固体，液体，気体．

沸点（bp）（boiling point）　液体と気体が平衡状態になる温度．

物理変化（physical change）　物質あるいは物体の化学的状態に影響しない変化．

物理量（physical quantity）　測定可能な物理的性質．

浮動性タンパク質（mobile protein）
血液などの体液中に存在するタンパク質．

不飽和（unsaturated）　一つ以上の炭素-炭素多重結合を含む分子．

不飽和脂肪酸（unsaturated fatty acid）
炭素 炭素結合間に一つ以上の二重結合を含む長鎖カルボン酸．

不飽和度（degree of unsaturation）　分子中の炭素-炭素二重結合の数．

フリーラジカル（free radical）　不対電子をもつ原子または分子．

ブレンステッド-ローリー塩基
（Brønsted-Lowry base）　酸から水素イオン H^+ を受容できる物質．

ブレンステッド-ローリー酸
（Brønsted- Lowry acid）　水素イオン H^+ を，ほかの分子やイオンに供給する物質．

プロピル基（propyl group）　直鎖アルキル基，$-CH_2CH_2CH_3$

分圧（partial pressure）　混合物中のある気体の全圧力．

分子（molecule）　共有結合で保持された原子の集団．

分枝アルカン（branched-chain alkane）
炭素が分枝する結合をもつアルカン．

分子化合物（molecular compound）　イオン以外の分子で構成される化合物．

分子間力（intermolecular force）　分子または孤立原子間で働き，それらを互いに緊密に保つ力．ファンデルワールス力ともいう．

分子式（molecular formula）　化合物 1 分子の原子の数と種類を示す式．

分子量（molecular weight）　分子中の原子の原子量の総計．

分泌（腎臓の）（secretion（kidney））
腎細管での溶質の沪液への移動．

平衡定数（K）（equilibrium constant）
化学平衡が成り立っているとき，反応物と生成物の濃度の比から得られる値．K は一定温度では濃度によらず一定値をとる．

β-酸化経路（beta（β-）oxidation pathway）　脂肪酸を一度に炭素 2 原子ずつ分解してアセチル-CoA にする生化学的反応を反復する経路．

β-シート（beta（β-）sheet）　同一あるいは異なる分子の隣接するタンパク質の鎖が，骨格に沿って水素結合によって規則的に配置され，平坦なシート状の構造を形成するタンパク質の二次構造．

β 粒子（beta（β）particle）　β 線として放射される電子，e^-．

ヘテロ核リボ核酸（hnRNA）（heterogeneous nuclear RNA）　イントロンとエクソンを含む，はじめに合成される mRNA の混合物．

ペプチド結合（peptide bond）　二つのアミノ酸をつなぐアミド結合．

ヘミアセタール（hemiacetal）　アルコール様の -OH 基とエーテル様の -OR 基の両方がアルデヒドカルボニル炭素の炭素原子に結合した化合物．

ヘミケタール（hemiketal）　もともとケトンカルボニル炭素であった炭素原子に，疑似アルコール基と疑似エーテル基の両方が結合する化合物．

変異原性（mutagen）　変異をおこす物質．

変異体（mutation）　DNA 複製に伴い子孫に引きわたされる塩基配列の誤り．

変換係数（conversion factor）　二つの単位の関係を示す式．

変性（denaturation）　非共有結合の相互作用やジスルフィド結合の崩壊のため，ペプチド結合と一次構造は維

持しているが，二次，三次，四次構造を失うこと．

変旋光（mutarotation）　糖の環状のアノマーと直鎖型の間の平衡によって起こる偏光の回転の変化．

ヘンダーソン-ハッセルバルヒの式（Henderson-Hasselbalch equation）　弱酸の平衡式 K_a の対数は，緩衝液を用いた実験に応用される．

ペントースリン酸回路（pentose phosphate pathway）　リボース（五炭糖），NADPH，リン酸化糖などをグルコースから生成する生化学経路．解糖系の代替．

ヘンリーの法則（Henry's law）　定温では，液体中の気体の溶解性はその分圧に比例する．

ボイルの法則（Boyle's law）　一定温度における気体の圧力は体積に反比例する（$PV = $ 定数，$P_1V_1 = P_2V_2$）．

傍観イオン（spectator ion）　反応式の矢印の両側で変化のないイオン．

芳香性（aromatic）　ベンゼンのような環を包含する化合物群．

放射性核種（radionuclide）　放射性同位体の原子核．

放射性同位体（radioisotope）　放射活性な同位体．

放射能（radioactivity）　核からの放射線の自発的な照射．

飽和化合物（saturated）　炭素原子が可能な単結合の最大数（四つ）をもつ分子．

飽和溶液（saturated solution）　平衡状態で可溶化している溶質が最大量を含む溶液．

飽和脂肪酸（saturated fatty acid）　炭素−炭素の単結合のみを含む長鎖カルボン酸．

補酵素，コエンザイム（coenzyme）　酵素の働きを補助する有機分子．

ポジトロン，陽電子（positron）　電子とおなじ質量をもつ正に荷電した電子．

補助因子（cofactor）　酵素の触媒作用に必須の酵素の非タンパク質部分．金属イオンあるいは補酵素．

ポテンシャルエネルギー（potential energy）　位置，組成，形などによってたくわえられるエネルギー．

ポリマー（polymer）　多くの小分子が集まって繰り返し結合によってつくられる大きい分子．重合体．

ホルモン（hormone）　内分泌系の細胞から分泌され，反応をおこす受容体の細胞まで血流で輸送される化学メッセンジャー．

翻訳（translation）　RNA によるタンパク質合成の過程．

マルコフニコフ則（Markovnikov's law）　アルケンへハロゲン化水素（HX）が付加するとき，主成生物は水素原子がより多い炭素二重結合に付加する水素と，水素原子のより少ない炭素原子にハロゲンが付加する．

ミセル（micelle）　セッケンまたは界面活性分子が集合し，疎水性基が中心で親水性基が表面にある球状の集団．

密度（density）　物質の質量に対する体積に依存する物理的性質；単位体積あたりの質量．

ミトコンドリア（mitochondrion，複数形 mitochondria）　小分子が分解されて生物体にエネルギーを供給する卵形のオルガネラ．

ミトコンドリアマトリックス（mitochondria matrix）　ミトコンドリアの内膜に囲まれた空間．

無定形固体（amorphous solid）　規則的な配列をもたない粒子の固体．

メタロイド（半金属）（metalloid）　金属と非金属の中間的な性質をもつ元素．

メチル基（methyl group）　アルキル基，$-CH_3$．

メチレン基（methylene）　$-CH_2$ 単位の名称．

メッセンジャーRNA（mRNA）（messenger RNA）　遺伝暗号を DNA から転写し，タンパク質合成を指示する RNA．

免疫応答（immune response）　ウイルス，細菌，毒物質，感染細胞などの特異抗原の認識に依存する免疫系の防御機構．

モノマー（monomer）　ポリマーをつくるために使われる小さい分子．

モル（mole）　6.02×10^{23} 単位に相当する物質の総計．

モル質量（molar mass）　物質 1 モルの質量（グラム）で，分子量または式量に等しい数．

モル浸透圧濃度，オスモル濃度（osmol/L）（osmolarity, osmol）　溶液 1 L 中に溶解しているすべての粒子（osmol）のモル総数．

モル濃度（mol/L, M）（molarity）　溶液 1 L あたりの溶質の物質量をあらわす濃度．

問題解法 FLM（factor-label method）　不要な単位を約し，必要な単位のみを残した反応式を用いる解法．

融解熱（heat of fusion）　融点に到達した物質を完全に融かすために必要な熱量．

有機化学（organic chemistry）　炭素化合物の化学．

有効数字（significant figure）　値をあらわすために使われる意味のある数．

融点（mp）（melting point）　固体と液体が平衡状態になる温度．

誘導適合モデル（induced-fit model）　酵素が柔軟な結合部位をもち，形を変えて基質に最適に結合して反応を触媒する酵素活性のモデル．

溶液（solution）　典型的なイオンや低分子の大きさの粒子を含む均一な混合物．

溶解度（solubility）　特定の温度で任意の量の溶媒に溶ける物質の最大量．

溶質（solute）　溶媒に溶けている物質．

陽子，プロトン（proton）　正に荷電した原子より小さい粒子．

溶媒（solvent）　ほかの物質（溶質）を溶解している物質．

溶媒和（solvation）　溶解した溶質分子またはイオンのまわりを囲む溶媒分子の集合．

理想気体（ideal gas）　気体分子運動論のすべての仮定に準じる気体．

理想気体の法則（ideal gas law）　理想気体の圧力，体積，温度，量に関する一般式，$PV = nRT$．

立体異性体（stereoisomer）　おなじ分子と構造式をもつが，原子の空間的な配置が異なる異性体．

立体化学（stereochemistry）　分子の中の原子の相対的な三次元の空間的な配列の研究．

立体配置，コンフィギュレーション（configuration）　単結合のまわりで，回転によって互いに入れ替わることができない立体異性体．

リボ核酸（RNA）（ribonucleic acid）　タンパク質合成で使うための遺伝情報を入れる核酸（伝令，転移，リボゾーム）．リボヌクレオチドのポリマー．メッセンジャーRNA（mRNA），転移 RNA（tRNA），リボソー

ム RNA（rRNA）が知られている.

リポゲネシス（lipogenesis）　アセチル-CoA から脂肪酸が合成される生化学経路.

リポソーム（liposome）　脂質二重層が水を囲む球状の微細な被膜粒子.

リボソーム（ribosome）　タンパク質合成が行われる細胞内の構造.タンパク質と rRNA からなる.

リボソーム RNA（rRNA）（ribosomal RNA）　リボソーム中の RNA とタンパク質の複合体.

リポタンパク質（lipoprotein）　脂質を輸送する脂質-タンパク質の複合体.

リボヌクレオチド（ribonucleotide）　D-リボースを含むヌクレオチド.

硫酸化（sulfonation）　スルホン酸基（−SO$_3$H）による芳香環上の水素の置換反応.

流動化（トリアシルグリセロールの）（mobilization（of triacylglycerol））　脂肪組織でのトリアシルグリセロールの加水分解と血流中への脂肪酸の放出.

両性（amphoteric）　酸または塩基とし

て反応する物質の説明.

両性イオン（zwitterion）　＋と−の電荷を一つずつもつ中性の双極子イオン.

理論収量（theoretical yield）　限定試薬がすべて反応したと仮定したときの生成物の量.

臨界質量（critical mass）　核反応を持続するのに必要な放射性物質の最小量.

リン酸エステル（phosphate ester）　アルコールとリン酸の反応で生成する化合物.モノエステル ROPO$_3$H$_2$,ジエステル（RO）$_2$PO$_3$H,トリエステル（RO）$_3$PO,二リン酸または三リン酸.

リン酸化（phosphorylation）　有機分子間でのリン酸基 −PO$_3^{2-}$ の移動.

リン酸基（phosphoryl group）　有機リン酸基,−PO$_3^{2-}$.

リン脂質（phospholipid）　リン酸とアルコール（グリセロールやスフィンゴシン）の間のエステル結合をもつ脂質.

ルイス塩基（Lewis base）　不対電子を

もつ化合物.

ルイス構造（Lewis structure）　原子と非共有電子対の結合をあらわした分子の表記法.

ルシャトリエの法則（Le Châtelier's principle）　平衡状態の系に圧力が加わるとき,平衡は圧力を開放する方向に向かう.

レセプター,受容体（receptor）　ホルモン,神経伝達物質,そのほかの生化学的活性分子が標的細胞の応答をうながす分子またはその一部.

連鎖反応（chain reaction）　連続的に進む反応.

ろう,ワックス（wax）　長鎖アルコールと長鎖脂肪酸のエステル混合物.

沪過（腎臓の）（filtration（kidney））　糸球体（glomerulus）を通して血漿が腎臓のネフロン（nephron）に入る沪過.

ロンドン分散力（London dispersion force）　分子内電子の一定の運動をもたらす短時間の引力.

問 題 の 解 答

　各章の"問題"と"基本概念を理解するために"の問題，および偶数番号の"補充問題"に簡単な解答を記載した.

1 章

1.1 位置の明示は省略. (a) 二つのアルコール (b) 二つのカルボン酸 (c) アルコール，カルボン酸 (d) 芳香族，アミン，カルボン酸

1.2 (a) CH_3CH_2CHO (b) CH_3COCH_3
(c) $CH_3CH_2CO_2H$

1.3 (a) $CH_3CH_2CH_2CH_2CH_2CH_3$
(b) $CH_3CH_2CH_2CH_2CH_2CH_2CH_2CH_3$

1.4

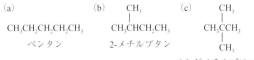

1.5
(a) $CH_3CH_2CH_2CH_2CH_3$ ペンタン
(b) 2-メチルブタン
(c) 2,2-ジメチルプロパン

1.6 (a) (b) (c)

1.7 (a) (b)

1.8 (a) CH_3CH_2CHO (b) CH_3COCH_3 (c) $CH_3CH_2CO_2H$

1.9 構造式(a)と(c)は同じ，(b)は異性体

1.10 (a) 同じ (b) 異なる (c) 同じ

1.11
p：第一級炭素
s：第二級炭素
t：第三級炭素
q：第四級炭素

1.12 (a) 3-メチルヘプタン (b) 4-イソプロピルヘプタン

1.13 各炭素に付した(p, s, t, q)は解答 1.11 の凡例におなじ.
(a)

1.14 多くの正解がある(一例).
(a) 2-メチルブタン (b) 2,2,3-トリメチルブタン

1.15 (a) 2,2-ジメチルペンタン (b) 2,3,3-トリメチルペンタン

1.16 $CH_4 + 2O_2 \rightarrow CO_2 + 2H_2O$

1.17

1.18 (a) 1-エチル-4-メチルシクロヘキサン (b) 1-エチル-3-イソプロピルシクロペンタン

1.19 (a) (b)

1.20 (a) メチル基の番号：1,2,4-トリメチルシクロヘキサン
(b) 母　核：シクロペンチルシクロヘキサン
(c) 置換基の組合せ：1,3-ジエチル-2-メチルシクロペンタン

1.21 プロピルシクロヘキサン
短縮構造式： 線構造式：

1.22 (a) (b)

1.23 線構造式は省略. (a) 二重結合，ケトン，エーテル (b) 二重結合，アミン，カルボン酸 **1.24** (a) 2,3-ジメチルペンタン (b) 2,5-ジメチルヘキサン **1.25** (a) 1,1-ジメチルシクロペンタン (b) イソプロピルシクロブタン **1.26** (a)は環の同じ側にメチル基があり，(b)は反対側にある **1.28** 官能基とは特徴的な反応性をもつ原子の集まりである. 化合物の化学はそれら官能基によって決まるので重要である **1.30** 極性の共有結合とは，電子が不均一に分配される共有結合である. C–Cl結合がその一例である **1.32** (a) (i)アミン，(ii)アミド，(iii)エステル，(iv)アルデヒド (b) (v)ケトン，(vi)芳香環，(vii)アルコール，(viii)カルボン酸

1.34　解答例.

(a)

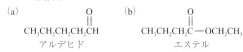

CH₃CH₂CH₂CH
アルデヒド

(b)

CH₃CH₂CH₂C—OCH₂CH₃
エステル

(c)

HS—CH₂CH₂C—NH₂
アミド，チオール

注意：(a)～(c)にはほかの可能性もある.

1.36　同一の分子式をもち，かつ異なる構造をもたなければならない　**1.38**　(a)(b)　第一級炭素：ほかの1炭素と結合　第二級炭素：ほかの2炭素と結合　第三級炭素：ほかの3炭素と結合　第四級炭素：ほかの4炭素と結合

(c)

1.40　(a) 2,3-ジメチルブタン　(b) 1,1-ジメチルシクロヘキサン，1,2-ジメチルシクロヘキサン，1,3-ジメチルシクロヘキサン，1,4-ジメチルシクロヘキサン

1.42

(a)

CH₃CH₂CH₂CH₃　　　　　　　CH₃CHCH₃

(b)

CH₃CH₂CH₂CH₂Cl　　　　Cl　　CH₃CH₂CHCH₃
　　　　　　　　　　　　　　　Cl

CH₃
CH₃CHCH₂Cl　　　　　Cl　　CH₃CHCH₃

1.44

(a)

OH

OH

OH

OH

(b)

NH₂

NH₂

NH₂

NH₂

1.46　同じ：(a)　異性体：(b)(d)(e)　無関係：(c)　**1.48**　すべてが5結合の1炭素をもつ　**1.50**　(a) 4-エチル-3-メチルオクタン　(b) 5-イソプロピル-3-メチルオクタン　(c) 2,2,6-トリメチルヘプタン　(d) 4-イソプロピル-4-メチルオクタン　(e) 2,2,4,4-テトラメチルペンタン　(f) 4,4-ジエチル-2-メチルヘキサン　(g) 2,2-ジメチルデカン

1.52

(a)

H₃C
H₃C—C—CH₃
H₃CCH₂CH₂CH₂CHCH₃
　　　　　　　　CH₂
　　　　　　　　H₃C

(b)

CH₃　　CH₃
CH₃CHCH₂CHCH₃

(c)

H₃C　CH₂CH₃
CH₃CH₂CHCCH₂CH₂CH₂CH₃
　　　　CH₂CH₃

(d)

CH₃
H₃C　　　CH
　　　　　CH₃
H₃C—CH₂

(e)

H₃C　　　CH₃
　　　　　CH₃
H₃C

1.54　(a) 1-エチル-3-メチルシクロブタン　(b) 1,1,3,3-テトラメチルシクロペンタン　(c) 1-エチル-3-プロピルシクロヘキサン　(d) 4-ブチル-1,1,2,2-テトラメチルシクロペンタン　**1.56**　(a) 2,2-ジメチルペンタン　(b) 2,4-ジメチルペンタン　(c) イソブチルシクロブタン　**1.58**　構造式は省略. ヘプタン，2-メチルヘキサン，3-メチルヘキサン，2,2-ジメチルペンタン，2,3-ジメチルペンタン，2,4-ジメチルペンタン，3,3-ジメチルペンタン，3-エチルペンタン，2,2,3-トリメチルブタン

1.60　C₃H₈ + 5 O₂ → 3 CO₂ + 4 H₂O

1.62

CH₃
ClCH₂CHCH₂CH₃ + H₃CCHCH₂CH₂Cl +

CH₃　　　　　　　CH₃
H₃CCHCHCH₃ + H₃C—CCH₂CH₃
　　　Cl　　　　　　　Cl

1.64　(a) ケトン，アルケン，アルコール　(b) アミド，カルボン酸，スルフィド，アミン

(c)

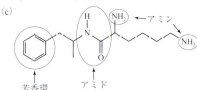

芳香環　　　　アミド

治療特性：成人および6歳以上の子どものADHDの処方；成人における中程度から重度の摂食障害の治療.

1.66　二つの第三級炭素　**1.68**　非極性溶媒は非極性物質を溶解する　**1.70**　ペンタン. 棒状の形による，より大きなロンドン分散力　**1.72**　(a)と(d)　**1.74**　アイメイクを落とす，木からチューインガムを剥がす，革靴に光沢を与える，乾燥肌の解消，香水の効果を伸ばす，靴ずれを和らげる，接着したリングを剥がす，カミソリ負けを和らげる，新しい刺青を保護する，ペットの爪跡を和らげる，ろうそくのろうを除く，自転車のチェーンを緩めるなど.　**1.76**　いいえ. 異性体は結合を切ることなく変換できない.

2 章

2.1　(a) 2-メチル-3-ヘプテン　(b) 2-メチル-1,5-ヘキサジエン　(c) 3-メチル-3-ヘキセン　(d) 3-エチル-6-メチル-4-オクチン

2.2　(a)

CH₃
CH₃CH₂CH₂CH₂CHCH=CH₂

(b)

CH₃
H₃C—C—C≡C—CH₃
　　　CH₃

(c)

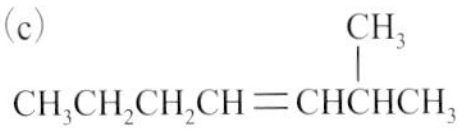

$$CH_3CH_2CH_2CH=CHCHCH_3$$
（CH₃上付き）

(d) H₃C, H₃C, CH₃

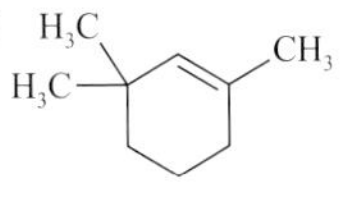

2.3 （a）2,3-ジメチル-1-ペンテン　（b）2,3-ジメチル-2-ヘキセン

2.4 （c）

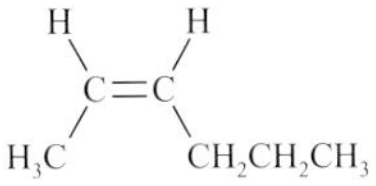

cis-2-ヘキセン 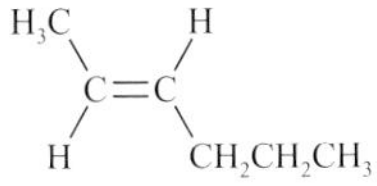　　trans-2-ヘキセン

2.5

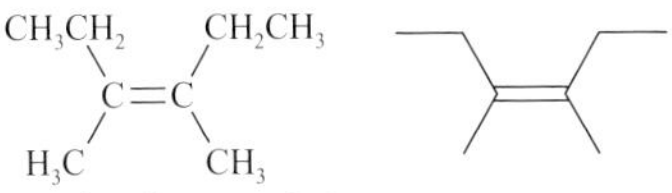

cis-3,4-ジメチル-3-ヘキセン

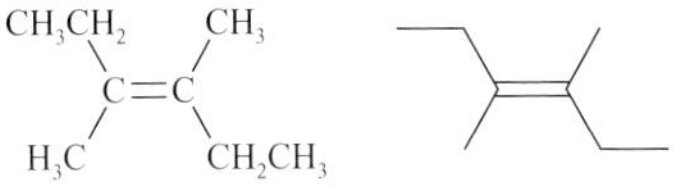

trans-3,4-ジメチル-3-ヘキセン

2.6 （a）

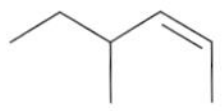

cis-4-メチル-2-ヘキセン

（b）

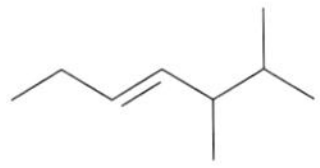

trans-5,6-ジメチル-3-ヘプテン

2.7 （a）置換反応　（b）付加反応　（c）脱離反応　**2.8** （a）付加反応　（b）脱離反応

2.9 （a）

（b）$CH_3CH_2CH_2CH_3$

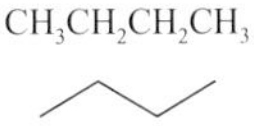

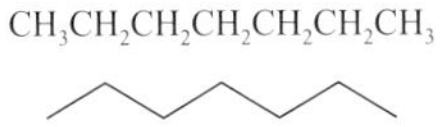

（c）$CH_3CH_2CH_2CH_2CH_2CH_3$　（d）

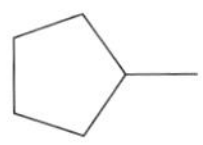

2.10 （a）1,2-ジブロモ-2-メチルプロパン　（b）1,2-ジクロロペンタン　（c）4,5-ジクロロ-2,4-ジメチルヘプタン　（d）1,2-ジブロモシクロペンタン

2.11

主生成物　　副生成物

2.12 （a）1-クロロ-1-メチルシクロペンタン　（b）2-ブロモブタン　（c）2-クロロ-2,4-ジメチルペンタン　**2.13** （a）主生成物：水素は，より多くの水素と結合している二重結合の炭素に結合する．（b）副生成物：水素は，より少ない水素と結合している二重結合の炭素に結合してこの生成物をつくる．　**2.14** 2-ブロモ-2,4-ジメチルヘキサン

2.15 （a），（b）

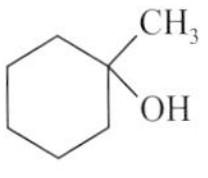

両方の主生成物

（c）

2.16 （a） 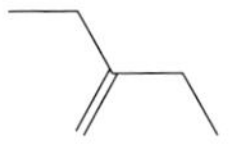　（b）

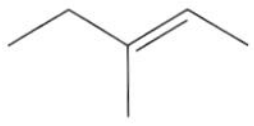

両方が概ね同量生成する

2.17

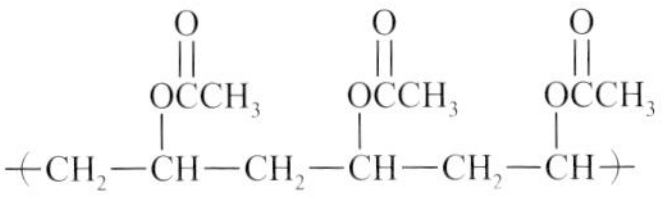

2.18

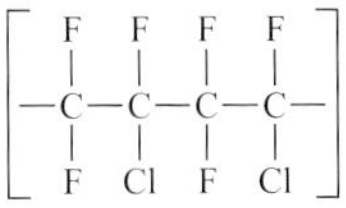

2.19 （a）3-エチルフェノールまたは m-エチルフェノール　（b）3-クロロトルエンまたは m-クロロトルエン　（c）1-エチル-3-イソプロピルベンゼン

2.20 （a）Cl, NO₂　（b）H₃C, NO₂

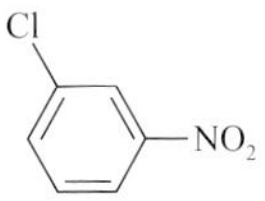

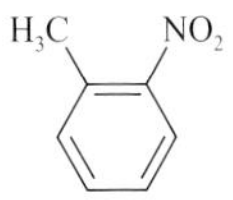

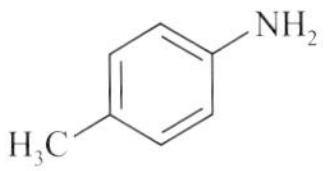

（c）NH₂, H₃C　（d）O₂N, OH

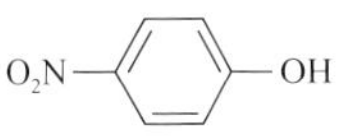

2.21 （a）o-イソプロピルフェノール　（b）p-ブロモアニリン

2.22 （a）

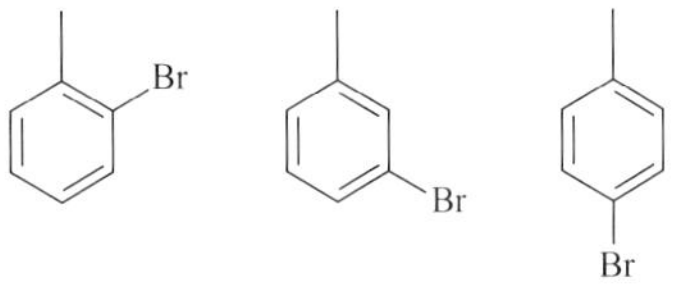

（b）

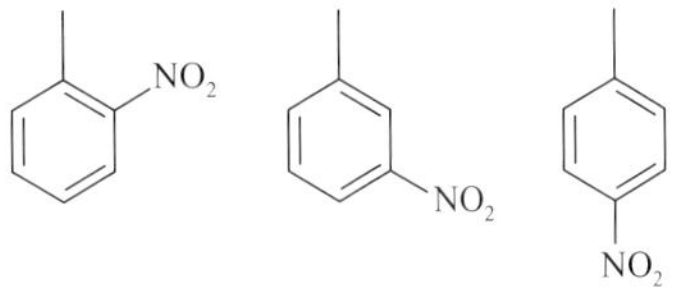

（c）

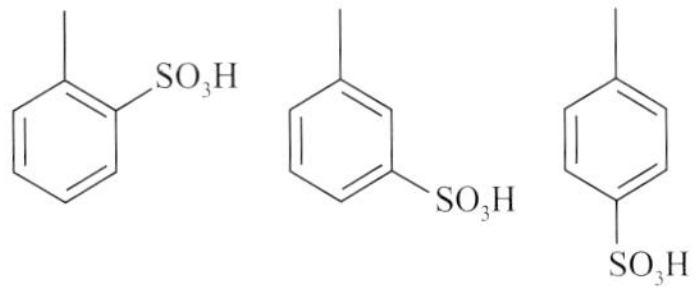

2.23

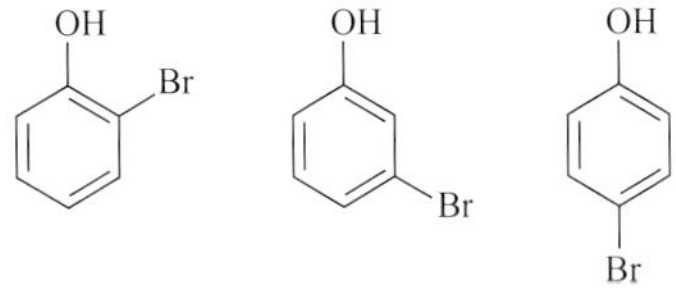

o-　　m-　　p-ブロモフェノール

2.24 （a）2,5-ジメチル-2-ヘプテン

（1）　　（2）

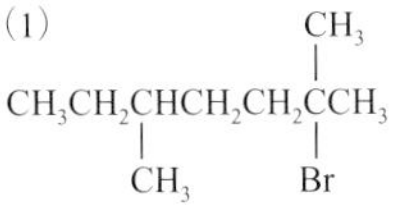

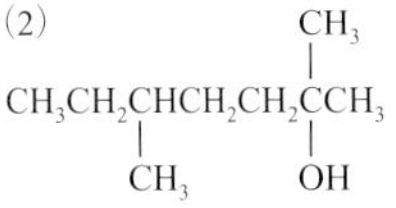

（b）3,3-ジメチルシクロペンテン

（1）

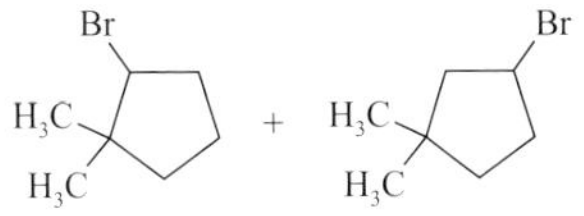

(2) [structure: two cyclopentanol derivatives with methyl groups] +

2.25 （a）4,4-ジメチル-1-ヘキシン （b）2,7-ジメチル-4-オクチン

2.26 （a）*m*-イソプロピルフェノール （b）*o*-ブロモ安息香酸

2.27 （a）（1）[structure: benzene ring with OCH₃, OCH₃, Br] （2）[structure: benzene ring with OCH₃, OCH₃, SO₃H]

（b）（1）[structures: two dimethylbromobenzenes] +

（2）[structures: two dimethyl-SO₃H benzenes] +

2.28

（a）[structure: CH₃CH₂CH₂C(CH₃)₂CH₂CH₃] 3,3-ジメチルヘキサン

（b）[structure: (CH₃)₂CHCH₂CH₂CH₂CH(CH₃)CH₃] 2,7-ジメチルオクタン

2.29 [three naphthalene resonance structures with numbered positions] ⟷ ⟷

2.30 （a）飽和：炭素原子は四つの単結合をもつ　不飽和：炭素−炭素間の多重結合 （b）飽和：[structure]　不飽和：[structure]

2.32 アルケン：−エン　アルキン：−イン　芳香族：−ベンゼン

2.34 （a）[three alkene structures]

（b）[structures: CH₃CH₂CH₂C≡CH CH₃CH₂C≡CCH₃ (CH₃)₂CHCH=CH]

（c）[structure: ethylbenzene]

（d）[three xylene structures]

2.36 （a）2-ペンテン （b）2,5-ジメチル-3-ヘキシン （c）3,4-ジエチル-3-ヘキセン （d）2,4-ジメチル-2,4-ヘキサジエン （e）3,6-ジメチルシクロヘキセン （f）4-エチル-1,2-ジメチルシクロペンテン

2.38 （a）[structure: CH₃CH₂/H C=C H/CH₃] （b）[structure: CH₃CH₂/CH₃ C=C H₃C/CH₂CH₃]

（c）[structure: H₂C=C(CH₃)CH=CH₂] （d）[structure: CH₃CH₂CH₂/H C=C H/CH₂CH₃]

（e）[structure: O₂N benzene CH₃] （f）[structure: benzene with Cl and OH]

（g）[structure: dimethylcyclobutene] （h）[structure: CH₃CH₂CH₂CH(CH₃)CH=CHC(CH₂CH₃)(CH₂CH₃)...]

2.40 [structures]
1-ヘキシン　　2-ヘキシン　　3-ヘキシン

3-メチル-1-ペンチン　　4-メチル-1-ペンチン

4-メチル-2-ペンチン　　3,3-ジメチル-1-ブチン

2.42 [structures with NO₂]
o-エチルニトロベンゼン　　*m*-エチルニトロベンゼン

[structure: O₂N benzene ethyl]
p-エチルニトロベンゼン

2.44 二重結合の各炭素原子は，二つの異なる官能基と結合していなければならない

2.46

（a）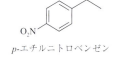 （b）[alkene structure]

（c）[alkene structure]

2.48

（a）[structure: CH₃CH₂CH₂/CH₂CH₃ C=C H/H] （b）[structure: (CH₃)₂CH/CH₃ C=C H/H]

（c）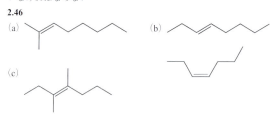

2.50 (a) おなじ　(b) おなじ　**2.52** 置換：二つの反応物が一部分を交換して二つの生成物を与える．付加：二つの反応物が一つの生成物を与える　**2.54** 転位　**2.56** (a) 置換　(b) 転位

2.58 (a)

CH₃CH₂CH₂CH₂CH₃

(b)

CH₃CH₂CHCHCH₃
　　　　│　│
　　　　Br Br

(c)

　　　　　　Cl　　　　　　　　Cl
　　　　　　│　　　　　　　　│
CH₃CH₂CH₂CHCH₃　＋　CH₃CH₂CHCH₂CH₃

(d)

　　　　　　OH　　　　　　　　OH
　　　　　　│　　　　　　　　│
CH₃CH₂CH₂CHCH₃　＋　CH₃CH₂CHCH₂CH₃

2.60

(a) CH₃CH＝CHCCH₃　＋　Br₂
　　　　　　　　│
　　　　　　　CH₃

(b) CH₃CH＝CH₂　＋　H₂

(c) CH₃CH＝CHCH₃　または　H₂C＝CHCH₂CH₃　＋　HBr

(d) [cyclopentene]　＋　H₂O

(e) [cyclohexane with =CH₂]　＋　Cl₂

2.62 CH₃CH₂CH₂CH＝CHBr　＋　CH₃CH₂CH₂C＝CH₂
　　　　　　　　　　　　　　　　　　　　　　│
　　　　　　　　　　　　　　　　　　　　　Br

2.64 H₂C＝CCl₂

2.66 (a)

[benzene ring: Cl (top), Br (ortho), Cl (para bottom)]

(b)

[benzene ring: Cl (top), NO₂ (ortho), Cl (bottom)]

(c)

[benzene ring: Cl (top), SO₃H, Cl (bottom)]

(d)

[benzene ring: Cl, Cl, Cl]

2.68

[benzene ring with NO₂ (top), O₂N (left), two NO₂ (bottom), CH₃]　TNT

2.70

(a) CH₃CH＝CHCH₂CH—CH₃
　　　　　　　　　│
　　　　　　　　CH₃
5-メチル-2-ヘキセン

(b) CH₃C≡CCHCH₂CH₂CH₃
　　　　　　　│
　　　　　　CH₃
4-メチル-2-ヘプチン

(c) H₂C＝C—CHCH₃
　　　　　│　│
　　　　CH₃ CH₃
2,3-ジメチル-1-ブテン

(d)

[benzene ring with NO₂, NO₂, NO₂]
1,2,4-トリニトロベンゼン

(e)

[cyclohexene with H₃C, CH₃]
3,4-ジメチルシクロヘキセン

(f) H₂C＝CH—C＝CH—CH₃
　　　　　　　│
　　　　　　CH₃
3-メチル-1,3-ペンタジエン

2.72 臭素 Br₂ はシクロヘキセンとのみ反応する．

2.74

[benzene ring: Cl (para) Cl]

2.76

[benzene ring with CH(OH)CH₂C(O)H]
　　　OH　O
　　　│　‖
CHCH₂C－H

2.78

[pentane with Br]　[pentane with Br]
　　　Br

二重結合の両端がおなじ数の水素をもつので，両方の化合物がほぼ同量生成する

2.80

　　　　　CH₃
　　　　　│
CH₃CH＝C—C—CH₃　または
　　　　　│
　　　H₃C CH₃

　　　　　　CH₃
　　　　　　│
CH₃CH₂—C＝C—CH₃
　　　　　　│
　　　　H₂C CH₃

$\xrightarrow[\text{触媒}]{\begin{array}{c}H_2O\\H_2SO_4\end{array}}$

3,4,4-トリメチル-2-ペンテン　　2-エチル-3,3-ジメチル-1-ブテン

2.82 トランス二重結合はひずみがかかりすぎているため，シクロヘキセンのような小さな環では存在できないが，より柔軟性のあるシクロデセンのような大きな環ではトランス二重結合をもつことができる．

六員環の二重結合はシスでなければならない　　十員環ではトランスの二重結合も存在する

2.84 [three structures]

3 章

3.1 (a) アルコール　(b) アルコール　(c) フェノール
(d) アルコール　(e) エーテル　(f) エーテル

3.2 エーテルの酸素原子は，水から水素結合を受け取る．

3.3 (a) [HO- structure]　第一級アルコール

(b) [HO- cyclopentane structure]　第三級アルコール

(c) [structure with OH]　第二級アルコール

(d) [structure with OH]　第二級アルコール

(e) [cyclohexane with OH]　第二級アルコール

3.4 (a) 2-メチル-2-プロパノール (tert-ブチルアルコール)，第三級　(b) 3-メチル-2-ペンタノール，第二級　(c) 5-クロロ-2-エチル-1-ヘプタノール，第一級　(d) 1,2-シクロペンタンジオール，第二級　**3.5** 3.3 と 3.4 を見よ　**3.6** 高い＞(d)，(b)，(a)，(c)＞低い

3.7

(a) [long chain structure with OH] ← 親水性
　　　　　　　　疎水性

(b) 疎水性　(c) 疎水性

水溶性(b)と(c)，不溶性(a)

3.8　(a) プロペン　(b) シクロヘキセン　(c) 4-メチル-1-ペンテン（副生成物），4-メチル-2-ペンテン（主生成物）　**3.9**　(a) 2-メチル-2-ブタノールまたは 3-メチル-2-ブタノール　(b) 1,2-ジメチルシクロペンタノール　(c) 1,2-ジフェニルエタノール

3.10

主生成物　　　　　副生成物

3.11　(a)

$$CH_3CH_2C\text{—}H \quad と \quad CH_3CH_2C\text{—}OH$$

(b)　$CH_3CCH_2CH_2CH_3$　(c)

3.12　(a) 2-プロパノール　(b) シクロヘプタノール　(c) 3-メチル-1-ブタノール

3.13

(a)　$H_2C=C\text{—}CH_2CHCH_2OH$ ... H_3C ... CH_3　(b)　$Br\text{—}\bigcirc\text{—}CH_2CH_2OH$

3.14　(a) ... NO_2 ... $O_2N\text{—}\bigcirc\text{—}OH$　(b) ... CH_2CH_3 ... OH

3.15　(a) 2,4-ジブロモフェノール　(b) 3-ヨード-2-メチルフェノール　**3.16**　(a) 1,2-ジメトキシプロパン　(b) *p*-メトキシニトロベンゼン（*p*-ニトロアニソール）　(c) *tert*-ブチルメチルエーテル

3.17　(a) $CH_3CH_2CH_2S\text{—}SCH_2CH_2CH_3$　(b) $(CH_3)_2CHCH_2CH_2S\text{—}SCH_2CH_2CH(CH_3)_2$

3.18　(a) 1-クロロ-1-エチルシクロペンタン　(b) 3-ブロモ-5-メチルヘプタン　**3.19**　2-アミノブタンは一つの炭素に四つの異なる官能基が結合する　**3.20**　キラル：(b)，(c)　**3.21**　(a) 5-メチル-3-ヘキサノール　(b) *m*-メトキシトルエン　(c) 3-メチルシクロヘキサノール

3.22

$$CH_3CH=C\text{—}\bigcirc \quad + \quad CH_3CH_2C\text{—}\bigcirc \quad + \quad H_2O$$
... CH_3 （主生成物）　　CH_2 （副生成物）

3.23　$(CH_3)_2CHCH_2CH_2CHO$，$(CH_3)_2CHCH_2CH_2CO_2H$

3.24　(a) ... SH　(b) ... S–S ...

3.25　(a) HO　H ... CH_3　(b) H_3C ... CH_3 ... H ... CH_2OH

(c) ... CH_2OH ... Br

3.26　アルコールは，アルカンのような炭素原子一つと結合するOH基をもつ．エーテルは，二つの炭素原子と結合する一つの酸素原子をもつ．フェノールは，芳香環の一つの炭素と結合するOH基をもつ　**3.28**　アルコールは水素結合をつくる

3.30　アルコール，エーテル，ケトン，炭素–炭素二重結合
3.32　(a) 2-メチル-2-プロパノール（*tert*-ブチルアルコール）　(b) 2-メチル-1-プロパノール　(c) 1,2,4-ブタントリオール　(d) 2-メチル-2-フェニル-1-プロパノール　(e) 3-メチルシクロヘキサノール　(f) 3-エチル-3-メチル-2-ヘキサノール

3.34　(a)　$CH_3CH_2CH_2CHCH_2CH_3$ ... CH_3 ... OH　(b) ... OH ... CH_2CH_3 ... CH_2CH_3

(c)　$CH_3CH_2CHCH_2CH_2CH_2CH_2OH$ ... CH_2CH_3 ... CH_3　(d) ... OH

(e)　HO ... OCH_3　(f)　OH ... CH_2CH_3 ... $CH_3CHCH_2CH_2CHCH_2CH_2OH$ ... CH_2CH_3

3.36　(a)：(a) 第三級　(b) 第一級　(c) 第一級，第二級　(d) 第一級　(e) 第二級　(f) 第二級

(b)：

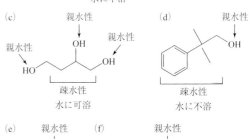

(a) 親水性 ... OH ... 疎水性 水に不溶　(b) 親水性 ... OH ... 疎水性 水に不溶

(c) 親水性 ... OH ... 親水性 ... HO ... 疎水性 水に可溶　(d) 親水性 ... OH ... 疎水性 水に不溶

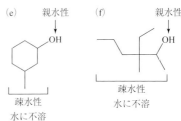

(e) 親水性 ... OH ... 疎水性 水に不溶　(f) 親水性 ... OH ... 疎水性 水に不溶

3.38　低い (a)<(c)<(b) 高い，分子量と水素結合の有無に依存する　**3.40**　ケトン　**3.42**　カルボン酸　**3.44**　フェノール

は NaOH 水溶液に溶解するが，アルコールは溶解しない

3.46

(a) OH / CH₂CH₃ / CH₂CH₃ (cyclopentane structure)

(b) HO構造 または 構造

(c) CH₃CH₂CH₂CH₂C(OH)(C₆H₅)CH₃ または CH₃CH₂CH₂CH(CHCH₃)(C₆H₅)OH

(d) 構造 または 構造

(e) HOCH₂CH₂CH₂CH₂CH₂OH

3.48 (a)

構造（PhCH₂CHO）と 構造（PhCH₂COOH）

(b) CH₃CH₂CCH₃ (O)　(c) CH₃CH₂CCH₃ (O, O)　(d) NR　(e) NR

(f) 構造（PhCOCH₂CH₃）

3.50 臭気　**3.52**

HOCCHCH₂S—SCH₂CHCOH (with NH₂, NH₂, O, O)

3.54 アルコールは水素結合をつくる．チオールの水素結合はアルコールの水素結合よりも弱い．ハロゲン化アルキルは水素結合できない．**3.56** (a) 両鏡像体における右あるいは左の対掌性，(b) 対掌性のない重ねることができる鏡像体，(c) 四つの異なる官能基と結合する一つの炭素原子，(d) 鏡像関係にある異性体.

3.58 (a) キラル中心　(b) Cl キラル中心

(c) OH キラル中心 / キラル中心 OH　(d) OH キラル中心 / キラル中心 I

3.60

1-ペンタノール

2-ペンタノール

3-ペンタノール

エチルプロピルエーテル

メチルブチルエーテル

3.62 アルコールの非極性部が大きくなると，溶けにくくなる

3.64 防腐剤は生体中の微生物を殺す．殺菌剤は非生命体に使われる．**3.66** アキラル：(a)，(d)

キラル：(b) 不斉炭素 (c) OH 不斉炭素 / 不斉炭素 OH

(e) OH 不斉炭素　(f) OH 不斉炭素

3.68 (a) p-ジブロモベンゼン　(b) 1,2-ジブロモ-1-ブテン (c) m-プロピルアニソール　(d) 1,1-ジブロモシクロペンタン (e) 2,4-ジメチル-2,4-ペンタンジオール　(f) 4-メチル-2,4,5-ヘプタントリオール　(g) 4-ブロモ-6,6-ジメチル-2-ヘプチン　(h) 1-クロロ-2-ヨードシクロブタン

3.70 (a) 3,7-ジメチル-2,6-オクタジエン-1-オール

(b) CH₃C=CHCH₂CH₂C=CHC—H (CH₃, CH₃, O)

3.72 C₂H₆O + 3 O₂ ⟶ 2 CO₂ + 3 H₂O

3.74

主生成物　副生成物

* 置換基の数によっては，一つ以上の副生成物の可能性がある．

4 章

4.1 (a)

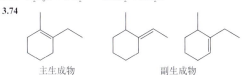

(CH₂)₆COOH / OH / O ケトン / OH / (CH₂)₄CH₃

プロスタグランジン E₁

(b) CH₃ OH / CH₃ / O ケトン

テストステロン

(c) CH₃O アルデヒド / HO CHO

バニリン

(d) C₄H₉COCH₃ ケトン

(e) C₄H₉CHO アルデヒド

4.2

(d) H-C-C-C-C-C-C-H (with H's and O)

構造（ケトン）

(e) H-C-C-C-C-H (with H's and O)

構造（アルデヒド O, H）

4.3 (a)

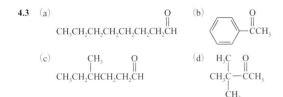

CH₃CH₂CH₂CH₂CH₂CH₂CHO

(b) [構造式]

(c) CH₃CH₂CHCH₂CHO（CH₃）

(d) H₃C—CH—CCH₃（CH₃）

4.4 (a) ペンタナール　(b) 3-ペンタノン　(c) 4-メチルヘキサナール　(d) 4-ヘプタノン

(a) [構造式]　(b) [構造式]

(c) [構造式]　(d) [構造式]

4.5 (a) [構造式]　(b) [構造式]

ベンジルメチルケトン　　エチルイソプロピルケトン

(c) [構造式]

tert-ブチルシクロヘキシルメチルケトン

4.6 (a) CH₃CHCH₂CCH₂CH₃（CH₃）（O）　C₇H₁₄O

(b) CH₃CHCH₂CH₂CHO（CH₃）　C₆H₁₂O

5-メチル-3-ヘキサノン（ケトン）　　4-メチルペンタナール（アルデヒド）

[構造式]　　[構造式]

4.7 (a) 極性，可溶　(b) 極性，可溶　(c) 非極性，不溶　(d) 極性，不溶

4.8 アルコールは水素結合するため沸点が上昇し，アルデヒドとケトンは極性であるため，アルカンより沸点が高くなる．

4.9 (a)

CH₂OH　←アルコール
ケトン→　C＝O
HO　C—H
アルコール　CH₂OH　←アルコール

(b)

CH₂OH　←アルコール
HO—C—H
アルコール　C—H
　　　　　　O
←アルデヒド

(c) [構造式] CH₂CHO　アルデヒド

(d) H₂NCH₂CH₂COCH₃　アミン　ケトン

4.10 (a) (i)陽性 (ii)陽性　(b) (i)陰性 (ii)陰性　(c) (i)陽性 (ii)陽性　(d) (i)陽性 (ii)陽性（生化学編 3.5 節参照）

4.11

(a) [構造式]　(b) [構造式]　(c) [構造式]

4.12

(a) [構造式]　(b) [構造式]　(c) [構造式]

4.13 (a) ヘミアセタール　(b) どちらもない　(c) どちらもない　(d) ヘミアセタール

4.14 (a) ケタール：

[構造式]

(b) アセタール：[構造式]　(c) ケタール：[構造式]

4.15 (a) [構造式]　(b) [構造式]

4.16 (a) CH₃CH₂O　OCH₂CH₃ [構造式]　(b) [構造式]

4.17 (a) ヘミアセタール　(b) アセタール　(c) ケタール　(d) ヘミケタール

4.18

(a) [構造式]　タガトースヘミケタール

(b) [構造式]　イドースヘミアセタール

4.19 (a)

[構造式] CH₂CCH₂CH₃ ＋ 2 CH₃OH

(b) CH₃CH₂CHO ＋ 2 CH₃CH₂CH₂OH

(c) O‖HCH ＋ 2 CH₃CH₂CH₂OH

4.20 (a) ヒドリドがカルボニル炭素に付加する理由は，C＝Oの極性の炭素が部分陽電荷をもつため．(b) 右向きの矢印は還元反応を，左向きの矢印は酸化反応を示す．

4.21 アルデヒドは酸化されてカルボン酸になる．Tollens 試薬はアルデヒドとケトンを区別する．

4.22

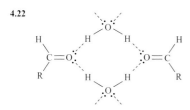

4.23　(a) 酸性条件下では，アルコールはアルデヒドのカルボニル基に付加してヘミアセタールをつくる．これは不安定なので，さらに反応してアセタールになる．

(b)

```
      O‥H  H              O—H
      ‖                   |
  R—C—O—R'    ⟶    R—C—O—R'
      |                   |
      H                   H
```

--- 結合が切れる
── 結合ができる

4.24　溶液中のグルコースは，より安定な構造の環状ヘミアセタールとして存在し，反応性のアルデヒド官能基がカルボン酸に酸化するのを防ぐ．

4.25　ケトンのアセタール炭素は，二つの酸素に加え，二つの炭素と結合する．アルデヒドのアセタール炭素は一つの炭素と一つの水素が結合する．

```
    CH₃O  OCH₃          CH₃O  OCH₃
       \ | /               \ | /
        C                   C
       / \                 / \
    H₃C  (CH₃)          H₃C  (H)
```
ケトン　　　　　　　　　アルデヒド

4.26　(a)

```
   O
   ‖

        CH₃
```

(b)　CH₃CH₂CH₂CH または CH₃CHCH
　　　　　　　(O)　　　　　　　　(O)
　　　　　　　　　　　　　　　CH₃

(c)　CH₃CH₂CHCH または CH₃C—CH
　　　　　　　|　　　　　　　　|　　|
　　　　　　　Br　　　　　　　CH₃ Br O

(d)　HOCH₂CH₂CCH₃
　　　　　　　　　O

4.28　構造(c)はアルデヒド基を，構造(a)，(b)，(f)はケトン基をもつ．

4.30　(a) CH₃CHCH₂CH　(b) CH₃CHCH₂CHCH
　　　　　　|　　O　　　　　　Cl　　　|
　　　　　　CH₃　　　　　　　　　　　OH

(c) H₃C—⬡—CH O　(d)

(e)　cyclopropyl—CCH₃　(f) phenyl—CCH₃

4.32　(a) 2,2-ジメチルブタナール　(b) 2-ヒドロキシ-2-メチルペンタナール　(c) 3-メチルブタナール　(d) 4-メチル-3-ヘキサノン　(e) 3-ヒドロキシ-2-メチルシクロヘキサノン

4.34　(a) ケトンは末端の炭素になり得ない．(b) メチル基の番号は可能なかぎり小さくしなければならない．(c) カルボニル基に近い炭素鎖の末端から番号をふる．

4.36
```
   HO   OCH₃
     \  /
      C
     / \
         H
```

4.38　Tollens 試薬：(b)と(c)，Benedict 試薬：(b)と(c)，(a)はいずれとも反応しない

4.40　(a) H₃C—⬡—CHO　(b) CH₃CH₂CHCH₂CHCH
　　　　　　　　　　　　　　　　　　|
　　　　　　　　　　　　　　　　　CH₃ CHO

(c) CH₃CH=CHCHO

4.42
(a) CH₃CH₂COCH₂CH₃　(b) CH₃CH₂CH₂COCH(CH₃)₂
　　　　　|
　　　　CH₃
ヘミケタール　　　　　　　　ヘミアセタール

(c) CH₃CH₂CH₂CH + CH₃CH₂OH + CH₃OH
　　　　　　　　O

(d) H₃C\
　　　　 C=O + HOCH₂CH₂OH
　　 H₃C/

4.44　HCCH₂CH₂CH₂CHCH₃　5-ヒドロキシヘキサナール
　　　　O　　　　　　　OH

4.46　HOCH₂CH₂CH₂OH と HCHO（ホルムアルデヒド）

4.48

ヘミアセタール　　OH　CH₂OH
　　　　　　　　　　　C=O　アルコール
　　　　　　　　　　　　　ケトン

ケトン

C—C 二重結合
アルドステロン

4.50　p-メトキシベンズアルデヒド　**4.52**　アルデヒドは容易に酸化されるが，ケトンは酸化されないため　**4.54**　(a) 2-メチル-3-ペンタノン　(b) 1-ペンテン　(c) m-ブロモトルエン　(d) 5,5-ジメチル-3-ヘキサノン

4.56
(a)
```
      NO₂
O₂N—⬡—CCH₃
       O
```
(b)
```
      OH
   ⬠
HO    O
```

(c) CH₃—C—CH₃　(d) CH₃CH—CH—CHCH₃
　　　　|　　　　　　　　|　　|　　|
　　　OCH₃　　　　　　CH₃ OH CH₃
　　　　　　　　　　　　CH₃

4.58　(a) CH₃CH₂CH(CH₃)₂　(b) (CH₃)₂CHCCH₃
　　　　　　　　　　　　　　　　　　　　　　　O

(c) HOCH₂CH₂CH₂CH₃　(d)
```
      HO  H
       \ /
   phenyl—C—O—isopropyl
```

4.60　Tollens 試薬はヘキサナールと反応するが，3-ヘキサノールとは反応しない　**4.62**　2-ヘプタノンは長い炭素鎖をもつため，炭素鎖の短かい 2-ブタノンよりも水に溶解しにくい

4.64 (a) 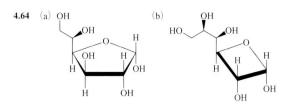 (b)

4.66

アルキン
アルコール ケトン
アミン
アルケン
H₃C
CO₂H ← カルボン酸
HN
アルキン
OH O
エーテル
OCH₃
H
芳香環
OH O OH
アルコール ケトン アルコール

5 章

5.1 (a) 第一級 (b) 第二級 (c) 第一級 (d) 第二級 (e) 第三級 **5.2** (a) ジプロピルアミン (b) N-エチル-N-メチルシクロペンチルアミン (c) N-イソプロピルアニリン

5.3 (a) $CH_3CH_2CH_2CH_2CH_2CH_2CH_2NH_2$ (b) $CH_3CH_2CH_2CH_2NH-CH_3$

(c) フェニル-NH-CH₂CH₃ (d) NH₂, CH₂CH₂CHCH₃ (OH)

5.4 (a) 第一級 (b) 第二級 (c) 第二級 (d) 第三級
5.5 窒素原子に炭素が恒久的に結合したイオン

H₃C—N⁺(CH₃)₂—CH₃

5.6 $CH_3CH_2CH_2CH_2NHCH_2CH_3$

CH₃CH₂CH₂CH₂-NH-CH₂CH₃ N-エチルブチルアミン

Nに二つの炭素が結合するので第二級アミンである
5.7 化合物(a)の沸点がもっとも低く(それ自身が水素結合しない), (b)が(強い水素結合のため)もっとも高い.
5.8 (a) (b)

5.9 たとえば, (a) メチルアミン, エチルアミン, ジメチルアミン, トリメチルアミン (b) ピリジン (c) アニリン
5.10 ピペリジン:$C_5H_{11}N$ プリン:$C_5H_4N_4$
5.11 (a)と(d)

5.12
(a) ピロリジン + H_2O ⇌ ピロリジニウム⁺ + OH^-
塩基 酸 酸 塩基

(b) ピリジン: + H_2O ⇌ ピリジニウム⁺-H + OH^-
塩基 酸 酸 塩基

5.13
(a) $CH_3CH_2\overset{+}{N}H_2CH_3 Br^-$(水) (CH_3) (b) $C_6H_5NH_3^+Cl^-$(水)

(c) ピペリジニウム⁺ Cl^-(水) (d) $(CH_3)_3CNH_2 + H_2O$(液) + Na^+(水)

5.14 (a) 臭化 N-メチルイソプロピルアンモニウム (b) 塩化アニリニウム(アリニン塩酸塩) (c) 塩化ピペリジニウム (d) 有機イオンを生成しない **5.15** (a) エチルアミン (b) トリエチルアミン

5.16
(a) HO-C₆H₃(OH)-CH(OH)CH₂⁺NH₂CH₃ (b) C₆H₅-CH₂CH(CH₃)NH₃⁺

5.17〜5.18
(a) $CH_3CH_2CH_2CH_2NH^+(CH_2CH_3)_2 Br^-$ 第三級アミン塩

(b) $(CH_3CH_2CH_2CH_2)_4N^+OH^-$ 第四級アンモニウム塩

(c) $CH_3CH_2CH_2NH_3^+I^-$ 第一級アミン塩

(d) $CH_3CH(CH_3)NH_2^+Cl^-$ 第二級アミン塩

5.19 $CH_3CH_2CH_2CH_2NH_3^+Cl^-$(水) + NaOH(水) →
$CH_3CH_2CH_2CH_2NH_2 + H_2O$(液) + NaCl(水)
5.20 Benadryl は一般的な構造をもつ. $R = -CH_3$, $R' = R'' = -C_6H_5$
5.21
C₆H₅-CH₂NH₃⁺ Cl⁻ C₆H₅-CH₂NH₂·HCl
塩化ベンジルアンモニウム

5.22 (a) $(CH_3CH_2)_3N + H_2O + LiBr$

(b) シクロペンタン(N-CH₃)(OH) + H_2O + $NaOCOCH_3$

(c) $CH_3CH_2CH(NH_2)CH_2NH_2 + 2H_2O + K_2SO_4$

5.23

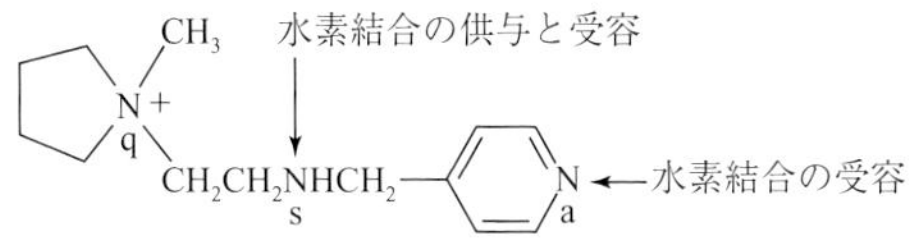

q：第四級，s：第二級，a：第三級，芳香族アミン

5.24　(a) 両方のアミノ基が水素結合に関与する　(b) リシンは，水と水素結合するため水溶性である

5.25　(a)

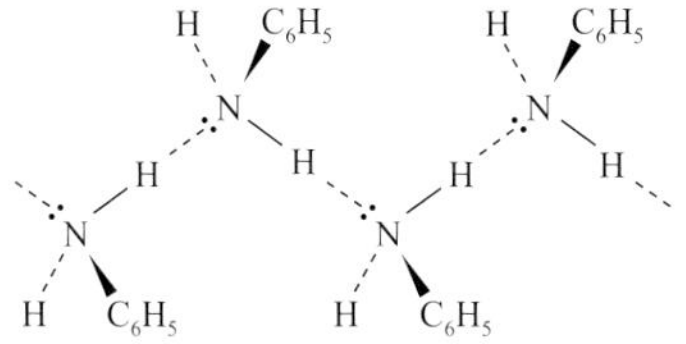

(b)

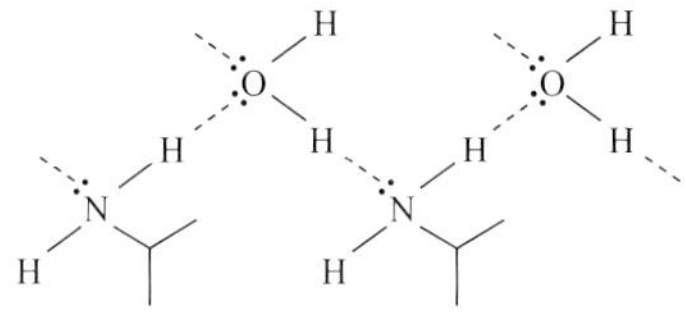

(c)

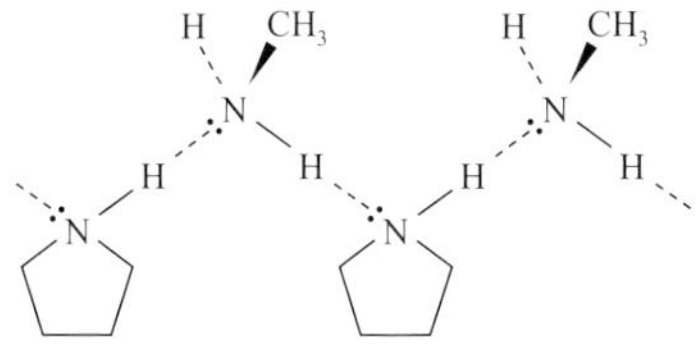

5.26

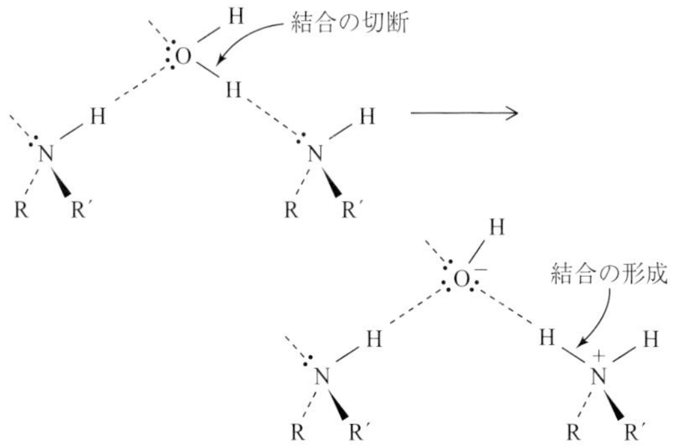

結合の切断

結合の形成

5.27　もっとも強い：$(CH_3)_2NH$　もっとも弱い：$C_6H_5NH_2$

5.28　(a)

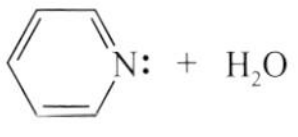

＋ H_2O

(b) $(CH_3)_2CHNH_3^+$ ＋ OH^-

(c) $(CH_3CH_2)_3NH^+ Br^-$

(d)

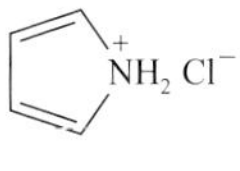

5.30　(a)

$CH_3CH_2CH_2CH_2CH_2NCH_3$

(b)

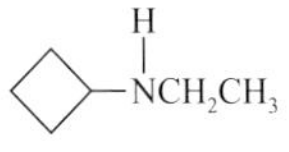

(c)

$CH_3CH_2CH_2$——NH_2

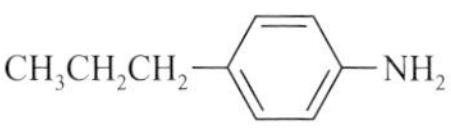

5.32　(a) N-エチルシクロペンチルアミン（第二級）(b) シクロヘプチルアミン（第一級）　**5.34**　ジエチルアミン　**5.36**　(a) 硝酸 N-メチル-2-ブチルアンモニウム（第二級アミン塩）

(b)

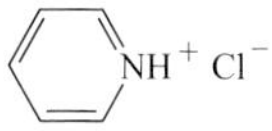

　（複素環アミン塩）

(c)

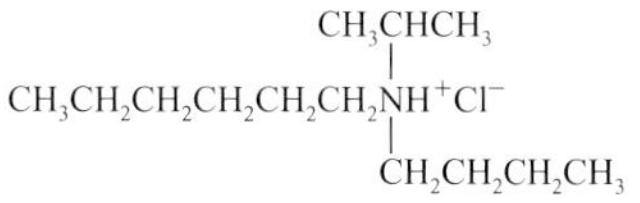

$CH_3CH_2CH_2CH_2CH_2NH^+Cl^-$

（第三級アミン塩）

5.38

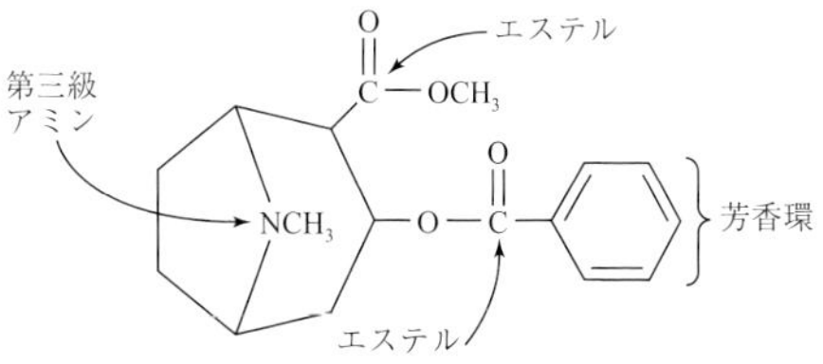

コカイン

5.40　(a)

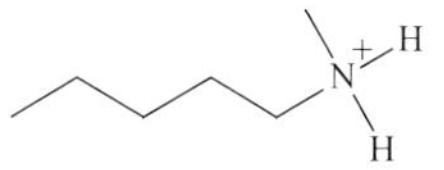

(b)

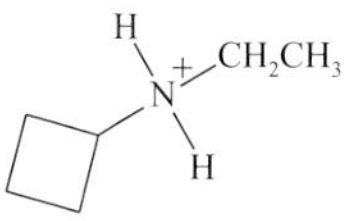

(c)

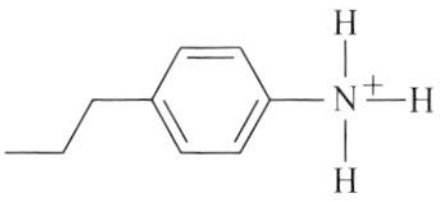

5.42

(a)

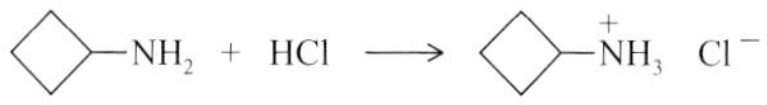

＋ HCl ⟶

(b)

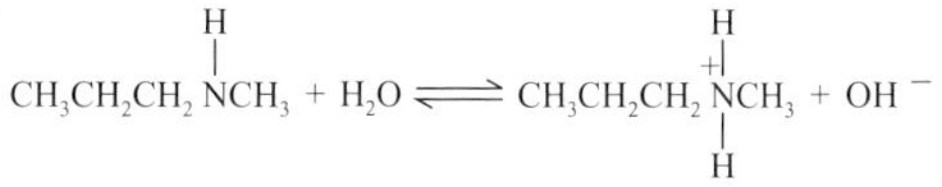

$CH_3CH_2CH_2NCH_3$ ＋ H_2O ⇌ $CH_3CH_2CH_2NCH_3$ ＋ OH^-

(c)

＋ NaOH ⟶

＋ H_2O ＋ NaBr

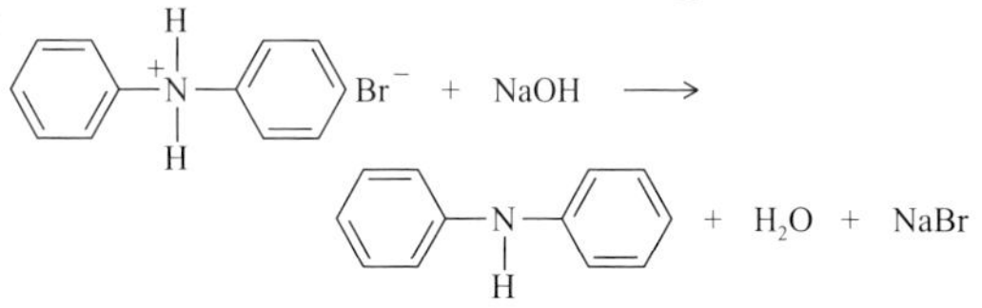

5.44　コリンの窒素は塩基性ではないので，塩酸とは反応しない

5.46

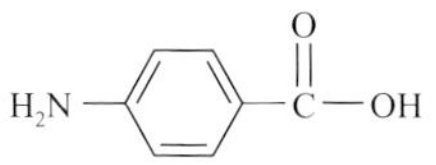

PABA

5.48

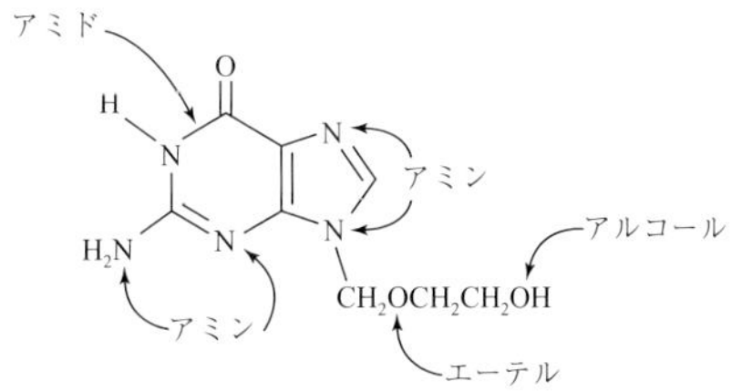

プリン誘導体アシクロビル

5.50　アミン：悪臭，ある程度塩基性，低沸点（弱い水素結合）アルコール：良い香り，非塩基性，高沸点（強い水素結合）

5.52　(a) 6-メチル-2-ヘプテン　(b) p-イソプロピルフェノール　(c) ジブチルアミン　**5.54**　ヘキシルアミンの分子は互いに水素結合するが，トリエチルアミンの分子はできない　**5.56**　窒素原子は環構造の一部ではない　**5.58**　(a) N-エチルシクロヘ

キシルアミン　(b) 臭化アニリニウム　(c) N-メチルエチルアミ
ン　**5.60**　デシルアミンとエチルアミンは，いずれも第一級ア
ミンであり水素結合を形成するが，エチルアミンの炭化水素部分
がより小さいため，溶解性はより高い．

6 章

6.1　カルボン酸：(c)，アミド：(a) (f) (h)，エステル：(d)，
いずれでもない：(b) (e) (g)

6.2　(a)
$$CH_3CH_2CH_2CHCHCOOH$$
(6 5 4 3 2 1、CH₂CH₃の位置)

(b) 3-ニトロ安息香酸構造（COOH, O₂N 置換のベンゼン環）

6.3
HOOC–CH₂–CH₂–COOH 型構造（コハク酸）

6.4
$$BrCH_2CHCOOH$$（Br 置換）　2,3-ジブロモプロパン酸

6.5　(a)
$$C_6H_5COCH_2CH_2CH_2CH_2CH_3$$

(b)
$$HCOCH_3$$
(c)
$$CH_2{=}CHCOCH_2CH_3$$

6.6　沸点がもっとも高い：(b) CH₃COOH(酢酸)，水素結合のた
め，沸点がもっとも低い：(c) CH₃CH₂CH₃(プロパン)，非極性
のため

6.7　(a) C₃H₇COOH(ブタン酸(酪酸))，R 基が小さいため
(b) (CH₃)₂CHCOOH(イソブタン酸)，カルボン酸のため

6.8　(a)
$$CH_3CH_2CH_2CO\text{(シクロペンチル)}$$　ブタン酸シクロペンチル

(b)
$$CH_3CH_2CH_2CNHCH(CH_3)_2$$　N-イソプロピルブチルアミド

(c)
$$CH_3CH_2CH_2CN(CH_2CH_3)_2$$　N,N-ジエチルブチルアミド

(d) ブタン酸シクロペンチル，N-イソプロピルブチルアミ
ド，N,N-ジエチルブチルアミド

6.9　(a) 2-ブロモ-N-メチルブタンアミド　(b) N-エチル-N-メチ
ルベンズアミド　(c) 3-ヒドロキシ-2-メチルプロパンアミド

6.10　(a)
$$CH_3CHCH_2CH_2CNH_2\text{(CH}_3\text{置換)}$$
(b)
$$CH_3CH_2CNCH_2CH_3\text{(CH}_3\text{置換)}$$

6.11
（プロリンを含むペプチド構造）
(i) H₂N–CH–CH₃
(v) ピロリジン環のカルボニル
(ii) NH
(iii) H₃CO, CO
(iv) COOH, CH₂

6.12　(a) (ii)，(b) (i)，(c) (iii)，(d) (i)，(e) (i)，(f) (iii)．

6.13　(a)
$$C_6H_5CNH_2$$　アミド（ベンズアミド構造）

(b)
$$CH_3CH_2COH$$　カルボン酸（プロパン酸構造）

(c)
$$CH_3COCH_2CH_3$$　エステル（酢酸エチル構造）

6.14　(a)
$$CH_3CH_2CHC{-}O^- Na^+ + H_2O\text{ (CH}_3\text{置換)}$$

(b)
$$CH_3CH_2CH_2C{-}C{-}O^- + H_2O\text{ (CH}_3\text{置換)}$$

6.15　(a) COO⁻K⁺, OH 置換のベンゼン環
(b) Na⁺ ⁻OOCCOO⁻ Na⁺

6.16　CH₃COO⁻　⁻OOCCH₂CH₂CH₂COO⁻

6.17
$$CH_3CO\text{(オクチル)}$$　酢酸オクチル

6.18　HCOOCH₂CH(CH₃)₂

6.19　(a)
$$Ph{-}CH{=}CH{-}C{-}OH + HOCH_2CH_2CH_3$$

(b)
シクロヘキサン–C(=O)–OH + HO–CH₂–シクロペンチル

6.20
(a)
$$CH_3CHC{-}NHCH_3\text{ (CH}_3\text{置換)}$$
(b)
シクロペンタン–C(=O)–NH–フェニル

6.21　(a) エーテル，芳香環，アミド

(b) CH₃CH₂O–（ベンゼン環）–NH₂ + HOOCCH₃

6.22　空気中の水分がエステル結合を加水分解して，生成物の一
つとして酢酸を生成する．

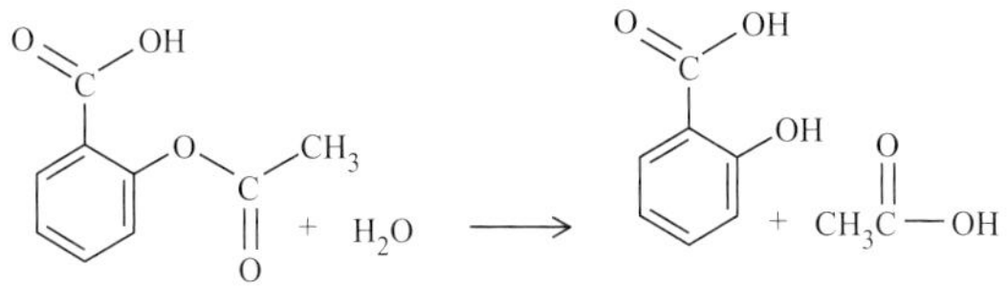

6.23　(a)　安息香酸＋2-プロパノール　(b)　フェノール＋シクロペンタンカルボン酸　(c)　エタノール＋プロパン酸

6.24　(a)　2-ブテン酸＋メチルアミン　(b)　p-ニトロ安息香酸＋ジメチルアミン

6.25

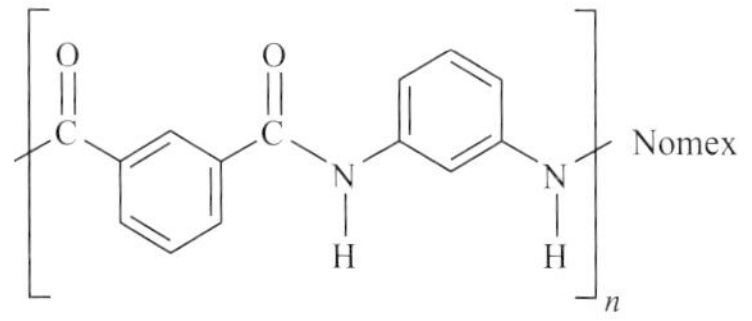

（訳注：Nomex（ポリ-m-フェニレンイソフタルアミド）は，耐熱性繊維として米国 DuPont 社で開発された繊維）

6.26　(a)

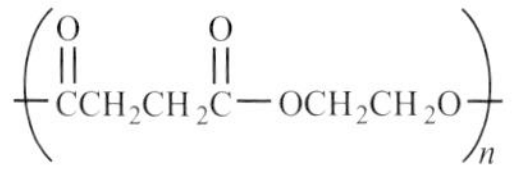

(b)

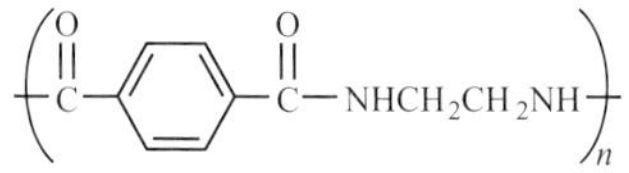

6.27

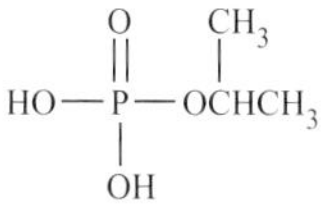

6.28　(a)　アミド＋$H_2O \longrightarrow CH_3COOH + NH_3$　(b)　リン酸モノエステル＋$H_2O \longrightarrow CH_3CH_2OH + HOPO_3^{2-}$　(c)　カルボン酸エステル＋$H_2O \longrightarrow CH_3CH_2COOH + CH_3OH$

6.29

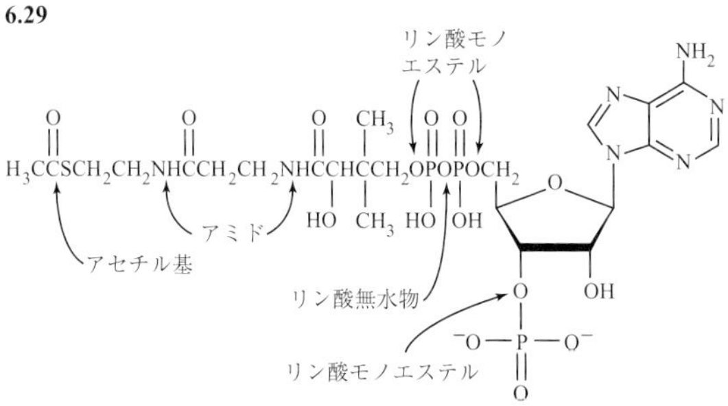

リン酸モノエステル
アセチル基
アミド
リン酸無水物
リン酸モノエステル

6.30　(a)　ピルビン酸と乳酸(2-ヒドロキシプロパン酸)は，pH 7.4 では陰イオンになる．

(b)

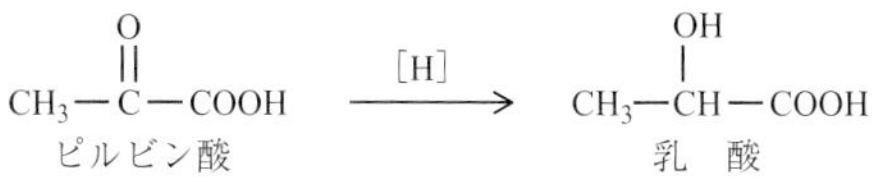

$$CH_3-\overset{O}{\overset{\|}{C}}-COOH \xrightarrow{[H]} CH_3-\overset{OH}{\overset{|}{C}H}-COOH$$
ピルビン酸　　　　乳酸

(c)　ピルビン酸と乳酸は同程度の溶解性をもつ

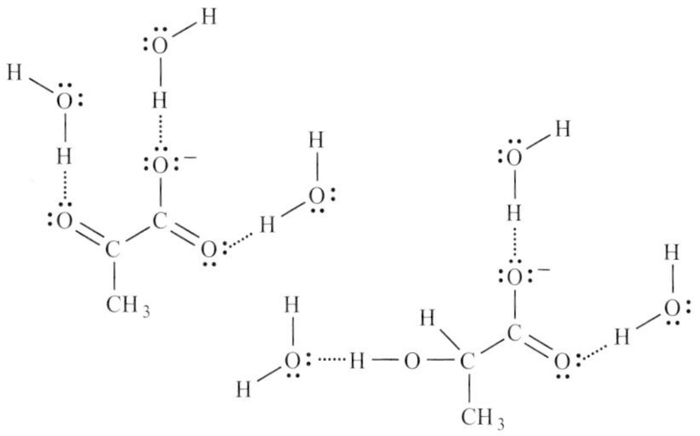

6.31　(a)　H_2O＋酸または塩基

(b)

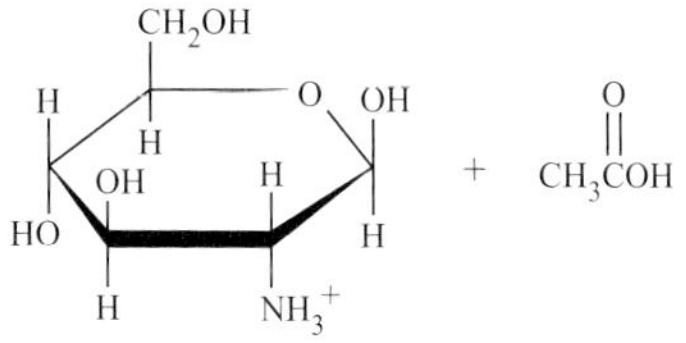

＋　$CH_3\overset{O}{\overset{\|}{C}}OH$

6.32　(a)　リン酸エステル結合

(b)

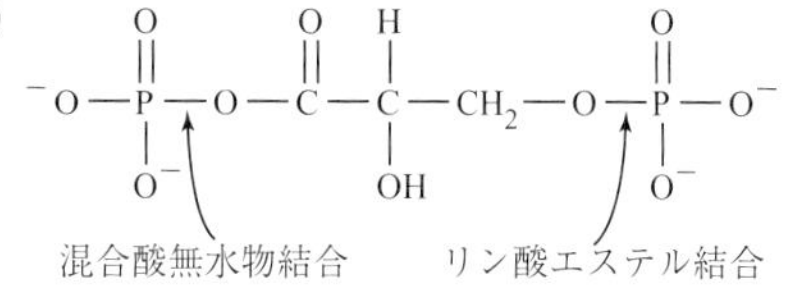

混合酸無水物結合　　　リン酸エステル結合

6.33

$^-OOCCOO^-$
シュウ酸

$^-OOCCH_2COO^-$
マロン酸

$^-OOCCH_2CH_2COO^-$
コハク酸

$^-OOCCH_2CH_2CH_2COO^-$
グルタル酸

$^-OOCCH_2CH_2CH_2CH_2COO^-$
アジピン酸

$^-OOCCH_2CH_2CH_2CH_2CH_2COO^-$
ピメリン酸

6.34

(a)

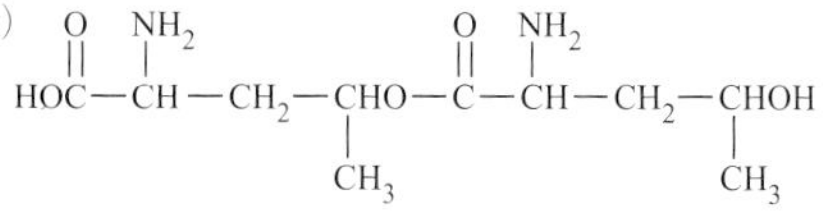

(b)

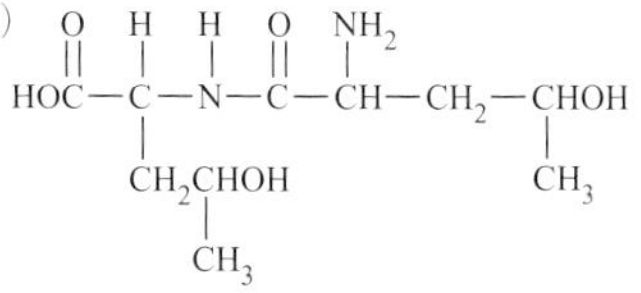

(c)

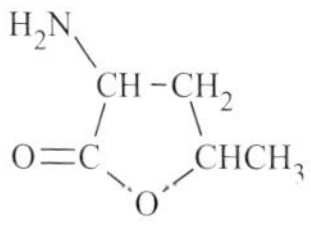

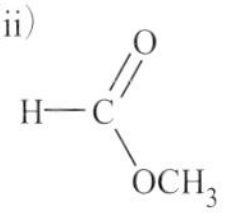

6.35

(a)(i)　　　(ii)　　　(iii)

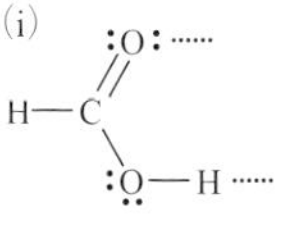

ギ酸　　　ギ酸メチル　　　ホルムアミド

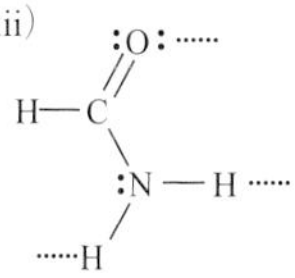

(b)　酢酸メチルの沸点がもっとも低く(水素結合しない)，ホルムアミドの沸点がもっとも高い．

6.36

$$\underset{OH}{CH_3CHCH}=CHCH_2CH=CHCH_2CH=CH(CH_2)_7\underset{O}{C}OH$$

$$+ \ \ H_2N\underset{COOH}{CHCH_2CH_2}COOH \ \ + \ \ NH_3$$

6.37 (a) N-エチルアセトアミド (b) 2-クロロシクロペンタンカルボン酸メチル (c) ペンタン酸ジエチル (d) N,N-ジエチルホルムアミド

6.38

$$\text{(ヘキサン酸)} \ \ + \ \ H_2O \ \rightleftarrows$$

$$\text{(ヘキサン酸イオン)} \ \ + \ \ H_3O^+$$

6.40

$$CH_3CH_2CH_2COOH \qquad CH_3\underset{CH_3}{CH}COOH$$
酪　酸　　　　　　　2-メチルプロピオン酸

6.42 (a) 3-ヒドロキシ-4-メチルペンタン酸 (b) ノナン酸 (c) シクロヘキサンカルボン酸 (d) p-アミノ安息香酸

6.44 (a) 3-エチルペンタン酸カリウム (b) 安息香酸アンモニウム (c) プロパン酸カルシウム

6.46

(a) $CH_3CH_2\underset{CH_3}{CH}\underset{CH_3}{CH}CH_2\underset{O}{C}OH$

(b) $C_6H_5CH_2\underset{O}{C}OH$

(c) $\underset{O_2N}{\underset{O_2N}{}}C_6H_3\underset{O}{C}OH$

(d) $CH_3CH_2CH_2\underset{O}{C}O^- \ ^+NH(CH_2CH_3)_3$

6.48

$$\underset{O}{HOC}CH_2\underset{OH}{CH}-\underset{O}{C}OH$$

6.50

$$NH_4^+ \ ^-OOC\underset{H}{\overset{}{C}}=\underset{COO^- \ NH_4^+}{\overset{H}{C}}$$

6.52 (a) 例:

$$CH_3CH_2CH_2CH_2CONH_2 \qquad CH_3CH_2CONHCH_2CH_3$$
ペンタンアミド　　　　　　N-エチルプロパンアミド

$$HCON(CH_2CH_3)_2 \qquad CH_3CONHCH(CH_3)_2$$
N,N-ジエチルホルムアミド　CH_3CON(CH_3)CH_2CH_3　など

(b) 例:

$$CH_3CH_2CH_2CH_2COOCH_3 \qquad CH_3CH_2COOCH_2CH_2CH_3$$
ペンタン酸メチル　　　　　プロパン酸プロピル

$$HCOOCH_2CH_2CH_2CH_2CH_3$$
ギ酸ペンチル

$$CH_3COO(CH_2)_3CH_3 \qquad CH_3CH(CH_3)COOC_2H_5$$
$$CH_3COOCH(CH_3)CH_2CH_3 \qquad CH_3COOCH_2CH(CH_3)_2$$
など

6.54 (a) 酢酸3-メチルブチル (b) 4-メチルペンタン酸メチル

(c) $CH_3\underset{O}{C}-\text{(シクロヘキシル)}$

(d) $\text{(2-ヒドロキシフェニル)}-\underset{O}{C}-O-C_6H_5$

6.56 (a) $CH_3COOH \ + \ HOCH_2CH_2CH(CH_3)_2$

(b) $(CH_3)_2CHCH_2CH_2COOH \ + \ HOCH_3$

(c) $CH_3COOH \ + \ HO-\text{(シクロヘキシル)}$

(d) $\text{(2-ヒドロキシフェニル)}COOH \ + \ HO-C_6H_5$

6.58 (a) 2-エチルブタンアミド (b) N-フェニルベンズアミド

(c) $C_6H_5\underset{O}{C}\underset{CH_3}{N}CH_2CH_3$

(d) $CH_3CH_2CH_2\underset{Br}{CH}\underset{Br}{CH}\underset{O}{C}NH_2$

6.60 (a) 2-エチルブタン酸+アンモニア (b) 安息香酸+アニリン (c) 安息香酸+N-メチルエチルアミン (d) 2,3-ジブロモヘキサン酸+アンモニア

6.62

$$H_2N-C_6H_4-\underset{O}{C}-OH \ \ + \ \ HOCH_2CH_2N(CH_2CH_3)_2$$

↓ 酸触媒

$$H_2N-C_6H_4-\underset{O}{C}-OCH_2CH_2N(CH_2CH_3)_2$$

アミン　　芳香環　　　　　エステル　アミン
プロカイン

6.64 $HOCH_2CH_2CH_2COOH$

6.66

LSD 芳香環　＊は C-C 二重結合を示す.

6.68

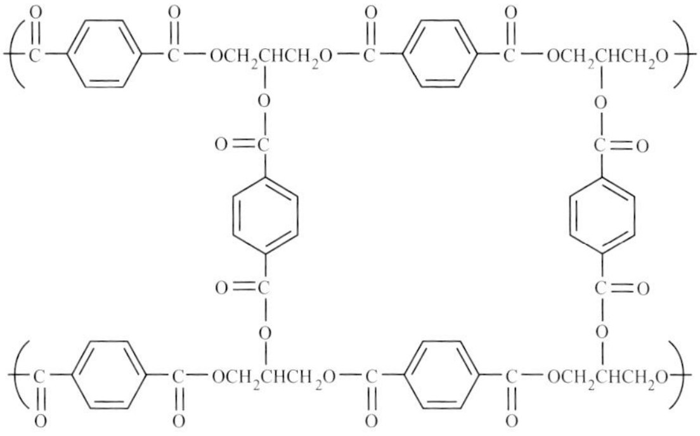

6.70　ジヒドロキシアセトンとリン酸水素イオン.

6.72

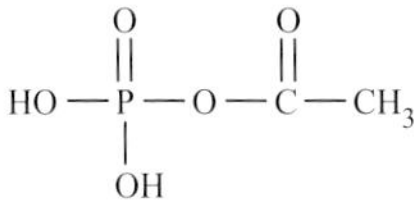

6.74　環状リン酸ジエステルは，リン酸基が，同一分子内の二つのヒドロキシ基とエステル結合するときに形成される.

6.76　N,N-ジメチルホルムアミドは水素結合を形成しないので，もっとも沸点が低い．プロパンアミドはもっとも多くの水素結合をつくるためもっとも沸点が高い．　**6.78**　プロパンアミドと酢酸メチルはいずれも水分子と水素結合をつくるので水溶性である．プロパンアミドは分子どうしで水素結合をつくるのでより沸点が高くなる.

6.80

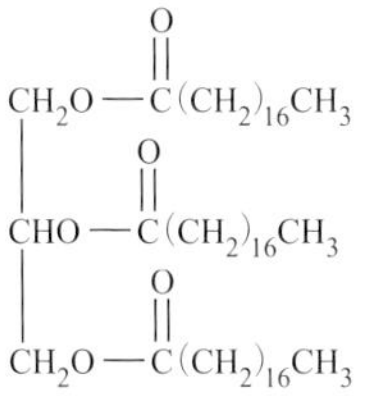

トリステアリン酸グリセリル

6.82

(a)　　エステル　　　　アルコール　　　カルボン酸

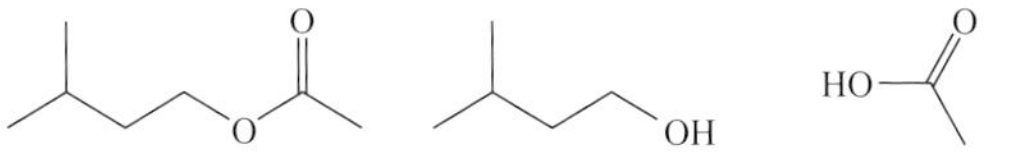

(b)

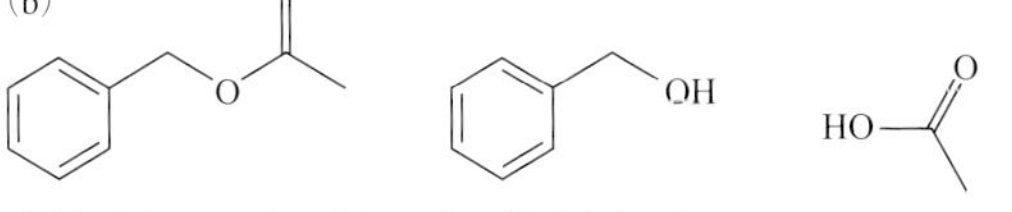

(同じようにモモの香りがする構造もある)

(c)

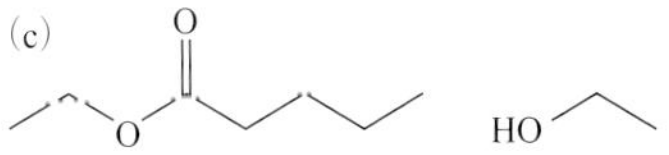

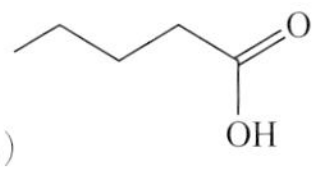

(同じようにリンゴの香りがする構造もある)

(d)

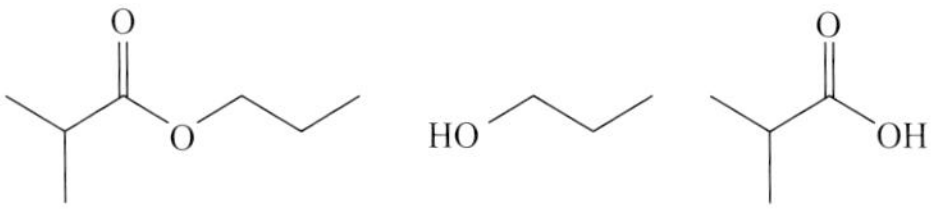

(同じようにラムの香りがする構造もある)

6.84　可能な四つのβ-ラクタム(実際にはもっと多くの例がある).

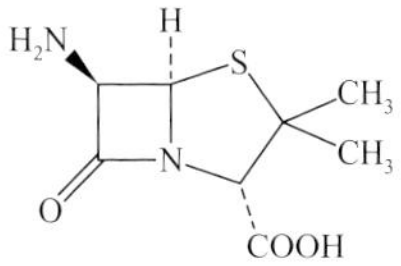

6-アミノペニシラン酸("ペニシリン"の一種)：アミド，スルフィド，カルボン酸.

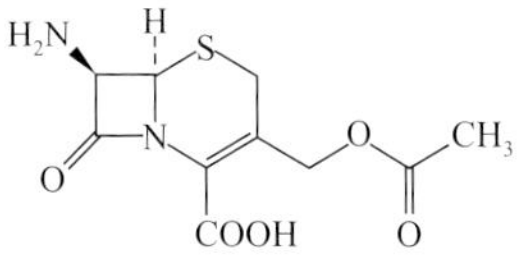

セファピリン("セファロスポリン"の一種)：アミド，アミン，スルフィド，カルボン酸，アルケン，エステル.

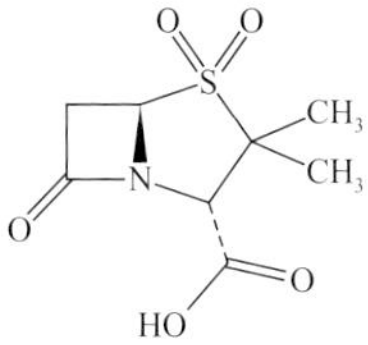

スルバクタム：アミド，カルボン酸.

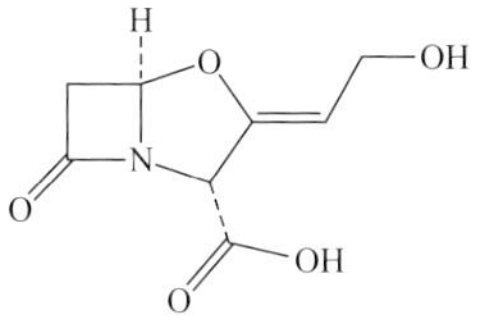

クラブラン酸：アミド，エステル，アルケン，カルボン酸.
共　通：β-ラクタムに結合する二つ目の環，カルボン酸.

Credits

索　引

1. 本文中に外国語のままで示した語および外国語で始まる語の索引は日本語索引とは別にしてある.
2. 英語の略号はアルファベットの読みで日本語索引に配列してある.
3. 長音符(ー)は,読みを省略してある.
4. 化学構造を示す数(1-, 2-, 3-, ……)や文字(o-, m-, p-, D-, L-, ……)は,それらの文字を除いた語によって配列してある(ただし,その語の構成上,無視できないものは読んで配列してある).

マクマリー 生物有機化学 ［有機化学編］ 原書 8 版

平成 30 年 1 月 10 日　発　　　行
令和 6 年 2 月 10 日　第 5 刷発行

監訳者　　菅　原　二三男
　　　　　倉　持　幸　司

発行者　　池　田　和　博

発行所　　丸善出版株式会社
　　　　　〒101-0051　東京都千代田区神田神保町二丁目17番
　　　　　編集：電話 (03)3512-3261／FAX (03)3512-3272
　　　　　営業：電話 (03)3512-3256／FAX (03)3512-3270
　　　　　https://www.maruzen-publishing.co.jp

© Fumio Sugawara, Koji Kuramochi, 2018

組版印刷・シナノ印刷株式会社／製本・株式会社 松岳社

ISBN 978-4-621-30241-5　C3043　　　　　　Printed in Japan

生化学分子で重要な官能基

官能基	構　造	生体分子の種類
アミノ基	$-NH_3^+$, $-NH_2$	アルカロイドおよび神経伝達物質，アミノ酸，タンパク質（有機化学編 5.1，5.3，5.6節；生化学編 1.3，1.7，11.6節）
ヒドロキシ基	$-OH$	単糖類（炭水化物），グリセロール，トリアシルグリセロール（脂質）の構成要素（有機化学編 3.1，3.2節；生化学編 3.1，6.2節）
カルボニル基	$-\overset{\displaystyle O}{\overset{\|}{C}}-$	単糖類（炭水化物），異化作用における炭素原子の転移に用いられるアセチル基（CH_3CO）に含まれる（有機化学編 4.1，6.4節；生化学編 3.4，4.4，4.8節）
カルボキシ基	$-\overset{\displaystyle O}{\overset{\|}{C}}-OH$, $-\overset{\displaystyle O}{\overset{\|}{C}}-O^-$	アミノ酸，タンパク質，脂肪酸（脂質）（有機化学編 6.1節；生化学編 1.3，1.7，6.2節）
アミド基	$-\overset{\displaystyle O}{\overset{\|}{C}}-N-$	タンパク質中のアミノ酸に結合．アミノ基とカルボキシ基の反応によって形成される（有機化学編 6.1，6.4節；生化学編 1.7節）
カルボン酸エステル	$-\overset{\displaystyle O}{\overset{\|}{C}}-O-R$	トリアシルグリセロール（およびほかの脂質）．カルボキシ基とヒドロキシ基の反応によって形成される（有機化学編 6.1，6.4節；生化学編 6.2節）
リン酸：モノ-，ジ-，トリ-	$-\overset{\|}{\underset{\|}{C}}-O-\overset{\displaystyle O}{\underset{\displaystyle O^-}{\overset{\|}{\underset{\|}{P}}}}-O^-$ 〔モノ〕 $-\overset{\|}{\underset{\|}{C}}-O-\overset{\displaystyle O}{\underset{\displaystyle O^-}{\overset{\|}{\underset{\|}{P}}}}-O-\overset{\displaystyle O}{\underset{\displaystyle O^-}{\overset{\|}{\underset{\|}{P}}}}-O^-$ 〔ジ〕 $-\overset{\|}{\underset{\|}{C}}-O-\overset{\displaystyle O}{\underset{\displaystyle O^-}{\overset{\|}{\underset{\|}{P}}}}-O-\overset{\displaystyle O}{\underset{\displaystyle O^-}{\overset{\|}{\underset{\|}{P}}}}-O-\overset{\displaystyle O}{\underset{\displaystyle O^-}{\overset{\|}{\underset{\|}{P}}}}-O^-$ 〔トリ〕	ATP，代謝の中間生成物（有機化学編 6.6節；生化学編 4.4節，および代謝の節全般）
ヘミアセタール基 ヘミケタール基	$-\overset{\|}{\underset{OR}{\overset{\|}{C}}}-OH$	単糖類の環形成．カルボニル基のヒドロキシ基との反応によって形成（有機化学編 4.7節；生化学編 3.3節）
アセタール基 ケタール基	$-\overset{\|}{\underset{OR}{\overset{\|}{C}}}-OR$	二糖類や多糖類中の単糖どうしを結合．カルボニル基のヒドロキシ基との反応によって形成（有機化学編 4.7節；生化学編 3.3，3.5節）
チオール スルフィド ジスルフィド	$-SH$ $-S-$ $-S-S-$	アミノ酸のシステイン，メチオニン中にみられる．タンパク質の構成成分（有機化学編 3.8節；生化学編 1.3，1.8，1.10節）